# Java程序设计

主 编 郑 珂 刘克成
主 审 王 水

中国电力出版社
CHINA ELECTRIC POWER PRESS

## 内 容 提 要

本书为普通高等教育“十二五”规划教材。本书从面向对象程序设计的基本概念入手，介绍Java程序设计，旨在帮助读者建立面向对象的思想、掌握面向对象程序设计的基本方法、原则和技能。全书立足基本概念和方法，注重实践与应用。对基本概念、理论和技术的介绍力求做到简洁、清晰、严谨、易懂；对例题代码力求精简、规范。全书提供了大量课后练习题以夯实基础，并提供了四个综合应用实例以加强读者对Java技术的认识和理解。

本书可作为高等本科院校Java程序设计课程的教材，也可作为高职高专相关课程的教材，还可供软件开发和电信工程技术人员学习参考。

**图书在版编目（CIP）数据**

Java 程序设计 / 郑珂，刘克成主编. —北京：中国电力出版社，2012.6

普通高等教育“十二五”规划教材

ISBN 978-7-5123-3151-8

Ⅰ. ①J… Ⅱ. ①郑… ②刘… Ⅲ. ①JAVA 语言－程序设计－高等学校－教材 Ⅳ. ①TP312

中国版本图书馆 CIP 数据核字（2012）第 123495 号

中国电力出版社出版、发行

（北京市东城区北京站西街 19 号 100005 http://www.cepp.sgcc.com.cn）

航远印刷有限公司印刷

各地新华书店经售

*

2012 年 7 月第一版 2012 年 7 月北京第一次印刷

787 毫米×1092 毫米 16 开本 22.5 印张 546 千字

定价 **40.00** 元

# 前 言

Java 是一种完全面向对象的程序设计语言，适合于进行面向对象的软件系统的开发。目前基于 Java 语言产生的 Java 体系是世界上很多开发人员用于开发企业应用的首选。Java 提供三方面的应用，用于编写工作站的 J2SE、可扩展的企业级应用的 Java 2 平台 J2EE，以及用于开发嵌入式 Java 2 电子消费平台的 J2ME。Java 已经不仅仅是一种编程语言，更是一种技术，一个开发平台。

全书共有 13 章，第 1 章介绍 Java 语言的历史和特点，介绍了 Java 虚拟机和 Java 平台，Java 的开发工具和开发步骤。第 2 章介绍了编写 Java 程序的基本要素，包括 Java 语言的标识符、关键字、数据类型、表达式、运算符、数据类型的转换、变量和变量的作用域。第 3、4 章主要讲解面向对象程序设计的编程概念和方法，如何在 Java 语言中实现这些概念和方法，以及面向对象程序设计的基本原则。第 5 章介绍了 Java 的异常处理，包括异常的产生、异常的捕获、异常的声明抛出和自定义异常等。第 6 章主要讲解 Java 图形用户界面的设计，包括使用 Swing 组件，容器的布局管理和事件处理。第 7 章主要讲解 Java 的多线程处理，包括线程的创建、调度、同步和互斥关系。第 8 章介绍了 Java 的输入和输出，包括字节流、字符流、文件和目录，以及过滤流的使用。第 9 章讲解编写 Java 程序时用到的主要工具类，包括集合、Math 等。第 10 章讲解 Java 数据库的连接。第 11 章介绍了 Java 网络编程，包括 TCP 方式和 UDP 方式。第 12 章讲解 Java 的服务器端编程，包括 Servelet 和表示技术 JSP。第 13 章详细讲解基于 Java 技术的四个综合应用实例。

全书立足基本概念和方法，注重实践与应用。从应用的角度介绍基本概念、通过大量实例说明编程的方法和过程。对基本概念、理论和技术的介绍力求做到简洁、清晰、严谨、易懂。

全书每章都有小结和习题，小结便于读者复习与总结，习题基本上取自历年的国家计算机等级考试 Java 习题和 SCJP 考试题，有助于读者检查学习效果，巩固已学知识，进一步提高应用能力。

本书由南阳理工学院的郑珂、刘克成担任主编，张静、杨艳燕、张松娟担任副主编。郑珂编写了第 1、5、6、10 章，刘克成编写了 4、13 章，张静编写了第 3、11 章，杨艳燕编写了第 9、12 章，张松娟编写了第 2、7、8 章。

感谢海南大学三亚学院的王水教授审阅了全书，并提出了许多宝贵意见，同时感谢中国电力出版社的老师为本书的出版所付出的辛勤工作。另外本书在编写的过程中参阅了大量的文献内容，在此一并表示感谢。

由于作者学识水平有限，书中难免存有错误和不妥之处，敬请广大读者批评指正，不胜感激。如果有好的建议和要求，请与作者联系，电子邮件地址为 zanghshun@163.com。

编 者

2012 年 4 月

# 目　录

# 第 1 章 Java 概 述

## 1.1 Java 简 介

Java 是 Sun Microsystems 公司于 1995 年 5 月推出的 Java 程序设计语言（以下简称 Java 语言）和 Java 平台的总称。Java 的跨平台和动态的 Web/Internet 计算等特性迅速推动了 Web 的发展，并且 Java 语言是一种简单的、面向对象的、强安全性的语言，在网络编程语言中占据相当大的优势，Java 已经成为实现电子商务系统的首选语言。

### 1.1.1 Java 发展历程

Java 最早诞生于 1991 年，起初被称为 OAK 语言，是 Sun 公司为一些消费性电子产品设计的一个通用环境，其目的只是为了开发一种独立于平台的软件技术。

在网络出现之前，OAK 是默默无闻的，甚至差点"夭折"，但是网络的出现改变了 OAK 的命运。在 Java 出现以前，Internet 上的信息内容都是一些乏味死板的 HTML 文档。这对于那些迷恋 Web 浏览的人们来说简直不可容忍，他们迫切希望能在 Web 中看到一些交互式的内容，开发人员也极希望能够在 Web 上创建一类无须考虑软、硬件平台就可以执行的应用程序，同时这些程序还要有极大的安全保障，对于用户的这些要求，传统的编程语言显得很无能为力。Sun 的工程师敏锐地察觉到了这一点，从 1994 年起，他们开始将 OAK 技术应用于 Web 上并且开发出了 Hot Java 浏览器，该浏览器显示了 Java 的跨平台和动态计算等魅力，从此 Java 被广泛接受并推动了 Web 的迅速发展。

1995 年 Sun 公司正式以 Java 这个名字将其推出，几乎所有的 Web 开发人员都为之欢呼，于是 Java 成了一颗耀眼的明星。1996 年 1 月，第一个 JDK-JDK1.0 诞生；同年 4 月，10 个最主要的操作系统供应商申明将在其产品中嵌入 Java 技术；9 月，约 8.3 万个网页应用了 Java 技术来制作，Java 得到了广泛的应用。

1999 年 6 月，Sun 公司发布 Java 的三个版本：标准版（J2SE）、企业版（J2EE）和微型版（J2ME），三个版本在应用场合和 API 的覆盖范围方面各不相同。J2SE（Java2 Standard Edition）是 Java2 的标准版，主要用于桌面应用软件的编程；J2ME（Java2 Micro Edition）主要应用于嵌入式系统开发，如手机和 PDA 的编程；J2EE（Java2 Enterprise Edition）是 Java2 的企业版，主要用于分布式网络程序的开发，如电子商务网站和 ERP 系统。在范围上，J2SE 包含 Java 语言核心的类，如数据库连接、输入/输出、网络编程等技术；J2EE 除了核心类之外还包含用于开发企业级应用的类，如 EJB、Servlet、JSP、XML、事务控制等技术；J2ME 把标准版进行压缩并添加一些可以运行在资源有限的设备上的特性。

2004 年 9 月 Sun 公司发布 JDK1.5，在该版本中加入了诸如泛型、自动装包/拆包、枚举、可变参数、静态导入等新特性来简化开发。2005 年 Sun 公司发布 JavaSE6.0，为了表示该版本的重要性，又把 J2EE 更名为 Java EE，J2SE 更名为 Java SE，J2ME 更名为 Java ME。

本教材以 Java 的标准版为主，Java SE6.0 为基础。

### 1.1.2 Java 语言

Java 语言是一种高级语言，它简单、面向对象、不依赖机器的结构，不受 CPU 和环境的限制，它具有可移植性、鲁棒性、安全性，并提供了并发机制，具有很高的性能；同时 Java 语言提供了丰富的类库，使程序设计人员可以方便地建立自己的系统。

1. Java 语言是简单的

Java 语言的语法与 C 语言和 C++语言很接近，因此大多数程序员很容易学习和使用 Java。同时，Java 丢弃了 C++中很少使用的、很难理解的、令人迷惑的特性，如操作符重载、多继承、自动的强制类型转换等。特别地，Java 语言不使用指针，并提供了自动垃圾回收功能，使得程序员不必为内存管理而担忧。

2. Java 语言是面向对象的

Java 语言是一个纯的面向对象的程序设计语言，提供类、接口和继承等原语。为了简单起见 Java 只支持类之间的单继承，但支持接口之间的多继承，并支持类与接口之间的实现机制（关键字为 implements）。Java 语言全面支持动态绑定，而 C++语言只对虚函数使用动态绑定。

3. Java 语言是分布式的

Java 语言支持 Internet 应用的开发，在基本的 Java 应用编程接口中有一个网络应用编程接口（java.net），它提供了用于网络应用编程的类库，包括 URL、URLConnection、Socket、ServerSocket 等。Java 的 RMI（远程方法激活）机制也是开发分布式应用的重要手段。

4. Java 语言是健壮的

Java 的强类型机制、异常处理、垃圾自动回收等特点是 Java 程序健壮性的重要保证。对指针的丢弃和提供的安全检查机制使得 Java 更具健壮性。

5. Java 语言是安全的

Java 通常被用在网络环境中，为防止恶意代码的攻击，对通过网络下载的类具有一个安全防范机制（类 ClassLoader），如分配不同的名字空间以防替代本地的同名类、字节代码检查，并提供安全管理机制（类 SecurityManager）让 Java 应用设置安全哨兵。

6. Java 语言是跨平台的

Java 程序(扩展名为.java 的文件)在 Java 平台上被编译为体系结构中立的字节码格式(扩展名为 class 的文件)，然后可以在支持 Java 平台的任何系统中运行。这种途径适合于异构的网络环境和软件的分发。

7. Java 语言是可移植的

Java 语言的可移植性来源于体系结构中立性，另外 Java 还严格规定了各个基本数据类型的长度。Java 系统本身也具有很强的可移植性，Java 编译器是用 Java 实现的，Java 的运行环境是用 ANSIC 实现的。

8. Java 语言是解释型的

如前所述，Java 程序在 Java 平台上被编译为字节码格式，并可以在实现这个 Java 平台的任何系统中运行。在运行时，Java 平台中的 Java 解释器对这些字节码进行解释执行，执行过程中需要的类在连接阶段被载入到运行环境中。

9. Java 是高性能的

与那些解释型的高级脚本语言相比，Java 的确是高性能的。事实上，Java 的运行速度随着 JIT（Just-In-Time）编译器技术的发展越来越接近于 C++。

10. Java 语言是多线程的

在 Java 语言中，线程是一种特殊的对象。Java 语言支持多个线程的同时执行，并提供多线程之间的同步机制。

11. Java 语言是动态的

Java 语言的设计目标之一是适应动态变化的环境。Java 程序需要的类能够动态地被载入到运行环境，也可以通过网络来载入所需要的类，这有利于软件的升级。另外，Java 中的类有一个运行时刻的表示，能进行运行时刻的类型检查。

Java 语言的优良特性使得 Java 应用具有无比的健壮性和可靠性，同时减少了应用系统的维护费用。Java 对对象技术的全面支持和 Java 平台内嵌的 API 能缩短应用系统的开发时间并降低成本。Java 的编译一次就可到处运行的特性，使得它能够提供一个随处可用的开放结构和在多平台之间传递信息的低成本方式，特别是 Java 企业应用编程接口（Java Enterprise APIs）为企业计算及电子商务应用系统提供了有关技术和丰富的类库。

### 1.1.3　Java 平台

Java 语言环境由编译时系统和运行时系统两大部分组成。编译时系统把编写好的 Java 程序编译成字节码指令，运行时系统则执行这些字节码指令实现应用。运行时系统又称为 Java 平台。

平台是一个程序运行的软硬件环境，人们所熟知的 Windows 2000、Linux 等是操作系统和硬件组成的基于硬件的平台，Java 平台不同于这些平台，它是一种全新的软件平台，是建立在以上提到的各种平台之上的，能在计算机上运行高度交互的、动态的、安全可靠的小应用程序和应用程序。Java 平台包括两个主要组成部分：Java 虚拟机（the Java Virtual Machine）和 Java 应用编程接口，即 Java API（the Java Application Programming Interface）。

Java 虚拟机（JVM）是一个由软件模拟实现的虚拟计算机，是 Java 平台的核心和 Java 跨平台的基础，它解释运行 Java 程序。执行过程如图 1-1 所示，Java 的源文件（.java）经编译生成字节码文件（.class），然后 JVM 把字节码文件解释为机器码并执行。字节码指令，非机器码指令，这种字节码与特定的硬件无关，是 Java 虚拟机能解释的指令。从这个过程可以看出为了运行 Java 程序，计算机上必须安装 JVM 和 Java 解释器。在任何操作系统下，只要安装了 Java 平台，就可运行 Java 程序。

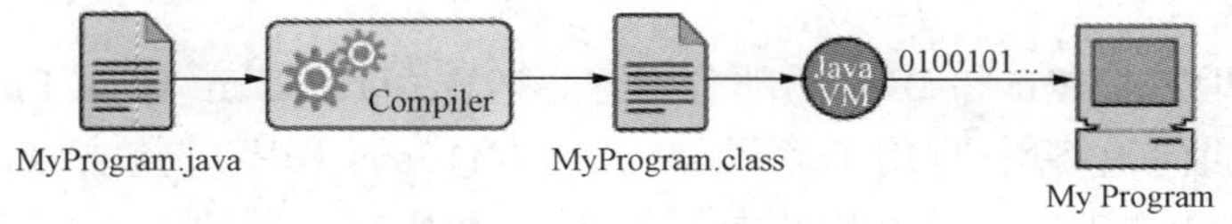


图 1-1　Java 应用程序的编译运行过程

对于每个 Java 平台下面的底层平台（操作系统），Java 虚拟机的具体实现是不同的，但只有一套 Java 虚拟机规范，因此 Java 平台为任何硬件平台提供了一个标准的、相同的编程接口。Java 应用编程接口——Java API 是 Java 应用的标准接口，是应用开发的基本框架，是开放的和可扩展的。它为各个关键领域规定了一系列的基本接口，提供给程序员用来进行 Java

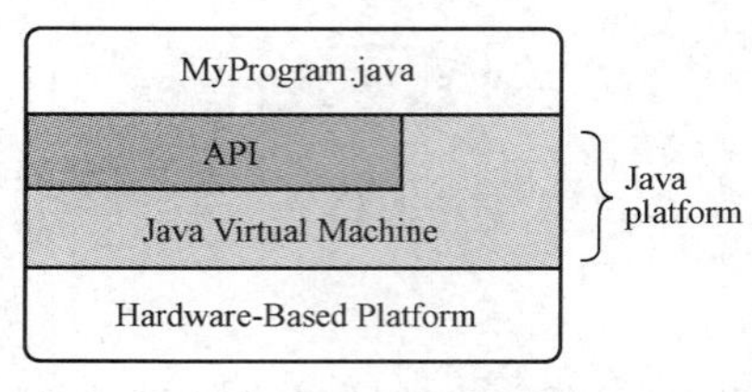


图 1-2 Java 平台与 Java 程序

应用开发。图 1-2 所示描述了一个 Java 程序和 Java 平台的关系。

从图 1-2 中可知 Java 程序是运行在 Java 平台上的而不是直接在基于硬件的平台上，要开发 Java 程序就需安装所必须的 JavaAPI 和 JVM。因此 Java 平台也可以称为 Java 开发工具集 Java Developer Kit，简称 JDK，截止本书出版其最新的版本是 JDK 6。

## 1.2 Java 程序的开发

Java 可以开发三种程序：Java 应用程序（Application）、Java 小应用程序（Applet）和 Java 服务器端程序（Servlet）。Java Application 是可以独立运行的程序；Java Applet 是必须要嵌入到网页中，通过浏览器运行的程序；而 Servlet 是运行在 Web 服务器端的程序。无论是哪种 Java 程序，在开发时都需要使用以下两种工具。

（1）Java 的开发包 JDK。

（2）文本编辑器。任何一个文本编辑器都可以使用，最简单的是 Windows 中自带的记事本。

### 1.2.1 Java 开发环境

Java 为不同硬件平台提供了不同的 Java 虚拟机，所以 Java 可以在不同的平台（Windows、Linux）上运行，本书以 Windows 平台为基础，讲解 Java 应用程序的开发。

1. 下载 JDK

可在 Java 的官方网站（http://www.oracle.com/technetwork/java/index.html）上下载 Windows 环境下的开发工具包，本书使用 JDK 6（全称为 Java SE Development Kit 6），并下载 Java API 的中文文档，具体文件如下：

（1）jdk-1_6_0_10-windows-i586-p.exe，JDK 的开发包；

（2）JDK_API_1_6_zh_CN.html，JDK 的中文文档。

2. 安装 JDK

安装 JDK 非常简单，只需运行 jdk-1_6_0_10-windows-i586-p.exe 文件就可以，在安装的过程中可以设置安装的路径，还可以选择安装的组件，默认的安装路径为 C:\Program Files\Java（假设系统安装在 C 盘）。

安装 JDK 后将生成 JRE 和 JDK 两部分内容。JRE（Java Run Time Enviroment）即 Java 程序的运行环境，面向最终用户，用来运行、测试和传输 Java 程序，它包括 Java 虚拟机（JVM）、Java 平台核心类和一些支持文件。JDK 是开发 Java 程序时所用的 Java 开发工具集，面向开发人员，除了包含一个完整的可以运行 Java 程序的 JRE 外，还包含用于开发的各种工具集，如 Java 编译器 javac。

3. 配置 JDK

安装完 JDK 后，并不能立即使用，要能够进行 Java 程序的编译和调试，必须告诉操作系统完成这些操作的应用程序在什么位置，因此必须先配置环境变量。安装目录的 jdk 文件夹中的目录文件及它们的功能如表 1-1 所示。

表 1-1　**JDK 的目录结构**

| 文件/目录名 | 功能描述 |
| --- | --- |
| bin | 包含编译器、解释器等主要的可执行文件 |
| lib | 可执行程序使用的归档类包 |
| jre | Java 运行时环境的根目录 |
| src.zip | 核心 API 所有类的源文件的归档包 |
| demo | 包含源代码的程序示例 |
| include | 用于本地计算机的 C 语言头文件 |
| sample | 范例 |

目录 bin 包含了编译和运行 Java 程序的可执行文件，目录 lib 包含了开发 Java 程序所需的基本类库。因此为了能够让系统正确使用 JDK，就必须在系统的环境变量中指定 bin 目录和 lib 目录的位置。下面以 Windows XP 系统为例介绍环境变量的配置。

右击桌面“我的电脑”图标，选择“属性”选项，出现系统设置界面，在“高级”选项卡中单击“环境变量”按钮，进入如图 1-3 所示对话框。

在“系统变量”组框内找到变量“Path”，该变量是用来告诉操作系统一些可执行文件的位置。单击“编辑”按钮，将“;C:\Program Files\Java\jdk1.6.0_10\bin;”加入到“变量值”文本框内（C:\Program Files\Java 为 JDK 的安装目录），如图 1-4 所示。

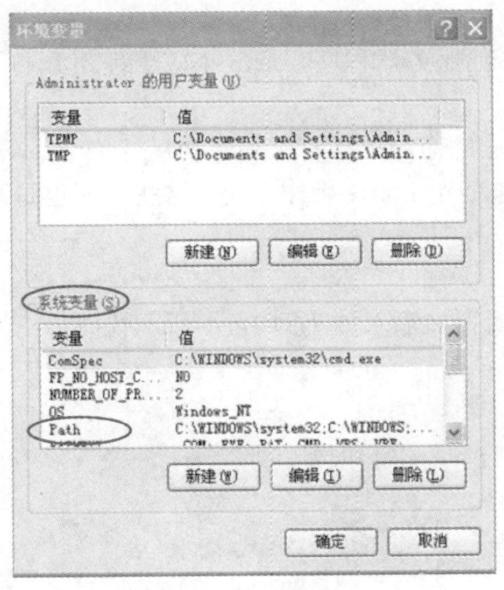


图 1-3　系统的环境变量对话框

图 1-4　环境变量“Path”的编辑

如果没有找到该变量，可以在图 1-3 中的环境变量对话框中单击“新建”按钮，设置变量名为“Path”，变量值为“C:\Program Files\Java\jdk1.6.0_10\bin;”。

为了能够在 Java 程序中使用 Java 类库，可以用同样的方法设置环境变量“classpath”，该变量的值为“.C:\Program Files\Java\jdk1.6.0_10\lib”（注意目录的前面加上“.”）。

4. 验证

如果设置正确，在 DOS 命令提示符下输入“javac”命令，在屏幕上会出现该命令的参数，如图 1-5 所示。否则，将会显示“系统找不到 javac 文件”。

设置正确后就可以进行 Java 程序的编译和运行了。

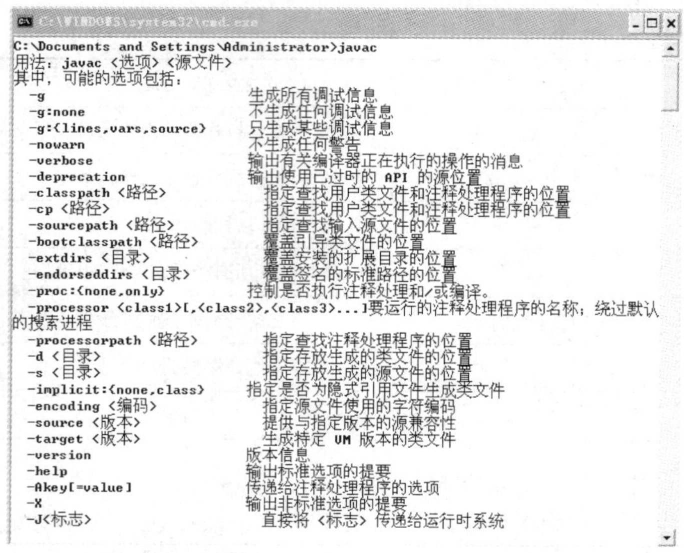


图 1-5 javac 命令参数

### 1.2.2 Java 程序的开发步骤

本书以 Java 应用程序为主，第 12 章讲解 Java 的服务器程序，Java 小应用程序本书不做介绍。

本节假定操作系统为 Windows，使用 Windows 的命令提示符来编译和运行一个 Java 应用程序，该程序将输出字符串“Hello,Word!”。如果使用 Linux 操作系统，这些步骤也是基本相同的。

1. 编写 Java 源程序

（1）打开“文本编辑器”→“记事本”，在编辑窗口输入如［例 1-1］所示代码。

**【例 1-1】** 第一个 Java 程序，参考代码为：

```
public class Hello{
  public static void main(String args[]){
    System.out.println("Hello,World!");
    }
}
```

注意程序中应区分大小写，如 String 不能写成 string，因为 Java 是对大小写敏感的。程序中 String 和 System 是系统定义的类库，public、static、void、class 等是 Java 的关键字。

Java 是面向对象程序设计，Java 应用开发的过程就是类的设计和编写过程，“class”关键字用来定义一个类，类名是“Hello”，类名后面的一对花括号是该类的类体，一般是方法和变量。

public static void main（String args[]）用来定义 main 方法，该方法是 Java 应用程序的入口，有了该方法，程序才能够独立运行。关键字“public”表示该方法是公共方法，关键字“static”表示该方法为静态方法或者成为类方法，关键字“void”表示该方法不返回任何数据类型，main 后面的一对圆括号内是方法参数，main 方法的参数是一个字符串数组，可以写为“String args[]”，也可以写为“String[]args”。

main 方法体内只有一条语句，该语句的作用是在默认的输出窗口输出字符串“Hello,World!”。

（2）保存 Java 源程序。编写好代码后，就可以保存 Java 程序了，如图 1-6 所示，在保存时要注意以下几个方面。

1）Java 源程序的扩展名为.java，文件的名称应和程序中类名称保持完全一致，本例的文件名称即为 Hello.java。进行文件的保存时要注意文件名称的大小写。

2）由于记事本默认的文件类型为文本文件扩展名，即.txt，所以需要把“保存类型”从文本文件改为“所有文件”，以便保存.java 类型文件。

3）在保存时注意把文件保存在一个方便的目录下，并记住文件的保存位置。本例是把文件保存在“C:\java”目录下，如图 1-6 所示。

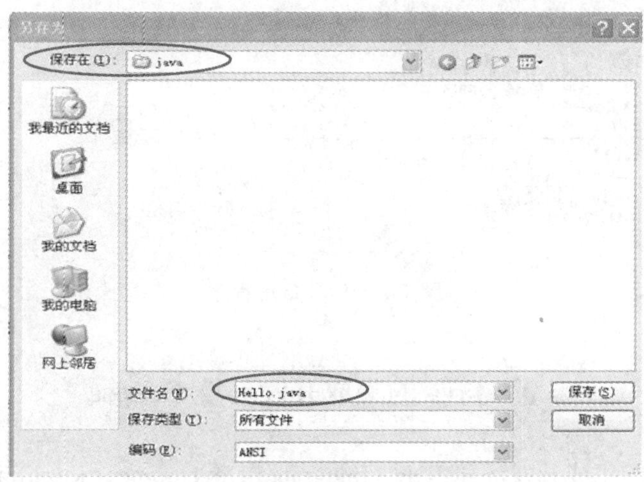


图 1-6 保存 java 源程序

2. 编译源程序

Java 源程序需要经过编译生成字节码文件（*.class）后，才能够由 JVM 解释执行，编译 Java 文件的步骤如下。

（1）打开 Windows 命令提示符。可以单击“开始”按钮，在“运行”窗口中输入命令提示符“cmd”，或选择命令提示符应用程序图标来启动（在 Windows 系统的附件中）。

（2）使用 cd 命令把目录转换到 Java 源文件所在的目录，命令如下：

```
cd c:\java
```

（3）输入编译命令“javac”，调用 Java 编译器编译源文件。注意文件名称不能写错，注意大小写，而且要带上扩展名“.java”，命令如下：

```
javac Hello.java
```

（4）查看是否编译成功。如果编译通过，将会生成字节码文件 Hello.class，在命令提示符窗口中使用“dir”命令察看，如图 1-7 所示。如果程序中有错误出现，则系统会终止编译并给出相应的错误信息；如果系统指出未找到 javac.exe 命令，则说明 path 环境变量设置不正确。

3. 运行字节码文件

经过编译之后，生成的字节码文件，就可以由 JVM 解释执行，在命令提示符中输入运行 Java 程序命令并加上字节码文件名，就可以运行程序了，命令如下：

```
java  Hello
```

运行结果如图 1-7 所示。

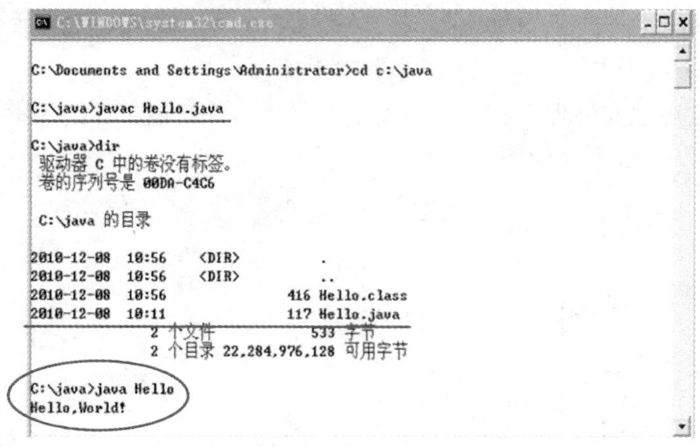


图 1-7　编译 Java 程序

## 1.3　Java 的集成开发环境 Eclipse

Eclipse 是 Java 的集成开发环境 IDE（Integrated Development Environment），IDE 主要用于程序开发，集成了代码编写、分析、编译、debug 等功能，使程序开发更简单、方便。Java IDE 常用的有 Eclipse、NetBeans、Jbuilder 等。

Eclipse 是一个开放源代码的、基于 Java 的可扩展开发平台。就其本身而言，它只是一个框架和一组服务，用于通过插件组件构建开发环境。同时 Eclipse 附带了一个标准的插件集，包括 Java 开发工具（Java Development Tools，JDT）。

Eclipse 最初是 IBM 公司的一个软件产品，2001 年 11 月贡献给开源社区，现在它由非营利软件供应商联盟——Eclipse 基金会（Eclipse Foundation）管理。Eclipse 面世之初曾经受到业界的批评，但是 2003 年 3 月 Eclipse 发布了 2.1 版，立刻引起了轰动，人们蜂拥下载该软件，导致 Eclipse 的服务器瘫痪。

Eclipse 是一个通用的工具平台——普遍使用的、开放式的、扩展的 IDE。它本身只是一个框架平台，但是众多插件的支持使得 Eclipse 拥有其他功能相对固定的 IDE 软件很难具有的灵活性。它提供了功能丰富的开放环境，允许开发者高效地创建一些能够无缝集成到 Eclipse 平台中的插件，它的设计思想是：一切皆为插件。如图 1-8 所示，Eclipse 的核心是非常小的，其所有的功能都以插件的形式存在。如用于图形开发的插件（SWT/Jface）、Java 的开发环境插件（JDT）、插件的开发环境（PDF）等。Eclipse 对这些插件的管理是动态的载入和调用，即只有当真正使用这些插件时才调入内存，不用时会在适当的时候消除。

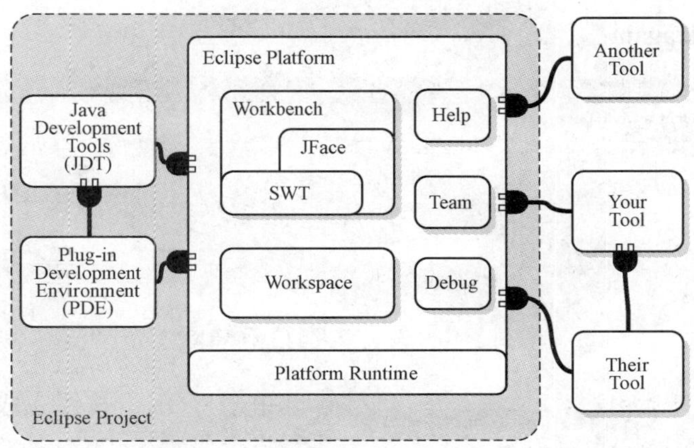


图 1-8 Ecplise 的体系结构

Eclipse 作为开发 Java 的 IDE，从出现到现在已经有几年的时间了，其因具有特性丰富、操作容易和生产力提高等优点受到了广大开发者的青睐，本书采用 Eclipse 作为 Java 程序的开发环境。

### 1.3.1 Eclipse 安装和运行

Eclipse 是应用 Java 语言编写的软件，所以需要 Java 运行环境（JRE）的支持，因此在安装 Eclipse 之前要先安装 JDK。

Eclipse SDK（Software Development Kit）即 Eclipse 软件开发工具包，Eclipse 组织提供标准免费工具包供用户下载，官方地址为 http://www.eclipse.org/downloads/index.php。本书使用 eclipse-SDK-3.6.1-win32，它包含 Eclipse 开发环境、Java 开发环境、Plug-in 开发环境，以及所有源代码和文档。

安装 Eclipse 的步骤非常简单，只需将下载的压缩包 eclipse-SDK-3.6.1-win32.zip 按原路径直接解压即可。在解压缩后的目录中找到 Eclipse.exe 文件，如图 1-9 所示，双击该文件启动 Eclipse，启动画面闪现一个很酷的月蚀（eclipse）图片。

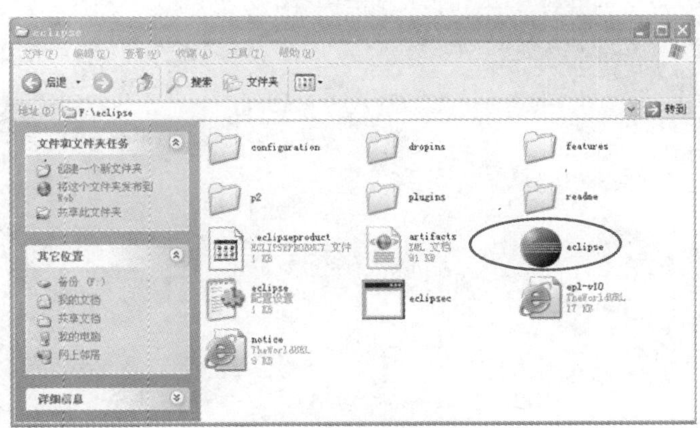


图 1-9 安装后 Eclipse 的启动文件

然后可以设置个人的工作空间，以后用户所创建的 Java 工程和应用程序默认放置在这个目录下，如图 1-10 所示，单击“Browse”按钮选择合适的工作空间，并勾选“Use this as the default and do not ask again”。

Workspace Launcher
Select a workspace
Eclipse SDK stores your projects in a folder called a workspace.
Choose a workspace folder to use for this session.
Workspace: F:\Java lizi
Browse...
Use this as the default and do not ask again
OK Cancel

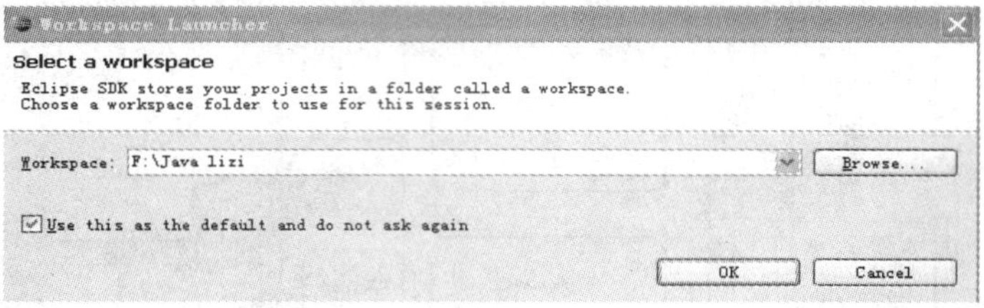

图 1-10　设置个人的工作环境

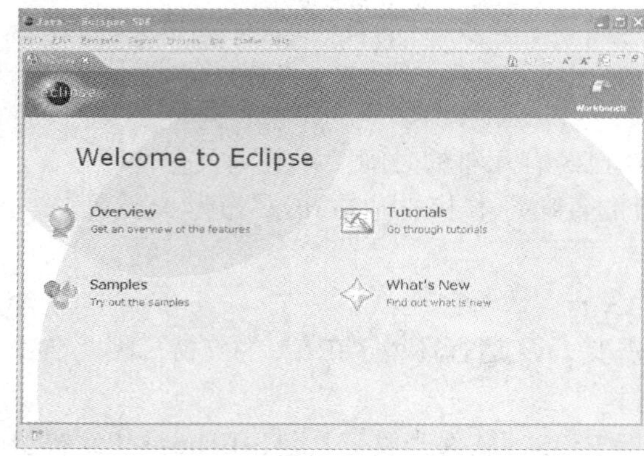


图 1-11　Eclipse 欢迎界面

单击“OK”按钮完成工作空间的设置，系统将会显示 Eclipse 的欢迎界面（如果不能显示欢迎界面，则选择“Help”→“Welcom”命令即可显示欢迎界面），如图 1-11 所示。

### 1.3.2　Eclipse 中文包的安装

1.3.1 节中 Eclipse SDK 是英文界面，如果用户习惯使用中文界面，则需要安装 Eclipse 的中文插件。下载时需要注意下载和 Eclipse 版本相同的中文包，在本书中 Eclipse 版本是 3.6.1，所以下载的语言类包的版本应是 3.6.1（如 BabelLanguagePack-eclipse-zh_3.6.）。

语言包的运行和安装步骤如下：

（1）解压下载的语言包中的.zip 文件；

（2）先关闭 Eclipse，然后将语言包解压缩后的 features 和 plugins 目录中的所有文件分别复制到 Eclipse 安装目录中的 features 和 plugins 目录中，完成安装；

（3）如果操作系统是中文的 Windows，直接打开 Eclipse 便可以显示中文界面，关闭 Eclipse 的中文欢迎界面，将进入 Eclipse 的工作台，如图 1-12 所示；

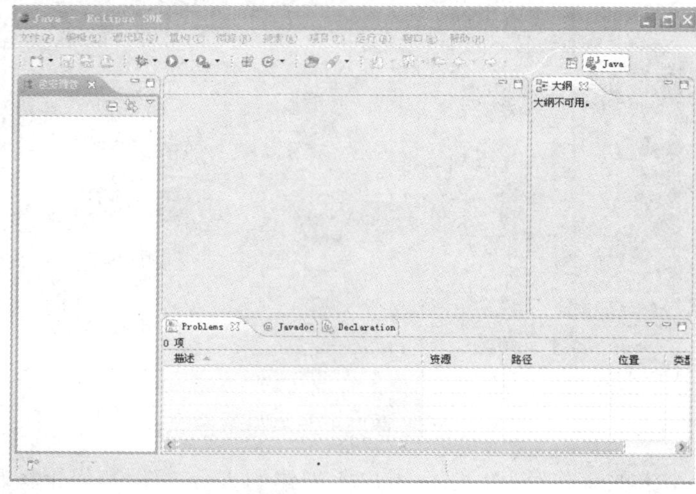


图 1-12　Eclipse 中文工作台

（4）如果是英文的 Windows，则打开命令提示符，进入 Eclipse 的安装目录，输入命令“eclipse-nl zh”即可在简体中文界面打开 Eclipse。

### 1.3.3 Eclipse 工作台

Eclipse 的工作台是操作 Eclipse 时会碰到的基本图形，工作台的结构如图 1-13 所示，是由许多不同种类的称为视图（view）的内部窗口组成的，还包含一个特别的窗口——编辑器（editor）。之所以称为视图，是因为这些窗口是以不同的视野来看整个项目的。

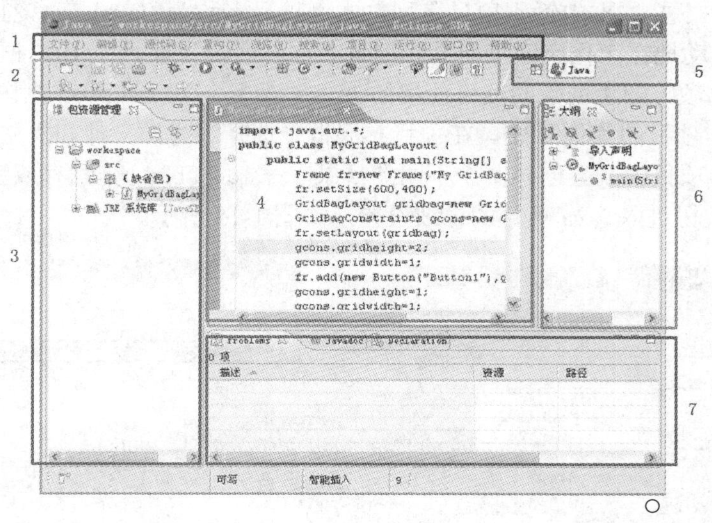


图 1-13 Eclipse 工作台结构

如图 1-13 所示，整个工作台一般分为七部分，按照图中的编码对每一部分分别解释如下。

（1）菜单栏。

（2）工具栏。

（3）包资源视图：显示包资源管理器，是 Eclipse 建立项目和工作开始的地方，它显示 workspace 中的级次和所有的项目。

（4）编译窗口：程序员进行代码编写和调试的核心区域，在该窗口中开发人员可以方便地进行代码的编写和察看，并且可以随时获得 Eclipse 的提示和帮助。

（5）快捷方式工具列：这里的按钮提供了一个快捷的方式用来新建一个透视图，或者在透视图之间进行切换。最顶端的按钮，是打开一个透视图，相当于“窗口”→“打开透视图”的菜单功能，在其下方是资源透视图快捷方式。

（6）大纲视图：该视图可以层次清晰地反映程序源代码的基本结构，在大代码量的程序编写调试时，对于代码的迅速定位会非常有帮助。

（7）任务或者控制台视图：在开发过程中察看错误提示、程序运行过程中的相关控制台输出等信息。

在工作台中每一个视图都可以最大化和最小化，除了使用视图右上角的最大化按钮使视图最大化外，也可以直接在视图标签上双击让该视图最大化，重新双击可以复原。

### 1.3.4 使用 Eclipse 开发 Java 程序

在使用 Eclipse 做任何事情之前都必须创建一个项目，Eclipse 预设支持三种项目：Java

项目、插件项目和 Sample Project，Java 项目是 Java 程序开发环境。

Eclipse 项目保存在 Eclipse 的工作空间里（启动 Eclipse 时设置的路径），项目主要包括 src 和 bin 两个目录，src 目录保存源代码文件，bin 目录保存编译后的文件。

1. 新建一个空的 Java 项目

选择主菜单“文件”→“新建”→“项目”命令，在弹出的窗口中选择“java 项目”选项，出现如图 1-14 所示的创建 Java 项目向导。

在“项目名称”文本框中输入项目名称，本例项目名称为 JavaLizi，勾选“使用缺省位置”，Eclipse 会自动地在工作空间里建立和项目名称同名的目录。在 JRE 框中，选择“使用执行环境 JRE”选项，即所创建的项目使用的 Java 运行环境和 Eclipse 使用的运行环境一致，当然也可以指定本项目的其他 JRE。在项目布局框中选择“为源文件和类文件创建单独的文件夹”选项，这样项目中就会创建两个不同的目录——src 和 bin，分别存放源文件和类文件。单击“下一步”按钮进入 Java 项目的详细设置，如图 1-15 所示。

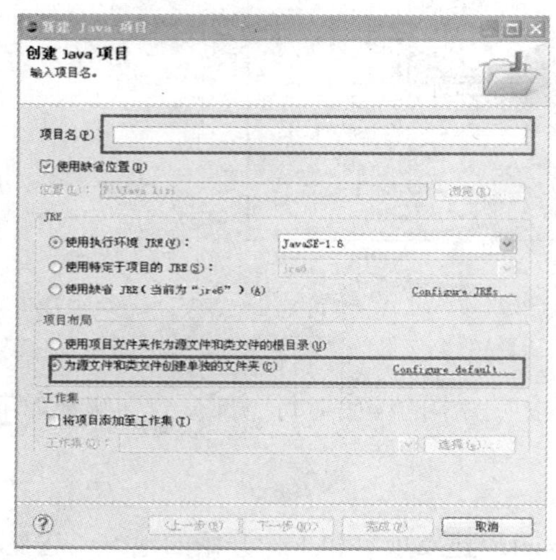

图 1-14 创建 Java 项目向导

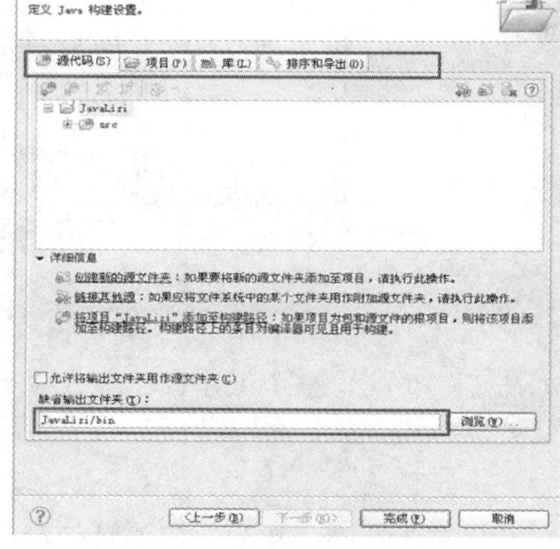


图 1-15 Java 项目的详细设置

在图 1-15 中的“源代码”选项卡用来定义项目的目录，主要为源文件目录和类文件目录；“项目”选项卡定义扩展项目；“库”选项卡定义编译所需的类库；“排序和导出”选项卡定义编译时应用类包的顺序。

单击“完成”按钮完成项目的创建，在 Eclipse 包资源视图中出现一个新的项目，创建后的项目是一个空框，没有任何程序，只是定义了源代码和类文件的路径，支持 Java 程序运行的 JDK 和文字编码集。当在项目中创建程序时，源代码和类文件会自动保存在相应的目录中。

2. 新建一个 Java 应用程序

使用 Eclipse 完成［例 1-1］Java 应用的步骤如下：

（1）在包资源视图中选择要添加程序的 Java 项目，并右击，在弹出的菜单中选择“新建”→“类”，进入建立 Java 类向导，如图 1-16 所示。

在图 1-16 所示对话框中输入包名 theFirst，用来定义类文件的保存子目录；输入类名

EclipseHello，同时该名称也是 Java 的源文件名称；并选中“public static void main（String args[]）”来自动创建 main 方法。

单击“完成”按钮，一个代码编辑器被打开，同时在左边 src 中有和包名 theFirst 一致的子目录，如图 1-17 所示。在编辑器中可以看到很多注释，程序员可以自己修改和添加这些注释。

Eclipse 可以实现 Java 程序的自动编译，即当创建 Java 源程序时自动生成类文件，并把类文件存放在项目的 bin 目录中。bin 目录自动和 src 目录保持同步，但是 bin 目录不会出现在项目包结构视图中，可以在系统的资源浏览窗口中看到，如图 1-18 所示，在项目的 bin 目录中出现 EclipseHello.class。

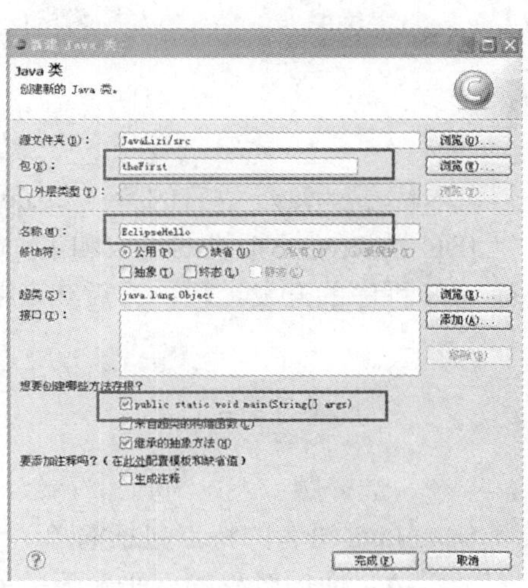


图 1-16　创建类向导

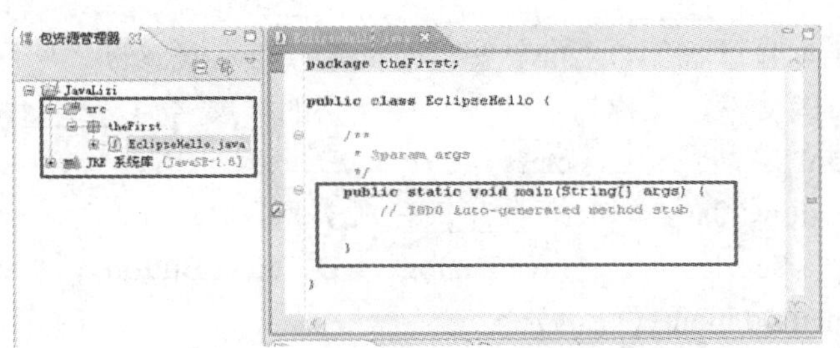


图 1-17　项目包结构和编辑窗口

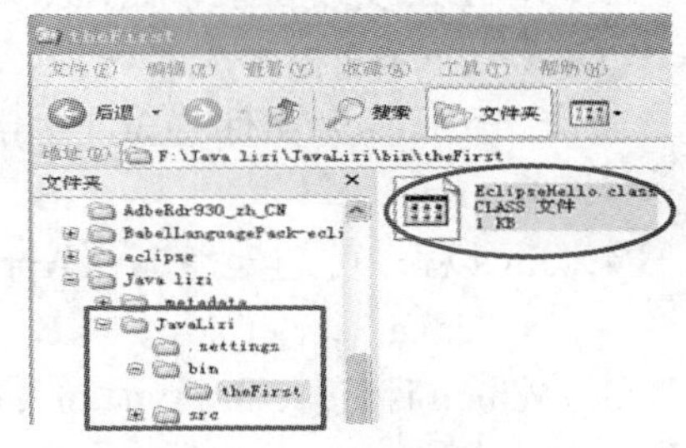


图 1-18　bin 目录

（2）在编辑窗口中添加［例 1-1］代码中所缺少的“System.out.println（“Hello World!”）”，完成程序的编写。

在输入的过程中 Eclipse 帮助功能可以自动地提示帮助信息，如图 1-19 所示，程序员可以将其作为参考。

（3）运行项目。单击工具栏运行按钮旁的小三角形 （或者选择要运行的类，右击弹出的菜单）选择“运行方式”→“java 应用程序”命令来运行该程序。以后运行该程序时不用如此麻烦，只用直接单击“运行”按钮就行。程序运行结果将显示在任务窗口，如图 1-20 所示。

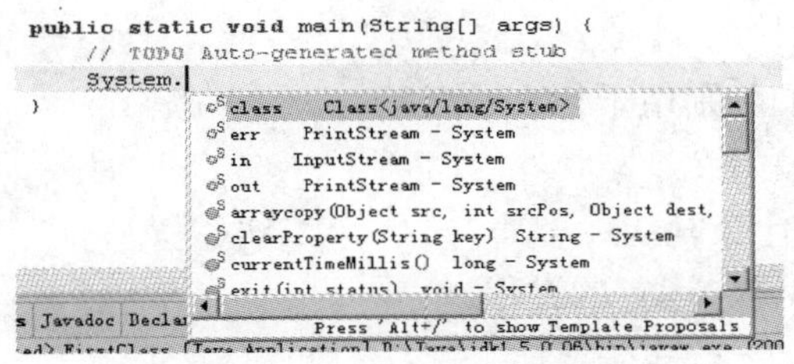


图 1-19　Eclipse 的代码编辑器及帮助

图 1-20　程序运行结果

## 1.4 小　　结

本章介绍 Java 语言的特点和 Java 的发展过程，详细讲解了 Java 平台、Java 的开发工具包 JDK 及 Java 虚拟机的组成和工作原理，介绍了在命令提示符和 Eclipse 集成开发工具下进行 Java 程序的开发过程，为后续章节的学习打下了基础。

## 习　　题

**一、选择题**

1．Java 语言的特点包括简单、______、高性能和动态等。

A．面向对象的、平台无关的　　B．面向过程的、平台无关的

C．面向对象的、网络无关的　　D．面向过程的、网络无关的

2．在 JDK 安装目录中 javac.exe 文件是______。

A．Java 文档生成器　B．Java 编译器　C．Java 解释器　D．Java 类诊断器

3．编译 Java 源文件将会产生字节码文件，又称为字节码文件，它的扩展名为______。

A．Java　B．html　C．class　D．exe

4．Java 程序可划分为 Java Application、Java applet、______三种类型。

A．Java Servlet　B．Java Servler　C．Java Dialog　D．Java Button

5．Which is the return type of the method main（　　）？

A．int　B．void　C．boolean　D．static

6．What is the parameter specification for the public static void main method? Select all correct answers。（　　）

A．String args[]　B．String[]args　C．Strings args[]　D．String args

**二、填空题**

1．平台是一个程序运行的________，Java 平台是一种软件平台由________和________组成的。

2．Eclipse 工作台除了菜单栏和工具栏外还包括包资源视图、________视图和________视图，还有一个代码编辑窗口。

3．Java 虚拟机（JVM）是一个________虚拟计算机，对于每个 Java 平台下面的底层平台（操作系统），Java 虚拟机的具体实现是________，但只有一套 Java 虚拟机规范。

**三、简答题**

1．Java 技术体系主要由哪三部分组成？它们分别用于什么场合？

2．简述 Java 平台的组成部分及它们的相互关系？

3．环境变量 classpath 和 path 的作用分别是什么？

4．简述在 JDK 环境中 Java 程序的编辑、编译、运行的过程。

5．简述 JVM 和 JRE 的含义、作用及区别。

# 第2章 Java 语言基础

Java 从 C/C++中继承它的基本结构及一些基本语法。本章将介绍 Java 语言的基本语法和一些基本语句，如变量声明、运算符、表达式，语句、流程控制等。

## 2.1 简单的 Java 程序

### 2.1.1 Java 程序的基本构成

从第 1 章中已经初步接触到了 Java 应用程序，在本节将进一步讨论 Java 应用程序的构成，先看［例 2-1］。

**【例 2-1】** 求一个圆的面积，参考代码如下：

```
package second;
public class Circlearea{
    public static void main(String args[]){
        final double PI=3.14;
        double area;
        double r=3.5f;
        area=PI*r*r;
        System.out.println("此圆的面积为:"+area);
    }}
```

在［例 2-1］中展示了一个 Java 的基本应用程序，此程序为求一个圆的面积，并将该信息显示在屏幕上。在程序中第 1 行表示类的声明，包括访问权限和类名；第 2、11 行分别表示类代码块的开始边界和结束边界，在两行之间表示类体；第 3 行是 main()方法的声明；第 4、10 行之间是 main 方法体；第 5 行声明一个常量并赋值；第 6 行声明一个变量；第 7 行声明一个变量并赋初值。通常 Java 源程序一般包括以下两部分：

（1）Java 包引入部分（如果有的话）。

（2）类定义部分，类定义包括以下两部分：

1）类声明语句：说明类名、访问权限及类的属性。

2）类代码块：也称类体，主要由成员变量和成员方法构成。

①成员变量：在类体但不在任何方法中声明的变量。

②成员方法：由语句和语句块构成。

③注释：程序的解释部分，JVM 将忽略这些代码。

**注意：**

（1）语句：Java 语句是标识符的集合，由关键字、常量、变量和表达式构成。简单语句以分号作为结束标志，单独的一个分号被看做一个空语句，空语句不做任何事情。

（2）语句块：在 Java 程序中使用"{"和"}"来定义代码块。

（3）main 方法：Java 应用程序的入口方法，也即程序在运行的时候，第一个执行的方法就是 main 方法。一般一个 Java 应用程序只有一个 main 方法而且必须包含一个 main 方法才能运行。这个方法和其他的方法有很大的不同，方法的名字必须是 main，方法的声明必须是 public static void 类型的，方法必须接收一个字符串数组的参数 String args[]或 String[]args。这样定义是 Java 的规范，和 JVM 的运行有关系。main()方法中字符串参数数组的作用是接收命令行输入的参数，命令行的参数之间用空格隔开，如 [ 例 2-2 ]。

【例 2-2】 打印 main 方法中的输入参数，参考代码如下：

```
package second;
public class TestMain {
    public static void main(String args[]){
        System.out.println("打印main方法中的输入参数!");
        for(int i=0;i<args.length;i++){
         System.out.println(args[i]);
        }}}
```

编译后，在命令行中输入如下命令：

```
java  TestMain 1 2 3
```

在 Eclipse 中如果需要输入命令行参数，其操作为：选择要运行的类，右击该类，在弹出的菜单中选择“运行方式”→“运行配置”命令进入运行配置窗口，选择“自变量”选项卡，如图 2-1 所示。在程序自变量文本域中输入参数并以空格隔开。

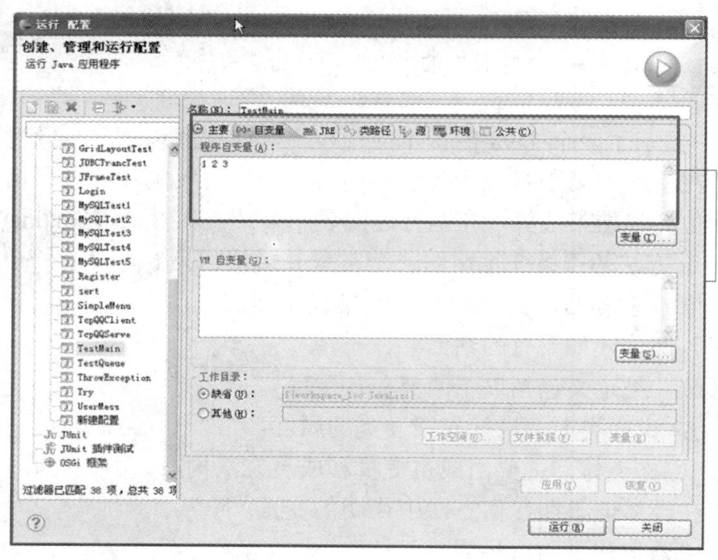

图 2-1 在 Eclipse 中输入 main 参数

则程序的运行结果为：

```
打印main方法中的输入参数!
1
2
3
```

### 2.1.2 Java 程序的注释

1. 单行注释

在代码中单起一行或在一行的行尾进行注释，//的后面为注释部分。注释格式为：

```
// 注释内容
```

2. 块注释

注释若干行，通常用于提供文件、方法、数据结构等的意义与用途的说明，或者用于算法的描述。一般位于一个文件或者一个方法的前面，起到引导的作用，也可以根据需要放在合适的位置。注释格式为：

```
/*
    注释内容
*/
```

3. 文档注释

注释若干行，并写入 Javadoc 文档。每个文档注释都会被置于注释定界符 /**…*/ 之中，注释文档将用来生成 HTML 格式的代码报告，所以注释文档必须书写在类、域、构造函数、方法，以及字段（field）定义之前。注释文档由两部分组成——描述、块标记。注释格式为：

```
/**

 */
```

Javadoc 是 Sun 公司提供的一个技术，它从程序源代码中抽取类、方法、成员等注释形成一个和源代码配套的 API 帮助文档。只要在编写程序时以一套特定的标签作注释，在程序编写完成后，通过 Javadoc 就可以同时形成程序的开发文档了。

## 2.2 标识符和关键字

Java 语言使用国际字符格式标准（Unicode）和浮点数（IEEE 754）。Unicode 字符集定义了一整套国际标准字符集，是 16 位的。相对于通常 8 位的 ASCII 码，Unicode 字符集能够表示的语言形式更多。

1. 标识符

在 Java 中变量、方法、类和对象的名称都是标识符，程序中需要标识和使用的东西都需要用到标识符。在 Java 语言里，标识符是以字符、数字、下画线（_）、美元符号（$）组成的字符串，它有如下特点：

（1）必须以字母、下画线或美元符号开头，不能以数字开头。如 a123$、$123、_123 都是正确的标识符，而 123a、123_就是错误的标识符。

（2）Java 中的关键字不能当做标识符来使用。

（3）标识符区分大小写，如 A1 和 a1 代表两个不同的标识符。

（4）Java 中约定变量名一般以小写字母开头，类名一般以大写字母开头。

2. 关键字

关键字是 Java 中具有特殊含义的字符序列，它们有特定的作用，用来实现一些特定的功能，不允许用户为它们赋予其他的含义，不能作为标识符来使用。Java 中的关键字如表 2-1 所示。

表 2-1 关 键 字

| byte | extends | short | int | long | float |
|---|---|---|---|---|---|
| double | new | char | boolean | true | false |
| if | void | else | for | while | do |
| try | static | catch | finally | throw | throws |
| switch | native | case | continue | break | return |
| null | synchronized | import | package | interface | implements |
| abstract | class | final | transient | default | public |
| protected | instanceof | private | this | super | |

3．分隔符

在 Java 中，有一些字符被当做分隔符使用，其用途如下：

（1）( ) 圆括号。在定义和调用方法时用来将参数表括起来，或在控制语句中进行强制类型转换，或在组成的表达式中用来表示运算的优先次序。

（2）{ }花括号、大括号。用来包括自动初始化的数组的值，或用来定义程序块、类、方法及局部范围

（3）[ ]方括号、中括号。用来声明数组类型，或用来引用数组的元素值。

（4）；分号。用来终止一个语句，或用于分隔变量表中的各个变量，或用于分隔参数表中的各个参数。

（5）. 句号（点）。用来将包的名字与它的子包或类分隔，或用来将对象与变量或方法分隔。

（6），逗号。用来分隔连续的标识符或连续的语句。

## 2.3 数 据 类 型

在 Java 中存储一个数据，是用变量来表示的。而定义一个变量则需要两个要素分别为：表示该变量的数据类型和标识该变量的标识符。数据类型决定变量所代表的不同种类的数据，在 Java 语言中可将数据类型分为简单类型和复合类型两大类。在程序设计中，根据要求选用正确的基本数据类型是非常重要的，选择的主要依据是数据类型的取值范围，而取值范围又取决于数据类型在内存中所占的空间的大小。

### 2.3.1 简单数据类型

简单数据类型是不能再简化的、内置的数据类型，由编程语言定义，表示真实的数字、字符和整数。简单数据类型包括：整数类型（Integer）：byte、short、int、long；浮点类型（Floating）：float、double；字符类型（Textual）：char；布尔类型（Logical）：boolean。

1．整数类型

整数类型根据所占内存大小的不同可分为四种不同的类型，最短的是占 8 位内存的字节型（byte），短整型（short）所占内存为 16 位，整型（int）占 32 位内存，长整型（long）占 64 位内存，因此它们的取值范围也不相同，如表 2-2 所示。

表 2-2 整 数 类 型

| 类 型 | 所占位数 | 值 的 范 围 |
|---|---|---|
| byte | 8 | $-2^{7}\sim2^{7}-1$ |
| short | 16 | $-2^{15}\sim2^{15}-1$ |
| int | 32 | $-2^{31}\sim2^{31}-1$ |
| long | 64 | $-2^{63}\sim2^{63}-1$ |

Java 的整数有三种进制的形式表示，分别是：十进制、八进制和十六进制。

十进制：用 0～9 的数字表示，如 234。

八进制：以 0 开头，后跟 0～7 的数字表示，如 045 相当于十进制的 37。

十六进制：以 0x 或 0X 开头，后跟 0～9 的数字或 a～f 的小写或大写字母表示，a～f 或 A～F 表示 10～15 的数值，如 0x23e 和 0X23E 是相等的，相当于十进制的 382。

2. 浮点类型

浮点类型分为单精度浮点数 float 型和双精度浮点数 double 型两种，用来表示一个 32 位的和 64 位的浮点数。浮点数的表示形式又分为十进制形式和科学计数形式，如表 2-3 所示。

表 2-3 浮 点 类 型

| 类 型 | 所 占 位 数 | 值 的 范 围 |
|---|---|---|
| float | 32 | $3.4e^{-038}\sim3.4e^{+038}$ |
| double | 64 | $1.7e^{-038}\sim1.7e^{+038}$ |

十进制数形式：由数字和小数点组成，且必须有小数点，如 0.123、4.23、234.0。且 float 型的值，必须在数字后加 f 或 F，如 4.23f。

科学计数法形式：如 123e3 或 123E3，其中 e 或 E 之前必须有数字，且 e 或 E 后面的指数必须为整数。

3. 字符类型

Java 字符类型是用关键字 char 来声明的，所占内存中的位数是 16 位，因为 Java 使用 16 位的 Unicode 字符集，如'a'、'3'、'y'。Java 中一些控制字符不能直接显示，可以利用转义序列来表示。其中反斜杠（\）的作用是转义，一是和一些普通的字符组合形成一些特殊含义，如'\n'、'\t'；二是将一些具有特殊含义的字符以字符的形式输出，如'\\'、'\'。其作用说明如表 2-4 所示。

表 2-4 转 义 序 列

| 转义序列 | 说 明 |
|---|---|
| \n | 换行，将光标移至下一行的开始 |
| \t | 水平制表，将光标移至下个制表符位置 |
| \r | 回车，将光标移至当前行的开始，不移到下一行 |
| \\ | 反斜杠，输出一个反斜杠 |

续表

| 转义序列 | 说　　明 |
| --- | --- |
| \' | 单引号，输出一个单引号 |
| \" | 双引号，输出一个双引号 |

4. 布尔类型

布尔类型只有真和假两个值，它与C语言中的布尔类型代表0和1不同，在Java中代表true和false，且它们是一个独立的类型，不对应于任何整数，所以Java中的布尔类型不能转换成数字。

### 2.3.2 数据类型转换

有时需要将一个变量的值赋给与它数据类型不一致的另一个值，这时就要进行类型转换，如int a和char b，需将a的值赋给b。

1. 自动转换

整型、实型、字符型数据可以混合运算，在运算中如果是一个短类型的值赋给一个长类型，则系统会进行自动转换，将短类型在运算时自动转换为对应的长类型。转换的优先级别是（低到高）：byte short char int long float double，如：

```
byte   x = 3;
int    y = x+x;                  // x 被自动转换为 int 类型
```

2. 强制转换

在运算中如果是长类型需转换为短类型时须在程序中显式地指定，进行强制类型转换。通常系统会截断高位数据，因此进行强制类型转换时有可能会出现信息的丢失，如：

```
int     i=3;
byte    b =(byte)i;             //进行强制转换。
double  x =3.14159;
int     y =(int)x;              //进行强制转换,丢失了小数部分,y=3。
```

### 2.3.3 复杂数据类型

复合数据类型也称为引用类型，是建立在简单类型之上的，它包括数值、变量和方法，是一种数据与代码相结合的复合结构。复合数据类型包括类（class）、接口（interface）、数组（Array）等。本节首先介绍数组的使用，其他内容在随后的章节中会一一介绍。

在Java语言中，数组是一个特殊的对象。数组代表有序数据的集合，也代表相同类型变量的集合，数组可被定义为任何类型，也可以是一维或多维。数组中的数据被称为数组的元素，可以用数组名和下标来唯一地确定数组中的元素。

1. 一维数组

一维数组（one-dimensional array）实质上是相同类型变量的列表。

（1）声明数组。要创建一个数组，首先必须定义数组变量所需的类型。通用的一维数组的声明格式为：

```
type   var-name[];
```

其中，type 定义了数组的基本类型。基本类型决定了组成数组的每一个基本元素的数据类型。下面的例子定义了数据类型为 int，名为 month_days 的数组。

```
int month_days[];
```

（2）为数组分配空间。尽管上面的例子定义了 month_days 是一个数组变量，但实际上没有数组变量存在。事实上，month_days 的值被设置为空，它代表一个数组没有值。为了使数组 month_days 成为实际的、物理上存在的整型数组，必须用运算符 new 来为其分配地址并且把它赋给 month_days。只有使用 new 来为数组分配内存，数组才有一片连续的存储单元。当运算符 new 被应用到一维数组时，它的一般形式如下：

```
array-var = new  type[size];
```

其中，type 指定被分配的数据类型，size 指定数组中变量的个数，array-var 是被链接到数组的数组变量。用运算符 new 分配数组后，数组中的元素将会被自动初始化。例如，分配了一个 12 个整型元素的数组并把它们和数组 month_days 链接起来。

```
month_days = new int[12];
```

因此获得一个数组需要两步。第一步：必须定义变量所需的类型；第二步：必须使用运算符 new 来为数组所要存储的数据分配内存，并把它们分配给数组变量。也可以在声明数组的同时，使用 new 运算符为数组分配空间。例如：

```
int Array = new int[3];     //创建数组,并分配 3 个 int 型整数所占据的内存空间
```

一旦分配了一个数组的存储空间，程序中就不能改变数组的长度，但可以再次使用 new 为数组重新分配空间。

（3）声明时为数组赋初值。可以在声明的同时为数组赋初值。例如：

```
int month_days[]={31,28,31,30,31,30,31,31,30,31,30,31};
```

（4）数组元素的访问格式。一旦分配了一个数组，就可以在方括号内指定它的下标来访问数组中特定的元素。所有的数组下标从零开始。数据元素的访问格式如下：

```
arrayName[下标表达式]
```

下面的语句将值 28 赋给数组 month_days 的第二个元素。

```
month_days[1]= 28;
```

（5）数组的长度 length。Java 提供了 length 变量来表示数组的长度，即数组的元素个数。

**【例 2-3】** 一维数组的使用，参考代码如下：

```
package second;
public class ArrayExp {
   public static void main(String args[]){
      int a[]=new int[50];
      int i,sum;
      a[0]=2;
      sum=a[0];
      for(i=1;i<50;i++){
         a[i]=a[i-1]+2;
         sum=sum+a[i];      }
      System.out.println("数组的长度为:"+a.length);
      System.out.println("此 50 个连续偶数的和为:"+sum);}}
```

2. 二维数组

二维数组，实际上就是数组的数组，即一维数组的数据元素为一个一维数组。

（1）二维数组声明。二维数组的声明格式为：

```
   type[][]arrayName;
或 type  arrayName[][];
或 type[]arrayName[];
```

其中类型 type 可以是 Java 中任意的数据类型；数组名 arrayName 为一个合法的标志符；[]指明该变量是一个数组类型变量，可以在数组名前面或后面。

（2）创建二维数组。与一维数组一样，声明数组后还不能访问数组元素，因为还没有给数组元素分配内存空间。创建二维数组的格式有以下两种。

1）直接为每一维分配空间，参考代码如下：

```
arrayName = new type[arrayLength1][arrayLength2];
```

其中 arrayLength1 是数组第一维的长度，arrayLength2 是数组第二维的长度。

2）从第一维开始，依次给每一维分配空间，参考代码如下：

```
arrayName = new type[arrayLength1];
arrayName[0]= new type[arrayLength20];
arrayName[1]= new type[arrayLength21];
…
arrayName[arrayLength1-1]= new type[arrayLength2n];
…
```

（3）初始化，对数组元素初始化的方法有两种：

1）直接给每个二维数组元素赋值，参考代码如下：

```
arrayName[index1][index2]= 值;
```

其中 index1、index2 为数组下标，可以是整数常量或表达式。

2）定义数组的同时对数组初始化，参考代码如下：

```
int myArray[][]= {{1,2},{3,4,5},{6,7,8,9}};
```

［例 2-4］以输出杨辉三角形为例，体验二维数组的应用。

**【例 2-4】** 杨晖三角形，参考代码如下：

```
package second;
public class Yanghui {
   public static void main(String args[]){
      final int MAX=10;
      int mat[][]= new int[MAX][];        //指定第一维
      int i=0,j,n;n=MAX;
      for(i=0;i<n;i++){
         mat[i]= new int[i+1];            //指定第二维,每次维数不同
         mat[i][0]=1;mat[i][i]=1;
         for(j=1;j<i;j++)mat[i][j]=mat[i-1][j-1]+mat[i-1][j];}
         for(i=0;i<n;i++){                // 输出二维数组
            for(j=0;j<n-i;j++)System.out.print("  ");
            for(j=0;j<=i;j++)System.out.print("   "+mat[i][j]);
         System.out.println();
      }}}
```

运行结果如图 2-2 所示。

```
Problems  @ Javadoc  声明  控制台
<已终止> Yanghui [Java 应用程序] C:\Program Files\Java\jre6\bin\javaw.exe ( 2012-4-12 上午11:43:51 )
                    1
                  1   1
                1   2   1
              1   3   3   1
            1   4   6   4   1
          1   5   10   10   5   1
        1   6   15   20   15   6   1
      1   7   21   35   35   21   7   1
    1   8   28   56   70   56   28   8   1
  1   9   36   84   126   126   84   36   9   1
```

图 2-2　杨晖三角形的输出结果

## 2.4　常量和变量

### 2.4.1　常量

常量存储的是在程序中不能被修改的固定值。常量一经建立，在程序运行的整个过程中都不会改变。

常量的声明格式和变量的声明格式基本一样，只需用 final 来标识，且被 final 修饰初始化后不能再修改。每个常量也有一个基本的数据类型，Java 中常用的常量有布尔常量、整型常量、字符常量、字符串常量和浮点常量等。其声明如下：

```
final  int  MAX = 10;          //MAX 是一个常量,且以后都不能再修改它的值。
```

Java 约定常量标识符全部用大写字母表示。这个约定的主要优点是，它有助于区分常量和变量，增强了代码的可维护性。

### 2.4.2　变量

变量是用来存储不同种类的数据，是 Java 程序中的基本存储单元，它涉及变量的数据类型、变量名、变量的作用范围等方面。

（1）变量类型可以为任意一种数据类型，既可以是简单类型也可以是复合类型。

（2）变量名是一个合法的标识符。

（3）变量的作用域，也即该变量的有效范围，只有在变量的作用域中使用该变量才是合法的使用。

1. 变量的声明

在 Java 中，使用变量之前必须先声明变量。变量的声明主要包括两部分：指明变量的类型和变量名。变量的声明格式如下：

```
type  varName
```

type 是变量的类型，如 byte、short、char、int、long、float、double 等，varName 是变量的名字。声明指定类型的多个变量时，使用逗号将各变量分开。如：

```
int count;
long a,b,c,d;
```

2. 变量的初始化

在使用变量之前，变量应该是实际存在的。所以在使用变量之前，变量必须进行初始化。

可以在声明变量之后进行赋值，例如：

```
int count;
count=5;
```

也可以在声明变量的同时进行初始化，例如：

```
int count=5;
```

### 2.4.3 变量的作用域

变量的作用域也就是该变量的有效范围，只有在变量的作用域中使用该变量才是合法的使用，同时变量的作用域也决定了 JVM 何时创建和销毁变量。如图 2-3 所示，根据所声明的位置的不同可以分为：局部变量、成员变量、方法参数和例外处理参数。

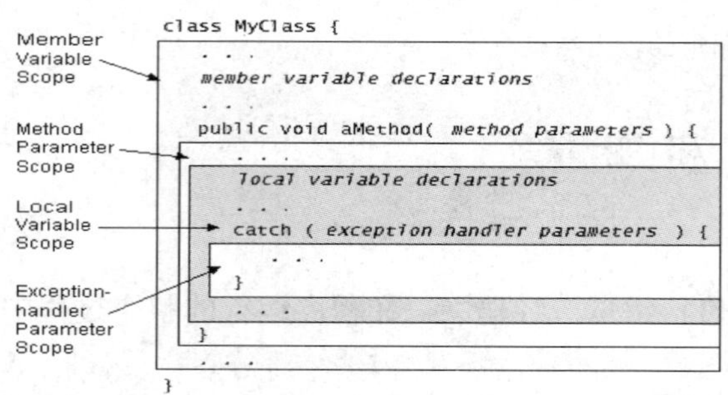


图 2-3 变量作用域

成员变量是在类体内而不在任何一个方法体内声明的变量，它的作用域是整个类体；方法参数的作用域在整个方法体；例外处理参数的作用域是它所在的 catch 语句块；局部变量的作用域是从声明该变量的开始位置到变量所在的语句块结束的位置。

**【例 2-5】** 一个矩形类，参考代码如下：

```
package second;
public class Rectangle {
    double width;                                   //成员变量
    double height;                                  //成员变量
    public Rectangle(double wid,double hei)         //方法参数
    {   width=wid;      height=hei;}
    double getArea(){
        double area;                                //局部变量
        area=width*height;
        return area;}
    public static void main(String args[]){
        Rectangle r;
        double width=2.2;       double height=1.6;
        r=new Rectangle(width,height);
        double area=r.getArea();
        System.out.println("矩形的面积:"+area);
    }}
```

从［例 2-5］中可以看到成员变量可以在类中任何位置使用，在 Rectangle()和 getArea()方法中都用到了 width 和 height 这两个成员变量，而方法参数和局部变量只能在其对应的方法里起作用。

## 2.5 表达式和运算符

Java 程序由一条一条的语句构成，1 条或 1 条以上的语句组成的一组语句，通过放在一对花括号（{}）中来构成 Java 程序块。如果需要将两条或多条语句在逻辑上连接起来，就可

以将其放入一个程序块中，一旦创建了程序块，它就成为一个逻辑单元，可以作为一个单独的语句来使用。

Java 语句是由单个表达式或多个表达式组合而成的，由分号（;）结束的一条代码。表达式是由关键字、变量、运算符和数据类型数值按一定的语法规则组成的序列，是程序语句的基本构成部分，是算法语言的基本组成部分。一个常量或一个变量名字是最简单的表达式，表达式还可以用做其他运算的操作数，形成更复杂的表达式。

表达式的运算规则严格按照 Java 所规定的运算规则，即按照操作符的优先级由高到低的顺序进行运算，先内层后外层，先乘除后加减等；若优先级相同则按从左到右的顺序，参考代码如下：

```
int x=3;int y=4;int z=5;
int w=(x+y)*z*((x>y)?x:y);  //此表达式中优先级最高的操作符是()
                            //所以括号内的运算,接下来是*的运算,所以 w=140
```

Java 提供了丰富的运算符环境，如算术运算、位运算、关系运算和逻辑运算等。Java 还定义了一些附加的运算符用于处理特殊情况。本节将介绍 Java 的运算符，赋值运算符表见表 2-5。

### 2.5.1　算术运算符

算术运算符的运算数必须是数字类型。基本的算术运算符主要包括：基本算术运算符（+、−、*、\、%）、一元正负运算符（+、−）、递增和递减运算（++、−−）、算术赋值运算符（+=、−=、*=等）。

1. 基本算术运算符

基本算术运算符主要有+、−、*、\、%，这些运算符主要用来实现 Java 的基本数据运算。其中加（+）、减（−）的优先级相同，乘（*）、除（\）、取余（%）的优先级相同，乘（*）、除（\）、取余（%）优先级高于加（+）、减（−）优先级。这五种运算符的运算数均适用于整型和浮点型，取模运算符（%）这一点不同于 C/C++，在 C/C++中模运算符（%）仅仅能用于整数类型。例如：

```
int a = 1+1;           //  a=2
int b = a * 3;         //  b=6
int c = b / 4;         //  c=1
int d = c-a;           //  d=-1
int e=a+b-c;           //  e=7,当优先级一样时,按从左向右的顺序运算。
int f=a+b*a-b/a;       //  f=11,在含有多种运算符的式子中,应先进行优先级高的运算,
                       // 在进行低的运算,相同时,从左向右运算。
int g=e%a;             //  g=1
```

2. 一元正负运算符

加（+）、减（−）有时也用于标识一个数的正负，根据表达式的书写形式，编译器会自动判断出使用的是哪一种。例如：

```
int a=3;
int x=a;               //x=3;
int y=-a;              //y=-3;
```

3. 递增和递减运算

“++”和“−−”是递增和递减运算符。递增运算符对其运算数加 1，递减运算符对其

运算数减 1。如果递增或递减运算符放在其运算数前面，Java 就会在获得该运算数的值之前执行相应的运算；如果运算符放在其运算数后面，Java 就会先获得该运算数的值再执行递增或递减运算。例如：

```
x = 42;
y =++x;      //y=43,x=43
x = 42;
y = x++;     //y=42,x=43
```

4. 算术赋值运算符

Java 提供算术赋值运算符如表 2-5 所示，该运算符可用来将算术运算符与赋值结合起来。赋值运算符比标准的等式紧凑，而且有助于提高 Java 的运行效率。例如：

```
a+=4;        //相当于 a=a+4;
a%= 2;       //相当于 a=a%2;
```

**表 2-5　　赋值运算符**

| 运算符 | 用　　法 | 等价于 |
|---|---|---|
| += | a+=b a、b 为数值型，进行加等的运算 | a=a+b |
| -= | a-=b a、b 为数值型，进行减等的运算 | a=a-b |
| *= | a*=b a、b 为数值型，进行乘等的运算 | a=a*b |
| /= | a/=b a、b 为数值型，进行除等的运算 | a=a/b |
| %= | a%=b a、b 为数值型，进行取模等的运算 | a=a%b |
| &= | a&=b a、b 为布尔型或整型，进行逻辑与等的运算 | a=a&b |
| \|= | a\|=b a、b 为布尔型或整型，进行逻辑或等的运算 | a=a\|b |
| ^= | a^=b a、b 为布尔型或整型，进行逻辑异或等的运算 | a=a^b |
| <<= | a<<=b a、b 为整型，进行按位左移等的运算 | a=a<<b |
| >>= | a>>=b a、b 为整型，进行按位右移等的运算 | a=a>>b |
| >>>= | a>>>=b a、b 为整型，进行 0 填充的按位右移等的运算 | a=a>>>b |

### 2.5.2 关系和条件运算符

1. 关系运算符

关系运算符包括大于（>）、小于（<）、大于等于（>=）、小于等于（<=）、相等（==）、不等于（!=）六种。关系运算符的结果为 boolean 型数据（true 或 false）。

相等==，对于基本数据类型，测试运算数的值是否相等：

```
int x=3;
int y=3;
x==y;
```

表达式 x==y 用于判断 x 与 y 是否相等，此式值为 true。特殊的负零与正零比较，是相等的。

但是对于引用类型或数组，测试是否引用相同的对象或数组，不是测试两个不同对象或数组的内容是否相同。此运算符不用于测试字符串是否相等。

不等（! =）与相等（==）的使用规则一样，是其反面。关系运算符<、<=、>、>=，只能用于比较数字或字符。例如：

```
4>5              //返回值是 false
'A'>'a'          //返回值是 true
```

2. 条件运算符

条件运算符的格式如下：

```
<表达式 1>?<表达式 2>:<表达式 3>
```

表达式 1 是一个条件表达式，返回的是一个 boolean 类型的值，如果表达式 1 的值为 true，则取表达式 2 的值，反之取表达式 3 的值。例如：

```
(a>b)?a:b          //如果 a>b 的值是 true,则此表达式返回 a 的值;反之返回 b 的值。
```

### 2.5.3 逻辑运算符

逻辑运算符主要包括逻辑与（&&）、逻辑或（||）、逻辑非（!）、按位与（&）、按位或（|）、按位异或（^）六种，它们所运算的运算数是 boolean 类型的数值或表达式。如 A、B 代表数值或表达式，则逻辑运算结果如表 2-6 所示。

表 2-6　　逻 辑 运 算 符

| A | B | A&&B<br>A&B | A\|\|B<br>A\|B | A^B | ! A |
|---|---|---|---|---|---|
| false | false | false | false | false | true |
| true | false | false | true | true | false |
| false | true | false | true | true | true |
| true | true | true | true | false | false |

其中按位与（&）、按位或（|）、按位异或（^）还可以对整型数值进行按位运算。位运算符还包括右移（>>）、左移（<<）、0 填充的右移（>>>）。［例 2-6］在例中定义了一些常量分别用来表示可见的、可拖动的、可编辑的和可选择的，然后在 main()方法中设置标记，并进行位运算。

**【例 2-6】** 逻辑运算符示例，参考代码如下：

```
package second;
public class BitwiseDemo {
   static final int VISIBLE = 1;static final int DRAGGABLE = 2;
   static final int SELECTABLE = 4;static final int EDITABLE = 8;
   public static void main(String[]args){
       int flags = 0;
       flags = flags | VISIBLE;flags = flags | DRAGGABLE;
       if((flags & VISIBLE)== VISIBLE){
          if((flags & DRAGGABLE)== DRAGGABLE){
              System.out.println("Flags are Visible and Draggable.");}    }
       flags = flags | EDITABLE;
       if((flags & EDITABLE)== EDITABLE){
       System.out.println("Flags are now also Editable.");
       }    }}
```

### 2.5.4 其他运算符

1. instanceof 对象运算符

对象运算符用来测试一个指定对象或数组是否为指定类（或它的子类）的实例，若是则返回 true，否则返回 false。instanceof 运算符只能用于引用类型和对象，不能用于基本类型和基本类型的值。

2. 特殊运算符

（1）点运算符“.”用于对象成员访问和分隔包的各个域。

（2）数组运算符“[]”用于数组元素访问，如 a［1］表示数组 a 中的第二个元素。

（3）( )运算符用于改变表达式中运算符优先级，或者在方法的声明中用于方法参数的声明。

（4）new 运算符用于对象和数组的实例化。

### 2.5.5 运算符的优先级与结合性

优先级是指同一式子中多个运算符被执行的次序，Java 处理时从最高优先级到最低的次序进行，若优先级相同则按从左向右的顺序执行。各运算符的优先级如表 2-7 所示。

表 2-7 运 算 符 优 先 级

<table>
<tr><th>优先级（由高到低）</th><th>运　算　符</th><th>优先级（由高到低）</th><th>运　算　符</th></tr>
<tr><td>1</td><td>.[]()</td><td>9</td><td>&</td></tr>
<tr><td>2</td><td>＋＋—！～instanceof</td><td>10</td><td>^</td></tr>
<tr><td>3</td><td>new（type）</td><td>11</td><td>&&</td></tr>
<tr><td>4</td><td>* / %</td><td>12</td><td>||</td></tr>
<tr><td>5</td><td>＋－</td><td>13</td><td>？：</td></tr>
<tr><td>6</td><td>>> >>> <<</td><td>14</td><td>=＋=–= *= /= %= ^=</td></tr>
<tr><td>7</td><td>> < >= <=</td><td>15</td><td>&= |= <<= >>= >>>=</td></tr>
<tr><td>8</td><td>= =！ =</td><td></td><td></td></tr>
</table>

## 2.6 流 程 控 制

Java 程序通过流程控制来执行程序流，完成一定任务的语句组成的代码。语句可以是单一的一条语句（如 c=a＋b; ），也可以是复合语句。Java 中的流程控制语句如表 2-8 所示。

表 2-8 控 制 结 构

| 程序控制结构 | 关　键　字 |
|---|---|
| 顺序结构 | |
| 选择结构 | if-else，switch-case |
| 循环结构 | while，do-while，for |
| 例外控制结构 | try-catch-finally，throw |
| 无条件转向 | break，continue，label，return |

### 2.6.1 顺序结构

顺序结构是最基本的流程控制结构，只要按照解决问题的顺序写出相应的语句就可以，它的执行顺序是自上而下依次执行，是最简单的一种基本结构。

【例 2-7】 求一个三位数各个位上数字之和，参考代码如下：

```
package second;
public class Dsum {
    public static void main(String args[]){
        int num=788;
        int a=0,b=0,c=0;
        int dsum=0;
        a=num%10;
        b=(num/10)%10;
        c=(num/100)%10;
        dsum=a+b+c;
        System.out.println(num+"这个三位数各个位上数字之和为:"+dsum);
    }}
```

### 2.6.2 选择结构

分支语句提供了一种控制机制，使得程序的执行可以跳过某些语句不执行，而转去执行特定的语句。分支语句又分为以下两种结构。

（1）二路分支语句（if-else）：根据判定条件的真假来执行两种运算中的一种。

（2）多路分支语句（switch-case）：switch 实际上也是一种 if-else 结构，它针对有很多选项的情况，选出满足条件的语句来执行。它把括号里表达式的值同每种情况列出的值做比较，如果相等，就执行后面的语句；如果所有的情况都不满足，则执行 default 语句。

1. if-else 语句

if 语句的定义格式如下：

```
if(表达式){
    语句块 1;
  }
else{
   语句块 2;
  }
```

其中表达式是一个布尔表达式，为 true 则执行语句块 1，为 false 则执行语句块 2。else 语句可有可无。else 语句可以有多条，其格式如下：

```
 if(表达式){
    语句块 1;
  }
else if{
   语句块 2;
  }
…
else if{
   语句块 n;
  }
else{
  语句块;
}
```

【例 2-8】 求三个数中的最大值和最小值，参考代码如下：

```
package second;
public class Mnum {
    public static void main(String args[]){
       int a=10,b=12,c=6;
       int max,min;
       if(a>=b){
          max=a>c?a:c;
          min=b<c?b:c;   }
       else{
         max=b>c?b:c;
         min=a<c?a:c;}
       System.out.println("这三个数中最大值为:"+max);
       System.out.println("这三个数中最小值为:"+min);
    }}
```

【例 2-9】 判断一个日期是否为一个合法的日期，参考代码如下：

```
pack.age second;
public class DateExp{
   public static void main(String args[]){
      int y=2010,m=2,d=29;
      if((d>0)&(d<=31)){
          if((m<=0)|(m>12))System.out.print(y+"-"+m+"-"+d+"不是合法日期值");
          else if((m==4)|(m==6)|(m==9)|(m==11)){
              if(d==31)System.out.print(y+"-"+m+"-"+d+"不是合法日期值");
              else System.out.print(y+"-"+m+"-"+d+"是合法日期值");
          } else if(m==2){
              if((y%400==0)|((y%100!=0)&(y%4==0))){
                  if(d<=29)System.out.print(y+"-"+m+"-"+d+"是合法日期值");
                  else  System.out.print(y+"-"+m+"-"+d+"不是合法日期值");
             } else{
                  if(d<=28)System.out.print(y+"-"+m+"-"+d+"是合法日期值");
                  else  System.out.print(y+"-"+m+"-"+d+"不是合法日期值");
                 }
              } else  System.out.print(y+"-"+m+"-"+d+"是合法日期值");
       } else  System.out.print(y+"-"+m+"-"+d+"不是合法日期值");
     }}
```

2. 多分支语句 switch 语句

switch 语句的定义格式如下：

```
switch(表达式){
      case 常量1:语句1;
            break;
      case 常量2:语句2;
            break;
    ...
      default:语句;
}
```

其中表达式的值的类型和常量的类型可以是 byte、short、int、long 和 char，不能为 boolean，且表达式和常量的类型必须一致。每个 case 常量的值必须唯一。

将表达式值与各个常量比较，如果表达式值与某个常量相等，就执行该常量后面的语句。如果都不相等，就执行 default 后面的语句，如果无 default 子句，就什么都不执行，直接跳出。

default 语句可以没有，当所有的常量的值和表达式的值都不等，才执行 default 语句。

通常在每一个 case 中都应使用 break 语句提供一个出口，使流程跳出。否则，在第一个满足条件 case 后面的所有语句都会被执行。case 分支中可包括多个执行语句，这些语句可不用{}括起来，有些 case 标号列在一起（如“case1:case2:”，中间没有语句），这表示对所列情况将进行同样的运算。

**【例 2-10】** 输出星期几，参考代码如下：

```
package second;
public class WeekExp {
     public static void main(String args[]){
        int week=5;
        System.out.print("week="+week+"\t");
        switch(week){
          case 0:  System.out.println("星期日");   break;
          case 1:  System.out.println("星期一");   break;
          case 2:  System.out.println("星期二");   break;
          case 3:  System.out.println("星期三");   break;
          case 4:  System.out.println("星期四");   break;
          case 5:  System.out.println("星期五");   break;
          case 6:  System.out.println("星期六");   break;
          default: System.out.println("不是合法的日期!");
       }}}
```

### 2.6.3 循环结构

循环结构的作用是根据循环条件判断是否执行一段代码，只要条件符合就反复执行这段代码，直到满足终止循环的条件为止。Java 语言中提供了三种循环语句，分别为：

（1）while 语句。

（2）do-while 语句。

（3）for 语句。

1. while 语句

while 语句的定义格式为：

```
while(表达式){
    循环体
}
```

其中表达式为一个条件表达式，表达式值的类型为 boolean 类型，如果为 true，则执行循环体；否则退出 while 语句，不再执行循环体，执行整个 while 语句下面的语句。

应注意每次执行完循环体要改变表达式的值，否则可能会进入死循环。循环体若只有一条语句时，大括号可以省略。

**【例 2-11】** 求 100 以内能被 7 整除的数，参考代码如下：

```
package second;
public class Num7 {
```

```
    public static void main(String args[]){
        int i=7;
        System.out.println("100 以内能被 7 整除的数有:");
        while(i<100){
           System.out.print(i+",");
           i=i+7;
           }}}
```

【例 2-12】 判断一个数是否为素数，参考代码如下：

素数是指除 1 和自身以外，不能被其他数整除的数。最小的素数是 2，所有的偶数都不是素数。对于奇数，只要在 3～sqrt（k）的奇数都不能整除 k，则 k 也是素数。

```
package second;
public class Prime {
   public static void main(String args[]){
      int num=239;
      int i=3,count=0;
      if(num<=2){
         if(num==2)System.out.println(num+"是一个素数");
         else System.out.println(num+"不是一个素数");
         }else{
            while(i<=Math.sqrt(num)){
               if(num%i==0)count=count+1;
               i=i+2;}
            if(count==0)System.out.println(num+"是一个素数");
            else System.out.println(num+"不是一个素数");
      }}}
```

2. do-while 语句

```
do-while 语句的定义形式如下:
do{
   循环体
}while(表达式)
```

此循环语句是不管表达式的值是否满足都先执行一次，然后再进行判断，这是与 while 循环语句不同的地方。while 语句是先判断再执行，do-while 语句是先执行后判断。do-while 语句至少执行一次。表达式的值是 boolean 类型的值，除第一次执行循环体不进行判断外，其他每次执行循环体前都要先进行判断，表达式为 true 才执行，为 false 则退出 do-while 语句。但应注意每次执行完循环体要改变表达式的值，否则可能会进入死循环。

当 while 后的表达式第一次为真时，while 语句和 do-while 语句的执行情况相同。如下代码段，使用 while 循环，循环体被执行 10 次，sum=55。

```
int i=1,n=10,sum=0;
while(i<=10){
   sum=sum+i;
   i++;
}
```

使用 do-while 循环，循环体也被执行 10 次，sum=55。参考代码如下：

```
int i=1,n=10,sum=0;
do{
   sum=sum+i;
```

```
    i++;
}while(i<=1)
```

但是当表达式第一次的值不为真时，while 语句要比 do-while 语句少执行一次，如下面的两个代码段，虽然表达式是一样的但是第一个循环体执行一次，第二个循环体一次也没有执行。

```
int i=11,sum=0;
while(i<=10){
    sum=sum+i;
    i++;
}
```

while 循环体没有执行，sum=0。看下面的 do-while 循环。

```
int i=11,n=10,sum=0;
do{
    sum=sum+i;
    i++;
}while(i<=10)
```

do-while 循环执行一次，sum=11。

**【例 2-13】** 求 100 以内的素数，参考代码如下：

```
package second;
public class Prime100 {
    public static void main(String args[]){
            final int NUM=100;
            int k,n=1;
            System.out.println(NUM+"以内的素数是:");
            System.out.print("2"+"\t");
            k=3;                    //从最小奇数开始测试,所有偶数不需测试
            do{
                int count=0,i=3;
                while(i<=Math.sqrt(k)){
                    if(k%i==0)count=count+1;
                    i=i+2;
                    }
                if(count==0){
                    n=n+1;
                    System.out.print(k+"\t");}
                k=k+2;              //测试下一个奇数是否是素数
                } while(k<NUM);
            System.out.println("\n"+NUM+"以内的素数共有:"+n);
    }}
```

其运行结果为：

```
100 以内的素数是:
2   3   5   7   11  13  17  19  23  29
31  37  41  43  47  53  59  61  67  71
73  79  83  89  97
100 以内的素数共有:25
```

3. for 语句

for 语句的定义形式如下：

```
for(表达式 1;表达式 2;表达式 3){
循环体
}
```

3 个表达式用分号（;）隔开。表达式 1 用于对循环变量赋初值；表达式 2 的类型为 boolean 类型，是判断循环的条件，如果为 true 则执行循环体，为 false 则退出 for 语句；表达式 3 用于改变循环变量的值，再次执行循环体，防止死循环。

表达式 1 和表达式 3 可为逗号表达式，例如，for（i=1，j=10；i<=j；i＋＋，j--）k=i＋j；其中三个表达式均可默认，但起分割作用的两个分号不可省略。例如，for（;;）表达式 1 省略，应在 for 之前对循环变量赋初值；表达式 2 省略，则不判断条件，循环无终止进行下去；表达式 3 省略，则应另设法保证循环的结束；循环体若只有一条语句时，大括号可以省略。

for 循环语句既可以用于循环次数已确定情况，也可以用于循环次数不确定只给出循环结束条件的情况。使用灵活，完全可代替 while。

**【例 2-14】** 求 1～10 之和和 10 的阶乘，参考代码如下：

```
package second;
public class ForExp {
    public static void main(String args[]){
        int i=1,n=10,s1=0,s2=1;
        for(i=1;i<=n;i++)s1=s1+i;
        System.out.println("1+…+"+n+"="+s1);
        for(i=1;i<=n;i++)s2=s2*i;
        System.out.println(n+"!=1*…*"+n+"="+s2);
    }}
```

运行结果为：

```
1+…+10=55
10!=1*…*10=3628800
```

通过以上论述和例子可以总结出三种循环语句的区别如下：

（1）for 语句和 while 语句先判断条件，后执行语句，do-while 语句则是先执行语句先判断条件，因此 do-while 语句的循环体至少执行一次。

（2）必须在 while 语句和 do-while 语句之前对循环体变量赋初值，而 for 语句可在表达式 1 中对循环变量赋初值。

（3）在循环次数已经确定的情况下，习惯用 for 语句；而对于循环次数不确定只给出循环结束条件的问题，习惯用 while 语句解决。

4. 跳转语句

选择结构和循环结构中经常要用到跳转语句，Java 提供的跳转语句主要有以下几种。

（1）break 语句。在 switch 语中，break 语句用来终止 switch 语句的执行；break 语句的第二种使用情况就是跳出它所在的块。参考代码如下：

```
int n;
for(i=3;i<Math.sqrt(n);i++{
   if(n%i==0)break;
}
```

如果执行了 break 语句则会跳出整个 for 语句，结束循环。

（2）continue 语句。continue 语句用来结束本次循环，与 break 语句不同，它此时并没有终止循环语句，而是接着进行循环条件的判断，以决定是否继续循环，也可以用 continue 跳转到标号指明的外层循环中，这时的格式为：continue 标号。参考代码如下：

```
int n=50;
for(i=1;i<n;i++){
   if(i%3==0)continue;
   System.out.print(i+" \t");
}
```

这段代码的作用是输出 50 以内不能被 3 整除的数，如果执行了 continue 语句，只是结束了本次循环，也即不再执行本次循环语句——continue 语句以后的语句，for 语句并未结束，继续执行下一次循环。

（3）返回语句 return。return 语句从当前方法中退出，并可能为方法返回一个值，返回到调用该方法的语句处。返回语句包括以下两种格式：

```
return 表达式;
return;
```

### 2.6.4 例外处理语句

异常和错误是有区别的，由于异常是可以检测到的，Java 建立了相应的异常处理机制来对异常进行相应的抛出、捕获和处理。对于有关异常方面的知识本书将在第 5 章中具体介绍。

## 2.7 小结

本章介绍了 Java 语言的基础，涉及基本的语法、数据类型、运算符和表达式、变量和常量的使用，以及流程控制语句。从而对 Java 语言的基本结构有所了解，并掌握如何编写 Java 语句，以及通过流程控制语句的学习能够编写代码实现一些基本功能，主要有选择功能、循环功能等，分别通过 if 语句、switch 语句、while 语句、do-while 语句和 for 语句来实现。

## 习题

**一、选择题**

1．main 方法是 Java Application 程序执行的入口点，关于 main 方法的方法头以下哪项是合法的？（ ）

A．public static void main() B．public static void main（String[]args）
C．public static int main（String[]arg） D．public void main（String arg[]）

2．对于可以独立运行的 Java 应用程序，下列（ ）说法是正确的。

A．无须 main 方法 B．必须有两个 main 方法
C．可以有多个或零个 main 方法 D．必须有一个 main 方法

3．如下哪些字符串是 Java 中的标识符？（ ）

A．super B．2num C．#num D．$num

4．布尔型变量假值表示为（ ）。

A．true B．false C．0 D．1

5．下面哪种不是 Java 的数据类型？（ ）

A．int B．数组类型 C．类 D．界面类型

6．整型数据类型中，需要内存空间最少的是（ ）。

A．int B．byte C．long D．short

7．对 Java 运算符，下面说法正确的是（ ）。

A．不具有优先级的区别

B．相同优先级的运算符，计算顺序是从右到左

C．圆括号具有最高优先级

D．“＋”的优先级高于“&&”

8．设 x=5 则 y=x--和 y=--x 的结果分别为（ ）。

A．5，5 B．5，6 C．5，4 D．4，4

9．下面哪个语句是创建数组的正确语句？（ ）

A．float f= new float[6] B．float[]f= new float[]

C．float f= new float[] D．float[]f = new float[6]

10．设数组 Array 由以下语句定义：

```
int Array=new int[10];
```

则数组最后一个元素的正确引用方法为（ ）。

A．Array[10] B．Array[9] C．array[10] D．array[9]

11．已知表达式 int m[]= {0，1，2，3，4，5，6}；下面哪个表达式的值与数组下标最大值相等？（ ）

A．m.length() B．m.length C．m.length()-1 D．m.length-1

12．如下代码执行结果是什么？（ ）

```
boolean m = true;
if(m == false)System.out.println("False");
else System.out.println("True");
```

A．False B．True

C．None D．An error will occur when running

13．执行如下代码，输出是什么？（ ）

```
public class Test{
  public static void main(String args[]){
    int i = 5;
    do {System.out.println(i);
     } while(--i>5)
    System.out.println("finished");
  }}
```

A．5 B．4 C．6 D．Finished

14．下列语句中，属于多分支语句的是（ ）。

A．if 语句 B．switch 语句 C．do while 语句 D．for 语句

## 二、填空题

1．在 Java 程序中，每一行________之后的内容是程序的行注释，另外介于________和________之间的内容是块注释。

2．简单数据类型包括：________、________、________、________。

3．整形变量的类型有________、________、________、________四种。

4．在 Java 语言中，逻辑常量只有________、________两个值。

5．Java 中一些控制字符不能直接显示，可以利用转义序列来表示。其中________的作用是转义。

6．常量的声明格式和变量的声明格式基本一样，只需用关键字________来标识，初始化后不能再修改。

7．Java 语言中提供了三种循环语句，分别为：________、________、________。

## 三、简答题

1．简述 Java 程序的基本结构组成。

2．在 Java 中变量共分为几类，它们的作用域分别是什么？

3．while 语句、do-while 语句和 for 语句各自的特点是什么？有何区别？

## 四、编程题

1．编写程序输出以下数字形式：

（1）

```
1
1 2
1 2 3
1 2 3 4
1 2 3 4 5
```

（2）

```
      1
    1 2 1
  1 2 3 2 1
1 2 3 4 3 2 1
```

2．编写程序，求 1～100 的和。

3．如果 A 的因子和是 B，而 B 的因子和是 A，则称 A 和 B 是一亲密数对。A 的因子包括 1，但不包括 A 自身。编程求 1000 以内的亲密数对。

# 第3章　面向对象程序设计

上一章介绍了Java语言的基础知识，本章将介绍面向对象的相关知识，是和设计有关的知识。

## 3.1　概　　述

在程序中，最核心的是数据结构和算法，不同的程序根据需要应设计不同的数据结构，然后依赖程序的功能及数据结构设计对应的算法，这种设计方式是程序的底层设计，也就是解决具体的功能。

当程序项目复杂到一定程度时，就不仅要专注于底层的设计，而且要对程序的结构进行设计，常见的程序结构设计方法有面向过程和面向对象（Object-Oriented，OO）两种。

面向过程是一种以过程为中心的编程思想。就是先分析出解决问题所需要的步骤，然后用函数将这些步骤一步一步地实现，使用的时候依次调用就可以了。面向过程的程序设计也就是我们熟悉的结构化程序设计。

面向对象思想是把构成问题的事务分解成多个对象，建立对象的目的不是为了完成一个步骤，而是为了描述某个事物在整个问题解决步骤中的行为。

例如，创建一个五子棋游戏。

如果采取面向过程的设计思想，则需要先分析问题的步骤：①开始游戏。②黑子先走。③绘制画面。④判断输赢。⑤轮到白子。⑥绘制画面。⑦判断输赢。⑧返回步骤②。⑨输出最后结果。把上面每个步骤分别用函数来实现，问题就解决了。

如果以功能来划分问题，该五子棋问题可以划分为：①黑白双方，双方行为相同。②棋盘系统，负责绘制画面。③规则系统，负责判定犯规、输赢等。第一类对象（玩家对象）负责接受用户输入，并告知第二类对象（棋盘对象）棋子布局的变化，棋盘对象接收到棋子的变化就要负责在屏幕上面显示出这种变化，同时利用第三类对象（规则系统）来对棋局进行判定。上述思路通过对三个对象的调控操作来解决问题，这种思路就是面向对象的思想。

在实际的项目开发过程中，面向对象技术一般分为三个部分。

（1）面向对象分析（Object-Oriented Analysis，OOA）。该步骤按照面向对象的思考方式提取项目的需求信息，一般由系统分析员来负责，本部分形成的文档为《项目需求分析说明书》。

（2）面向对象设计（Object-Oriented Design，OOD）。该步骤按照《项目需求分析说明书》进行模块划分，以及进行模块的概要设计，一般由高级程序员来负责，本部分形成的文档为《项目概要设计说明书》。

（3）面向对象编程（Object-Oriented Programm，OOP）。该步骤按照《项目概要设计说明书》细化每个模块的结构，一般由程序员来负责，本部分形成的文档为《项目详细设计说明书》。

最后由编码员（Coder）按照《项目详细设计说明书》进行具体的编码。这就是面向对象开发的标准过程的简单描述。而实际的程序开发过程中，则更关注 OOP 部分，也就是实际实现时的具体设计及编码的问题。

面向对象的程序设计主要体现以下五个特性。

1. 对象唯一性

每个对象都有自身唯一的标识，通过这种标识，可以找到相应的对象。在对象的整个生命期中，它的标识都不改变，不同的对象不能有相同的标识。

2. 抽象性

抽象性是指将具有一致的数据结构（属性）和行为（操作）的对象抽象成类。一个类就是这样一种抽象，它反映了与应用有关的重要性质而忽略其他一些无关的内容。任何类的划分都是主观的，但必须与具体的应用有关。抽象包括两个方面，一是过程抽象，二是数据抽象。

3. 封装性

封装就是把对象的属性和行为结合成一个独立的单位，并尽可能地隐蔽对象的内部细节。封装有两个含义：一是把对象的全部属性和行为结合在一起，形成一个不可分割的独立单位。对象的属性值（除了公有的属性值）只能由这个对象的行为来读取和修改；二是尽可能地隐蔽对象的内部细节，对外形成一道屏障，与外部的联系只能通过外部接口来实现。

例如，用陶瓷封装起来的一块集成电路芯片，其内部电路是不可见的，而且使用者也不关心它的内部结构，只关心芯片引脚的个数、引脚的电气参数及引脚提供的功能，利用这些引脚，使用者将各种不同的芯片连接起来，就能组装成具有一定功能的模块。

封装机制将对象的使用者与设计者分开，使用者不必知道对象行为实现的细节，只需要用设计者提供的外部接口让对象去做。封装的结果实际上隐蔽了复杂性，并提供了代码的重用性，从而降低了软件开发的难度。

4. 继承性

继承性是面向对象程序设计语言不同于其他语言的最重要的特点。

继承性是子类自动共享父类的数据结构和方法的机制，这是类之间的一种关系。在定义和实现一个类的时候，可以在一个已经存在的类的基础之上来进行，把这个已经存在的类所定义的内容作为自己的内容，并加入若干新的内容。

在软件开发中，类的继承性使所建立的软件具有开放性、可扩充性，这是信息组织与分类的行之有效的方法，它简化了对象、类的创建工作量，增加了代码的可重性。

5. 多态性（多形性）

不同的对象收到同一消息会产生不同的结果，这种现象被称为多态性。

在面向对象程序设计中的多态性主要是指变量多态和方法多态，变量多态是指同一个变量运行时刻标识（表示）类型不同的对象，而方法多态主要是指同一个方法做不一样的动作，例如不同类的对象接受相同的消息（方法调用），但有不一样的响应动作。多态通常与语言的动态绑定机制有关。

多态性允许每个对象以适合自身的方式去响应共同的消息，增强了软件的灵活性和重用性。

面向对象系统最突出的特性就是封装性、继承性和多态性。判断某一种程序设计语言是否是面向对象的程序设计语言，主要看它是否具有以上三种特性。像 C++，C#，Java 等都是这样的程序设计语言，所以，面向对象＝对象＋类＋继承＋消息通信。

## 3.2 基 本 概 念

面向对象技术是将“对象”作为一个独立的逻辑单元与现实世界中的客体相对应，用“类”来描述具有相同属性特征和行为方法的一组对象，可利用“继承”来实现具有继承关系的类之间的数据和方法的共享，对象之间以“消息”传递的方式进行“通信”等。下面逐一介绍面向对象中的核心概念。

### 3.2.1 对象（Object）

对象（Object）是面向对象技术的核心，按照面向对象的思考方式，现实中的每个实体都是一个对象，如一个人、数据库中的一张表等。总结起来，就是面向对象技术中的经典语句——万事万物皆对象。

在面向对象程序设计中，“对象”是系统中的基本运行实体，所谓对象就是一个属性（数据）集及其操作（行为）的封装体。作为计算机模拟真实世界的抽象，一个对象就是一个实际问题论域，是一个物理的实体或者逻辑的实体；在计算机程序中，可以被视为一个“基本程序模块”，因为它包含了数据结构和相关的操作功能。因此对象的组成要素就是对象的属性和行为。

对象的属性是指描述对象的数据（变量），可以是使系统或者用户定义的数据类型，也可以是一个抽象的数据类型，对象属性值的集合称为对象的状态（state）。

对象的行为是指定义在对象属性上的一组操作方法（method）的集合。方法是响应消息而完成的算法，表示对象内部实现的细节，对象的方法集合体现了对象的行为能力。

现实世界中的对象与计算机中的对象之间的映射关系如图 3-1 所示。

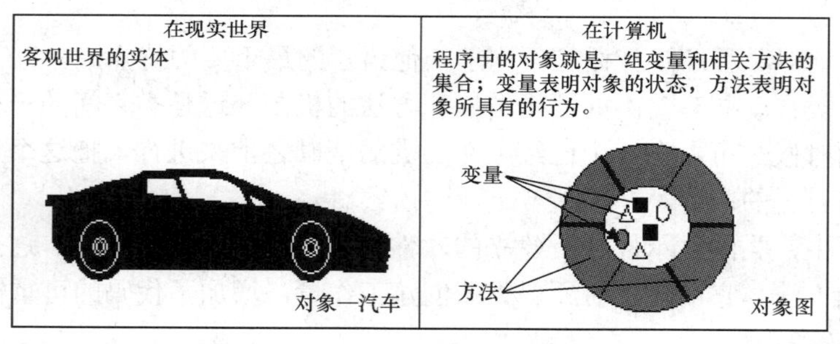


图 3-1 面向对象的基本概念——对象

该对象映射图显示，对象的变量组成了对象的核心，方法环绕在对象核心的周围，并将对象核心对于程序中的其他对象隐藏起来，将对象的变量置于它的方法的保护之下，这称为封装。封装将相关数据及其操作结合在一起，使得结构严谨，屏蔽交叉，并有利于需求的不断变化。封装将数据成员和方法成员集合在一起，保证了数据类型的完整性和对象的实现细节对外的隐藏。

对象的属性和行为形成了对象的组成要素，一般具有以下特征。

（1）具有唯一的标识名，用于区别于其他对象。

（2）具有一个状态。

（3）具有一组操作方法，每个操作决定对象的一种行为。

（4）对象的状态只能被自身的行为所改变。

（5）对象的操作包括自操作（施与自身）和它操作（施与其他对象）。

（6）对象之间以消息传递的方式进行通信。

（7）一个对象的成员仍可以是一个对象。

在面向对象程序设计中，虽然对象是基本的运行实体，但程序的基本单位是类，类也是Java程序设计和实现的基础，下面介绍类的概念。

### 3.2.2 类（Class）

类是Java语言的核心，是Java程序设计中需要着重掌握的概念。

如狗，有牧羊犬、阿拉斯加雪橇犬、猎狐犬、哈巴狗、纽芬兰犬、沙皮犬、狮子犬等，这些不同种类的狗形态各异，用途也都不同，但都有相同的状态属性：一个嘴巴，两只眼睛、四条腿（没见过两条腿的狗）；具有相同的行为方法：叫唤、摇尾巴、走路；你家的狗卡拉（对象）只是狗类的一个实在的东西，那么狗这个类别就是一个总体的概念。

以上示例说明，类（Class）是对象抽象的结果，是具有相同状态属性与行为方法的一组对象的集合，它为属于该类的全部对象提供了统一的抽象描述，所以类实际上是一种数据类型。和对象相同，类的组成要素也有两个，分别是属性和行为。

（1）类的属性，也称为字段或者成员变量，是对象的状态的抽象，用数据结构来描述类的属性。

（2）类的行为，也称为成员方法，是对象的行为的抽象，用操作名和实现该操作的方法来描述。

在将对象抽象为类的过程中，根据对象的相似程度，可以将对象归纳为不同层次的类，所以类的结构是有层次的，通常有子类、父类之分。图3-2显示了运输工具类及其子类的层次结构。

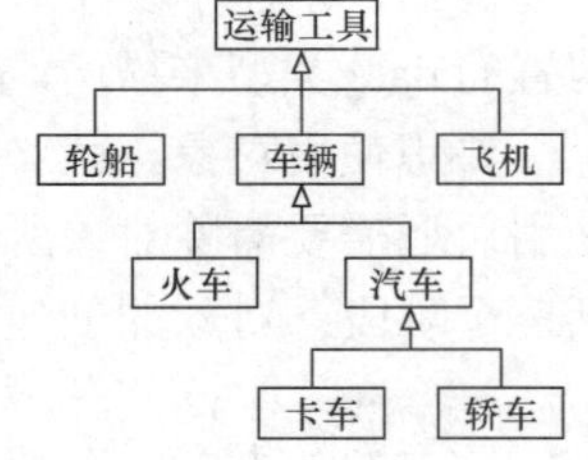

图3-2 运输工具类及其子类

有了类，对象就是类的具体化，也是类的实例。在面向对象程序设计中，类的作用是用来创建对象，对象是类的一个实例。

### 3.2.3 消息（Message）

在一个有效率的面向对象系统中，是没有完全孤立的对象的，对象之间的通信是通过消息传递来完成的。例如，老师提问学生，学生回答问题，这就是一个两个对象间通信的过程，在这个过程中通信方式就是“提问”和“回答”。映射到程序设计中，这个过程是这样的。存在两个对象，对象1表示老师，对象2表示学生，对象1有一个方法是“提问”，在该方法中调用对象2的方法“回答”，并且将“问题”作为“回答”方法的参数进行赋值，由对象2来定义“回答”方法的实现，对象1可以通过调用对象2的“回答”方法而得到问题的答案。在这个过程中，对象1通过“提问”方法向对象2发出了一条消息，而这个消息的组成主要是消息的接收者——学生，调用的接收者——学生的方法“回答”和方法的参数“问题”。

由此可以得出结论，消息（Message）是指对象间相互联系和相互作用的方式，一个消息主要由3个部分组成：接收消息的对象、需调用的方法和消息内容（方法参数）。

在上例中，老师可以提问多个学生，一个学生也可以回答来自于多个不同的老师的提问。

所以，一个对象可以同时向多个对象发送消息，也可以接收多个对象发来的消息。

消息是用来请求对象执行某一处理或者回答某些信息的要求，它统一了数据流和控制流。消息中只包含发送者的要求，消息完全由接收者解释，接收者独立决定采取什么样的方式来完成所需的处理。

综上所述，消息具有以下几个特征。

（1）同一对象可以接收不同形式的多个消息，产生不同的响应。

（2）相同形式的消息可以发送给不同的对象，对象所做出的响应可以是截然不同的。

（3）消息的发送可以不考虑具体的接收者，对象可以响应消息，对消息也可以不予理会，即对消息的响应不是必须的。

消息的形式用消息模式来刻画。消息模式定义了一个对象和其他对象的交互能力和处理能力，摆脱了传统的控制结构。发送消息的对象不需要关心接收对象的内部数据结构，只需要知道他的消息模式。

## 3.3 使用现有类创建对象

在 Java 中如果没有类就无法做任何事情，在 JDK 中已经提供了 Java 程序设计所需要的基本 API，API 中就包含了大量的类和接口，所以在安装 JDK 开发环境后，就可以使用 Java API 中的类进行程序设计。而对类功能的使用还需要通过对象来完成，接下来就通过使用 API 中的现有类来介绍对象的创建和使用。

例如，在程序设计中经常会使用到日期和时间，其他语言如 Visual Basic、SQL 可以使用内置的 date 类型来描述，在标准 Java 类库中提供了一个 Date 类，它的对象将描述一个时间点。

要想使用对象，就必须首先构造对象，并指定其初始状态，然后对对象施加方法；对象使用后还需要清除对象所占用的内存，该过程如图 3-3 所示。所以，一个对象的生命周期包括三个阶段：对象的创建、对象的使用和对象的清除。

图 3-3 对象的生命周期

### 3.3.1 创建对象

在 Java 程序设计语言中，使用构造器构造新实例。构造器是一种特殊的方法，其名字与类名相同，用来构造并初始化对象。下面举例说明对象的创建过程。

例：创建一个 Color 对象。

Color 对象可以使用现有的 Java 标准类库中的 Color 类来创建，需要经过以下步骤。

（1）导入 Color 类所在的包 java.awt.*，表达式为：import java.awtl.*。

（2）使用 new 运算符和类的构造方法来构造对象，表达式如下：

```
new Color(100,100,120)
```

这个表达式构造了一个新对象，这个对象被初始化为当前的日期和时间。所以，构造对象的格式为：

```
new  类的构造方法
```

其中，new 运算符的作用是申请为对象分配内存空间，构造方法的作用是进行对象的初始化。

构造对象的过程也被称为对象的实例化过程。

（3）定义一个对象变量，也被称为对象引用。构造的对象通常可以被多次使用，因此需要将对象存放在一个变量中。定义对象变量的格式如下：

```
类的名称    变量名称
```

因此，可以使用以下语句来定义一个 Color 类型的对象变量 colory：

```
Color  colory;
```

变量 colory 可以引用 Color 类型的对象，但它不是一个对象，也没有引用对象，此时不能将任何 Date 字段和方法应用于这个变量上，否则会产生编译错误。如果将一个对象放在变量中，就可以使用对象的字段和方法，这时应该使用如下语句：

```
colory = new Color(100,100,120);
```

由此可见，创建一个对象包括构造对象和定义对象变量两个步骤，构造对象的过程中又分为对象分配内存空间和对象初始化两个步骤。

### 3.3.2 对象的内存分配

当启动一个 Java 程序时，一个 Java 虚拟机实例就诞生了，当关闭该程序退出时虚拟机实例就随之消失。每个运行的 Java 虚拟机都包含了类装载子系统、执行引擎、本地方法库和内存区。而程序中创建的对象、方法参数、返回值、局部变量等信息都需要存放在内存中，在 Java 虚拟机中将内存区又划分为方法区、堆、Java 栈、PC 寄存器和本地方法栈等五个区域，其中对象就存储在堆这个区域。

1. 方法区

方法区是一个用来存储被装载类型的信息和类变量的逻辑内存区域。该区域的大小不必是固定的，虚拟机可以根据应用的需要进行动态调整。同样，该区域也不必是连续的，方法区可以在一个堆中自由分配。方法区也可以被垃圾收集。在方法区中存储的类型信息有：

（1）类型信息。

1）这个类的全限定名。

2）这个类的直接超类的全限定名。

3）这个类是类类型还是接口类型。

4）这个类型的访问修饰符（public、abstract 或 final）。

5）任何直接超接口的全限定名的有序列表。

（2）常量池。

常量池就是该类型所用常量的一个有序集合，包括直接常量和对其他类型、字段和方法的符号引用。因为常量池存储了相应类型所用的所有引用，所以它在 Java 程序的动态连接中起着关键的作用。

（3）字段信息。对于类型中声明的每一个字段，方法区中必须保存字段的声明顺序和下面的信息。

1）字段名。

2）字段类型。

3）字段的修饰符。

（4）方法信息，对于类型中声明的每一个方法，方法区中必须保存方法的声明顺序和下面的信息。

1）方法名。

2）方法的返回类型。

3）方法参数的数量和类型（按声明顺序）。

4）方法的修饰符。

如果方法不是抽象的和本地的，还必须保存下列信息。

① 方法的字节码。

② 操作数栈和该方法的栈帧中的局部变量区的大小。

③ 异常表。

（5）类变量。

虚拟机在使用某个类之前，必须在方法区中为这些类变量分配空间。

（6）一个指向类 ClassLoader 的引用。

（7）一个指向类 Class 的引用。

（8）一个指向 Class 对象的引用。

（9）方法表。

虚拟机对每个装载的非抽象类，都生成一个方法表，并把它作为类信息的一部分保存在方法区中。方法表是一个数组，它的元素是可能被调用的实例方法的直接引用，包括那些从超类继承过来的实例方法。

方法表指向的实例方法数据包括以下信息。

1）该方法的操作数栈和局部变量去的大小。

2）该方法的字节码。

3）异常表。

2. 堆

Java 程序在运行时创建的所有类实例或者数组都放在同一个堆中，一个 Java 虚拟机实例中只存在一个堆空间，所有线程都将共享这个堆。Java 虚拟机有一条在堆中分配对象的指令——new，但是没有释放内存的指令。在堆中分配的内存，由 Java 虚拟机的自动垃圾回收器来管理。堆空间也不必是连续的内存区，程序运行时可以动态扩展或收缩。

Java 对象中包含的基本数据由它所属的类及其所有超类声明的实例变量组成。只要有一个对象引用，虚拟机就必须能够快速地定位对象实例的数据及通过该对象引用访问相应的类数据，所以，在对象中通常会有一个指向方法区的指针。

Sun JVM 中堆空间的设计是把堆分为两部分。一个句柄池，一个对象池，如图 3-4 所示。其中句柄池中放置指针，对象池中放置对象实例数据。

一个对象引用就是一个指向句柄池的本地指针。句柄池的每个条目有两部分，一个指向对象池的指针，一个指向方法区类型数据的指针。

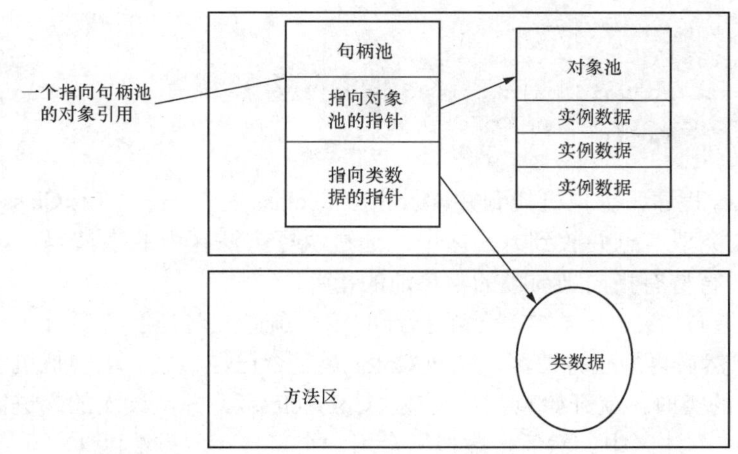


图 3-4 SunJVM 堆空间的设计

每个对象通常都有一个方法表，可以加快调用实例方法的效率。每个对象的数据都包含一个指向特殊数据结构的指针，该数据结构位于方法区，它包括两部分，指向方法区对应类数据的指针和该对象的方法表。该对象的方法表也就是方法区中的方法表。

3. Java 栈

每当启动一个新线程 Java 虚拟机时，都会为它分配一个 Java 栈，Java 栈以帧为单位保存线程的运行状态。每当线程调用一个 Java 方法时，虚拟机都会在该线程的 Java 栈中压入一个新帧，在执行方法时，使用这个帧来存储参数、局部变量、中间运算结果等数据。在方法中定义的一些基本类型的变量和对象的引用变量都在方法的栈内存中进行分配。

4. 栈帧

栈帧由三部分组成：局部变量区、操作数栈和帧数据区。编译器在编译时就确定了局部变量区和操作数栈的大小并把值放在 class 文件中，帧数据区的大小依赖于具体的实际。

局部变量区是一个以字长为单位、从 0 开始计数的数组，放置对应方法的参数和局部变量，然后通过索引来进行访问。

操作数栈也是一个以字长为单位的数组，放置操作数，通过标准的栈操作—压栈和出栈来进行访问。

帧数据区中放置一些数据来支持常量池解析、正常方法返回及异常派发机制。

5. 本地方法栈

Java 程序经常会调用本地方法，本地方法可以通过本地方法接口来访问虚拟机的运行时的数据区，所以一个运行的 Java 程序可能会用到一些与本地方法相关的数据区，即本地方法栈。本地方法栈占用的内存大小不固定，可以根据需要进行动态扩展或者收缩。

介绍了 Java 虚拟机中内存各区域的用途后，下面举例说明对象的内存分配过程。

语句 Color colory = new Color（100，100，120）；创建了一个对象，该语句包含了一个对象变量（对象引用）——colory 和一个对象——new Color（100，100，120），在内存中这两部分分别存储于方法区和堆中。

假如该语句位于类 TestClass 的 main()方法的第一行，如［例 3-1］所示。

**【例 3-1】** 创建一个 Color 对象。

```
import java.awt.*;
class TestClass {
    public static void main(String args[]){
        Color colory = new Color(100,100,120);   }
}
```

运行 TestClass 程序，虚拟机找到并读入相应的 class 文件——“TestClass.class”，然后从 class 文件中提取类型信息并放到方法区中。通过执行方法区中的字节码，虚拟机开始执行 main()方法，并一直持有指向当前类的常量池的指针。

虚拟机使用指向 TestClass 常量池的指针的第一项，发现是字符串 colory，它是一个对 Color 类的引用，然后再检查方法区，判断 Color 类是否已经装载。当虚拟机发现没有装载过名称为“Color”的类时，就开始查找并装载“Color.class”，并从读入的二进制数据中提取出类型信息并放置在方法区中。然后，虚拟机会用一个直接指向方法区 Color 类数据的指针来替代常量池的第一项字符串“colory”。

接下来，new 操作码驱使虚拟机准备为一个 Color 对象分配内存。通过查找类型信息确定对象需要分配的内存的大小，然后在堆中为该对象分配内存，并把这个对象实例的字段（变量）初始化为默认值。

接下来，调用 Java 代码“Color（100，100，120）”，并将对象中的字段进行初始值的赋值，将值保存在堆空间中；对象 new Color（100，100，120）的方法信息、方法的参数和方法的局部变量信息都存储在方法区的类型信息中，运行时可以通过方法表进行快速查询，参数、局部变量的值和中间结果等都存储在 Java 栈中的栈帧中。

由此可以看出，堆是用来存储对象信息和对象的字段的；栈是用来放置运行时的数据的。

### 3.3.3 使用对象

对象创建完成后，就可以通过对象的使用而在不同的对象之间进行消息的传递。

1. 对象成员的调用

对象的使用包括引用对象的成员变量和方法，通过运算符“·”可以实现对变量的访问和方法的调用。调用对象成员变量的格式为：对象名·变量名；

例如，调用 Color 类的对象——colory 的字段 red，可以使用 colory.red 来访问。

调用对象成员方法的格式为：对象名·方法名。

例如，调用 Color 类的对象——colory 的方法 getAlpha()，可以使用 colory. getAlpha()来访问。

2. 对象的比较

在 Java 语言中，主要可以利用==运算符（两个等号）和 equals 方法来对对象进行比较。通常，运算符“==”用来判断两个对象的地址是否相同，方法 equals（object）是用来判断两个对象的内容是否相同。但对于一般的对象而言，运算符“==”和方法 equals()返回的结果是相同的。对于 String 对象来说，使用运算符“==”和方法 equals()返回的结果可能是不同的，这是因为在 String 类中对 equals()方法进行了重写。

例如，有两个 String 对象，代码如下：

```
String  s1="123";
String  s2=new  String("123");
```

分别进行比较：

```
s1==s2;
s1.equals(s2);
```

比较的结果为：

```
false
true
```

3. 对象类型的确定

有时候，我们得到了一个对象，可是不知道该对象是哪种对象，与哪些类或者接口有关系，就可以使用运算符“instanceof”来确定对象的类型。该运算符的使用格式为：

```
e  instanceof   Manager
```

其中，e是对象名，Manager是类名或者接口名，这里的Manager只能是e所属类或者其超类或者其实现的接口名字。

例如，有对象student，所属类型是Student类，继承自Person类，实现了接口Study，就可以使用运算符instanceof进行类型判断。

```
student  instanceof  Student;
student  instanceof  Person;
student  instancof   Study;
```

### 3.3.4 清除对象

Java运行时系统通过收集垃圾周期性地释放无用对象所占用的内存，以完成对象的清除。当不存在对一个对象的引用时，该对象成为一个无用对象。Java的垃圾收集器能自动扫描对象的动态内存区，把没有引用的对象作为垃圾收集起来并释放。

Java垃圾收集器的程序，在系统的运行中，负责垃圾的收集。当一个对象在使用时，Java运行系统会将其对应的内存空间设置标记，当一个对象结束使用时，会自动清除标记。有了标记的设置和清除，Java的垃圾收集器可以定期地扫描所有对象有关的内存区域标记，并将没有标记的内存区域列为可供分配的范畴，从而实现垃圾的收集。

## 3.4 用户自定义类

类是Java语言中的一种重要的复合数据类型，是组成Java程序的基本要素。类封装了一类对象的状态和方法，是用来定义对象的模板。前面通过使用Java API中的现有类创建了对象，在程序设计中应用更多的是用户自定义的类，下面介绍用户自定义类的创建。

### 3.4.1 在Java中类的实现

创建一个新的类，就是创建一个新的数据类型。用定义的类进行实例化，就得到了此类的对象。

在Java中一个类的定义包含两部分：类的声明和类体的定义。

类的声明：包括类名，供其他对象使用的访问类型，以及它从中继承的状态和行为的超类（或接口）。

类体：在其中定义类的状态和行为，分别通过字段和方法来实现，其中字段也叫做成员变量，方法也叫做成员方法。

类的定义格式如下：

```
[类的修饰符]class 类名[extends 父类名称][implements 接口名称列表]
{
// 类体,其中定义了该类中所有的变量和所支持的方法,称为成员变量和成员方法
//变量定义及初始化;
//成员变量
   方法定义及方法体;//成员方法
}
```

其中 class 是一个关键字，它告诉编译器此代码是一个类的声明，关键字 extends 指出该类的父类，implements 表示要执行的接口。在上面的定义中 [] 中的内容为可选项。

**【例 3-2】** 创建一个 Person 类的例子，参考代码为：

```
class Person {
    String name;
    int IDnumber;
    boolean sex;
    void eat(String food){
        System.out.println("我爱吃"+food);    }
    void walk(int mi){
        System.out.println("我能走"+mi+"米"); }
    public static void main(String args[]){
        Person person = new Person();}
}
```

先声明一个类，然后创建该类的对象（实例），特定类中所有对象的行为方式是相同的，由类方法来确定，可以通过定义新类或从现存类继承来创建类。

### 3.4.2 类的声明

类的声明要指明类的访问权限、类名、父类和要执行的接口等，它的一般的格式为：

```
[类的修饰符]class 类名[extends 父类名称][implements 接口名称列表]
```

在类的声明中，[] 内的元素是可选的，可以通过简单地提供关键字 class，后面跟一个名称来声明一个类。类名一般以大写字母开始，类体中的变量名和方法名一般以小写字母开始。在每个名字中，后面每个单词的首字母通常都要大写。当然，Java 中也支持中文标识符，如“文件”、“登录”等。

类的修饰符包括 public、abstract 或 final，它们分别将类声明为公共类、抽象类和终态类，说明了类的属性。

1. 抽象类

概念：用 abstract 修饰的类都是抽象类。

特点：

（1）抽象类是不完整的，只能用做基类。

（2）不能生成对象，即不允许存在对象实例，并且对抽象类使用 new 运算符编译时是错误的。

（3）允许（但不要求）抽象类包含抽象成员。

（4）如果一个类包含抽象方法，或者没有为它的超类或它实现的接口中的抽象方法提供

实现，那么这个类必须被声明为抽象类。

（5）必须被子类继承。在继承抽象类时，必须覆盖该类中的每一个抽象方法，而每个已实现的方法必须和抽象类中指定的方法一致，即接收相同数目和类型的参数，具有同样的返回值。

目的：抽象类的目的是定义一种类别，并且定义该类别的用途和功能。

抽象类的定义方式如［例 3-3］所示。

**【例 3-3】** 创建一个 Person 抽象类的例子。

```
abstract class AbstractPerson {
    String name;
    int age;
    boolean sex;
    abstract void eat();
    abstract void walk();
}
```

2. 最终类

概念：用 final 修饰的类都是最终类。

特点：

（1）隐含地声明了该类的所有方法为 final 方法。

（2）不能被继承，亦即该类没有子类；所以，声明一个类既为 abstract，又为 final 是错误的，因为抽象类必须以被子类继承来实现它的抽象方法。

目的：出于安全性的原因和效率上的考虑，有时候需要防止一个类被继承，将该类定义为最终类。

3. 公共类

概念：用 public 修饰的类都是公共类。

特点：可以被当前包之外的对象使用。默认情况下，当没有指定访问修饰时，类仅能在它们的包内使用。

当将一个类指定为公共类时，应该在声明的最前面加上关键字 public，如下所示。如果公共类同时还是终态类或抽象类，一定要将 final 或 abstract 放在 public 之后。

例如，String 类被声明为 public，是因为包外的其他类和对象（如你的程序中的类和方法）需要访问他们。因而，Java 的 String 类被声明为 public，参考代码为：

```
public final class String{
    …
}
```

### 3.4.3 字段的声明

类中属性和功能的描述是由类体来实现的，类体是指在声明类之后的一对大括号"{"、"}"及其中的内容。类体的内容包括两部分，字段的声明和方法的定义。字段是指在类中定义的变量，也叫成员变量。字段的声明方式如下：

```
[权限修饰符][static][final][transient][volateile]type 成员变量名
```

其中 type 为成员变量的类型，可以是 Java 中任意的数据类型，包括简单类型、接口、数组和类。如下所示是成员变量声明的简单形式。

```
int id;
double price;
Boolean flag;
```

对一个成员变量，可以用以下的修饰符来限定。

1. static

作用：static 把变量声明为静态类型，不需要进行实例化就能够应用。

按照面向对象的程序设计的思想，声明一个对象只有进行实例化后才能使用，但有时需要该类所有的对象共享一个变量，该变量在类实例化之前就应该存在。比如在 Person 类中存在一个存储对象数量的变量，该变量应该是被所有对象共享的，即所有对象都可以对该变量进行读/写操作，因此就可以将该变量定义为静态变量。将［例 3-2］改写如下。

**【例 3-4】** 添加静态变量的 Person 类，参考代码为：

```
class StaticPerson {
    String name;
    int age;
    static int IDnumber;
    boolean sex;
    StaticPerson(){
        IDnumber = IDnumber+1;
        System.out.println("已经创建了"+IDnumber+"个 Person 类的对象"); }
    void eat(String food){
        System.out.println("我爱吃"+food);    }
    void walk(int mi){
        System.out.println("我能走"+mi+"米"); }
    public static void main(String args[]){
        Person p0 = new Person();
        Person p1 = new Person();    }
}
```

2. final

作用：声明该成员变量是常量。

类中的字段如果不能被改变，则需要将其定义为常量，如圆周率 PI。在 Java 中可以使用关键字 final 来修饰成员变量，以及实现成员变量的常量形式。

**【例 3-5】** 常量变量程序示例，参考代码为：

```
class FinalDemo {
    // 声明圆周率 PI 为常量
    final float PI = 3.14f;
    float radius;
    // 成员方法
    public float getArea(){
        return PI * radius * radius; }
    // 构造方法
    FinalDemo(float radius){
        this.radius = radius;    }
```

```
    public static void main(String args[]){
        FinalDemo f = new FinalDemo(2);
        // 访问成员方法
        float area = f.getArea();
        // 非法操作,试图更改类中定义的常量
        // f.PI = 3.15;
        System.out.println("圆的面积:"+area); }
}
```

如果在程序中要试图修改定义为 final 类型的成员变量，则程序在编译过程中会出错。

3. transient

作用：声明变量为临时变量。

在类的定义中，成员变量为定义的类对象的一个组成部分。当对象不再被使用时，JVM需要将对象的所有成员变量和成员方法进行保存。如果希望虚拟机忽略变量的保存，可以使用 transient 来定义暂时变量，参考代码为：

```
class TransientDemo{
    transient int varTemp;
    ...
}
```

4. volatile

作用：声明同步变量，保护变量受异步。

在多线程运行环境中，一个成员变量可能被多个线程修改。使用 volatile 来声明变量，维护变量在并发线程的前后一致。参考代码为：

```
class VolatileDemo{
    volatile int varVolatile;
    ...
}
```

### 3.4.4 方法的定义

方法的定义包括两部分：方法声明和方法体，参考格式为：

```
方法声明部分{
    方法体
}
```

1. 方法声明

成员方法的声明格式如下：

```
[权限修饰符][static][final | abstract]][native][synchronized]返回类型  方法名(参数列表)[throws exceptionList]
```

简单的方法声明包括方法名和返回类型，参考代码为：

```
 returnType methodName(){
    methodBody
}
```

其中返回的类型可以是任意的 Java 数据类型，当一个方法不需要返回值时，返回类型为

void。在很多方法的声明中，都要给出一些参数，为方法的实现提供信息，参数放在方法名后面的圆括号内，多个参数之间是用逗号分隔的一些变量声明，参考格式为：

```
 returnType methodName(type name[,type name[,..]]){
…
}
```

其中，参数的类型可以是简单数据类型，也可以是引用数据类型（数组、类或接口）。

方法的名字必须符合标识符规定。对于方法的修饰符，static、final 对方法的作用类似于对变量的作用，下面介绍其余几个修饰符。

（1）abstract。

作用：定义抽象方法。

特点：该修饰符定义的方法没有方法体。

如［例 3-3］中的 eat()和 walk()方法。

（2）native。

作用：定义本地方法。

Java 无法直接访问到操作系统的底层（如系统硬件等），因此 Java 使用 native 方法来扩展 Java 程序的功能。

特点：native 方法在 Java 程序中没有方法体，该方法使用 C 或者 C++来实现。

可以将 native 方法看做 Java 程序同 C 程序的接口，其实现步骤如［例 3-6］所示：

**【例 3-6】** native 方法应用示例。

1）在 Java 中声明 native()方法，然后编译为.class 文件，参考格式为：

```
public class NativeDemo {
   public native void displayHelloWorld();
   static {
      System.loadLibrary("test");  }
   public static void main(String[]args){
      new NativeDemo().displayHelloWorld();    }
}
```

2）进入.class 文件根目录用 javah 产生一个.h 文件。

```
> javah  -jni  NativeDemo
```

3）写一个.c（或者.cpp）文件实现 native 导出方法，其中需要包含第二步产生的.h 文件（注意其中又包含了 JDK 带的 jni.h 文件），参考格式为：

```
#include "NativeDemo.h"
#include
#include
JNIEXPORT   void   JNICALL   Java_Info_NativeDemo_displayHelloWorld(JNIEnv
*env,jobject obj){
printf("Hello world!\n");
return;
}
```

*注意*：可以使用 C++来实现本地方法，但是必须将实现本地方法的函数声明为“extern “C””，以阻止 C++编译器生成 C++特有的代码。上述代码如果用 C++来实现，需要在函数声

明外层添加 extern “C” {}，参考代码为：

```
#include "NativeDemo.h"
#include
#include
extern"C"{
JNIEXPORT void JNICALL Java_Info_NativeDemo_displayHelloWorld(JNIEnv *env, jobject obj){
printf("Hello world!\n");
return;
}
}
```

4）将第三步的.cpp（或者.c）文件编译成动态链接库文件——test.dll，名称与 System.loadLibrary（"test"）中的名称一致，参考代码为：

```
> cl-I%java_home%\include-I%java_home%\include\win32  -LD  NativeDemo.c-Fetest.dll
```

5）在 Java 中用 System.loadLibrary()方法加载第四步产生的动态链接库文件，这个 native()方法就可以在 Java 中被访问了。在运行时加参数-Djava.library.path=［dll 存放的路径］，参考代码为：

```
> java -D java.library.path=[dll 存放的路径]NativeDemo
```

Java 本地方法适用的情况：

1）为了使用底层的主机平台的某个特性，而这个特性不能通过 Java API 访问。

2）为了访问一个老的系统或者使用一个已有的库，而这个系统或这个库不是用 Java 编写的。

3）为了加快程序的性能，而将一段时间内敏感的代码作为本地方法实现。

（3）synchronized。

作用：定义互斥方法。

特点：同一个类中的 synchronized 方法互斥，每次只能运行一个。该修饰符主要使用于多线程程序中，使得程序中的多个方法能够互斥而使用一块内存区域。

该修饰符将在多线程章节中详细介绍。

2. 方法体

方法声明之后的一对大括号“{”、“}”及其当中的内容被称为方法体。方法体的内容包括局部变量的声明和 Java 语句，参考代码为：

```
int  getSum(int n){
    int sum=0;
    for(int i=0;i<10;i++){
    sum+=i;}
    return sum;
}
```

其中，n、sum 和 i 是局部变量，可见局部变量指的是在方法参数和方法内部进行声明的变量，其作用域为声明范围。

3. 字段和局部变量

可以看出，类中需要操作的变量主要有两种：字段（成员变量）和局部变量，如［例 3-7］所示。

**【例 3-7】** 字段和局部变量应用示例，参考代码为：

```
import java.util.*;
import java.awt.*;
public class VariableDemo {
    static int a = 30,b;
    Date date;
    public static void main sum(){
        int a = 5,s;
        Color cl = new Color(100,100,120);
        s = a+b;
        System.out.println("a+b 的和是:"+s);  }
    public static void main(String[]args){
        sum();}
}
```

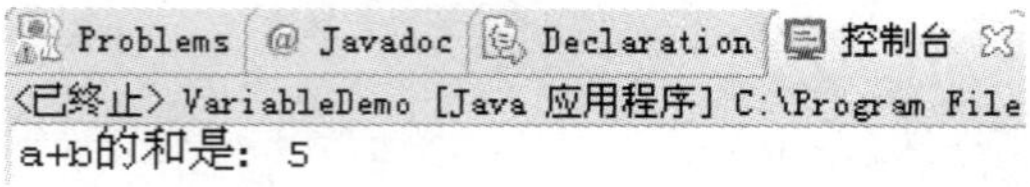

Problems　@ Javadoc　Declaration　控制台
<已终止> VariableDemo [Java 应用程序] C:\Program File
a+b的和是: 5

图 3-5　VariableDemo 程序运行结果

程序运行结果如图 3-5 所示。

通过［例 3-7］总结出两种变量的特点如下：

（1）变量的类型。成员变量和局部变量的类型都可以是 Java 中的任何一种数据类型，包括简单数据类型和复合数据类型。

（2）变量的有效范围。成员变量在整个类中都有效，并且其有效性与它在类体中书写的先后位置无关；局部变量只在声明的语句块内有效，其中方法参数在整个方法内有效，方法内的局部变量从声明它的位置时开始有效，所以局部变量必须“先声明后使用”。如［例 3-7］，如果语句“int　a=5，s；”和“s=a＋b；”交换位置，将会出现编译错误——“找不到变量 s”。

另外，如果出现成员变量和局部变量同名的情况，则在两个变量都有效的范围内，方法体内优先使用局部变量；若要使用成员变量，则需要使用类或者对象来引用成员变量。

（3）变量的初始值。成员变量可以赋初始值，也可以不赋初始值，如果成员变量没有赋初始值，则它的初始值是其数据类型的默认值；局部变量必须“先赋初始值后使用”，在没有赋初始值的情况下使用局部变量，将会发生编译错误。如［例 3-7］中，若将“a=5”改为“a”，则会出现编译错误——“局部变量 a 可能尚未初始化”。

4. 方法的参数传递

方法是通过被调用而实现其功能的，方法中存在两种变量，一种是局部变量，已经讨论过了。另外一种是方法参数。方法参数在定义方法时被称为“形式参数”，这时的参数没有实际值；当调用方法时，形式参数会被实际参数所替代，即“形式参数实例化”，那么实际参数在经过方法调用后会不会发生变化呢？下面讨论方法中的参数传递。

方法中的参数传递通常有两种类型：按值传递和按地址传递。

按值传递：方法调用时，实际参数把它的值作为一个副本传递给对应的形式参数，方法执行中形式参数值的改变不会影响实际参数的值。

按地址传递：也称为传地址。方法调用时，实际参数的引用（地址，而不是参数的值）

被传递给方法中相对应的形式参数，在方法执行中，对形式参数的操作实际上是对实际参数的操作，方法执行中形式参数值的改变将会影响实际参数的值。

Java 中参数的传递方式，在说法上存在着争议，这里引用《Java2 核心技术》中的说法，即认为 Java 中方法参数的传递方式都是值传递。

对于简单数据类型和 String 类型的参数，实际参数将其值的副本传递给方法的形式参数，在经过方法调用后，实际参数的值并不发生改变，如图 3-6 所示。

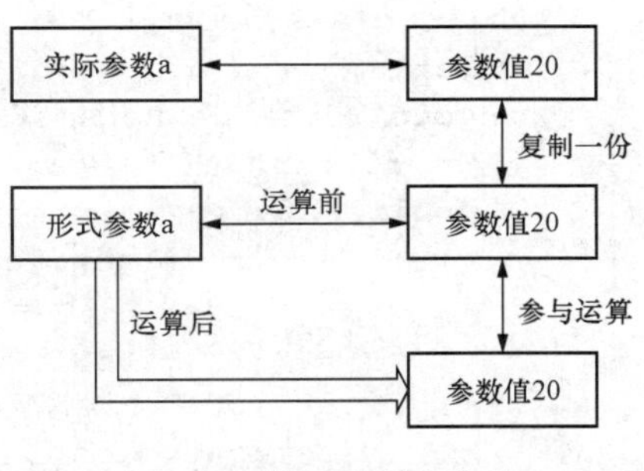


图 3-6 简单类型值传递

【例 3-8】 方法参数为简单类型数据时的按值调用，参考代码为：

```
public class SimpleDemo {
    void simplechange(int a,String s){
        a++;
        s="hello,"+s;     }
    public static void main(String[]args){
        // TODO Auto-generated method stub
        int a=20;
        String s="tom";
        System.out.println("方法调用前参数的值是:a="+a+",s="+s);
         //创建一个 SimpleDemo 对象,进行 simplechange()调用
        SimpleDemo  sd=new SimpleDemo();
        sd.simplechange(a,s);
        System.out.println("方法调用后参数的值是:a="+a+",s="+s);    }
}
```

Problems @ Javadoc 声明 属性 控制台
<已终止> SimpleDemo [Java 应用程序] D:\Program Files\Java
方法调用前参数的值是：a=20,s=tom
方法调用后参数的值是：a=20,s=tom

图 3-7 按值调用程序运行结果

程序运行结果如图 3-7 所示。

在［例 3-8］中，通过调用方法——simplechange（int a，String s）企图改变变量的值，但从结果中看出，变量的值并没有发生变化，这是因为简单数据类型的参数是按值传递的，形式参数接收了实际参数的值的副本，在修改变量的方法中只修改了形式参数的值，形式参数为局部变量，一旦退出方法即消失，实际参数的值并不能被改变。

如果参数使用引用数据类型，则有可能会改变参数的值。引用类型的数据包括引用和对象两部分，在 Java 中不能直接获取对象的值，而是通过引用来操作的，所以参数传递中实际上传递的是引用的副本，这样实际参数和形式参数都指向了同一个对象。如果在方法中仅改变了参数的指向，那么实际参数所指向的对象并不会发生改变；如果在方法中通过对象使用改变了对象自身，那么实际参数也会产生相应的改变，如图 3-8 所示。

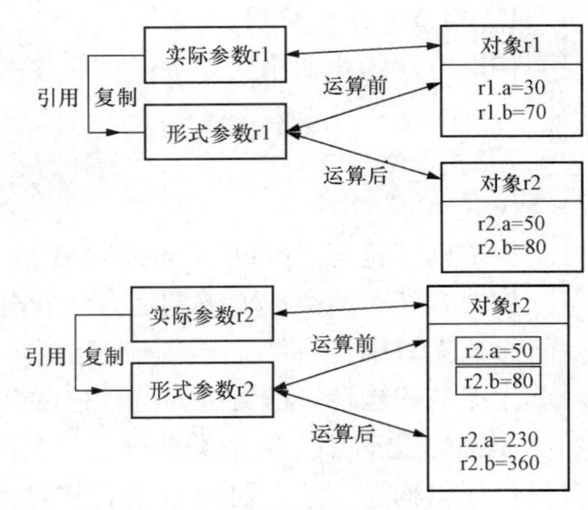


图 3-8 引用类型值传递

【例 3-9】 引用变量作为方法参数时，参考代码为：

```
public class ReDemo {
    int a,b;
    void rechange(ReDemo r1,ReDemo r2){
        r1 = r2;r2.a = 230;r2.b = 360;}
    public static void main(String[]args){
        ReDemo r1 = new ReDemo();
        r1.a = 30;  r1.b = 70;
        ReDemo r2 = new ReDemo();
        r2.a = 50;  r2.b = 80;
        System.out.println("方法调用前参数 r1 的字段值是:a="+r1.a+",b="+r1.b);
        System.out.println("方法调用前参数 r2 的字段值是:a="+r2.a+",b="+r2.b);
        r1.rechange(r1,r2);
        System.out.println("方法调用后参数 r1 的字段值是:a="+r1.a+",b="+r1.b);
        System.out.println("方法调用后参数 r2 的字段值是:a="+r2.a+",b="+r2.b);}}
```

程序运行结果如图 3-9 所示。

从［例 3-9］的运行结果可能看出，在调用了 rechange() 方法之后，对象 r1 的字段值没有发生变化，而对象 r2 的字段值被修改了。

Problems @ Javadoc 声明 属性 控制台
<已终止> ReDemo [Java 应用程序] D:\Program Files\Java
方法调用前参数r1的字段值是：a=30,b=70
方法调用前参数r2的字段值是：a=50,b=80
方法调用后参数r1的字段值是：a=30,b=70
方法调用后参数r2的字段值是：a=230,b=360

图 3-9 按引用调用程序运行结果

### 3.4.5 构造方法

构造方法是一种特殊的方法。Java 中的每一个类都有构造方法，用来初始化该类的一个新的对象。用 new 运算符开辟了新建对象的内存空间后，需要调用构造方法来初始化这个新建对象。

构造方法具有以下特点。

（1）和类名相同的名称。

（2）不返回任何数据类型，甚至也不用 void，这是因为类的构造方法隐含的返回类型是类本身。

（3）构造函数的作用是对类的对象进行初始化。

（4）在创建一个类的新对象的同时，系统会自动调用该类的构造函数。

（5）一个类中可以有多个构造方法，方法名称相同，但参数类型和数量是不同的，这种形式在面向对象程序设计中被称为方法的重载。

1. 构造方法的声明

构造方法的声明格式如下：

```
[权限修饰符]方法名(参数列表)[throws exceptionList]{
    方法体
}
```

权限修饰符有：public、protected 和 private。

构造方法有两类：无参构造方法和有参构造方法。

（1）无参构造方法。

无参数的构造方法可分为两种：隐含的无参构造方法和显式定义的无参构造方法。

在 Java 语言中，每个类至少有一个构造方法。为了保证这一点，如果用户定义的类中没有提供任何构造方法，则 Java 语言将自动提供一个隐含的无参数构造方法，也叫做默认构造方法，默认构造方法自动将所有的实例变量初始化为默认值。该构造方法没有参数，用 public

进行修饰，而且方法体为空，参考格式如下：

```
public ClassName(){
}
```

默认的构造方法对于简单的类来说已经足够了，但对于更复杂的类则需要显示定义构造方法。自定义的构造方法也可以分为两种：自定义的无参数构造方法和有参数构造方法。

如果是显式定义的无参数构造方法，则可以使用任意修饰符，方法体可以不为空，将替代默认的构造方法。例如，[例 3-3] 中的 Person 类定义构造方法，其参考代码为：

```
protected Person(){
   System.out.println("创建了一个 Person 对象");
}
```

一个类可以有多个构造方法，除了可以定义无参数构造方法外，也可以定义带参数的构造方法。

（2）有参数构造方法。

构造方法可以有参数，这些参数接收创建对象时传递给构造方法的参数。典型情况下，包含在构造方法参数中的这些值用于初始化对象。当创建每个对象时，传递给构造方法的参数即被指定。例如，Person 类还可以有如下的构造方法：

```
protected Person(String name){
   System.out.println("创建了一个 Person 对象");
   this.name=name;
}
```

利用该构造方法创建 Person 对象时，该对象的 name 属性就已经被指定了属性值。

如果一个类只是显示定义了带参数的构造方法，那么 Javac 编译的时候就不会再自动生成无参数的构造方法，在初始化实例对象时必须使用已经定义的构造方法，不能使用无参数的构造方法。

2. this 关键字

可以看到，上面的构造方法中使用了关键字 this。关键字 this 表示当前对象，当局部变量和成员变量同名时，可以在成员变量前添加类名或者 this 来进行区分；当类有多个构造方法时，在构造方法中也可以使用“this（参数列表）;”语句进行已经定义的构造方法的调用，该语句必须位于构造方法的第一行，但 this 当前对象不能使用在类方法中。

3. 构造方法的重载

当通过 new 语句创建一个对象时，在不同的条件下，对象可能会有不同的初始化行为。例如，对于新认识的一个人，一开始的时候，有可能他的姓名和年龄都是未知的，也有可能仅仅他的姓名是已知的，也有可能姓名和年龄都是已知的。如果姓名是未知的，就暂且把姓名设为“无名氏”，如果年龄是未知的，就暂且把年龄设为 0。

Java 允许类可以有多个构造方法，所有构造方法的名称都必须相同，构造方法以参数数量和类型来区分，这就构成了构造方法的重载。可通过重载构造方法来表达对象的多种初始化行为。[例 3-10] 的 Person 类的构造方法有四种重载形式。在进行对象初始化时，编译器会根据参数的数目和类型来准确地判断应该使用哪个构造方法来对类的实例进行初始化。

在一个类的多个构造方法中，可能会出现一些重复操作。为了提高代码的可重用性，Java

语言允许在一个构造方法中，用 this 语句来调用另一个构造方法。

**【例 3-10】** Person 类的构造方法，参考代码为：

```
class GoPerson {
    String name;int age;
    static int IDnumber;
    boolean sex;
    // 定义无参数构造方法
    GoPerson(){
        System.out.println("创建了一个 Person 对象");    }
    // 定义带参数构造方法
    GoPerson(String name){
        this();
        this.name = name;    }
    // 构造方法重载
    GoPerson(String name,int age){
        this(name);
        this.age = age;  }
    GoPerson(String name,int age,boolean sex){
        this(name,age);
        this.sex = sex;  }
    void eat(String food){
        System.out.println("我爱吃"+food);    }
    void walk(int mi){
        System.out.println("我能走"+mi+"米"); }
    public static void main(String args[]){
        GoPerson person1 = new GoPerson();
        GoPerson person2 = new GoPerson("tom");
        GoPerson person3 = new GoPerson("mary",10);
        GoPerson person4 = new GoPerson("mike",12,true);     }
}
```

在 main 方法中创建了四个 Person 类的实例对象，这四个对象被赋值给 Person 类型的引用变量为 person1、person2、person3 和 person4，并且在创建的时候调用了 Person 类所提供的构造方法。

**【思考】** 如果去掉其中一个或者几个构造方法，则程序会出现什么状况？应如何修改程序？

4. 访问权限

构造方法可以处于 public、protected、private 和默认这四种访问级别之一。其中构造方法的访问权限为 private 时具有独特的意义。

当构造方法为 private 级别时，意味着只能在当前类中访问它。在当前类的其他构造方法中可以通过 this 语句来调用它，此外还可以在当前类的成员方法中通过 new 语句来调用它。

在以下场合中，可以把类的所有构造方法都声明为 private 类型。

（1）在这个类中仅仅包含了一些供其他程序调用的静态方法，而没有任何实例方法。其他程序无须创建该类的实例，就能访问该类的静态方法。如 java.lang.Math 类就符合这种情况，在 Math 类中提供了一系列用于数学运算的公共静态方法，为了禁止外部程序创建 Math 类的实例，Math 类的唯一的构造方法是 private 类型的，参考格式如下：

```
private Math(){}
```

前面介绍过 abstract 类型的类也不允许被实例化。也许你会问，把 Math 类定义为如下 abstract 类型，不是也能禁止 Math 类被实例化吗？

```
public abstract class Math{...}
```

如果一个类是抽象类，则意味着它是专门用于被继承的类，可以拥有子类，而且可以创建具体子类的实例。而 JDK 并不希望用户创建 Math 类的子类，在这种情况下，把类的构造方法定义为 private 类型更合适。

（2）禁止这个类被继承。当一个类的所有构造方法都是 private 类型时，如果定义了它的子类，那么子类的构造方法无法调用父类的任何构造方法，因此会导致编译错误。当然，如果把一个类声明为 final 类型，也能禁止这个类被继承。这两者的区别为：

1）如果一个类允许其他程序用 new 语句构造它的实例，但不允许拥有子类，那么就把类声明为 final 类型。

2）如果一个类既不允许其他程序用 new 语句构造它的实例，又不允许拥有子类，那么就把类的所有构造方法声明为 private 类型。

3）由于大多数类都允许其他程序用 new 语句构造它的实例，因此用 final 修饰符来禁止类被继承的做法更常见。

（3）这个类需要把构造自身实例的细节封装起来，不允许其他程序通过 new 语句创建这个类的实例。这个类会向其他程序提供获取自身实例的静态方法，这种方法称为静态工厂方法。

**【例 3-11】** 静态工厂方法的参考代码为：

```
public class TottiStaticDemo{
    private static final TottiStaticDemo demo = new TottiStaticDemo();
    public static TottiStaticDemo getInstance(){
          return demo;}
    public void outPutStatic(){
         System.out.println("Test Static Factory Class!");
    }
}
```

如果需要在其他类中创建 TottiStaticDemo 类的对象，则只需要使用“TottiStaticDemo.getInstance()”语句即可；如果要调用 TottiStaticDemo 类中的 outPutStatic 方法，则只需要使用如下语句即可：TottiStaticDemo.getInstance().outPutStatic()；而不必使用关键字 new。

在静态工厂方法中有一种特殊情况就是类只允许有一个实例，这需要使用单例模式，实现的方式是将构造方法定义为 private 访问权限。如果将［例 3-11］进行如下修改，TottiStaticDemo 类则会成为单例类。

**【例 3-12】** 静态工厂方法—单例类实现方法一（饿汉式），参考代码为：

```
public class ETottiStaticDemo{
    private static final ETottiStaticDemo demo = new ETottiStaticDemo();
    private ETottiStaticDemo(){}
    public void outPutStatic(){
         System.out.println("创建单例类!");}
}
```

饿汉式单例类是在类加载的时候就将自己实例化，速度和反应时间稍好。另外还有一种实现方式，是在类第一次调用时进行实例化，资源利用效率较高，如［例 3-13］所示。

**【例 3-13】** 静态工厂方法—单例类实现方法二（懒汉式），参考代码如下：

```
public class LTottiStaticDemo {
    private static LTottiStaticDemo demo = null;
    private LTottiStaticDemo(){  }
    public synchronized static LTottiStaticDemo getInstance(){
        if(demo == null){
            demo = new LTottiStaticDemo();}
        return demo; }
    public void outPutStatic(){
        System.out.println("创建单例类!");}
}
```

**【思考】** 静态工厂方法和单例模式都是软件设计模式中的常见模式，参考《Java 与模式》等资料，了解软件设计模式的种类、特点与应用。

5. 初始化过程

调用构造方法来构造一个类的实例对象时，在这个构造方法内部就可以对成员数据进行初始化。构造方法只有在实例化对象的时候放在运算符 new 后面才能被调用，其他时候是不允许调用的。那么对象的初始化是从什么时候开始的，都进行了什么样的初始化工作呢？这需要了解 JVM 中类和对象的装载过程，图 3-10 显示了类的生命周期。

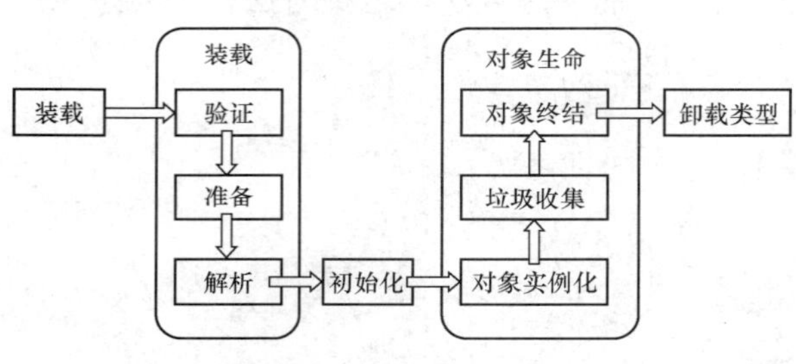


图 3-10　类的生命周期图示

从图 3-10 可以看出，初始化的过程包括类的初始化和对象实例化两个阶段。

在类的初始化阶段，负责为类变量赋予正确的初始值。Java 编译器会自动生成一个“<clinit>()”方法，把所有的类变量初始化语句和类型的静态初始化器都收集到“<clinit>”方法内，该方法只能被 Jvm 调用，专门承担初始化工作。

除接口以外，初始化一个类之前都必须保证其直接超类已被初始化，并且该初始化过程是由 Jvm 保证线程安全的。另外，并非所有的类都会拥有一个“<clinit>()”方法，在以下条件中该类不会拥有“<clinit>()”方法：

（1）该类既没有声明任何类变量，也没有静态初始化语句。

（2）该类声明了类变量，但没有明确使用类变量初始化语句或静态初始化语句进行初始化。

（3）该类仅包含静态 final 变量的类变量初始化语句，并且类变量初始化语句是编译时的常量表达式。

对象的实例化和初始化是对象活动的起点。Java 编译器在编译每个类时都会为该类至少生成一个实例初始化方法，即“<init>()”方法，此方法与源代码中的每个构造方法相对应。

如果类没有明确地声明任何构造方法，编译器则为该类生成一个默认的无参数构造方法，这个默认的构造器仅仅调用父类的无参数构造器，与此同时也会生成一个与默认构造方法对应的“<init>()”方法。通常来说，“<init>()”方法内包括的代码内容大致为：调用另一个“<init>()”

方法；对实例变量初始化；对应的构造方法内的代码。

如果构造方法是明确地从调用同一个类中的另一个构造方法开始的，那么它对应的“<init>()”方法体内包括的内容为：一个对本类的“<init>()”方法的调用；对应构造方法内的代码。

如果构造方法不是通过调用自身类的其他构造方法开始的，并且该对象不是Object对象，那“<init>()”法内包括的内容则为：一个对父类“<init>()”方法的调用；对实例变量初始化方法的字节码；对应构造子类的方法体字节码。

从上述过程分析中可以看出，创建对象时，对象中各成员的初始化顺序为：先初始化静态部分，再初始化实例部分，最后初始化构造方法中的语句，如［例 3-11］所示。

**【例 3-14】** 对象初始化过程示例，参考代码为：

```
public class InitDemo {
    public static void main(String[]args){
        new A(); }
    InitDemo(String var){
        System.out.println(var); }
}
class A {
    static InitDemo pClassA1 = new InitDemo("A. 静态成员的初始化 1");
    {
        System.out.println("A. 实例初始化块");
    }
    InitDemo pClassA = new InitDemo("A. 实例成员的初始化");
    static {    System.out.println("A. 静态初始化块");}
    public int Avar;
    public A(){
        System.out.println("A. 构造方法");
        doSomething();    }
    private void doSomething(){
        Avar = 1111;
        System.out.println("Avar="+Avar);    }
}
```

程序运行结果如图 3-11 所示。

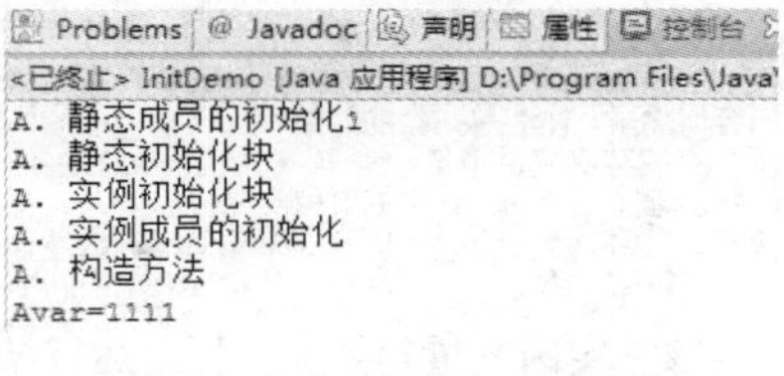

```
Problems  @ Javadoc  声明  属性  控制台
<已终止> InitDemo [Java 应用程序] D:\Program Files\Java\
A. 静态成员的初始化1
A. 静态初始化块
A. 实例初始化块
A. 实例成员的初始化
A. 构造方法
Avar=1111
```

图 3-11 对象初始化程序运行结果图示

［例 3-14］中在类体中除了字段和方法外，还有一些语句块，这些语句块被称为初始化块，既有静态的，也有实例的，能够起到初始化的作用。

从上例中可以看到，无论静态成员和静态语句在什么位置，它们都是先进行初始化的。所以，对象在进行初始化时，各个成员的初始化顺序不完全依赖于其声明位置，而是按照“先静态后实例最后构造方法”的顺序进行初始化的，只有当成员同是静态的或者实例的时候，才按照声明的顺序进行初始化。而且对于同一类对象，其静态部分只在创建第一对象时进行初始化。

### 3.4.6 static 关键字

在前面字段和方法的声明格式中都有一个 static 修饰符，该修饰符所修饰的成员被称做静态成员，也称做类成员。类的成员分为类成员和实例成员，区分的关键是看是否有 static 关键字来修饰，有则是类成员，没有则是实例成员。

1. 实例变量和类变量的区别

一个类通过使用 new 运算符可以创建多个不同的对象，这些对象被分配给不同的内存空间，每个对象的内存都存储着自己的实例变量。如果类中有类变量，则所有对象的这个类变量都存储在相同的内存中，如果改变其中一个对象的这个类变量则会影响其他对象的这个类变量，也就是说所有对象都共享类变量。

实例变量和对象的生命周期相同，而类变量和类的生命周期相同。实例变量必须通过对象名进行访问，类变量通过类名或者对象名进行访问，如［例 3-15］所示。

**【例 3-15】** 实例变量和类变量示例，参考代码为：

```
    class SOPerson {
        String name;
        int age;
        static int IDnumber;
        boolean sex;
        SOPerson(){
            IDnumber = IDnumber+1;
            System.out.println("已经创建了"+IDnumber+"个 Person 类的对象"); }
        void eat(){ }
        void walk(){     }
        public static void main(String args[]){
            SOPerson p0 = new SOPerson();
            p0.name = "tom";     p0.age = 20;
            p0.sex = true;
            System.out.println("对象p0 的实例变量值是:name="+p0.name+",age="+p0.age+
",sex="+p0.sex);
            SOPerson p1 = new SOPerson();
            p1.name = "mary";    p1.age = 21;
            p1.sex = false;
            System.out.println("对象p1 的实例变量值是:name="+p1.name+",age="+p1.age+",
sex="+p1.sex); }
    }
```

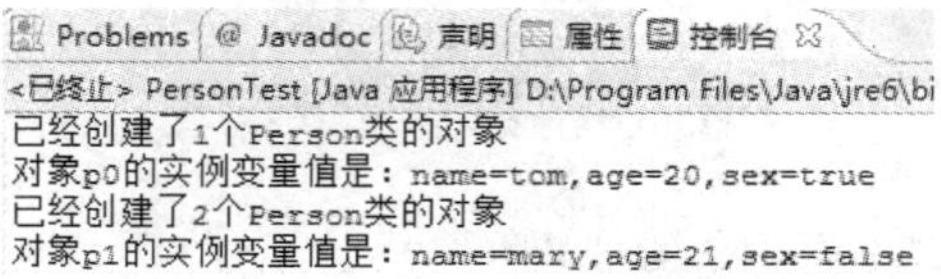

程序运行结果如图 3-12 所示。

```
Problems @ Javadoc 声明 属性 控制台
<已终止> PersonTest [Java 应用程序] D:\Program Files\Java\jre6\bi
已经创建了1个Person类的对象
对象p0的实例变量值是: name=tom,age=20,sex=true
已经创建了2个Person类的对象
对象p1的实例变量值是: name=mary,age=21,sex=false
```

图 3-12 实例变量和类变量程序运行结果图示

2. 实例方法和类方法的区别

同实例变量和类变量的区别类似，实例方法属于某一特定对象，并与对象绑定；类方法在创建对象前就可以实现其功能，并与类绑定。所以，调用实例方法需要使用对象名，调用类方法通常使用类名，当然也可以使用对象名。

类方法在类的字节码加载到内存时就分配了入口地址，因此允许通过类名直接调用类方法。所以，当一个方法不需要操作实例成员就可以实现某种功能时，可以考虑将其声明为类方法，好处是避免创建对象而浪费内存。类方法的入口地址直到程序退出时才被取消。

当类的字节码文件被加载到内存中时，类的实例方法不会被分配给入口地址，当该类创建对象后，类的实例方法才分配到入口地址，可以被类创建的任何对象调用并执行；当然，当创建第一个对象时，类的实例方法就分配了入口地址，再创建对象时不再分配入口地址，也就是说方法的入口地址被所有的对象所共享，当所有对象都不存在时，方法的入口地址才被取消。

由此可以看出，实例变量和实例方法都是随着对象的创建而生效的，他们的生命周期与对象相同；而类方法和类变量是随着类的加载而生效的，他们的生命周期和类相同；而对象又是产生在类之后的，因此，类方法中不可以直接操作实例变量，必须通过对象名进行操作，当然也不可以调用实例方法，反过来，实例方法既可以操作类变量，也可以调用类方法。

可以试一下，在［例 3-15］中，如果将字段 name、age 和 sex 前面的 p0 和 p1 去掉，将会产生编译错误——“不能对非静态字段进行静态引用”；如果在 main()方法中直接调用实例方法 eat()，也将会产生编译错误——“不能对非静态方法进行静态引用”。

### 3.4.7 内嵌类

通过前面的介绍已经知道，类有两个重要的成员：字段和方法。实际上，Java 还允许类中存在另一种成员—内嵌类。

Java 支持在一个类中声明另一个类，内层的类被称为内嵌类，而外层的类被称为外嵌类。内嵌类的声明方式和类中的方法、字段的声明方式一样，都是作为一个类的成员。内部类分为成员内部类、静态嵌套类、方法内部类、匿名内部类。

1. 几种内部类的共性

（1）内部类仍然是一个独立的类，在编译之后内部类会被编译成独立的.class 文件，但是前面冠以外部类的类命和$符号。

（2）内部类不能用普通的方式访问。内部类是外部类的一个成员，因此内部类可以自由地访问外部类的成员变量，无论是否是 private 的。

2. 成员内部类

形式如下：

```
class Outer {
    class Inner{}
}
```

编译上述代码会产生 Outer.class 和 Outer$Inner.class 两个文件。

成员内部类中不允许有任何静态声明，下面代码不能通过编译。

```
class Inner{
    static int a = 10;              //本局不能通过编译
}
```

能够访问成员内部类的唯一途径就是通过内部类的对象。

（1）从外部类的非静态方法中实例化内部类对象。

**【例 3-16】** 从外部类的非静态方法中实例化内部类对象，参考代码为：

```
class Outer {
    private int i = 10;
    public void makeInner(){
        Inner in = new Inner();
        in.seeOuter();    }
    class Inner {
```

```
        public void seeOuter(){System.out.print("i="+i);}
    }
    public static void main(String args[]){
        Outer out = new Outer();
        out.makeInner(); }}
```

程序运行结束将输出“i=10”。

表面上，我们并没有创建外部类的对象就实例化了内部类对象，和上面的说法矛盾。事实上，如果不创建外部类对象也就不可能调用 makeInner()方法，所以最终还是要创建外部类对象的。

如果把 makeInner()方法修饰为静态方法，即 static public void makeInner()，这样，不用创建外部类就可以实例化外部类了，但是在一个静态方法里不能直接访问非静态成员和方法。而如果在这个静态方法中实例化一个外部类对象，再用这个对象实例化内部类，则完全可以将上例进行如下修改。

（2）从外部类的静态方法中实例化内部类对象。

**【例 3-17】** 从外部类的静态方法中实例化内部类对象示例，参考代码为：

```
class  FOuter {
    private int i = 10;
    class Inner {
        public void seeOuter(){ System.out.print("i="+i);        }
    }
    public static void main(String[]args){
        FOuter out = new FOuter();
        FOuter.Inner in = out.new Inner();
        // Outer.Inner in = new Outer().new Inner();
        in.seeOuter();    }
}
```

程序运行结果也是输出“i=10”。

被注释的那行是上面两行的合并形式，是一条简洁的语句。[例 3-16] 和 [例 3-17] 的区别为：

1）在外部类的非静态方法中实例化内部类对象是普通的 new 方式，即 Inner in=new Inner();

2）在外部类的静态方法中实例化内部类对象，必须先创建外部类对象，即“Outer.Inner in=new Outer().new Inner();”

（3）内部类的 this 引用。

普通的类可以用 this 来引用当前的对象，内部类也是如此。但是如果内部类想引用外部类当前的对象，则用“外部类名.this”的形式，如下例中的 Outer.this。

**【例 3-18】** 内部类 this 应用示例，参考代码为：

```
class TOuter {
    class Inner{
        public void seeOuter(){
            System.out.println(this);
            System.out.println(TOuter.this);}}}
```

程序运行结果如图 3-13 所示。

Problems @ Javadoc 声明 属性 控制台
<已终止> Outer [Java 应用程序] D:\Program Files\Java\j
object.Outer$Inner@c17164
object.Outer@1fb8ee3

图 3-13 内部类 this 应用程序运行结果图示

（4）成员内部类的修饰符。

对于普通的类，可使用的修饰符有 final、abstract、strictfp、public 和默认的包访问。但是成员内部类更像一个成员变量和方法。

可使用的修饰符有 final、abstract、public、private、protected、strictfp 和 static。一旦使用 static 修饰内部类，它就变成静态内部类了。

3. 静态内部类

成员内部类中不能定义静态的变量和方法，有时候为了在内部类中使用静态成员，需要将内部类定义为静态内部类。

静态的含义是指该内部类可以像其他静态成员一样，在没有外部类对象时，也能够访问它。静态内部类可以访问外部类中的静态成员，但不能直接访问外部类的实例成员和方法。

**【例 3-19】** 静态内部类示例，参考代码为：

```
class JOuter {
   String s = "hello";
   private static int count;
   static class JInner {
   static int a;
      public void method(){
         JOuter jt = new JOuter();
         count = count+1;
      System.out.println("s="+jt.s+",您是第"+count+"个访问者");      }
   }
   public static void main(String[]args){
      JOuter.JInner joi1 = new JOuter.JInner();
      joi1.method();
      JOuter.JInner joi2 = new JInner();
      joi2.method();    }
}
```

程序运行结果如图 3-14 所示。

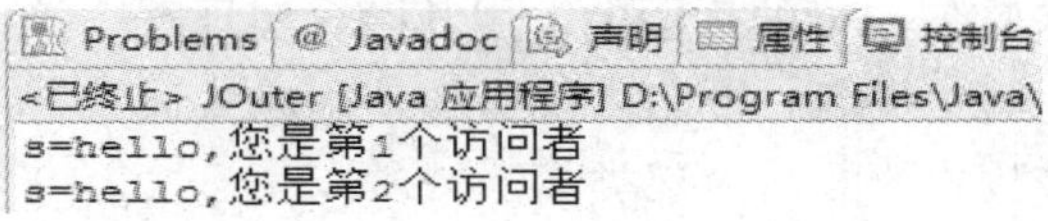

Problems @ Javadoc 声明 属性 控制台
<已终止> JOuter [Java 应用程序] D:\Program Files\Java\
s=hello,您是第1个访问者
s=hello,您是第2个访问者

图 3-14 静态内部类程序运行结果图示

4. 方法内部类

顾名思义，把类放在方法中，参考代码为：

```
class Outer {
    public void doSomething(){
       class Inner{
         public void seeOuter(){ }
       }          }
    }
```

1)方法内部类只能在定义该内部类的方法内进行实例化，不可以在此方法外进行实例化。

2）方法内部类对象不能使用该内部类所在方法的非 final 局部变量。

因为方法的局部变量位于栈上，所以它只存在于该方法的生命期内。当一个方法结束时，其栈结构被删除，局部变量成为历史。但是该方法结束之后，在方法内创建的内部类对象可能仍然存在于堆中。例如，如果对它的引用被传递到其他某些代码，并存储在一个成员变量内。正因为不能保证局部变量的存活期与方法内部类对象的一样长，所以内部类对象不能使用它们。

**【例 3-20】** 方法内部类示例，参考代码为：

```
class FaOuter {
    public void doSomething(){
        final int a =10;
        class FInner{
            public void seeOuter(){System.out.println("a="+a);}
        }
        FInner in = new FInner();
        in.seeOuter();}
    public static void main(String[]args){
        FaOuter out = new FaOuter();
        out.doSomething();}
}
```

程序运行结果如图 3-15 所示。

Problems @ Javadoc 声明 属性 控制台

<已终止> FOuter [Java 应用程序] D:\Program Files\Java\

a=10

图 3-15 方法内部类程序运行结果图示

（3）方法内部类的修饰符。

与成员内部类不同，方法内部类更像一个局部变量。可以用于修饰方法内部类的只有 final 和 abstract。

（4）静态方法内的方法内部类。

静态方法是没有 this 引用的，因此在静态方法中的内部类遭受同样的待遇，即只能访问外部类的静态成员。

5. 匿名内部类

顾名思义，没有名字的内部类。表面上看起来它们似乎有名字，实际上那不是它们的名字。一个匿名内部类一定是在 new 的后面的，用其隐含实现一个接口或实现一个类，没有类名，根据多态，我们使用其父类名。匿名内部类的使用方式通常有：继承式的匿名内部类、接口式的匿名内部类和参数式的匿名内部类。

（1）继承式的匿名内部类。

**【例 3-21】** 匿名内部类示例，参考代码为：

```
class Car {
    public void drive(){
        System.out.println("Driving a car!");}}
class TestNm{
    public static void main(String[]args){
        Car car = new Car(){
          public void drive(){System.out.println("Driving another car!");}
 };
        car.drive();}}
```

结果输出为：Driving another car！Car 引用变量不是引用 Car 对象，而是 Car 匿名子类的对象。

建立匿名内部类的关键是重写父类的一个或多个方法。再强调一下，是重写父类的方法，而不是创建新的方法。因为用父类的引用不可能调用父类本身没有的方法，创建新的方法是多余的。

（2）接口式的匿名内部类。

**【例 3-22】** 接口式匿名内部类示例，其代码为：

```
interface Vehicle {
    public void drive();
}
class TestIf {
    public static void main(String[]args){
        Vehicle v = new Vehicle(){
            public void drive(){System.out.println("Driving a car!");    }
        };
        v.drive();    }
}
```

程序运行结果如图 3-16 所示。

```
Problems  @ Javadoc  声明  属性  控制台
<已终止> NTest [Java 应用程序] D:\Program Files\Java\j
Driving a car!
```

图 3-16　接口式匿名内部类程序运行结果图示

上面的代码很奇怪，好像是在实例化一个接口。事实上并非如此，接口式的匿名内部类是实现一个接口的匿名类，而且只能实现一个接口的匿名类。

（3）参数式的匿名内部类。顾名思义，方法的参数中包含匿名内部类。

**【例 3-23】** 参数式匿名内部类示例，参考代码为：

```
class Bar {
    void doStuff(Foo f){System.out.println("I am Bar");}
}
interface Foo { void foo();}
class TestFB {
    static void go(){
        Bar b = new Bar();
        b.doStuff(new Foo(){
            public void foo(){System.out.println("foofy");   }
        });
    }}
```

程序运行结果如图 3-17 所示。

```
Problems  @ Javadoc  声明  属性  控制台
<已终止> NTest [Java 应用程序] D:\Program Files\Java\
I am Bar
```

图 3-17　参数式匿名内部类程序运行结果图示

程序结果显示，语句“System.out.println("foofy");”并没有进行输出，原因是该语句只是方法 foo()的实现，从而构造了一个接口 Foo 的实现类的对象，完成了参数的定义，并没有实际调用方法 foo()；因此只有方法 doStuff()调用后的输出结果。

## 3.5 封　　装

面向对象的第二大特征是封装性。封装是指将某事物的属性和行为包装到对象中，这个对象只对外公布需要公开的属性和行为，而这种公布也是可以有选择性地公布给其他对象的。

通过封装，即使改变了类中数据的定义，只要方法名不变，就不会对使用该类的程序产生任何的影响。反过来说，封装减少了程序对类中数据表达的依赖性。封装的目的有：

（1）隐藏类的实现细节。

（2）迫使用户通过接口去访问数据。

（3）增强代码的可维护性。

根据封装的原则，使用者可以访问类中的部分方法，但不能直接访问成员变量。在 Java 中通过设置类的访问权限和类中成员的访问权限，来实现封装的特性。

1. 访问权限

在 Java 中使用 private、protected、public 三种修饰符或不用（即默认—defalut）对外部对象访问该对象的属性和行为进行限制，如表 3-1 所示。

**表 3-1　　成员变量限定词的作用范围**

| 访问权限 | 同一个类 | 同一个包 | 不同包的子类 | 不同包非子类 |
|---|---|---|---|---|
| private | √ | | | |
| default | √ | √ | | |
| protected | √ | √ | √ | |
| public | √ | √ | √ | √ |

2. 设置类的访问权限

在声明一个类时，可以不用权限修饰符，也可以用 public 设置类为公有的修饰符，不允许使用其他的权限修饰符。例如，有如下形式：

```
public  class  Person              //公有的类
class  Person                      //非公有的类
protected  class Person            //非法的
```

在一个源程序中可以声明多个类，但是用 public 修饰的类只能有一个，而且文件名必须与该类名一致。

3. 设置类成员的访问权限

成员变量和成员方法都是 Java 的类成员。当声明一个类的成员时，可以使用权限修饰符来指明允许或不允许其他类的对象访问其成员。设置类成员时的四种访问方式的含义如下：

（1）private。类中限定为 private 的成员，只能被这个类本身访问。如果一个类的构造方法声明为 private，则其他类不能生成该类的一个实例；当成员变量声明为 private 时，要想对此类成员变量进行操作，需要在类中添加公共方法 getX()和 setX()来进行变量的取值和赋值操作。

（2）default。类中不加任何访问权限来限定的成员属于默认的（default）访问状态，可以被这个类本身和同一个包中的类访问。

（3）protected。类中限定为 protected 的成员，可以被这个类本身、它的子类（包括同一个包中以及不同包中的子类）和同一个包中的所有其他的类访问。

（4）public。类中限定为 public 的成员，可以被所有的类访问。

**【例 3-24】** 类的封装示例，参考代码为：

```
public class Date3 {                        // 类的封装
   private int year,month,day;          // 成员变量,私有的
   public Date3(int y,int m,int d){
      year = y;
      month =(((m >= 1)&(m <= 12))?m:1);
      day =(((d >= 1)&(d <= 31))?d:1);}
   public int getyear()                     // 成员方法,公有的
   {     return year;  }
   public boolean isleapyear(){
      return(year % 400 == 0)|(year % 100!= 0)&(year % 4 == 0);    }
   public void print(){
      System.out.println("date is "+year+'-'+month+'-'+day);   }
     }
class Date3_ex{                             // 其他类
   public static void main(String args[]){
      Date3 a = new Date3(2002,6,28);
      a.print();
      System.out.println(a.getyear()+" is a leap year,"+a.isleapyear());
}
}
```

在本例中，类的成员变量 year，month，day 被设置为私有的，因此，在其他类（如 Date3_ex）中就不能直接使用这些变量，只能通过方法来获得他们的值。

## 3.6 继　　承

我们知道，面向对象的第三个特征是继承性。继承是一种由已有类来创建新类的机制。利用继承，可以先编写一个具有共有属性的一般类，根据该一般类再编写具有特殊属性的新类，新类继承一般类的状态和行为，并根据需要添加新的状态和行为。其中，一般类称为父类，也叫做基类，继承一般类而得到的新类称为子类，也叫做派生类。在 Java 中，Object 类是所有类的基类，也叫做超类，是 java.lang 包中的类，因此，所有的类都具备 Object 类的状态和行为。

需要注意的是，在 Java 中，类的继承只支持单重继承，也就是说子类只能有一个父类。下面详细介绍子类对父类各部分的继承。

### 3.6.1 子类的声明

在类的声明中，通过使用关键字 extends 来声明一个类的子类，格式如下：

```
class  子类名  extends  父类名 {
       类体
}
```

例如：

```
class  Student  extends  Person {
     …
}
```

Student 类被声明为 Person 类的子类，Person 类是 Student 类的父类。

声明的子类将会继承父类，子类中的成员变量和方法有一部分是子类自己声明的，而另一部分是从父类继承来的。

### 3.6.2 成员变量的继承

子类可以继承父类中所有的成员变量。需要注意下列几种情况：

（1）父类中如果存在 private 权限的成员变量，这些变量在子类对象中仍然存在，但子类对象不能访问。要访问父类中 private 权限的成员变量，可以通过其他方法访问。

（2）如果在子类中定义了与父类中同名的成员变量，不管数据类型是否一致，不管该变量是否是静态变量，都将使从父类继承的同名成员变量被隐藏，也不能在子类中直接访问；要访问父类中被隐藏的成员变量，需要使用父类的对象或者使用上转型对象，如［例 3-25］所示。

**【例 3-25】** 成员变量继承示例，参考代码为：

```
//父类 JPerson
public class JPerson {
   public String name = "tom";
   protected int age = 23;
   static int IDnumber;
   boolean sex = true;
   private String IDcard = "19880605";
   public void setIDcard(String s){    IDcard = s; }
   public String getIDcard(){return IDcard;}
}
      //子类 JStudent
class JStudent extends JPerson {
   private String IDcard = "19910101";
   String name = "mike";
   int IDnumber = 10;
   public static void main(String args[]){
      JStudent js = new JStudent();
      JPerson jp = new JPerson();
      // 输出父类中变量的值
      System.out.println("父类对象对应的变量值如下:");
      // 若是 jp.IDcard 则会出现编译错误“jp.IDcard 不可视”
      System.out.println("name="+jp.name+",age="+jp.age+",IDnumber="
          +jp.IDnumber+",sex="+jp.sex);
      System.out.println("IDcard="+jp.getIDcard());
      // 输出子类中同名变量的值
      System.out.println("子类对象对应的变量值如下:");
      System.out.println("name="+js.name+",IDcard="+js.IDcard+",age="
          +js.age+",IDnumber="+js.IDnumber+",sex="+js.sex);
      System.out.println("IDcard="+js.getIDcard());   }
}
```

程序的运行结果如图 3-18 所示。

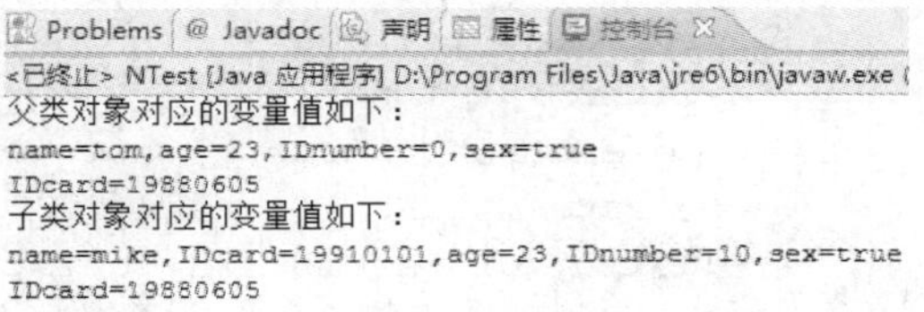

[例 3-25]中子类 JStudent 继承了父类 JPerson 的所有变量，并且定义了同名变量 name、IDnumber 和 IDcard。从程序运行结果中可以看出，子类 JStudent 中未定义的变量 age 和 sex 是从父类 JPerson 继承来的，其取值和父类相同；而对于同名变量，可以看到，无论访问权限、数据类型或修饰符是否相同，都会将父类的同名变量隐藏，对于子类对象和父类对象，这几个同名变量的取值是不同的；另外，变量 IDnumber 是私有变量，在子类 JStudent 中不能访问父类的变量 IDnumber，但是可以通过继承父类的 getIDnumber()方法获取变量的值。

```
Problems  @ Javadoc  声明  属性  控制台
<已终止> NTest [Java 应用程序] D:\Program Files\Java\jre6\bin\javaw.exe (
父类对象对应的变量值如下：
name=tom,age=23,IDnumber=0,sex=true
IDcard=19880605
子类对象对应的变量值如下：
name=mike,IDcard=19910101,age=23,IDnumber=10,sex=true
IDcard=19880605
```

图 3-18 成员变量的继承示例程序运行结果图示

### 3.6.3 方法的继承

与成员变量的继承类似，子类能够继承父类所有的方法。仍然需要注意以下情况：

（1）若父类中存在私有（private）方法，子类继承后，该方法存在于子类对象中，但子类不能调用。

（2）若父类中存在最终（final）方法，被子类继承后，该方法存在于子类对象中，但子类不能重写。

（3）子类中可能存在与父类相同的方法。这里先说明什么是相同的方法。

Java 语言中，方法相同是指方法的名称和参数列表都相同，其中参数列表相同是指参数个数、参数类型和参数排列顺序等相同，而参数名称可以不相同。具有相同的方法访问控制符，返回值类型可以不相同。

例如，以下方法是一组相同的方法。

```
public void test(int a,double[]d)
private int  test(int i,double[]d1)
```

在同一个类内部，不能声明相同的方法，否则将出现语法错误。

1）如果在子类中存在和父类相同的类成员方法，父类的同名类成员方法将会被隐藏，仍然存在于子类对象中，但子类不能调用。

2）如果在子类中存在和父类相同的实例成员方法，父类的同名实例成员方法将会被覆盖，在子类对象中不再存在，子类的同名实例方法将替代父类的同名实例方法。

（4）子类中如果存在和父类同名的方法，而参数不同，这些同名方法是子类新增的方法。

（5）子类如果调用从父类继承来的方法，方法中使用的成员变量应为父类的成员变量；子类如果调用的是隐藏或者覆盖的和父类相同的方法，方法中使用的成员变量应为子类的成员变量。

**注意：**

1）覆盖的方法不能比被覆盖的方法有更严格的访问权限。

2）覆盖的方法不能比被覆盖的方法产生更多的异常。

**【例 3-26】** 方法继承示例，参考代码为：

```
//父类 JFPerson
public class JFPerson {
```

```
    public String name = "tom";
    protected int age = 23;
    static int IDnumber;
    boolean sex = true;
    private String IDcard = "19880605";
    public void setIDcard(String s){IDcard = s;}
    public String getIDcard(){return IDcard;    }
    public static void getnumber(){
        IDnumber = IDnumber+1;
        System.out.println("已经创建了"+IDnumber+"个JPerson对象");    }
    void eat(){System.out.println(name+"今年"+age+"岁"+",我喜欢吃中餐!");}
}
    //子类JFStudent
class JFStudent extends JFPerson {
    private String IDcard = "19910101";
    String name = "mike";
    static int IDnumber = 10;
    // 相同的实例方法,将父类的相同实例方法覆盖
    public String getIDcard(){return IDcard;    }
    // 定义同名的实例方法,因为参数不同,作为子类新增的方法
    public String eat(String food){return food;}
    // 相同的类方法,将父类的相同类方法隐藏
    public static void getnumber(){
        IDnumber = IDnumber+1;
        System.out.println("已经创建了"+IDnumber+"个JStudent对象");    }
    public static void main(String args[]){
        JFStudent js = new JFStudent();
        JFPerson jp = new JFPerson();                        // 父类实例方法调用
        System.out.println("IDcard="+jp.getIDcard());    // 父类类方法调用
        jp.getnumber();                                      // 子类实例方法调用
        System.out.println("IDcard="+js.getIDcard());    // 子类类方法调用
        js.getnumber();                                      // 子类新增方法调用
        System.out.println(js.name+"喜欢吃"+js.eat("苹果"));  }
}
```

```
Problems  @ Javadoc  声明  属性  控制台
<已终止> NTest [Java 应用程序] D:\Program Files\Java\
父类的IDcard=19880605
已经创建了1个JPerson对象
tom今年23岁，我喜欢吃中餐！
子类的IDcard=19910101
已经创建了11个JStudent对象
mike喜欢吃苹果
```

图 3-19　方法的继承示例程序运行结果图示

程序的运行结果如图 3-19 所示。

### 3.6.4　构造方法的继承

构造方法的存在是为了对象的初始化，使方法名和类名相同，所以构造方法不能继承。

1. 构造方法的继承

在 Java 继承机制中，子类对象的初始化过程一般开始于调用一系列的构造方法，因为子类不能继承超类的构造方法，而子类的构造方法不但要对新添加的成员变量执行初始化，还要对从超类继承来的成员进行初始化，而对子类继承的超类成员的初始化可由超类的构造方法来完成。子类虽然不能继承超类的构造方法，但是可以调用它。

构造方法在对新添加的成员变量执行初始化之前，都将显式地（通过 super）或隐式地（调用超类的默认构造方法或者无参构造方法）调用其直接超类的构造方法。同样，如果其直接

超类也派生于另一个类，则要求直接超类调用类层次结构中的上一层的构造方法，依次类推，在调用请求中，最后调用的构造方法总是跟—object 类的构造方法，子类的构造方法最后才会执行对新添加成员变量的初始化。

由于子类不能继承超类的构造方法，因此在子类的构造方法中，对继承的超类成员可以通过调用超类的构造方法来完成。

我们知道，构造方法可以是隐式或者显式定义的，那么子类是否必须是显式定义构造方法？子类构造方法的定义可以分为如下几种情况。

（1）若父类没有显式定义构造方法，则子类可以定义也可以不定义构造方法，构造子类对象时会通过子类的构造方法来调用父类默认的构造方法。

（2）若父类显式定义了无参数的构造方法，则子类可以定义也可以不定义构造方法，构造子类对象时会通过子类的构造方法调用父类定义的无参数的构造方法。

（3）若父类仅定义了带参数的构造方法，则子类必须定义构造方法，并且必须在子类构造方法的第一行显式地（通过 super）调用超类的构造方法，尤其是当超类重载构造方法（多个构造方法）时，必须为 super()提供合适的参数。

如果在子类构造方法中没有通过 super 显式地调用超类构造方法。这时并不是不调用超类的构造方法，而是隐式地调用超类无参的构造方法。在这种情况下，如果超类没有无参数的超类构造方法，则将导致编译错误，如［例 3-27］所示。

**【例 3-27】** 构造方法继承示例，参考代码为：

```
//父类 GPerson
public class GPerson {
    public String name;
    protected int age;
    static int IDnumber;
    boolean sex;
    private String IDcard;
    // 定义无参数构造方法
    /*
     * GPerson(){ System.out.println("创建了一个 Person 对象");}
     */
    // 定义带参数构造方法
    GPerson(String name){
        this();
        this.name = name;    }
}
//子类 GStudent
class GStudent extends GPerson {
    public static void main(String args[]){ GStudent gs = new GStudent();
}
}
```

在［例 3-27］中超类—GPerson 定义了带参数的构造方法，因此，Java 虚拟机运行时，不会再自动生成默认的构造方法。而构造子类 GStudent 对象又隐式调用了超类的无参数构造方法，编译时会出错，问题在于超类没有可供子类构造方法调用的无参数构造方法。

如果要纠正上面程序中出现的错误，可以使用的修改方法有以下几种。

（1）在子类构造方法第一句显式加上对超类构造方法的调用（super（name））。

（2）在超类中去掉带参数构造方法的定义，这时超类的无参数构造方法系统会自动生成。

（3）在超类中添加一个无参数的构造方法。

因此，［例 3-27］也就有多种修改方法。

（1）去掉构造方法 GPerson（String　name）。

（2）添加 GPerson()。

（3）在子类中定义一个无参数的构造方法 GStudent()，其中第一条语句是 super（name）。

2. super 关键字

可以看到，上面添加的子类构造方法中需要使用关键字 super。关键字 super 表示父类的对象，在子类中如果要使用父类的成员变量或者方法，则需要使用 super.变量（或者方法）。当子类构造方法中需要调用父类构造方法，则在构造方法中也可以使用“super（参数列表）;”语句调用已经定义的构造方法，该语句必须位于构造方法的第一行，但 super 对象不能使用在类方法中。

### 3.6.5　子类对象的构造过程

前面已经提到，对象的构造都是由 new 运算符开始的，通过 new 运算符在堆中为对象分配内存空间，然后需要进行对象的初始化。一般对象的初始化都是按照“先静态成员再实例成员最后构造方法”的顺序进行的，子类对象也不例外。但由于子类对象又继承了父类的一些成员，所以，在初始化子类对象时也需要初始化这些成员。因此一个子类的对象包括从父类继承的成员和子类新增的成员，内存示意如图 3-20 所示。

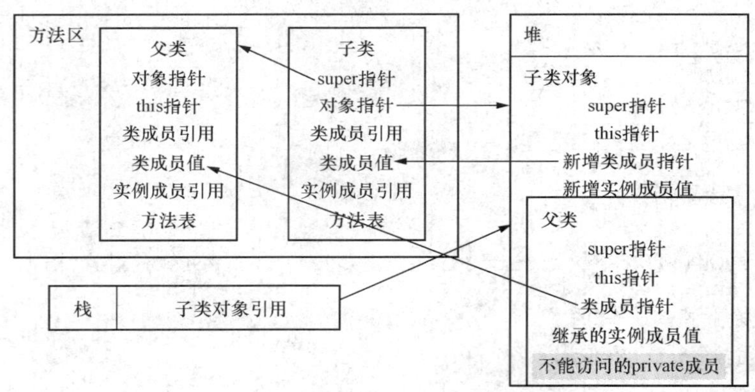


图 3-20　子类对象内存示意图

根据对象初始化的顺序，子类对象初始化的顺序为：

（1）初始化父类的静态成员和静态初始化块。

（2）初始化子类的静态成员和静态初始化块。

（3）初始化父类的实例成员和实例初始化块。

（4）调用父类的构造方法。

（5）初始化子类的实例成员和实例初始化块。

（6）调用子类的构造方法。

**【例 3-28】** 子类对象初始化示例，参考代码为：

```
public class SubInitDemo {
    SubInitDemo(String var){ System.out.println(var);   }
    public static void main(String[]args){ new Sub();   }
}
    //定义父类 Father
class Father {
    // 定义静态成员变量
static SubInitDemo pClassFather1 = new SubInitDemo("Father. 静态成员的初始化
1");
    { System.out.println("Father. 实例初始化块");    }
    // 定义私有成员变量
private SubInitDemo pclassFather2 = new SubInitDemo("Father.私有实例成员的初
始化");
    // 定义实例成员变量
    SubInitDemo pClassFather = new SubInitDemo("Father. 实例成员的初始化");
    static { System.out.println("Father. 静态初始化块"); }
    public int Fathervar;
    public Father(){
        System.out.println("Father. 构造方法");
        doSomething();   }
    void doSomething(){
        Fathervar = 1111;
        System.out.println("Fathervar="+Fathervar); }
}
    //定义子类 Sub
class Sub extends Father {
    static SubInitDemo pClassSub1 = new SubInitDemo("Sub. 静态成员的初始化 1");
    {System.out.println("Sub. 实例初始化块"); }
    SubInitDemo pClassSub = new SubInitDemo("Sub. 实例成员的初始化");
    static {System.out.println("Sub. 静态初始化块");  }
    public int Fathervar;
    public Sub(){System.out.println("Sub. 构造方法");    }}
```

程序的运行结果如图 3-21 所示。

```
Problems @ Javadoc 声明 属性 控制台
<已终止> SubInitDemo [Java 应用程序] D:\Program Files\Java\
Father. 静态成员的初始化1
Father. 静态初始化块
Sub. 静态成员的初始化1
Sub. 静态初始化块
Father. 实例初始化块
Father.私有实例成员的初始化
Father. 实例成员的初始化
Father. 构造方法
Fathervar=1111
Sub. 实例初始化块
Sub. 实例成员的初始化
Sub. 构造方法
```

图 3-21 子类对象初始化示例程序运行结果图示

### 3.6.6 子类的继承性

继承默认为子类和父类在同一个包中，如果子类和父类不在同一个包中，子类的继承会有什么不同呢？

我们知道，当子类和父类在同一个包中时，子类能够继承父类所有的成员变量和方法，但是不能访问其 private 权限的成员。

如果子类和父类不在同一个包中时，继承有以下特点：

（1）子类要想继承父类，父类必须是 public 类，子类最好也是 public 类。

（2）子类仍然能够继承父类所有的成员变量和方法，但是只能访问其权限为 public 和 protected 的成员。

如果将[例 3-28]中的 Father 类和 Sub 类分别放在不同的包中，并将其权限定义为 public，会看到子类对象的初始化结果没有变化。但是如果在子类 Sub 中访问变量 pclassFather1，将会出现编译错误—“字段 Father.pclassFather1 不可视”。如果将该变量的权限改为 public 或者 protected，则程序就是正确的。

## 3.7 多 态

面向对象的第四个特征是多态性，而多态性也是面向对象中较难理解的一个特性。

1. 多态的概念

“polymorphism（多态）”一词来自希腊语，意为“多种形式”。因此，多态是指类的对象具有多种形态或者不同的对象收到同一消息可以产生不同的结果。在计算机领域中就是指类的对象可以指向多种不同的实际类型，或者不同类型的对象可以响应相同的方法。Java 多态性的概念也可以被说成“一个接口，多个方法”。

多态通常有变量多态和方法多态两种。变量多态是指同一个变量在运行时刻标识（表示）不同类型的对象，而方法多态主要是指同一个方法做不一样的动作。多态通常与语言的动态绑定机制有关。

2. Java 的绑定机制

在运行环境中，通过引用类型变量来访问所引用对象的方法和属性时，Java 虚拟机采用以下绑定规则。

（1）实例方法与引用变量实际引用的对象的方法绑定，这种绑定属于动态绑定，因为他们是在运行时由 Java 虚拟机动态决定的。

（2）静态方法与引用变量所声明的类型的方法绑定，这种绑定属于静态绑定，因为实际上他们在编译阶段就已经做了绑定。

（3）成员变量（包括静态变量和实例变量）与引用变量所声明的类型的成员变量绑定，这种绑定属于静态绑定，因为实际上他们在编译阶段就已经做了绑定。

根据上述绑定规则，编译阶段的静态绑定属于编译时多态，运行时的动态绑定属于运行时多态。

3. 方法多态

当对象调用方法时，弄清方法调用的过程是十分重要的，下面是方法调用过程的详细描述。

（1）编译器检查对象的声明类型和方法名，列举出对象所属类中所有名称相同的方法和从超类继承过来的同名方法。

（2）接下来编译器检查方法调用中提供的参数类型，如果在所有同名的方法中有一个参数类型和调用提供的参数类型最为匹配，那么就调用这个方法，这个过程叫做“重载解析”。

（3）如果在编译阶段找不到唯一匹配的方法，则在程序运行时将由 Java 虚拟机调用方法所指向的与对象的实际类型相匹配的方法版本。

**【例 3-29】** 多态性示例，参考代码为：

```
//定义父类 Person 类
class Person {
    public String name;
```

```
    protected int age;
    static int IDnumber;
    boolean sex;
    private String IDcard;
    // 定义无参数构造方法
    Person(){System.out.println("创建了一个 Person 对象"); }
    // 定义带参数构造方法
    Person(String name){
        this();
        this.name = name;    }
    // 定义实例方法
    public void setIDcard(String s){    IDcard = s; }
    public String getIDcard(){return IDcard;    }
    void eat(){
        System.out.println(name+"今年"+age+"岁"+",我喜欢吃中餐!"); }
    // 定义静态方法
    public static void getnumber(){
        IDnumber = IDnumber+1;
        System.out.println("调用 Person 类的方法,已经创建了"+IDnumber
+"个 Person 对象");    }
}
    // 定义子类 Student 类
class Student extends Person {
    public String name;
    static int IDnumber;
    private String IDcard;
    // 定义实例方法
    public void setIDcard(String s){    IDcard = s; }
    public String getIDcard(){  return IDcard;  }
    // 定义静态方法
    public static void getnumber(){
        IDnumber = IDnumber+1;
        System.out.println("调用 Student 类的方法,已经创建了"+IDnumber+"个
Student 对象");  }
}
    // 测试类
public class DtDemo {
    public static void main(String args[]){
        Person p1 = new Person("tom");
        Student s1 = new Student();      Person p2 = new Student();
        s1.setIDcard("1993005");
        System.out.println("s1 的 IDcard="+s1.getIDcard());
        p2.getnumber();  }}
```

程序的运行结果如图 3-22 所示。

```
Problems @ Javadoc 声明 属性 控制台
<已终止> DtDemo [Java 应用程序] D:\Program Files\Java\j
创建了一个Person对象
创建了一个Person对象
创建了一个Student对象
创建了一个Person对象
创建了一个Student对象
p1的IDcard=1993005
调用Person类的方法，已经创建了1个Person对象
```

图 3-22 方法调用示例程序运行结果图示

在［例 3-29］中有多个方法的调用，下面分别分析其调用过程。

（1）Person p1=new Person（"tom"）。在该语句中存在构造方法的调用，其调用过程为：

1）编译器检查对象的声明类型和方法名，对象的声明类型为 Person 类，方法名是 Person，然后列出所

有符合条件的两个方法：Person()和 Person（String name）。

2）接下来编译器检查方法调用中提供的参数类型，调用的方法中有参数，类型是 String，因此可以确定调用的方法是 Person（String name）。找到唯一的方法后，执行将得到结果。

可以看到这个方法的调用在编译阶段就可以确定，能够进行绑定，所以是静态绑定，也称做前期绑定，属于编译时多态。而这种多态是多态性的一种典型体现，称做方法的重载。

方法重载（Overloading）是在同一类中定义同名方法的情况，是一个类中的多态。这些方法同名的原因，是它们的最终功能和目的都相同，但是由于在完成同一功能时，可能遇到不同的具体情况，所以需要定义含有不同的具体内容的方法，来代表多种具体实现形式。

Java 支持用户定义的方法重载。一个类中可以有相同名字的方法，这些方法可以有不同的意义。但是，这些重载的方法中，必须满足参数数目不同、相同位置上的参数类型不同等条件。这些不同可以帮助编译器区分不同版本的方法，根据静态多态性调用规则，编译器依据对象在定义时的类型相应地调用对应类中的重载方法。

构造方法的多态性就是典型的方法重载情况。

（2）s1.getIDcard()。在该语句中存在方法 getIDcard()的调用，其调用过程为：

1）编译器检查对象的声明类型和方法名，对象的声明类型是 Student 类，方法名是 getIDcard，然后列出所有符合条件的两个方法：Person. getIDcard()和 Student. getIDcard()。

2）接下来编译器检查方法调用中提供的参数类型，调用的方法没有参数，因此查询得到的方法仍是 Person. getIDcard()和 Student. getIDcard()，没有找到唯一的方法，不能执行。

3）由于在编译阶段没有确定要执行的方法，在程序运行时由 Java 虚拟机调用方法所指向的与对象的实际类型相匹配的方法版本，方法 getIDcard()所指向的对象的实际类型是 Student，因此可以确定调用的方法是 Student. getIDcard()，找到该方法后便执行。

可以看到，方法 getIDcard()的调用在运行阶段能够绑定执行，因此是动态绑定也称做后期绑定，属于运行时多态。而这种多态也是多态性的一种典型体现，称做方法的覆盖（重写）。

方法覆盖（Overriding）是在子类中定义与父类相同的实例方法的情况，是父类与子类之间多态性的一种表现。覆盖要注意以下的几点。

1）覆盖的方法的标志必须要和被覆盖的方法的标志完全匹配，才能达到覆盖的效果。

2）覆盖的方法的返回值必须和被覆盖的方法的返回一致。

3）覆盖的方法所抛出的异常必须和被覆盖方法的所抛出的异常一致，或者是其子类。

4）被覆盖的方法不能为 private，否则在其子类中只是新定义了一个方法，并没有对其进行覆盖。

（3）p2.getnumber()。在该语句中存在方法 getnumber()的调用，其调用过程为：

编译器检查对象的声明类型和方法名，对象的声明类型是 Person 类，方法名是 getnumber，然后列出所有符合条件的一个方法：Person. getnumber()。因此，可以确定唯一能够执行的方法，找到方法后执行。

可以看到，方法 getnumber()的调用在编译阶段能够绑定执行，因此是静态绑定也称做前期绑定，属于编译时多态。因为方法 getnumber()是静态方法，与类相关，因此在编译阶段就能被确定。

在该语句中调用方法 getnumber()的是对象 p2，而对象 p2 的创建语句是“Person p2=new Student();”，那么 p2 是一个 Person 类的对象还是一个 Student 类的对象呢？因为对象创建是由 new 完成的，这样这里就创建了一个子类—Student 类的对象，而 p2 又声明为父类 Person 的类型，故 p2 不是一个简单的 Student 类的对象，这种形式定义的对象有一个新的名字称做上转型对象。

4. 对象的上转型

对象的上转型是指将父类的引用指向子类的对象。具有如下特点：

（1）因为该对象的类型是父类的类型，故可以访问父类中被隐藏的成员变量和静态方法。

（2）因为该对象实际还是子类的对象，故可以访问子类中继承和重写的实例变量和实例方法。

（3）该对象不能访问子类新增的变量和方法。

根据以上特点，［例 3-29］中的上转型对象 p2 可以访问的变量和方法有：

1）父类被隐藏的变量和方法为：Person.IDnumber、Person.name、Person.age、Person.sex、Person.getnumber()。

2）子类中继承和重写的实例方法为：Student.setIDcard()、Student.getIDcard()。

3）不能访问的变量和方法为：Student.IDcard、Person.setIDcard()、Person.getIDcard()。

5. 对象的下转型

与对象的上转型相对，对象的下转型是指将子类的引用指向父类的对象，这样就好比是以儿子的名义来指挥父亲，似乎是不太行得通的。

一般认为父类的对象不能赋值给子类的引用。例如，［例 3-29］中如果创建对象“Student s2=new Person();”，程序就会出现编译错误—“类型不匹配，不能从 Person 类转换为 Student 类”。如果将语句改为“Student s2=(Student)new Person();”，利用强制转换创建对象，则编译就不会出错，但在运行时会出现如下异常：“Exception in thread"main"java.lang.ClassCastException:object.DPerson cannot be cast to object.DStudent at object.DtDemo.main”。

但是有一种情况可以进行对象的向下转型，就是将上转型对象通过强制转换赋值给子类的引用。因为上转型对象本身的实体就是一个子类的对象，所以将子类的对象赋值给子类的引用当然是可以的。

## 3.8 反　　射

通过了解 Java 的多态性，我们知道了 Java 的方法默认采用的是动态绑定机制。作为一种动态语言，Java 还有一种动态的表现，那就是 Java 拥有的反射机制。

1. 什么是反射

Java 反射是 Java 被视为动态（或准动态）语言的一个关键性质。这个机制允许程序在运行时透过 Reflection APIs 取得任何一个已知名称的 class 的内部信息，包括其 modifiers（如 public，static 等）、superclass（如 Object）、实现的 interfaces（如 Cloneable），也包括 fields 和 methods 的所有信息，并可于运行时改变 fields 的内容或唤起 methods。

Java 反射机制容许程序在运行时加载、探知、使用编译期间完全未知的 classes。

换言之，Java 可以加载一个运行时才得知名称的 class，获得其完整结构。Java 的这一特性非常强大，并且是其他一些常用语言，如 C、C++、Fortran 或者 Pascal 等都不具备的。

2. 反射的功能

Java 反射机制提供如下功能：

（1）在运行时判断任意一个对象所属的类。

（2）在运行时构造任意一个类的对象。

（3）在运行时判段任意一个类所具有的成员变量和方法。

（4）在运行时调用任一个对象的方法。

（5）在运行时创建新类对象。

在使用 Java 的反射功能时，基本上首先都要获取类的 Class 对象，再通过 Class 对象获取其他的对象。

3. 反射的使用

反射的功能是由 JDK 的 API 包 java.lang.reflect.*提供的，因此，要先导入该包。

（1）获取类的 Class 对象。Class 类的实例表示正在运行的 Java 应用程序中的类和接口。获取类的 Class 对象有多种方式，如表 3-2 所示。

**表 3-2　　获取 Class 对象方式表**

| 方　式 | 示　例 |
|---|---|
| 调用 getClass | Boolean var1 = true;<br>Class<?> classType2 = var1.getClass();<br>System.out.println(classType2);<br>输出:class java.lang.Boolean |
| 运用.class 语法 | Class<?> classType4 = Boolean.class;<br>System.out.println(classType4);<br>输出:class java.lang.Boolean |
| 运用 static method Class.forName() | Class<?> classType5 = Class.forName("java.lang.Boolean");<br>System.out.println(classType5);<br>输出:class java.lang.Boolean |
| 运用 primitive wrapper classes 的 TYPE 语法，这里返回的是原生类型，和 Boolean.class 返回的不同 | Class<?> classType3 = Boolean.TYPE;<br>System.out.println(classType3);<br>输出:boolean |

（2）获取类的 Fields。可以通过反射机制得到某个类的某个属性，然后改变对应于这个类的某个实例的该属性值。Java 的 Class<T>类提供了几个获取类的属性的方法，如表 3-3 所示。

**表 3-3　　获取类属性的方法表**

| 方　法 | 意　义 |
|---|---|
| public Field getField(String name) | 返回一个 Field 对象，它反映此 Class 对象所表示的类或接口的指定公共成员字段 |
| public Field[]getFields() | 返回一个包含某些 Field 对象的数组，这些对象反映此 Class 对象所表示的类或接口的所有可访问公共字段 |
| public Field getDeclaredField(String name) | 返回一个 Field 对象，该对象反映此 Class 对象所表示的类或接口的指定已声明字段 |
| public Field[]getDeclaredFields() | 返回 Field 对象的一个数组，这些对象反映此 Class 对象所表示的类或接口所声明的所有字段 |

getFields 和 getDeclaredFields 的区别为：

1）getFields 返回的是申明为 public 的属性，包括父类中定义。

2）getDeclaredFields 返回的是指定类定义的所有被定义的属性，不包括父类的。

（3）获取类的 Method。通过反射机制得到某个类的某个方法，然后调用对应于这个类的某个实例的该方法。Class<T>类提供了几个方法获取类的方法，如表 3-4 所示。

**表 3-4　　获取类方法的方法表**

| 方　　法 | 意　　义 |
| --- | --- |
| public Method getMethod(String name, Class<?>... parameterTypes) | 返回一个 Method 对象，它反映此 Class 对象所表示的类或接口的指定公共成员方法 |
| public Method[]getMethods() | 返回一个包含某些 Method 对象的数组，这些对象反映此 Class 对象所表示的类或接口（包括那些由该类或接口声明的及从超类和超接口继承的那些的类或接口）的公共 member 方法 |
| public Method getDeclaredMethod (String name, Class<?>... parameterTypes) | 返回一个 Method 对象，该对象反映此 Class 对象所表示的类或接口的指定已声明方法 |
| public Method[]getDeclaredMethods() | 返回 Method 对象的一个数组，这些对象反映此 Class 对象表示的类或接口声明的所有方法，包括公共、保护、默认（包）访问和私有方法，但不包括继承的方法 |

（4）获取类的 Constructor。通过反射机制得到某个类的构造器，然后调用该构造器创建该类的一个实例。Class<T>类提供了几个方法来获取类的构造器，如表 3-5 所示。

**表 3-5　　获取类构造方法的方法表**

| 方　　法 | 意　　义 |
| --- | --- |
| public Constructor<T> getConstructor (Class<?>... parameterTypes) | 返回一个 Constructor 对象，它反映此 Class 对象所表示的类的指定公共构造方法 |
| public Constructor<?>[]getConstructors() | 返回一个包含某些 Constructor 对象数组，这些对象反映此 Class 对象所表示的类的所有公共构造方法 |
| public Constructor<T> getDeclaredConstructor (Class <?>.. parameterTypes) | 返回一个 Constructor 对象，该对象反映此 Class 对象所表示的类或接口的指定构造方法 |
| public Constructor<?>[]getDeclaredConstructors() | 返回 Constructor 对象的一个数组，这些对象反映此 Class 对象表示的类声明的所有构造方法。它们是公共、保护、默认（包）访问和私有构造方法 |

（5）新建类的实例。通过反射机制创建新类的实例，通过如表 3-6 所示的几种方法可以创建。

**表 3-6　　创建类实例的方法表**

| 方　　法 | 示　　例 |
| --- | --- |
| 调用类的 Class 对象的 newInstance 方法，该方法会调用对象的默认构造器，如果没有默认构造器，会调用失败 | Class<?> classType = ExtendType.class;<br>Object inst = classType.newInstance();<br>System.out.println(inst);<br>输出：<br>Type:Default Constructor<br>ExtendType:Default Constructor<br>com.quincy.ExtendType@d80be3 |

续表

| 方法 | 示例 |
|---|---|
| 调用默认 Constructor 对象的 newInstance 方法 | Class<?> classType = ExtendType.class;<br>Constructor<?> constructor1 = classType.getConstructor();<br>Object inst = constructor1.newInstance();<br>System.out.println(inst);<br>输出：<br>Type:Default Constructor<br>ExtendType:Default Constructor<br>com.quincy.ExtendType@1006d75 |
| 调用带参数的 Constructor 对象的 newInstance 方法 | Constructor<?> constructor2 =<br>classType.getDeclaredConstructor(int.class,String.class);<br>Object inst = constructor2.newInstance(1,"123");<br>System.out.println(inst);<br>输出：<br>Type:Default Constructor<br>ExtendType:Constructor with parameters<br>com.quincy.ExtendType@15e83f9 |

（6）调用类的函数。通过反射获取类 Method 对象，调用 Field 的 Invoke 方法的调用函数。

（7）设置/获取类的属性值。通过反射获取类的 Field 对象，调用 Field 方法以设置或获取值。

**【例 3-30】** 反射应用示例，参考代码为：

```
import java.lang.reflect.*;
//Father类
class Father {
   private int a = 10; volatile int b = 20;
   protected int c = 30;   public static int d = 40;
   public int e = 50;
   void method1(int b,int a){      return; }
   public int method1(int a,String b){     return a;    }
   public static int method2(int b){       return b;    }
}
// 运用反射获取 Father
public class reflect {
   public static void main(String[]args)throws Exception {
      // Father f=new Father();
      // 获取 Class 对象
      Class s = Class.forName("Father");
      // 新建类的实例
      Father f =(Father)s.newInstance();
      // Class s=f.getClass();
      // 获取实例的所有 Field
      Field fl[]= s.getDeclaredFields();
      for(int i = 0;i < fl.length;i++){
         System.out.println("该字段名是:"+fl[i].getName()+",类型是:"
           +fl[i].getGenericType()+",修饰符是:"+fl[i].getModifiers());  }
      // 设置私有 Field 的可访问权限
      fl[0].setAccessible(true);
```

```
        // 设置Field的属性值
        fl[0].set(f,new Integer(200));
        System.out.println("字段"+fl[0].getName()+"的值是:"
                               +fl[0].get(f).toString());
           // 获取实例的所有Method
        Method m[]= s.getDeclaredMethods();
        for(int i = 0;i < m.length;i++){
           // 获取方法的方法名和修饰符
           System.out.println("该方法的名称是:"+m[i].getName()
             +",方法的修饰符是:"   +Modifier.toString(m[i].getModifiers()));
           // 获取方法的全限定名
           System.out.println("该方法的全限定名是:"+m[i].toGenericString());
           // 获取方法的参数类型
           Type t[]= m[i].getGenericParameterTypes();
           for(int j = 0;j < t.length;j++){ System.out.println(t[j]);   }
           // 获取方法的返回类型
           Type tr = m[i].getGenericReturnType();
           System.out.println("该方法的参数类型是:"+tr);
        }
        Method md = s.getMethod("method2",new Class[]{ int.class });
           // 调用对象的方法method2
        Object result = md.invoke(f,new Object[]{ new Integer(100)});
        System.out.println("方法调用后返回的结果是:"+result.toString());
        Field fd = s.getField("e");fd.set(f,new Integer(200));
        Object fr = fd.get(f);System.out.println(fr.toString());    }
}
```

程序的运行结果如图 3-23 所示。

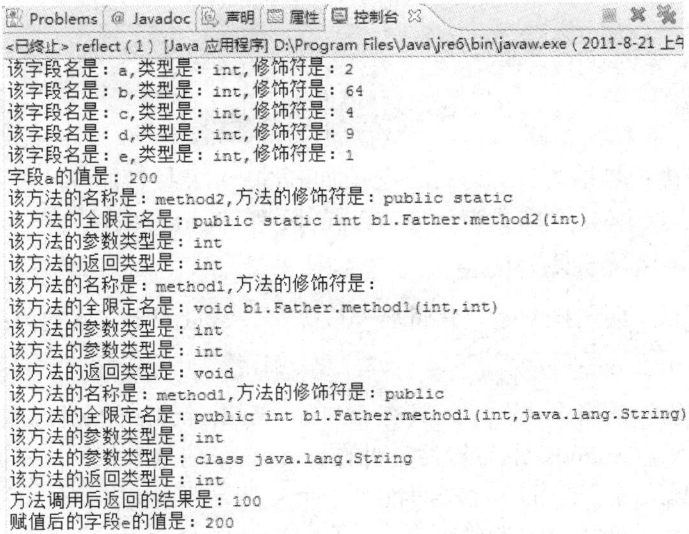

```
Problems  @ Javadoc  声明  属性  控制台 ⊠
<已终止> reflect (1) [Java 应用程序] D:\Program Files\Java\jre6\bin\javaw.exe (2011-8-21 上午
该字段名是: a,类型是: int,修饰符是: 2
该字段名是: b,类型是: int,修饰符是: 64
该字段名是: c,类型是: int,修饰符是: 4
该字段名是: d,类型是: int,修饰符是: 9
该字段名是: e,类型是: int,修饰符是: 1
字段a的值是: 200
该方法的名称是: method2,方法的修饰符是: public static
该方法的全限定名是: public static int b1.Father.method2(int)
该方法的参数类型是: int
该方法的返回类型是: int
该方法的名称是: method1,方法的修饰符是:
该方法的全限定名是: void b1.Father.method1(int,int)
该方法的参数类型是: int
该方法的参数类型是: int
该方法的返回类型是: void
该方法的名称是: method1,方法的修饰符是: public
该方法的全限定名是: public int b1.Father.method1(int,java.lang.String)
该方法的参数类型是: int
该方法的参数类型是: class java.lang.String
该方法的返回类型是: int
方法调用后返回的结果是: 100
赋值后的字段e的值是: 200
```

图 3-23　反射应用示例程序运行结果图示

**【思考】** 如何利用反射构造动态代理类？

## 3.9 接　　口

在 Java 中只支持单重继承，即一个类只能有一个父类。但在实际应用中也需要使用多重继承关系，例如，汽车即属于燃油类，又属于交通工具类。

Java 使用接口来实现多重继承，一个类可以实现多个接口。

接口（interface）是方法和常量的集合，这些方法可以属于不同的类。接口是 Java 中多个类共同遵守的协议，使一组处于不同层次甚至没有继承关系的类可以具有相关的行为。另外，通过接口可以了解对象之间的交互，而不需要了解对象所对应的类。

一个接口是一个协定，定义了从基类概括出来的必不可少的行为。例如，车辆的行为包括点火、熄火、左转、右转、加速和减速。小汽车、卡车、公共汽车和摩托车都属于车辆的范畴。同样地，它们必须封装代表所有车辆的基准行为。车辆接口定义了这样的基准行为。不同的车辆类型对这些基准行为有不同的实现。小汽车和摩托车的加速是不同的，摩托车的转向和公共汽车的不同。一个接口要求制定一个行为集合，但并不实现它。派生类型可以以一种恰当的方式自由地实现接口。接口必须被继承，但不能为一个接口创建一个实例。

任何继承了一个接口的类或结构都要负责实现该接口的成员。一个接口是一批需要在派生类型中实现的相关函数。接口的成员隐式地被定义成公共和抽象的。

接口是抽象类的一种，只包含常量和方法的定义，而没有变量和方法的实现，且其方法都是抽象方法。它的用处体现在下面几个方面：①通过接口实现不相关的类的相同行为，而无须考虑这些类之间的关系。②通过接口指明多个类需要实现的方法。③通过接口了解对象的交互界面，而无须了解对象所对应的类。

1. 接口的定义

接口的定义包括接口声明和接口体。接口的定义格式如下：

```
修饰符 interface 接口名
{
      接口体
}
```

说明：接口修饰符包括接口的访问约束（如 public）及接口的继承关系。接口体由一组方法的说明组成，方法体定义格式为：（具有 public 和 abstract 属性）

```
returnType  methodName([paramlist]);
```

接口体中也可以声明一些常量，常量名一般大写。常量的定义格式为：

```
type NAME = value;
```

该常量实现该接口的多个类共享，具有 public，final，static 的属性。

接口也可被继承。extends 子句与类声明的 extends 子句基本相同，不同的是一个接口可有多个父接口，用逗号隔开，而一个类只能有一个父类。

**【例 3-31】** 接口的例子，参考代码为：

```
public interface Scircle {
    final double PI = 3.1416;
    void setNumber(int number);
```

```
    int getNumber();
    double area(int number);
}
```

在上面的接口定义中，定义的接口名称为Scircle，在接口中定义了变量PI，并且赋初值3.1416。该接口还定义了getNumber和setNumber两个方法。

2. 接口的实现

在类的声明中用implements子句来表示一个类执行某个接口，在类体中可以使用接口中定义的常量，而且必须实现接口中定义的所有方法。一个类可以实现多个接口，在implements子句中用逗号分开。

如果一个类实现一个接口，就必须实现接口中所有的方法。

**【例3-32】** 接口的实现，参考代码为：

```
class ScircleImpl implements Scircle {
    int number;
    public ScircleImpl(){   }
    public void setNumber(int number){  this.number = number;   }
    public int getNumber(){return this.number;  }
    public double area(int number){ return PI * number * number;    }
}
```

3. 接口类型的使用

接口作为一种引用类型来使用。任何实现该接口的类的实例都可以存储在该接口类型的变量中，通过这些变量可以访问类所实现的接口中的方法。参考格式为：

```
Scircle s = new ScircleImpl();
s.getNumber();
s.area(2);
```

4. 接口回调

接口回调是指可以把实现某一接口的类创建的对象的引用赋给该接口声明的接口变量，那么该接口变量就可以调用被类重写的接口方法。实际上，当接口变量调用被类重写的接口方法时，就是通知相应的对象调用这个方法。[例3-21]使用了接口的回调技术。

**【例3-33】** 接口回调示例，参考代码为：

```
interface ShowMessage {
    void 显示商标(String s);}
class TV implements ShowMessage {
    public void 显示商标(String s){System.out.println(s);    }
}
class PC implements ShowMessage {
    public void 显示商标(String s){System.out.println(s);    }
}
public class InteDemo {
    public static void main(String args[]){
        ShowMessage sm;                     // 定义接口变量
        sm = new TV();                      // 对象赋给接口变量
        sm.显示商标("长城牌电视机");          // 接口回调
        sm = new PC();
        sm.显示商标("联想奔月5008PC机");     // 接口回调
        } }
```

程序的运行结果如图 3-24 所示。

<已终止> InteDemo [Java 应用程序] C:\Program Files\J
长城牌电视机
联想奔月5008PC机

图 3-24 接口回调示例程序运行结果图示

5. 接口与多态

可以看到，[例 3-33] 中的接口回调其实就是不同的对象对同一个方法的不同响应，也就是实现了多态，所以接口必然会产生多态。

在设计程序时，经常会使用接口，原因是接口只关心操作，而不关心操作的具体实现细节，可以使我们把主要精力放在程序的设计上，而不必拘泥于细节的实现。使用接口进行程序设计的核心思想是使用接口回调。

利用接口也可以体现程序设计的“开—闭”原则（Open-Closed Principle），即对扩展开放，对修改关闭。

6. 接口与抽象类

一个接口类似于一个抽象类。两者都需要被继承，而不能为它们创建一个实例。抽象类的成员要求在派生类型中加以实现，接口的成员也要求在派生类型中加以实现。

（1）语法区别。虽然抽象和接口成员语法上是类似的，但是它们之间还是有以下几点不同。

1）抽象类可以包含一些实现，而接口不能有实现。

2）抽象类可以继承其他类和接口，而接口只能继承其他接口。

3）抽象类可以包含字段，而接口没有状态。

4）抽象类具有构造函数和析构函数，而接口没有。

5）接口可以被结构继承，而抽象类不能被结构继承。

6）接口支持多继承，而抽象类只支持单继承。

如果需要在定义一个接口和定义一个所有成员都是抽象的抽象类之间进行选择，则选择定义接口。如果采用接口，还可以继承其他类型，而且接口更清楚。

（2）设计理念的区别。上面看到的是抽象类和接口在语法上的区别，抽象类和接口所反映出的设计理念也是不同的。

前面已经提到过，抽象类在 Java 语言中体现了一种继承关系，要想使得继承关系合理，则父类和派生类之间必须存在"is a"关系，即父类和派生类在概念本质上应该是相同的。对于接口来说则不然，它并不要求接口的实现者和接口定义在概念本质上是一致的，仅仅是实现了接口定义的契约而已。为了使论述便于理解，下面将通过一个简单的实例进行说明。

考虑这样一个例子，假设在我们的问题领域中有一个关于 Door 的抽象概念，该 Door 能执行两个动作：open 和 close，此时我们可以通过抽象类或者接口来定义一个表示该抽象概念的类型，定义方式分别如下所示：

**【例 3-34】** 接口与抽象类区别示例。

使用抽象类方式定义 Door，参考代码为：

```
abstract class Door {
  abstract void open();
  abstract void close()
}
```

使用接口方式定义 Door，参考代码为：

```
interface Door {
  void open();
  void close();
}
```

其他具体的Door类型可以以extends使用抽象类方式定义的Door或者以implements使用接口方式定义的Door。看起来好像使用抽象类和接口没有大的区别。

如果现在要求Door还要具有报警功能。我们该如何设计针对该例子的类结构呢（在本例中，主要是为了展示抽象类和接口反映在设计理念上的区别，对其他方面无关的问题都做了简化或者忽略）？下面将罗列出可能的解决方案，并从设计理念层面对这些不同的方案进行分析。

**解决方案一：**

简单地在Door的定义中增加一个alarm方法，参考代码如下：

```
abstract class Door {
  abstract void open();
  abstract void close();
  abstract void alarm();
}
```

或者

```
interface Door {
    void open();
    void close();
    void alarm();
}
```

那么具有报警功能的AlarmDoor的定义方式如下：

```
class AlarmDoor extends Door {
    void open(){ … }
    void close(){ … }
    void alarm(){ … }
}
```

或者

```
class AlarmDoor implements Door {
    void open(){ … }
    void close(){ … }
    void alarm(){ … }
}
```

这种方法违反了面向对象设计中的一个核心原则—ISP（Interface Segregation Priciple），在Door的定义中把Door概念本身固有的行为方法和另外一个概念“报警器”的行为方法混在了一起。这样引起的一个问题是那些仅仅依赖于Door这个概念的模块会因为“报警器”这个概念的改变（例如，修改alarm方法的参数）而改变，反之亦然。

**解决方案二：**

既然open、close和alarm属于两个不同的概念，根据ISP原则应该把它们分别定义在代表这两个概念的抽象类中。定义方式有：①这两个概念都使用抽象类方式定义。②两个概念都使用接口方式定义。③一个概念使用抽象类方式定义，而另一个概念使用接口方式定义。

显然，由于 Java 语言不支持多重继承，所以两个概念都使用抽象类方式定义是不可行的。后面两种方式都是可行的，但是对于它们的选择却反能映出对于问题领域中的概念本质的理解、对于设计意图的反映是否正确、合理。我们一一来分析、说明。

如果两个概念都使用接口方式来定义，那么就能反映两个问题：①我们可能没有理解清楚问题领域，不知道 AlarmDoor 在概念本质上到底是 Door 还是报警器。②如果我们对于问题领域的理解没有问题，例如，我们通过对问题领域的进行分析，发现 AlarmDoor 在概念本质上和 Door 是一致的，那么在实现时就不能够正确地揭示我们的设计意图，因为在这两个概念的定义上（均使用接口方式定义）反映不出上述含义。

如果我们对于问题领域的理解为：AlarmDoor 在概念本质上是 Door，同时它具有报警功能。我们该如何来设计、实现以明确地反映出我们的思想呢？前面已经提到过，抽象类在 Java 语言中表示一种继承关系，而继承关系在本质上是"is a"关系。所以对于 Door 这个概念，我们应该使用抽象类方式来定义。另外，AlarmDoor 又具有报警功能，说明它又能够完成报警概念中定义的行为，所以报警概念可以通过接口方式定义。程序代码如下：

```
abstract class Door {
  abstract void open();
  abstract void close();
 }
interface Alarm {
  void alarm();
}
class AlarmDoor extends Door implements Alarm {
  void open(){ … }
  void close(){ … }
  void alarm(){ … }
}
```

这种实现方式基本上能够明确地反映出我们对于问题领域的理解，正确地揭示我们的设计意图。其实抽象类表示的是"is a"关系，接口表示的是"like a"关系，在选择时可以作为一个依据。当然这是建立在对问题领域的理解上的，例如，如果我们认为 AlarmDoor 在本质上是报警器，同时又具有 Door 的功能，那么上述的定义方式就要反过来了。

## 3.10 包

包体现了 OOP 的封装机制，它把一组相关的类和接口封装在一个包内，为管理大量的类和接口提供了方便，也有利于保证这些类和接口的安全。包还可以有效地管理类名空间，提供命名机制和可见性限制机制。

1. 包的创建

创建包的语法格式为：

```
package <包名>;
```

其中，package 是关键字，包名是包的标识符。package 语句使得其所在文件中的所有的类都属于指定的包，例如：

```
package myPackage;
```

只要将该语句作为源文件的第一句，就能创建一个名为 myPackage 的包。

package 语句定义了一个存储类的名字空间。如果省略 package 语句，则类名将被输入一个默认的没有名称的包。尽管默认包对于简单短小的例子程序很方便，但它对于实际的应用程序来说却是不适当的。多数情况下，需要为自己的代码定义一个包。

也可以创建包的层次。要做到这一点，只要将每个包名与它的上层包名用点号“.”分隔开就可以了。一个多级包的声明的通用形式如下：

```
package<包名>[.<子包名>[.<子子包名>…]];
```

例如，下面的声明在名为 MyPackage 的包中创建了它的子包 secondPackage。

```
package myPackage .secondPackage;
```

需要注意的是，在一个 Java 文件中，只允许出现一句 package 语句，因为不可能将某个类放在两个不同的包中。当多个 Java 源文件中都有 package 语句，且 package 语句后的包名相同时，则表明这些类同属于一个包。

**【例 3-35】** 将 PackageDemo 类放入自己定义的包 myPackage 中，参考代码为：

```
package mypackage;
public class PackageDemo{
        public static void main(String args[]){
           System.out.print("myPackage.PackageDemo.java");      }
}
```

2. 包的使用

包的存在方便了类的管理，但在使用一个类时必须加上类所在包的包名，也就是要使用类的全限定名，这会为编程带来不便。为此，Java 使用 import 语句来引入特定的类甚至是整个包。一旦被引入，类可以被直接使用，而不必使用全限定名。如果在程序中要引用若干个类，那么用 import 语句将会节省很多时间。

在 Java 源程序文件中，import 语句存在于任何类定义之前。下面是 import 声明的通用形式：

```
import pkg1[.pkg2].(classname|*);
```

这里，pkg1 是顶层包名，pkg2 是在外部包中的用逗点（.）隔离的下级包名。除非是文件系统的限制，否则不存在对于包层次深度的实际限制。最后，要么指定一个明确的类名，要么使用一个星号（*）指明要引入这个包中所有的 public 类。参考格式为：

```
import java.io.*;       //引入java.io包中的所有public类
import java.sql.*;      //引入java.sql包中的所有public类
```

**【例 3-36】** 将 Date 类放入包 mypackage，并用 mypackage 包中的 Test 类实现该 Date 类。参考代码为：

```
package mypackage;
public class MyDate{
    private int day;
    private int month;
    private int year;
```

```
    public MyDate(int d,int m,int y){
        day=d;
        month=m;
        year=y;  }
    public void setDate(int d,int m,int y){
        day=d;
        month=m;
        year=y;  }
    public void printDate(){
        System.out.println("今天是"+year+"年"+month+"月"+day+"日");  }
}
```

以下程序是 mypackage 包中的 TestPackage 类。

```
import  mypackage.*;
import  mypackage.MyDate;
public class TestPackage{
      public static void main(String[]args)        {
         MyDate mydate=new MyDate(10,9,2007);
         mydate.printDate();        }
}
```

在［例 3-36］中，用 import mypackage.MyDate 语句引入了 Date 类，使得我们可以访问 MyDate 类及其成员。

星号形式可能会增加编译时间，特别是在引入多个大包时。由于这个原因，明确的命名想要用到的类而不是引入整个包是一个好的方法。然而，星号形式和类的大小对运行的时间性能没有影响。

其实任何一个 Java 程序的运行都需要一些标准类的支持，所有 Java 包含的标准类都存储在名为 java 的包中。基本语言功能被存储在 java 包中的 java.lang 包中。通常，必须引入所要用到的每个包或类，但是，java.lang 包是 Java 的核心包，是每一个 Java 程序都必须使用的包，因此 Java 虚拟机会自动加载 java.lang 包，没有必要在程序的开始用 import 引入这个包。

需要注意的是，import 语句仅能引入被声明为 public 的类，而不能引入子包中的类。例如，为了编写 GUI 程序通常需要引入 java.awt 这个包，为了使程序响应所发生的事件必须引入 java.awt.event 这个包。虽然 java.awt.event 包是 java.awt 包的子包，但在程序中必须写两句 import 语句将这两个包都引入。即在程序的开头必须写入如下两句代码：

```
impor  java.awt.*;
import  java.awt.event.*;
```

在使用星号形式时，如果所引用的两个不同包中具有相同类名的类，编译器将保持沉默，除非试图运用其中的一个。这种情况下，会得到一个编译错误提示。要避免这种错误的发生，就必须明确地命名包中的类。

## 3.11 小　　结

Java 通过类和对象来组织和构建程序。类包括类的声明和类的主体。类的主体包括成员变量和成员方法。类设计好以后，就可以用来定义对象。对象是一种引用类型，存放的是实际对象的内存地址。使用对象名访问对象的成员变量和方法，以实现对对象的操作，完成程序的功能。包是类的组织结构，包主要用来管理 Java 中的类并提供访问控制。

## 习　　题

### 一、选择题

1．不允许作为类及类成员的访问控制符的项目是：（　　）

A．public　　B．private　　C．static　　D．protected

2．为类 MyClass 的一个无参数无返回值的方法 method 书写方法头，使得使用类 MyClass 就可以调用该方法，该方法头的形式是什么？（　　）

A．static void method()　　B．public void method()

C．final void method()　　D．abstract void method()

3．上题中，如何正确调用方法 method？（　　）

A．MyClass：：method()

B．MyClass.method()

C．MyClass mc=new MyClass()mc.method()

D．MyClass mc=new MyClass()mc->method()

4．现在需要建立自制类 MyClass，并把它放入自定义包 mypackage 中，正确的声明方法是：（　　）

A．public class mypackage.MyClass{}

B．public class MyClass in mypackage {}

C．package mypackage；public class MyClass{}

D．public package mypackage；class MyClass{}

5．类 Student 是类 Person 的子类，在类 Student 的构造方法中有一句“super()；”，该语句表达了什么意思？（　　）

A．调用类 Student 中的 super()方法　　B．调用类 Person 中的 super()方法

C．调用类 Person 的构造方法　　D．语法错误

### 二、简答题

1．简述面向对象的主要特征。

2．一个消息由哪三部分组成，举例说明。

3. 为什么说构造函数是一种特殊的方法？特殊体现在哪里？构造函数在什么时候执行？被谁调用？

4．为什么要将类封装起来，封装的目的是什么？在 Java 中设置了几种类成员的访问权限，各表示什么含义。

5．抽象类与接口都不能直接用来创建对象，那么，这两者有什么作用？彼此之间又有何区别？

6．什么叫多态？你是如何理解多态的？请设计一个简单的示例，展示多态的用法。

7．内部类有什么特点？和外部类之间如何互相访问？

## 三、程序阅读题

1．如何判断函数构成重载关系？挑出以下函数中不构成重载关系的函数，指明它违反了哪个判断准则。

（1）void myFunc()。

（2）int myFunc(int x,int y)。

（3）int myFunc(string str,string str2)。

（4）string myFunc(int x,int y)。

2．下列程序的运行结果是什么？

```
public class Test {
private static void printArray(int[]arr){
     for(int i=0;i< arr.length;i++)System.out.print(arr[i]+",");
     System.out.println("\n");
    }
private static void changeValue(int value){ value*=2;}
private static void changeValue(int[]arr){
      for(int i=0;i<arr.length;i++)arr[i]*=2;
    }
public static void main(String[]args){
   int[]arr={1,2,3,4,5};
   changeValue(arr[0]);
   printArray(arr);
   changeValue(arr);
  }
}
```

3．下列程序是否正确，如果有错请改正。

```
public class Main {
   public static final A Aobj=null;
   public static void main(String[]args){
     Aobj=new A();
  }  }
  class A{    }
```

4．阅读下列程序，然后回答问题。

```
public class Car {
     int carNumber;
     Car(){}
     Car(int no){ this.carNumber=no;     }
     public void setNumber(int carNum){ carNumber = carNum; }
     public void showNumber(){
         System.out.println(“My car No. is:”+carNumber);
     }}
```

（1）写出这里定义了什么类，有哪些成员变量？有哪些成员方法？

（2）有哪些构造方法？

（3）这个类有无访问控制修饰？表示谁可以访问这个类内的属性和方法？

（4）void 表示什么？static 表示什么？

**四、编程题**

1．设计一个交通工具类 Vehicle，其中的属性包括：速度 speed、颜色 color；方法包括设置速度、设置颜色、取得颜色。创建 Vehicle 的对象，为其设置新的速度和颜色，并显示其状态（所有属性）。

2．在上题的基础上，设计多个类，使其具有新功能：载客能力，报警功能等。

# 第 4 章　面向对象的几个基本原则

在熟悉了面向对象的知识后，本章将介绍面向对象设计的一些原则，以有助于了解如何使用面向对象语言编写出易维护、易扩展和易复用的程序代码。

## 4.1 UML 类图

UML（Unified Modeling Language，统一建模语言）是一种用于描述、构造软件系统及商业建模的语言，它综合了在大型、复杂系统的建模领域得到认可的优秀软件工程方法。UML 已成为面向对象设计的标准图形化工具，Java 应用程序由许多类所构成，类图的设计与实现，是 Java 实现面向对象应用程序的核心。UML 类图（Class Diagram）属于结构图，常被用于描述一个系统的静态结构，如图 4-1 所示。一个 UML 类图中通常包含类的 UML 图、接口的 UML 图及类之间的关系图。

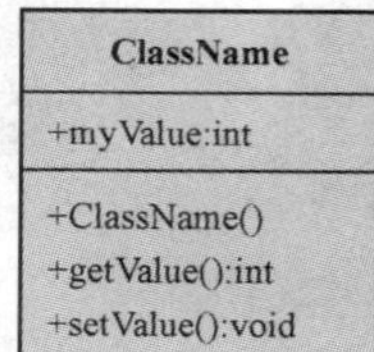


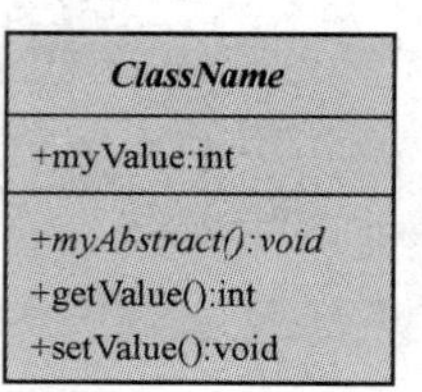


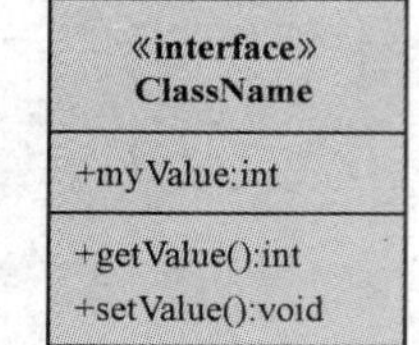


图 4-1　类图的构成图

在类的 UML 图中，使用一个长方形来描述一个类的主要构成，将长方形垂直地分为三层。

其中，顶层为类名，一般用加粗字体表示。如果类是抽象的，其名称用斜体表示；如果类是接口，则在类名上方标注<>。

中间层是类的属性（或变量）层，在其中列出类的成员变量及类型，格式为“变量名:类型”。如果变量的访问权限是 public 的，则需要在变量名字前面用“＋”修饰；如果变量的访问权限是 protected 的，则需要在变量名字前面用“#”修饰；如果变量的访问权限是 private 的，则需要在变量名字前面用“-”修饰；如果变量的访问权限是默认的，则在变量名字前面不使用任何符号进行修饰。如果变量是静态变量，则需在变量的名字下面加下画线。

底层是类的方法层，列出类的方法及返回类型，格式为：“方法名字（参数列表）：类型”。与类名相似，如果方法是抽象的，那么它的名称也用斜体表示。和变量相同，如果方法的访问权限是 public 的，则需要在方法名字前面用“＋”修饰；如果方法的访问权限是 protected 的，则需要在方法名字前面用“#”修饰；如果方法的访问权限是 private 的，则需要在方法名字前面用“-”修饰；如果方法的访问权限是默认的，则在方法名字前面不需要使用任何符号修饰。如果方法是静态方法，则需在方法的名字下面加下画线。

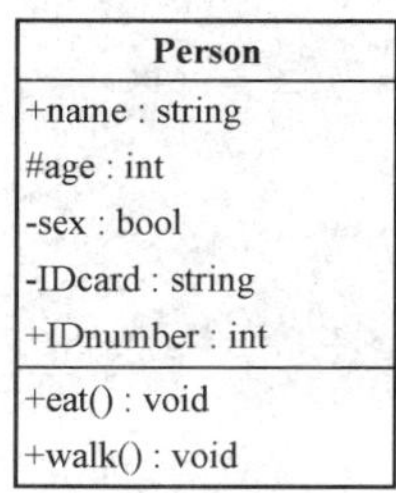


图 4-2　Person 类的 UML 类图

如类 Person 的 UML 图如图 4-2 所示。

# 4.2　类 间 关 系

在 UML 中，类间关系有很多种，在大的类别上可以分为纵向关系、横向关系两种。

## 4.2.1　纵向关系

纵向关系即继承关系，它的概念非常明确，是 OO 的三个重要特征之一，主要有泛化关系和实现关系两种。

1. 泛化关系（Generalization）

UML 中泛化关系表示一个更泛化的元素和一个更具体的元素之间的关系。泛化关系是用于对继承进行建模的 UML 元素。在 Java 中，用关键字 extends 来直接表示这种关系。UML 通过使用一条实线连接两个类的 UML 图来表示二者之间的继承关系，实线的起始端是子类的 UML 图，终点端是父类的 UML 图，但终点端使用一个空心的三角形表示实线的结束。

图 4-3 是父类 Person 和子类 Student、子类 Employee 间继承关系（泛化关系）的 UML 图。

2. 实现关系（Realization）

实现关系指定两个实体之间的一个合同，指的是一个 class 类实现 interface 接口（可以是多个）的功能；实现是类与接口之间最常见的关系。对 Java 应用程序进行建模时，实现关系可直接用关键字 implements 来表示。

UML 使用一条虚线连接类和它所实现的接口，虚线的起始端是类的 UML 图，终点端是接口的 UML 图，但终点端使用一个空心的三角形表示虚线的结束。

图 4-4 是接口 Song 和实现类 Student、类 Employee 间实现关系的 UML 图。

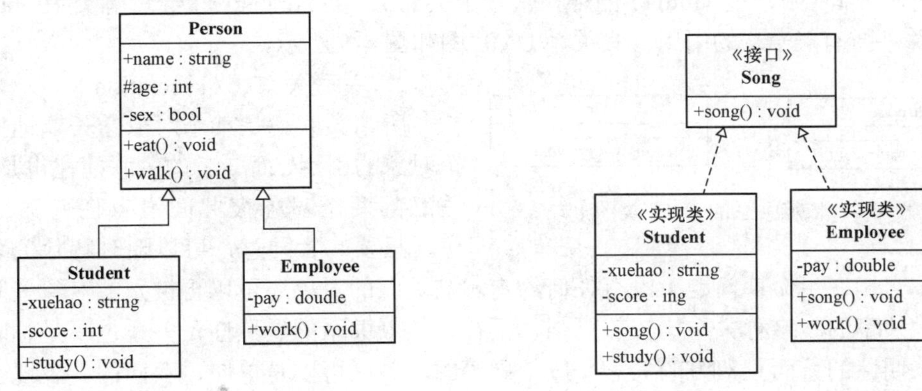


图 4-3　泛化关系的 UML 类图　　　　图 4-4　泛化关系的 UML 类图

## 4.2.2　横向关系

横向关系较为微妙，按照 UML 的建议大体上可以分为如下四种。

（1）依赖（Dependency）：uses a。

（2）关联（Association）：has a。

（3）聚合（Aggregation）：owns a。

（4）组合（Composition）：is a part of。

它们的强弱关系是没有异议的：依赖<关联<聚合<组合。

1. 依赖关系（Dependency）

所谓依赖就是某个对象的功能依赖于另外的某个对象，而被依赖的对象只是作为一种工具在使用，而并不持有对它的引用。简单地理解，就是一个类 A 使用到了另一个类 B，而这种使用关系是具有偶然性、临时性的，但是 B 类的变化会影响到 A。例如，某人要过河，需要借用一条船，此时人与船之间的关系就是依赖。表现在代码层面为类 B 作为参数被类 A 在某个 method 方法中使用。可以认为是“…uses a…”的关系。

如果 A 依赖 B，那么 UML 使用一条虚线连接 A 和 B 的 UML 图，虚线的起始端是 A 的 UML 图，终点端是 B 的 UML 图，但终点端使用一个指向 B 的 UML 图的方向箭头表示虚线的结束。

**【例 4-1】** 依赖关系示例，参考代码为：

```
class Human{
    public void breath(Air  a){
       a = new Air();
       a.releasePower();}
    public static void main(){
       Human me = new Human();
       Air a=new Air();
       while(true){ me.breath(a);}
  }}
class Air{
   public void releasePower(){       //do sth.   }
}
```

在［例 4-1］中，类 Human 的存在依赖于类 Air，类 Air 的变化会影响类 Human，但类 Human 并不持有类 Air 的引用，其关系 UML 图如图 4-5 所示。

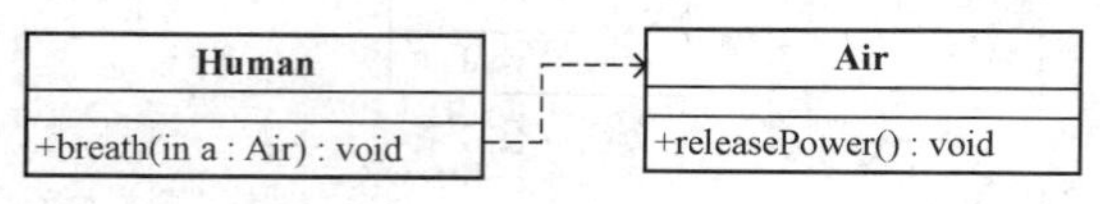


图 4-5 依赖关系的 UML 类图

2. 关联关系（Association）

所谓关联就是某个对象会长期地持有另一个对象的引用，而二者的关联往往也是相互的。关联的两个对象彼此间没有任何强制性的约束，只要二者同意，可以随时解除关系或是进行关联，它们在生命期问题上没有任何约定。被关联的对象还可以再被别的对象关联，即关联是可以共享的。这种关系比依赖更强，不存在依赖关系的偶然性，关系也不是临时性的，一般是长期性的。而且双方的关系一般是平等的，关联可以是单向、双向的。表现在代码层面为被关联类 B 以类属性的形式出现在关联类 A 中，也可能是关联类 A 引用了一个类型为被关联类 B 的全局变量，称为类 A 关联于类 B。可以认为是" … has a …" 的关系。

如果 A 关联于 B，那么 UML 使用一条实线连接 A 和 B 的 UML 图，实线的起始端是 A 的 UML 图，终点端是 B 的 UML 图，但终点端使用一个指向 B 的 UML 图的方向箭头表示实线的结束。

**【例 4-2】** 关联关系示例，参考代码为：

```
import java.util.*;
class Human{
   ArrayList friends = new ArrayList();
```

```
    public void makeFriend(Human human){
        friends.add(human);}
    public static void main(){
        Human me = new Human();
        while(true){
            me.makeFriend(me);}
    } }
```

在[例 4-2]中，类 Human 的存在依赖于类 ArrayList，类 ArrayList 的变化会影响类 Human，并且类 Human 持有类 ArrayList 的引用。其关系 UML 类图如图 4-6 所示。

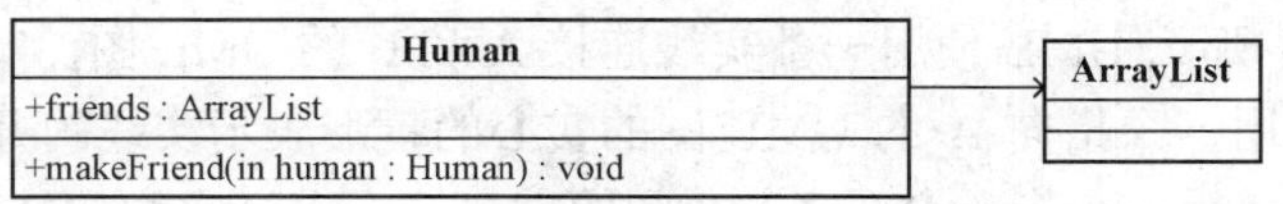


图 4-6　关联关系的 UML 类图

3. 聚合关系（Aggregation）

聚合是关联的一种形式，体现的是整体与部分间拥有的关系，即 owns-a 的关系，只能是一种单向关系。此时整体与部分之间是可分离的，他们可以具有各自的生命周期，部分可以属于多个整体对象，也可以为多个整体对象所共享；例如，计算机与 CPU、公司与员工的关系等；表现在代码层面，和关联关系是一致的，只能从语义级别来区分。

如果 A 聚合 B，那么 UML 使用一条实线连接 A 和 B 的 UML 图，实线的起始端是 A 的 UML 图，起始端使用一个指向 A 的 UML 图的空心的菱形表示实线的开始，终点端是 B 的 UML 图，但终点端使用一个指向 B 的 UML 图的方向箭头表示实线的结束。

**【例 4-3】** 聚合关系示例，参考代码为：

```
class Human{
    Home myHome;
    public void goHome(){
            //在回家的路上
        myHome.openDoor();
            //看电视
    }
    public static void main(String  args[]){
        Human me = new Human();
        while(true){
            //上学
            //吃饭
            me.goHome();}
  }}
```

在［例 4-3］中，类 Human 的存在聚合了类 Home，持有类 Home 的引用。其关系 UML 类图如图 4-7 所示。

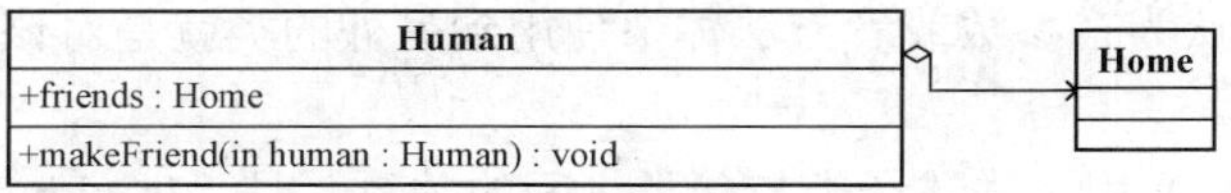


图 4-7　聚合关系的 UML 类图

释义：我的家和我之间具有着一种强烈的所属关系，我的家是可以分享的，而这里的分享又可以有两种。其一是聚合间的分享，这正如你和你媳妇都对这个家有着同样的强烈关联；其二是聚合与关联的分享，如果你的朋友来你家里吃个便饭，估计你不会给他配一把钥匙。

4. 组合关系（Composition）

组合也是关联关系的一种特例，它体现的是一种 contains-a 的关系，这种关系比聚合更强，也称为强聚合；它同样体现整体与部分间的关系，但此时整体与部分是不可分的，整体的生命周期结束也就意味着部分的生命周期结束，如你和你的大脑。表现在代码层面，和关联关系是一致的，只能从语义级别来区分。

如果 A 组合 B，那么 UML 使用一条实线连接 A 和 B 的 UML 图，实线的起始端是 A 的 UML 图，起始端使用一个指向 A 的 UML 图的实心的菱形表示实线的开始，终点端是 B 的 UML 图，但终点端使用一个指向 B 的 UML 图的方向箭头表示实线的结束。

**【例 4-4】** 组合关系示例，参考代码为：

```
class Human{
   Heart myHeart = new Heart();
   public static void main(String  args[]){
      Human me = new Human();
      while(true){   myHeart.beat();}
}}
```

在［例 4-4］中，类 Human 的存在组合了类 Heart，类 Heart 是类 Human 的一部分，两者密不可分。其关系 UML 类图如图 4-8 所示。

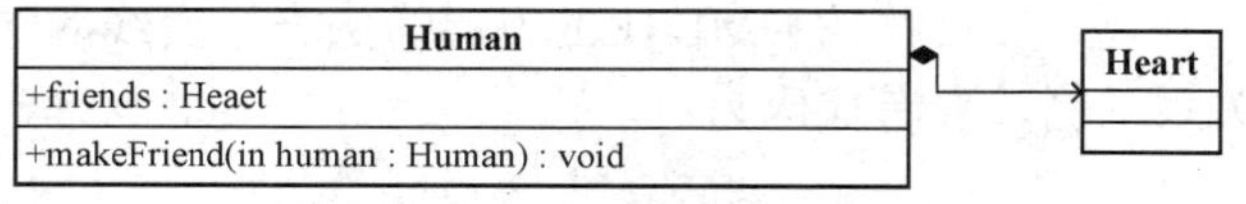


图 4-8 组合关系的 UML 类图

释义：组合关系就是整体与部分的关系，部分属于整体，如果整体不存在，部分一定不存在，然而如果部分不存在整体是可以存在的。说得更明确一些就是部分必须创生于整体创生之后，而销毁于整体销毁之前。部分在这个生命期内可以被其他对象关联甚至聚合，但有一点必须注意，一旦部分所属于的整体销毁了，那么与之关联的对象中的引用就会成为空引用，这一点可以利用程序来保障。例如，心脏的生命期与人的生命期是一致的，如果换个部分就不一定，如阑尾，很多人在创生后的某个时间对其厌倦便提前销毁了它，可它和人类的关系不可辩驳地属于组合。

在 UML 中存在一种特例，就是允许被包含对象在包含对象销毁前转移给新的对象，这虽然不自然，但它给需要心脏移植的患者带来了福音。

### 4.2.3 类间关系小结

依赖（dependency）是一种使用关系，他描述了一个事物的规约变化可能影响到使用它的另一个事物。个人认为在参数或者方法体中使用到另外的类就是对该类有依赖的关系，是“use a”的关系。

泛化（dependency）用于描述子类与父类之间的关系，是“Is a kind of”的关系。

关联（association）是一种结构关系，他描述了一个对象与另一个对象相联系，是“Has a”

的关系。通过 A 对象可以找到 B 对象，同样，通过 B 对象可以找到 A 对象的关联为双向关联（association）。通过 A 对象可以找到 B 对象，但通过 B 对象不能找到 A 对象的关联为单向关联（direction-association）。

A 对象是 B 对象的一个组成部分，但 A 对象同时可能是 C 对象的组成部分，这种关联为聚合（aggreation），是“owns a”的关系。

A 对象是 B 对象的一个组成部分，除非 B 对象将 A 对象转交给其他对象，否则 A 对象只能是 B 对象的组成部分，这种关联为组合（composition），是“contains a”的关系。

## 4.3　面向对象的原则

在软件系统中，一个模块设计得好不好的最主要、最重要的标志，就是该模块在多大程度上将自己的内部数据和其他与实现有关的细节隐藏起来。一个设计得好的模块可以将它所有的实现细节隐藏起来，彻底地将提供给外界的 API 和自己的实现分隔开来。这样一来，模块与模块之间就可以仅仅通过彼此的 API 来相互通信，而不理会模块内部的工作细节。

OO 设计根本的指导原则是提高可维护性和可复用性。这些原则主要包括以下几种。

1. 开—闭原则

一个软件实体应该对扩展开放，而对修改关闭，这是面向对象的核心原则。

在设计一个模块的时候，就当使这个模块可以在不被修改的前提下被扩展。换言之，就当可以在不必修改源代码的情况下改变这个模块的行为。

如何做到既不修改，又可以扩展呢？

解决问题的关键在于抽象化。在 Java 语言里，可以给出一个或多个抽象 Java 类或 Java 接口，规定出所有的具体类必须提供的方法特征作为系统设计的抽象层。这个抽象层预见了所有的可能扩展，因此，在任何扩展情况下都不会发生改变。这就使得系统的抽象层不需要修改，从而满足了对修改关闭。

同时，由于从抽象层导出一个或多个新的具体类可以改变系统的行为，因此系统的设计对扩展是开放的。

开—闭原则实际上是“对可变性的封闭原则”，即找到一个系统的可变因素，并将之封装起来。这个原则意味着以下两点。

（1）一个可变性不应当散落在代码的很多角落里，而应当被封装到一个对象里面。同一种可变性的不同表象意味着同一个继承等级结构中的具体子类。

继承就应当被看做是封装变化的方法，而不应当被认为是从一般的对象生成特殊对象的方法。

（2）一种可变性不应当与另一种可变性混合在一起。（所有类图的继承结构一般不会超过两层，不然就意味着将两种不同的可变性混合在了一起。）

开—闭原则是总体的原则，其他几个原则是实现开—闭原则的手段和工具。

2. 依赖倒转原则

依赖倒转即要依赖于抽象，而不要信赖于实现。

开—闭原则是一个目标，而达到这一目标的手段依赖于倒转原则。

抽象层次包含应用系统的商务逻辑和宏观的、对整个系统来说重要的战略性决定，是必然性的体现；而具体层次则含有一些次要的、与实现有关的算法和逻辑，以及战术性的决定，带有相当大的偶然性选择。具体层次的代码是会经常变动的，难以避免出现错误。

抽象层次含有一个应用系统最重要的宏观商务逻辑，是做战略判断和决定的地方，那么抽象层次就应当是较为稳定的，应当是复用的重点，也应当是维护的重点。

在很多情况下，一个 Java 程序需要引用一个对象。这时，如果这个对象有一个抽象类型，则应当使用这个抽象类型作为变量的静态类型，这就是针对接口编程的含义。

一般而言，在创建一个对象时，Java 语言要求使用关键词 new 及这个类本身。而一旦这个对象已经被创建出来，那么就可以灵活地使用这个对象的抽象类型来引用它。如 List employees = new Vector()；因此，Java 语言中创建一个对象的过程是违背“开—闭原则”及依赖倒转原则的（因为先生成了具体的类型，再使用抽象的引用），虽然在这个类被创建出来以后，可以通过多态性使得客户端依赖于其抽象类型。正是由于此原因，设计模式给出了多个创建模式，特别是几个工厂模式，以用于解决对象创建过程中的依赖倒转问题。

工厂模式将创建一个类的实例的过程封装起来，消费这个实例的客户端仅仅取得实例化的结果，以及这个实例的抽象类型。当然，任何方法都无法回避 Java 语言所要求的关键字 new 和直接调用具体类的构造子类的做法（这违背了里氏代换原则）。简单工厂模式将这个违反“开—闭原则”和依赖倒转原则的做法封装到了一个类里面，而工厂方法模式将这个违反原则的做法推迟到了具体工厂角色中。通过适当的封装，工厂模式可以净化大部分的结构，而将违反原则的做法孤立到易于控制的地方。

联合使用 Java 接口和 Java 抽象类。声明类型的工作由 Java 接口来承担，但是同时给出的还有一个 Java 抽象类，为这个接口给出一个默认实现。如果一个具体类直接实现这个 Java 接口，则它就必须自行实现所有的接口；相反，如果它继承自抽象类的话，它就可以省去一些不必要的方法，因为它可以从抽象类中自动得到这些方法的默认实现。这其实就是默认适配模式。

依赖倒转的缺点：

（1）因为依赖倒转的缘故，对象的创建很可能要使用对象工厂，以避免对具体类的直接引用，此原则的使用还会导致产生大量的类。

（2）依赖倒转原则假定所有的具体类都是会变化的，这也不总是正确的。有一些具体类可能相当稳定、不会发生变化，消费这个具体类实例的客户端完全可以依赖这个具体类型，而不必为此声明一个抽象类型。

3. 里氏代换原则

子类应当可以替换父类并出现在父类能够出现的任何地方。这个原则是 Liskov 于 1987 年提出的。它同样可以由 Bertrand Meyer 的 DBC（Design by Contract）概念推出。

一个能够反映这个原则的例子是圆和椭圆，圆是椭圆的一个特殊子类。因此任何出现椭圆的地方，圆均可以出现，但反过来就可能行不通。

运用替换原则时，我们尽量把类 B 设计为抽象类或者接口，让类 C 继承类 B（接口 B）并实现操作 A 和操作 B，运行时，类 C 实例替换 B，这样我们即可进行新类的扩展（继承类 B 或接口 B），同时无须对类 A 进行修改。

4. 合成/聚合复用原则

要尽量使用合成/聚合，而不是继承关系来达到复用的目的。

合成/聚合原则要求我们首先考虑合成/聚合关系，里氏代换原则要求在使用继承时，必须确定这个继承关系符合一定的条件。（继承是用来封装变化的，任何基类可以出现的地方，子类一定可以出现。）

合成/聚合原则就是在一个新的对象里面使用一些已有的对象，使之成为新对象的一部分；新的对象通过向这些对象的委派达到复用已有功能的目的。

5. 迪米特原则

一个软件实体应当尽可能少地与其他实体发生相互作用。模块之间的交互也要少，这样做的结果是当系统的功能需要扩展时，能更容易地做到对修改的关闭。一个对象应当对其他对象有尽可能少的了解。

迪米特原则的具体操作如下。

（1）优先考虑将一个类设置成不变类。不变类易于设计、实现和使用。例如，Java API 中的 String，BigInteger 等类。

一个对象与外界的通信大体上可分成两种，一种是改变这个对象的状态，另一种是不改变这个对象的状态。如果一个对象的内部状态根本就是不可能改变的，那么它与外界的通信当然就会大大地减少。

当涉及任何一个类的时候，都首先考虑这个类的状态是否需要改变。即便一个类必须是可变类，在给它的属性设置赋值方法的时候，也要保持吝啬的态度。除非真的需要，否则不要为一个属性设置赋值方法。

（2）尽量降低一个类的访问权限。

（3）谨慎使用 Serializable，一旦将一个类设置成 Serializable，就不能再在新版本中修改这个类的内部结构，包括 private 的方法和句段。

（4）尽量降低成员的访问权限。

6. 接口隔离原则

应当为客户端提供尽可能小的单独接口，而不要提供大的总接口。即使用多个专门的接口比使用单一的总接口要好。

接口隔离原则与迪米特都是对一个软件实体与其他的软件实体的通信限制。迪米特原则要求尽可能地限制通信的宽度和深度，接口隔离原则要求通信的宽度尽可能地窄。这样做能使一个软件系统在功能扩展过程当中，不会将修改的压力传递到其他对象。

一个接口相当于剧本中的一种角色，而此角色在一个舞台上由哪一个演员来演则相当于接口的实现。因此，一个接口应当简单地代表一个角色，而不是多个角色。如果系统涉及多个角色，那么每一个角色都应当由一个特定的接口代表。

定制服务：如果客户端仅仅需要某一些方法，那么就应当向客户端提供这些所需要的方法，而不要提供不需要的方法。（向客户端提供 public 接口是一种承诺，没有必要做出不必要的承诺，过多的承诺会给系统的维护造成不必要的负担。）

7. 高内聚—低耦合原则

如果元素具有高度相关的职责，除了这些职责内的任务，没有其他过多的工作，那么该元素就具有高内聚性，反之则为低内聚性。如果类中的方法是一组相关的行为，则称该类是高内聚的，反之称为低内聚的。高内聚便于类的维护，而低内聚不利于类的维护。

低耦合就是尽量不要让一个类含有太多的其他类的实例的引用，以避免修改系统的其中一部分会影响到其他部分。耦合包括以下几类。

（1）元素 B 是元素 A 的属性，或者元素 A 引用了元素 B 的实例（这包括元素 A 调用的某个方法，且其参数中包含元素 B）。

（2）元素 A 调用了元素 B 的方法。

（3）元素 A 直接或间接成为元素 B 的子类。

（4）元素 A 是接口 B 的实现。

通过对耦合的分析，不难发现，继承就是一种耦合。如果子类 A 继承了父类 B，不论是直接或间接的继承，子类 A 都必将依赖父类 B。子类 A 必须在父类 B 的环境中使用，父类 B 不存在，子类 A 就不能使用，这样将影响子类 A 的可移植性。一旦父类 B 发生变更，更改或去掉一个函数名，或者改变一个函数的参数，都将导致子类 A 不得不变更，甚至被重写。如果父类 B 的子类有数十上百个，甚至贯穿这个项目的各个模块，那么这样的变更是灾难性的。

因此，要达到“高内聚低耦合”，需要根据变化来设计软件，合理进行职责划分，多用接口而少用继承。这种情况最典型的例子是使用 hibernate 和 spring 设计 DAO 对象的方式。“高内聚而低耦合”给软件项目带来了易于变更、易于重用的优点。

## 4.4 小　　结

在具体程序设计前，通常需要进行程序的规划分析。设计类的结构及其类间的关系，了解一些必要的类间关系和设计原则，有助于设计出更合理、更灵活、复用性更强的程序。因此，需要使用 UML 模型画出各种 UML 类图，设计合理的程序流程，然后去实现具体的程序代码。

## 习　　题

**一、根据图 4-9 给出的 UML 类图回答问题**

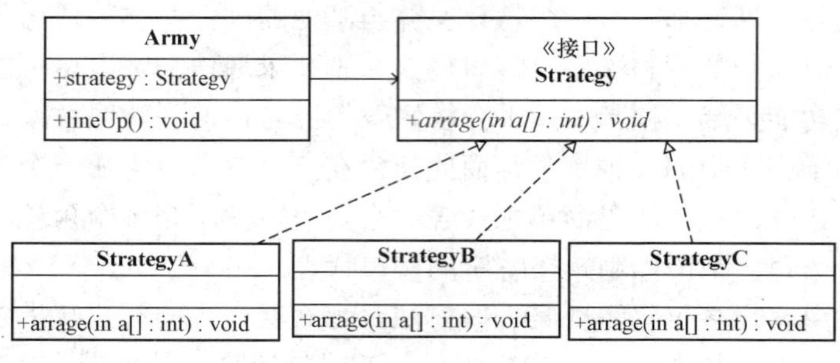


图 4-9　UML 类图

（1）Army 是抽象类吗？

（2）Army 和 Strategy 有怎样的关系？

（3）StrategyA、StrategyB、StrategyC 和 Strategy 有怎样的关系？

**二、程序题**

写出上述 UML 类图对应的程序。

# 第5章 异 常 处 理

异常处理是程序设计中一个非常重要的方面，也是程序设计的一大难点，异常处理方法的好坏将直接影响到系统的性能。Java 从 C++中继承了面向对象的方法来处理异常，并使用异常类来对程序中出现的错误进行处理。

## 5.1 异 常 概 述

### 5.1.1 异常和异常处理机制

从 C 开始已可以使用 if…else…来控制异常，也许是自发的，然而这种控制通常异常痛苦，同一个异常或者错误如果在多个地方出现，那么在每个地方都要做相同处理，相当麻烦。Java 语言在设计的当初就考虑到了这些问题，提出异常处理的框架的方案，所有的异常都可以用一个类型来表示，不同类型的异常对应不同的子类异常（这里的异常包括错误概念），定义异常处理的规范，在 1.4 版本以后增加了异常链机制，从而便于跟踪异常。

异常就是能够中断正常指令流的对象，许多类型的错误，从严重的硬盘错误到简单的程序错误都可能会引起异常，但并不是所有的错误都是异常，而且有时候错误是可以避免的。

在 Java 技术中，所谓的异常就是以对象的方式表示的一个或者是一类错误，该异常对象不仅封装了错误信息，还包含了产生错误时程序的状态。

当在 Java 方法中发生错误时，该方法就会创建一个异常对象并抛给运行系统。这个异常对象包含该异常的相关信息，如异常的类型及当错误发生时程序的状态。运行系统负责发现处理这个错误的代码，并进行相应的处理。在 Java 技术中，创建异常对象并抛给运行系统的过程叫"抛出异常"。

异常抛出后，运行系统从生成异常对象的代码开始，沿方法的调用栈逐层回溯查找，直到找到包含相应的处理异常的方法，并把异常对象交给该方法为止，这个过程称为"捕获异常"。如果 Java 运行系统找不到可以捕获例外的代码，则将终止程序的运行。

也就是说产生异常的代码可以"抛出异常"，运行系统"将捕获异常"，交给程序员所编写的处理异常的代码"处理异常"。

### 5.1.2 异常的分类

在 Java 中所有的异常对象都是继承自 java.lang.Throwable 类的。Throwable 类是 Java 异常体系中的根类，它有两个子类，Error（错误）类和 Exception（异常）类，它们的层次结构如图 5-1 所示。从图中可以看出，类 Throwable 有两个直接的子类，Error 和 Exception，另外我们还可以自定义更多的异常类。

错误类 Error。Error 类及其子类，代表了 Java 系统的内部错误，由 Java 虚拟机生成并抛给系统，如内存溢出、栈溢出、动态链接等，程序员一般不用关心这些错误。因为一旦真的发生了这样的错误，程序员除了告知用户发生了错误并试图正常关闭程序外，没有其他更好的方法。

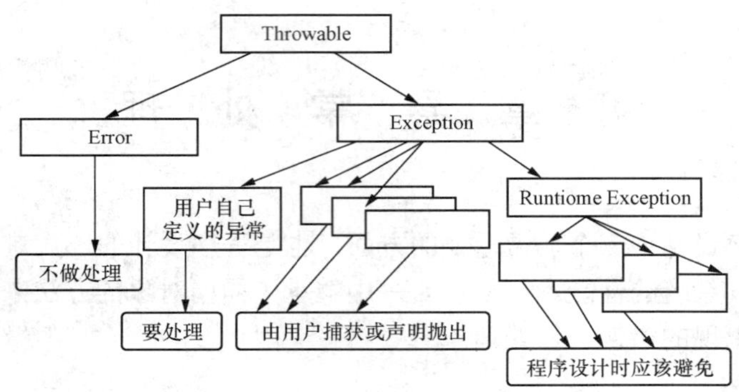


图 5-1 异常类的层次结构

异常类 Exception。Exception 类对象是 Java 程序抛出和处理的对象。它有各种不同类型的子类，如除数为零的算术异常、数组下标出界、空指针异常等。异常类又可以分为运行时异常 RuntimeException 和其他异常。RuntimeException 类及其子类表示“JVM 常用操作”引发的错误。例如，若试图使用空值对象引用、除数为零或数组越界，则分别引发运行时异常（NullPointerException、ArithmeticException 和 ArrayIndexOutOfBoundException）。对于 RuntimeException 类，程序员应该避免出现这种异常。但对于其他的异常，有些是在编写程序时是无法预测的，为保证程序的健壮性，必须对这些异常进行捕获和处理。

自定义异常。Java 允许程序员创建自己的异常类，这些异常的处理和 Exception 的处理一样。

通过下面的例子进一步理解异常。

**【例 5-1】** 本例的作用是输出数组中所有的值，参考代码为：

```
package five;
public class Try {        //注意:i 的取值;理解抛出例外时结束程序的执行。
    public static void main(String args[]){
        int i=0;
        int a[]= {5,6,7,8};
        for(i=0;i<5;i++){ System.out.println("  a["+i+"]="+a[i]);}
      System.out.println("修改 i 的最大取值之后才执行该句");
    }  }
```

程序的运行结果如图 5-2 所示。

```
Problems  @ Javadoc  Declaration  控制台 ✕
<已终止> Try [Java 应用程序] C:\Program Files\Java\jre6\bin\javaw.exe（2011-12-30 上午09:56:40）
  a[0]=5
  a[1]=6
  a[2]=7
  a[3]=8
Exception in thread "main" java.lang.ArrayIndexOutOfBoundsException: 4
        at five.Try.main(Try.java:9)
```

图 5-2 数组越界程序的运行时异常

运行结果表明：程序依次对数组中的数据元素进行计算并输出计算后的值，但是当 i 的取值为 4 并试图要访问元素 a［4］时，系统终止程序的运行并抛出数组下标越界异常“Array

IndexOutOfBoundsException”，所以输出语句不会被执行。

产生上述现象的原因为数组 a 中只有 4 个元素，下标范围为 0～3，当下标 i 的取值为 4 时，数组元素 a［4］不存在，因此将产生一个数组越界的异常。

修改 for 循环条件，不允许 i 的取值为 4，如“i<4”，程序才会输出“修改 i 的最大取值之后才执行该句”。

［例 5-1］中产生的异常称为：运行时异常，在编译的时候编译器不能够识别处理，是程序员必须要避免的异常。

［例 5-2］中的程序功能为：要读取一个文件的内容，程序会产生不同类型的异常。

**【例 5-2】** 建立一个输入文件类 InputFile，能够读取文件，代码如下：

```
package five;
//Note:This class won't compile by design!
import java.io.*;
public class InputFile {
   private FileReader in;
   public InputFile(String filename){ in = new FileReader(filename);}
   public String getWord(){
      int c=-1;
      StringBuffer buf = new StringBuffer();
      do { c = in.read();
         if(Character.isWhitespace((char)c))return buf.toString();
         else  buf.append((char)c);}
      while(c!=-1);
      return buf.toString();
      }   }
```

这部分代码是不能通过编译的，编译器会指出上面程序代码中的两处高亮显示部分“没有声明抛出或者捕获例外”，具体如图 5-3 所示。

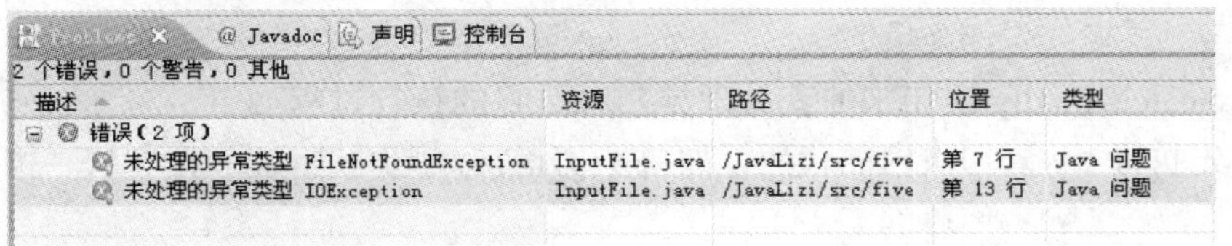


图 5-3 编译时异常

这样的异常称为编译时异常，程序员必须使用 Java 的异常处理机制进行处理，本书将在下一节讲述如何对这样的异常进行处理。

## 5.2 异 常 处 理

在 Java 的异常处理机制中，对于在编译时产生的异常的处理方法一般有两种，即捕获异常和抛出异常。

### 5.2.1 捕获异常

当程序抛出异常时，系统会检索到异常对象，同时会终止程序的运行，并导致其后的程序片段无法运行。这并不是大家想要得到的结果，因此应该让程序来接收并处理异常对象，从而不影响其他语句的执行。

在 Java 的异常处理机制中，使用“try-catch-finally”语句来捕获并处理异常，try-catch-finally 的语法格式如下：

```
try{
    可能产生异常的语句
}catch(ExceptionType1  e1){
    处理异常 e1 的语句
}catch(ExceptionType1  e2){
    处理异常 e2 的语句
}
…
finally{
    一般是用来释放资源的语句
}
```

整个语句由三部分组成，分别为 try 语句块、catch 语句块和 finally 语句块。其中 catch 语句可以有一个或者是多个，但至少要有一个 catch 语句，finally 语句可以被省略，但如果有只能有一个。

try 语句块。将可能产生异常的程序代码放在此处，这些代码是程序在正常的情况下应该完成的功能。try 语句块要包括多大的范围，需要根据操作的连动性和相关性确定，如果前面的程序代码块抛出的异常影响了后面程序代码的运行，那么这两个程序代码存在关联，应该放在同一个 try 中。

catch 语句块。包含对产生的异常情况进行处理的代码，程序员可以将要处理的异常和对该异常的处理代码排列于此。

finally 语句块。不管有没有捕获到异常都要执行的代码，通常将释放资源的程序代码放于此处。

使用 try-catch-finally 语句来捕获处理异常时，它的执行过程如下。

（1）首先执行 try 语句块内的代码，如果一切正常，则跳过 catch 语句块，执行 finally 语句块。

（2）若在执行 try 语句块时产生了异常，则立即跳转到 catch 语句块。

（3）如果产生的异常与第一个 catch 语句中的异常相匹配，则先执行第一个 catch 语句块内的代码。执行完 catch 语句后，执行 finally 语句，执行完 finally 语句块内的所有的代码后，异常处理才结束。

（4）如果产生的异常对象与第一个 catch 语句中的异常类型不匹配，则检查第二个 catch 语句。若与第二个 catch 语句中的异常类型相匹配，则执行第二个 catch 语句块内的代码，执行完 catch 语句后，跳到 finally 语句，执行完 finally 语句块内的所有的代码后，异常处理才结束。

（5）依次类推，若该异常对象的类型和第 $n$ 个 catch 语句的异常类型匹配，则先执行第 $n$ 个 catch 语句块内的代码，再执行 finally 语句，执行完 finally 语句块内的所有的代码后，异常处理结束。

（6）若找不到和该异常对象相匹配的 catch 语句，则先执行 finally 语句块中的代码，然后跳到包含此 try-catch-finally 语句的外层 catch 语句内进行匹配，依次类推。

（7）如果程序员没有设置相应的异常类型，则最后交给运行系统进行处理，运行系统的处理只是抛出例外，并终止程序的执行（类似于不使用 Java 异常处理机制）。

根据以上执行过程表明：

（1）不论 try 代码块中是否发生了异常事件，finally 块中的语句都会被执行，也就是说 finally 语句是必须要执行的语句，它提供了程序的一个统一的出口。

（2）Java 系统在产生例外后，从上到下，依次对每个 catch 语句进行检测，直到找到和抛出的异常对象相匹配的异常类型为止。所以在安排 catch 语句的顺序时，首先应该捕获最特殊的异常，然后再逐渐一般化。

（3）如果所有的 catch 语句中的异常类型和抛出异常都不匹配，则交给 Java 运行系统，就和没有处理异常一样。因此，一般来说，应该在最外层的 catch 语句中使用 Exception 类。

下面在［例 5-3］中对［例 5-2］使用 try-catch-finally 语句捕获例外和处理。

**【例 5-3】** 对［例 5-2］产生的异常对象进行捕获，参考代码为：

```
package five;
import java.io.*;
public class InputFile2 {
   private FileReader in;
   public InputFile2(String filename){
      try {  in = new FileReader(filename);
      } catch(FileNotFoundException e){
         // TODO Auto-generated catch block
         e.printStackTrace();}
    }
   public String getWord(){
      int c=-1;
      StringBuffer buf = new StringBuffer();
      do {
         try {  c = in.read();
         } catch(IOException e){
            // TODO Auto-generated catch block
            e.printStackTrace();}
         if(Character.isWhitespace((char)c))return buf.toString();
         else  buf.append((char)c);}
      while(c!=-1);
      return buf.toString();
}   }
```

catch 语句要捕获的例外名称是在编译［例 5-2］时编译系统给出的。经过这样的处理之后，该程序就可以通过编译了。

其实上述代码可以在 Eclipse 这个 IDE 中直接用快捷键自动添加，如图 5-4 所示。用鼠标右击要产生异常的代码，选择快速修正，在弹出的菜单中双击“用 try/catch”包围即可。

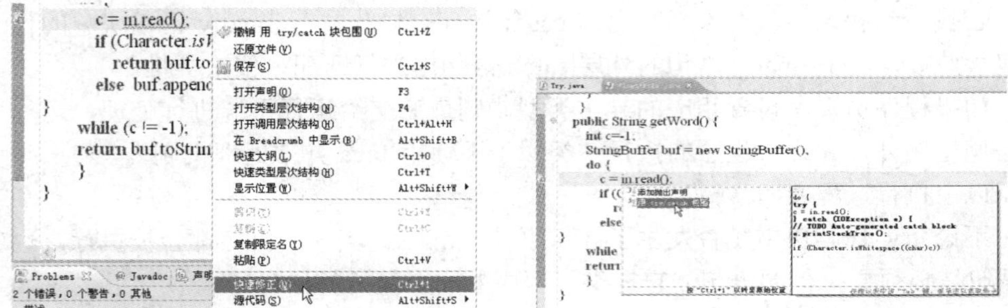

图 5-4 Eclipse 自动添加 try/catche 语句

### 5.2.2 声明抛出异常

针对异常，Java 处理机制除了使用 try-catch-finally 语句来捕获异常之外，还可以在产生异常的方法上声明抛出异常。在图 5-4 中显示可以采用两种方式来处理异常。声明抛出异常外使用关键字 **throws，**只需要在可能产生异常的语句所在的方法头中添加该语句即可。

其语法格式如下：

```
throws <用逗号隔开的异常类型列表>
```

如 public InputFile3（String filename）throws FileNotFoundException{}。

若一个方法声明抛出异常，则表示在该方法体内可能会产生这样的异常对象，但是在该方法体内并不进行异常的处理，而是把异常对象交给该方法的调用者处理。调用者可以使用 try-catch-finally 语句来进行处理，也可以将声明抛出交给上层调用者处理，最上层的调用者就是 Java 运行系统。

**【例 5-4】** 对［例 5-2］产生的异常对象使用 throws 声明抛出异常，参考代码为：

```
package five;
import java.io.*;
public class InputFile3 {
   private FileReader in;
   public InputFile3(String filename)throws FileNotFoundException {
      in = new FileReader(filename);}
   public String getWord()throws IOException {
      int c=-1;
      StringBuffer buf = new StringBuffer();
      do { c = in.read();
         if(Character.isWhitespace((char)c))return buf.toString();
         else  buf.append((char)c);}
      while(c!=-1);
      return buf.toStrng();
      }
  }
```

在［例 5-4］中，方法 InputFile3()和 getWord()可能会产生异常，但方法本身并没有进行异常的捕获，而是简单地声明本方法可能会抛出异常，并交给方法的调用者进行处理。如果类 InputFile3 中添加 main()方法，并在该方法中调用这两个方法，则编译系统仍然会提示没有捕获或声明抛出异常，如图 5-5 所示。main()参考代码如下：

```
public static void main(){
        //读取当前文件夹中文件“a.txt”内容,并输出到标准输出设备上。
        InputFile3 infile=new InputFile3("a.txt");
        String  s=new String(infile.getWord());
        System.out.println(s);
    }
```

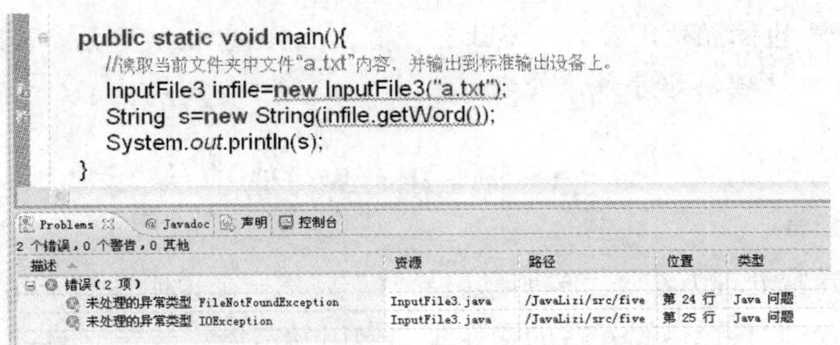


图 5-5　编译系统显示异常处理提示

所以，对于在 main 方法中出现方法调用的地方要进行异常处理，同样可以有两种处理方式，如果采用捕获异常的方式，则参考代码如下。如果文件存在则正常执行程序并输出文件内容，如果文件不存在则在控制台中打印出字符串“文件不存在“(即捕获异常时进行的处理)。

```
public static void main(String args[]){
        //读取当前文件夹中文件“a.txt”内容,并输出到标准输出设备上。
        InputFile3 infile;
        try {
            infile = new InputFile3("a.txt");
            String  s=new String(infile.getWord());
            System.out.println(s);
        } catch(FileNotFoundException e){System.out.println("文件不存在!");
        } catch(IOException e){  e.printStackTrace();}
}
```

当然也可以在 main()方法中声明抛出异常，这时产生的异常将会由运行系统来处理。当这样处理时，在运行程序的时候如果文件“a.txt“存在，则程序能够正常运行。如果文件不存在，则在控制台中显示异常信息并终止程序的运行，如图 5-6 所示。

```
public static void main()throws FileNotFoundException, IOException{}
```

```
Problems | @ Javadoc | 声明 | 控制台
<已终止> Try [Java 应用程序] C:\Program Files\Java\jre6\bin\javaw.exe(2011-12-30 下午03:08:44)
Exception in thread "main" java.io.FileNotFoundException: a.txt (系统找不到指定的文件。)
        at java.io.FileInputStream.open(Native Method)
        at java.io.FileInputStream.<init>(Unknown Source)
        at java.io.FileInputStream.<init>(Unknown Source)
        at java.io.FileReader.<init>(Unknown Source)
        at five.InputFile3.<init>(InputFile3.java:7)
        at five.InputFile3.main(InputFile3.java:24)
```

图 5-6　文件不存在显示异常信息

**注意：**

(1) 方法声明抛出异常仅仅表明该方法对这个异常不做处理，调用该方法的地方需要进行异常处理。

（2）声明抛出异常的关键字为 throws（throw 后加 s，表示可以一次声明抛出多个异常对象）。

（3）异常对象的传递。当一个方法中出现了异常而又没做任何处理时，则这个方法会返回该异常对象。异常依次向上层调用者传递，直到传到 JVM，虚拟机退出（即沿着方法调用链进行反向传递）。

（4）应该在合适的位置处理异常，不让它一直向上抛到 main 方法，应遵循的规则为谁知情谁处理，谁负责谁处理，谁导致谁处理。

## 5.3 抛出异常

5.2 节所讲的异常处理方法—“声明抛出异常”只是一个说明性的子句，只是表明一个方法可能会抛出异常，而真正抛出异常的动作是由抛出异常语句来完成的。

抛出异常的语句的格式如下：

```
throw  <异常对象>;
```

其中，<异常对象>必须是 Throwable 类或者是它的子类的对象，包括所有的 Exception 类和 Error 类对象。如果要试图抛出一个不是 Throwable 类的子类，则在编译时就会出现语法错误。例如，语句“throw  new String();”试图抛出一个 String 对象，该句不会通过编译。

**【例 5-5】** 抛出一个 Exception 异常。从键盘读入字符，打印出其码值。若按了 a 键，则立即抛出异常，参考代码为：

```
package five;
import java.io.IOException;
public class ThrowException {
   public static void main(String[]args){
       int c;
       try{           //遇到回车时循环结束,否则一直读字符并输出
              while((c=System.in.read())!=-1){
                     //当输入字符为“a”时,人为地抛出一个异常对象
                if(c=='a')throw new Exception("键 a 有问题。");
                System.out.println(c);
              }          }
                     //人为抛出的异常对象,同样也要进行处理
             catch(IOException e){ System.out.println("e");}
             catch(Exception e){ System.out.println("e");
             }     }}
```

程序分析：

（1）while（(c=System.in.read())! =-1），该语句中的 System.in 表示标准的输入对象，该对象的 read 方法从键盘读入字符并返回该字符的 ASCii 码，当按 Enter 键时表示输入流结束，值为“-1”。

（2）c=='a'，在该语句中，进行 c 和字符 a 是否相同判断之前，会自动进行类型转换。

（3）new Exception（"键 a 有问题。"）创建一个 Exception 对象。

（4）e.toString()，该方法是 Exception 类的方法，会把 Exception 对象转化为字符串输出。

运行结果如图 5-7 所示。

```
Problems  @ Javadoc  声明  控制台
<已终止> ThrowException [Java 应用程序] C:\Program Files\Java\jre6\bin\javaw.ex
23jfa
50
51
106
102
java.lang.Exception: 键a有问题。
```

图 5-7 ［例 5-5］运行结果

## 5.4 自 定 义 异 常

### 5.4.1 常用的异常类

在程序设计中有一些常见的异常类，它们大多都是 RuntimeException 的子类。一个合格的程序员，需要对程序中常见的问题有相当的了解和掌握相应的解决办法，否则仅仅停留在写程序而不会改程序层面，会极大影响到自己的开发的，最常用的有以下几种。

1. java.lang.nullpointerexception

这个异常经常遇到，出现这个异常的原因是调用了未经初始化的对象或者是不存在的对象，这个错误经常出现在创建图片或调用数组等操作中，如图片未经初始化，或者图片创建时的路径错误等。对数组操作中出现空指针，在很多情况下是一些刚开始学习编程的朋友常犯的错误，即把数组的初始化和数组元素的初始化混淆起来了。数组的初始化是对数组分配需要的空间，而初始化后的数组，其中的元素并没有实例化，依然是空的，所以还需要对每个元素都进行初始化（如果要调用）。

2. java.lang.classnotfoundexception

该异常的解释为“指定的类不存在”，这里主要考虑类的名称和路径是否正确即可。

3. java.lang.arithmeticexception

该异常的解释为“数学运算异常”，例如，程序中出现了除以零这样的运算时就会出这样的异常，对于这种异常，要好好检查自己程序中涉及数学运算的地方，以及公式是不是有不妥的。

4. java.lang.arrayindexoutofboundsexception

“数组下标越界”异常也经常遇到，程序中大多都有对数组的操作，因此在调用数组的时候一定要认真检查，检查自己调用的下标是不是超出了数组的范围，最好先查看数组的 length，以免出现这个异常。

5. java.lang.illegalargumentexception

“方法的参数错误”异常，很多 J2me 的类库中的方法在一些情况下都会引发这样的错误，例如，音量调节方法中的音量参数如果写成负数就会出现这个异常，以及 g.setcolor（int red，int green，int blue）这个方法中的三个值，如果有超过 255 的也会出现这个异常。因此，一旦发现这个异常，就要赶紧去检查方法调用中的参数传递是不是出现了错误。

6. java.lang.illegalaccessexception

“没有访问权限”异常，当应用程序要调用一个类，但当前的方法没有对该类的访问权限时便会出现这个异常。

关于异常的全部说明，在 Java API 都可以进行查阅，其他还有很多异常，此处不再详细解释。

### 5.4.2 自定义异常

虽然 Java 已经定义了很多异常类，但是有时候，程序员不仅需要自己抛出异常，还要根据实际需要创建自己的异常类。在 Java 中通过创建一个继承于 Throwable 或其子类的形式来定义异常类。对于由于粗心大意而引起的异常应该定义为运行时异常，而对于运行环境引发的、不能够避免的异常应该定义为非运行时异常（可查异常）。通常一个复杂的系统或者模块可以定义自己的异常体系来简化客户代码。

[例 5-6] 中定义好这样的一个异常类后程序就可以在需要的时候使用异常类。

**【例 5-6】** 定义一个异常类 OverFlowException 表明："数值超出指定数据类型的范围"，并使用该异常类。

（1）自定义一个异常类 OverFlowException，参考代码如下：

```
package five;
public class OverFlowException extends Exception {
    public OverFlowException(){ super();      }
    //自定义一个打印方法
    public  void printMsg(){
        System.out.println("值已经超出数据类型范围!!");
        this.printStackTrace();
        System.exit(0);
    }}
```

（2）使用自定义的异常类 OverFlowException，计算数 n 的阶乘，但是定义的数据类型为 byte，所以如果阶乘超过 byte 类型的最大值，则抛出 OverFlowException 异常对象，参考代码如下：

```
package five;
public class FactorialUseExc {
    public static void main(String args[]){
        byte n;
        int fac=1;
//注意 fac 的类型不能直接定义为 byte,否则 if 条件永远不会满足,读者自行考虑原因
        for(n=1;n<10;n++){
            System.out.print(n+"!=");
            if(fac>Byte.MAX_VALUE)
                try {
                    throw new OverFlowException();
                } catch(OverFlowException e){
                  // 捕获异常时,调用自定义方法,打印异常信息。
                    e.printMsg();
                }
                else{
                    fac=fac*n;      //计算 n 的阶乘
                    System.out.println(fac);
                    }
    }
    }
}
```

程序的运行结果如图 5-8 所示。

```
Problems  @ Javadoc  声明  控制台
<已终止> FactorialUseExc [Java 应用程序] C:\Program Files\Java\jre6\bin\javaw.exe (2011-12-31
five.OverFlowException
        at five.FactorialUseExc.main(FactorialUseExc.java:11)
1!=1
2!=2
3!=6
4!=24
5!=120
6!=720
7!=值已经超出数据类型范围!!
```

图 5-8 使用自定义异常运行结果

**【例 5-7】** 编写一个循环队列类 Queue，如图 5-9 所示。

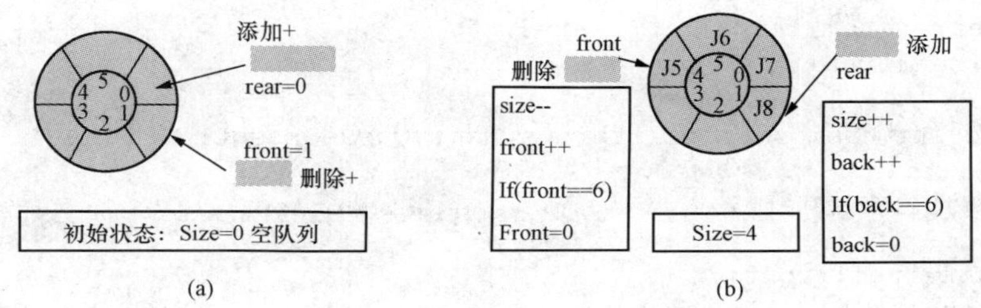


图 5-9 循环队列

（a）队列初始状态；（b）队列长度为 4 时的入队出队操作

如图 5-9 所示，要定义一个循环队列所需要的类属性为队列数组、队列的头指针 front、尾指针 rear、队列长 size。循环队列类中最基本的操作（类方法）是入队和出队操作。一个队列操作中可能出错的原因为：

（1）空队列时试图删除一个元素。

（2）满队列时试图添加一个元素。

本例将使用 EmptyQueueException 和 FullQueueException 异常类分别表示这两种错误。队列抛出异常对象说明所抛出的异常类型。

（1）定义两个异常类，参考代码如下：

```
package five;
public class QueueException extends  Throwable {
   public QueueException(){super();     }
   public QueueException(String message){  super(message); }
   }
class FullQueueException extends QueueException {
   public FullQueueException(){super("试图向一个满队列添加项目!");}
   public FullQueueException(String s){ super(s);    }
   }
class EmptyQueueException extends QueueException{
   public EmptyQueueException(){
      super("试图在一个空队列中删除一个项目!"); }
   public EmptyQueueException(String s){  super(s);}
   }
```

（2）定义循环队列，并使用自定义类，参考代码如下：

```
package five;
public class QueueUseExcep {
   protected  int[]item;   protected  int  front=1;
   protected  int rear=0;  protected  int size=0;
   public QueueUseExcep(int length){   item=new int[length];}
   public boolean isFull(){
      if(size==item.length)return true;
      else   return false;}
   public boolean isEmpty(){
      if(size==0)    return true;
      else       return false; }
   public   void addBack(int unit)throws FullQueueException{
      if(isFull())throw new  FullQueueException();
      size++;       rear++;
    if(rear==item.length)   rear=0;
    item[rear]=unit;
    }
   public int  removeFront()throws EmptyQueueException{
      int unit;
      if(isEmpty())throw new EmptyQueueException();
      size--;
      unit=item[front];
      front++;
      if(front==item.length)front=0;
      return unit;
      }}
```

（3）测试，参考代码为：

```
package five;
public class TestQueue {
   public static void main(String[]args){
        int[]a={1,2,3,4,5,6};
        QueueUseExcep queue1=new  QueueUseExcep(5);
        try {
           for(int i=0;i<=queue1.item.length;i++)
           queue1.addBack(a[i]);
           } catch(FullQueueException   e){
              System.out.println(e.getMessage());   }
        try{
              for(int i=0;i<=queue1.item.length;i++){
                 int b;
                 b=queue1.removeFront();}
              }catch(EmptyQueueException   e){
                 System.out.println(e.getMessage());} }}
```

注意，抛出自定义异常也需要进行异常处理，同 Java API 中定义的异常处理一样。

## 5.5 断　　言

断言是 Java 1.4 中新增加的功能，是 Java 中的一种新的错误检查机制，它提供了一种在代码中进行正确性检查的机制，但是这项功能可以根据需要关闭。断言包括 assert 关键字、

AssertionError 类，以及在 java.lang.ClassLoader 中增加的几个新的有关 assert 方法。

可以在任何时候启用和禁用断言验证，因此，可以在测试时启用断言而在部署时禁用断言。同样，程序运行后，最终用户在遇到问题时可以重新起用断言。使用断言可以创建更稳定，品质更好且易于除错的代码，当需要在一个值为 false 时中断当前操作，可以使用断言。断言可以有两种使用形式：

```
assert Expression1
assert Expression1:Expression2
```

其中 Expression1 应该总是一个布尔值，Expression2 是断言失败时输出失败消息的字符串。

如果 Expression1 为假，则抛出一个 AssertionError，这是一个错误，而不是一个异常，也就是说是一个不可控制异常（unchecked Exception）。由于 AssertionError 是错误的，所以可以不捕获，但不推荐这样做，因为那样会使系统进入不稳定状态。

断言在默认情况下是关闭的，要在编译时启用断言，则需要使用 source1.4 标记，即 javac source1.4 Test.java，在运行时启用断言需要使用-ea 参数。要在系统类中启用和禁用断言可以使用-esa 参数和-dsa 参数。

**【例 5-8】** 断言的使用，编写断言使用的源代码如下：

```
package five;
public class AssertExample1 {
    public AssertExample1(){    }
    public static void main(String args[]){
        int x=10;
        System.out.println("测试断言:x==100");
        assert x==100:"断言失败了";
        System.out.println("测试通过");
    } }
```

如果编译时未加-source1.4，则编译通不过。默认情况下，Java 断言是关闭的。可通过-ea 来打开，用-da 关闭。在执行时未加-ea，且 jre 忽略了断言的代码时，程序的输出为：

```
测试断言:x==100
测试通过
```

使用了该参数（即执行程序时在命令行中输入“java -ea AssertExample.java”），程序就会执行断言代码，程序的输出结果如图 5-10 所示。

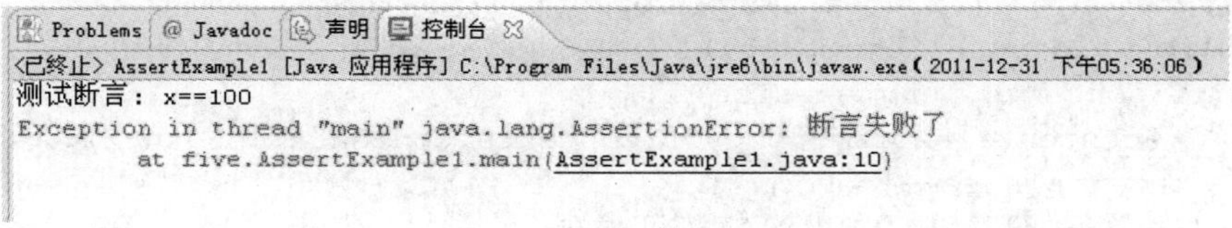

```
Problems  @ Javadoc  声明  控制台
<已终止> AssertExample1 [Java 应用程序] C:\Program Files\Java\jre6\bin\javaw.exe（2011-12-31 下午05:36:06）
测试断言: x==100
Exception in thread "main" java.lang.AssertionError: 断言失败了
        at five.AssertExample1.main(AssertExample1.java:10)
```

图 5-10 执行断言代码的运行结果

在 Eclipse 中启用断言。运行→运行配置→（x）=自变量→VM arguments 区域，加上断言开启的标志-enableassertions 或者-ea，然后再运行。

assert 语句的作用为保证程序内部的一致性，主要用来记录并检验和假设某一方法的内部逻辑，一般有如下三种方式。

1. 内在不变式

【例 5-9】 判断一个数是否为素数，参考代码为：

```
/**
   *  内在不变式
   *  判断一个数是否是素数
   *  @param number 为正数或者负数
   *  @return 正数返回 true,负数返回 false
   */
  public  boolean isPositive(int number){
     if(number>0){
        return true;
     }else{
        assert number!=0:"0 不在本方法的处理范围!";
        return false;    }      }
```

2. 控制流不变式

【例 5-10】 考试成绩转换为评分等级，参考代码为：

```
/**
   *  控制流不变式
   *  @param score 为考试成绩
   *  @return A\B\C\D\E
   */
  public  Character  toGrade(int score){
     if(score>90)return new Character('A');
     else if(score>80)return  new Character('B');
     else if(score>70)return  new Character('C');
     else if(score>60)return  new Character('D');
     else if(score>=0)return  new Character('E');
     assert false:"不应该出现负数成绩!";
     return null;
  }
```

3. 后置添加和类不变式

【例 5-11】 模拟出栈和进栈操作，参考代码为：

```
// 后置条件和类不变式
  private int size=0;
  private Object[]contents=new Object[10];
  public void push(Object obj){
     if(contents.length==size)
        contents =Arrays.copyOf(contents,contents.length*2);
     contents[size++]=obj;
     //后置条件断言,检查类内部逻辑的正确性
     assert contents.length>=size;
  }
  public  Object pop(){
     int idx=size;
     if(idx==0)throw new RuntimeException("栈为空!");
     Object result=contents[--size];
     contents[size]=null;
```

```
    //后置条件断言,检查类内部逻辑正确性
        assert size==idx-1;
        return result;
        }
```

## 5.6 小　　结

本章主要讲述如何使用 Java 中的异常机制，以及如何合理地应用异常机制，从而使编写的 Java 程序具有稳定性和可靠性。在 Java 中主要采用 try-catch-finally 来捕获和处理异常，也可以在产生的异常的方法上进行声明抛出异常，使调用该方法的语句进行处理异常。另外，还讲述了如何定义自己的异常和断言的使用。

## 习　　题

### 一、选择题

1．异常类层次结构的根类是（　　）类。

A．Error　　B．Exception　　C．Throwable　　D．RuntimeException

2．当从 finally 子句抛出异常时，会发生的情况是：（　　）

A．最初异常丢失

B．JVM 搜索方法调用栈寻找处理程序，找到时就处理异常，然后执行 finally 子句。在遇到新异常时，JVM 将重新处理程序

C．JVM 总会终止程序

D．以上选项都不是

3．有下列程序：

```
public class test{
    public static void main(String[]args){
        String foo=args[1];
        String bar=args[2];
    String baz=args[3];}  }
```

若用“java Test Red Green Blue”命令执行该程序，则 baz 的值为（　　）。

A．baz 的值为""　　B．baz 的值为 null　　C．baz 的值为 "Red"

D．baz 的值为"Blue"　　E．baz 的值为"Green"　　F．代码不能编译

G．程序抛出异常

4．下列程序的输出结果为：（　　）

```
public class Foo{
      public static void main(String args[]){
         try{ return;
          } finally{   System.out.println("Finally");}  } }
```

A．没有任何输出　　B．输出"Finally"　　C．编译错误

5．下列程序输出结果为：（ ）

```
public class Foo1{
    public static void main(String[]args){
        try{  System.exit(0);
        }finally{  System.out.println("Finally");}      }   }
```

A．没有任何输出　　B．输出"Finally"

6．下列程序输出结果为：（ ）

```
import java.io.IOException;
public class ExceptionTest{
  public static void main(String args[]){
     try{  methodA();
      }catch(IOException e){  System.out.println("Caught Exception");}
    }
  public static  void methodA()throws IOException{
      throw new IOException();}    }
```

A．代码不能被编译　　B．输出"Caught Exception"

C．输出"Caught IOException"　　D．程序正常执行，没有任何输出

## 二、简答题

1．什么是异常、抛出异常和捕获异常？

2．对于编译时异常和运行时异常，应该如何区别对待？

3．简述使用 try-catch-finally 语句来捕获并处理异常的执行过程。

4．在有多个 catch 语句是异常类的次序中应该遵守什么规则，若所有的异常类和程序产生的异常类型不匹配则如何进行处理。

5．一个方法若声明抛出异常则意味着什么？

6．声明抛出异常和抛出异常的语句的区别是什么？

7．列举出常用的几种异常类。

## 三、程序阅读题

1．写出下列程序的输出结果。

```
public class test01{
      public static void main(String[]args){
        try{
          for(int i=0;i<3;i++){
            System.out.println("The value of i:"+i);
            System.out.println(5/i);       }
        }catch(ArithmeticException  eE){  System.out.println("Division  by
zero.");}
      for(int i=0;i<3;i++){
          try{ System.out.println("The value of i:"+i);
            System.out.println(5/i);
          }catch(ArithmeticException  e){  System.out.println("Division  by
zero.");}}}}
```

2．写出下列程序的运行结果。

```
package xiti5;
public class test02{
```

```
public static String output="";
public static void foo(int i){
 try { if(i==1){
      throw new Exception();}
      output+="1";
  } catch(Exception e){  output+="2";return;
  } finally{  output+="3";}
   output+="4";}
public static void main(String args[]){
   foo(0);foo(1);
   System.out.println("output="+output);}      }
```

四、编程题

1. 自定义一个异常类，当a的值小于10或大于100时，将产生异常。

2. 定义银行类时，若取钱数大于余额则作为异常处理。思路：

（1）定义自己的异常类InsufficientFundsException。

（2）取钱（withdrawal）方法中可能产生异常，条件是余额少于取额。

（3）处理异常安排在调用withdrawal的时候，因此withdrawal方法要声明抛出异常，并由上级方法调用。

# 第 6 章 图形用户界面

GUI（Graphic User Interface，图形用户界面）是由一些诸如窗口、标签、按钮等组件组成的，一般支持鼠标、键盘、手柄等。GUI 是计算机和人脑沟通的窗口，应用程序通过 GUI 与用户进行交互，没有界面的应用是不存在的。GUI 设计主要包括三方面工作：创建组件、布局管理和事件处理，这也是本章的主要内容。

## 6.1 GUI 简 介

### 6.1.1 概述

Java 中的图形界面系统，分为四个层次：操作系统图形设备层、虚拟机本地代码层、Java 封装层、用户应用层。由于画图依赖操作系统的功能，所以在一些服务器上，如没有安装 Windows 系统的 Linux 服务器，不能执行图形界面应用。又由于 Java 的图形界面采用了最小公倍数的做法，所以和底层的语言如 C++相比，其功能总是感觉较少。虚拟机本地代码层体现在大量的 DLL 文件上，即 Java 的 AWT 类的 C 代码的封装，所有的键盘和鼠标操作，都通过它来进行（换句话说，纯 Java 是做不到的）。

在 Java 的早期版本中，GUI 的设计主要是基于 java.awt 包，1995 年导致 Java 大受欢迎的 Applet 是 AWT 的一个子集。AWT（Abstract Windowing Toolkit），中文译为抽象窗口工具包，是 Java 提供的用来建立和设置 Java 的图形用户界面的基本工具。AWT 由 Java 中的 java.awt 包提供，里面包含了许多可用来建立与平台无关的图形用户界面（GUI）的类，这些类又被称为组件（components）。由于 AWT 采用"本地组件＋最小公倍数"的做法，导致里面的组件种类奇缺，如常见的树状结构和表格，都不支持。

后来 Sun 公司推出了 Swing 图形包，它只利用了 AWT 的绘图功能，拿着一只画笔来模拟所有的组件。例如，早期的按钮，是长方形加阴影加字符串，那就构造一个绘图类，依次从底到上把所有的内容绘制出来。这样，Swing 可以任意设计图形界面，或者绘制成任意风格，很容易实现换肤等功能，但是运行速度和观感上，总是和真实的组件有些差异。不过，因为 Swing 采用了 MVC 架构设计，系统灵活性极强，被称为设计模式的典型，甚至许多现在出现的 AJAX 框架，也采用了类似的 MVC 结构。

在推出 Swing 后，Applet 中也可以使用 Swing 组件来构建高级的界面，这导致当时出现了不少 Applet＋Servlet 开发的 Web 应用。同期，J2ME 获得了很大的成功。不过，虽然 Swing 一直在改进，但是还是有人怀念操作系统原生的界面和组件，这种情况下，IBM 资助的 Eclipse 项目开始使用 SWT（The Standard Widget Toolkit，标准部件工具包），采用和 AWT 相反的做法，即使用最大公倍数的做法来使用本地类库（C++开发的 DLL）来封装操作系统的组件，如果不存在，则采用模拟的方式，这样 SWT 随着 Eclipse 的推广获得了流行。因为 SWT 是依赖于 DLL＋Java 代码方式的图形库，因此不同的操作系统下要使用对应版本的 SWT 类库。甚至 SWT 还推出了手机运行的版本，大有和 Swing 分庭抗礼的气势。

java.awt 包和 java.awt.event 包中提供了进行 GUI 设计的软件成分，如组件类、布局管理器类、事件类和监听器接口。javax.swing 包中除了提供了更丰富的组件外，也提供了一些布局管理器和事件类型，但是他们基本上是对早期版本的一个扩充，所以，一般来说进行 Java GUI 设计，会使用 Swing 中的组件，仍然使用 AWT 提供的布局管理器和事件类型及处理。

### 6.1.2　标准图形界面的组成

作为开发者，需要了解常见的桌面应用的界面结构，并按照这种常规的做法进行界面开发，因为只有这样，使用者才能很快地上手，而且绝大部分的界面组件，在不同的编程语言中的作用都是相同的。这样读者可以学习别人的或者别的语言的界面设计，很快地应用到自己的项目中。Eclipse 是一款非常好用的 Java 开发工具，具有非常典型的图形界面，如图 6-1 所示。

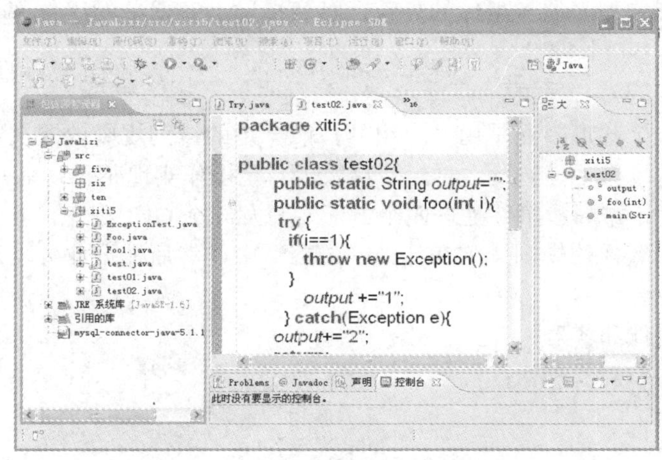


图 6-1　典型的图形界面

典型的界面包括顶部的菜单栏（Menu）、顶部稍下的工具栏（Toolbar）、界面主体和状态栏（Statusbar）。

菜单栏包括菜单条（MenuBar），菜单条是个不可见的容器，包括下面的菜单（Menu）及菜单项（MenuItem），另外菜单和菜单项又可以包含子菜单（SubMenu）。左侧的竖着排的几个小点，表明这个菜单是可以浮动或者拖动的（Floatable）；如果不可浮动的时候，这几个点就消失了。菜单上显示的文字“文件（F）”，其中的括号里面的字符 F 叫做助记符（Mnemonic），它的作用使用键盘来访问菜单，当用户按下键盘上的 Alt 键后，再按带有下画线的字母键，就可以打开对应的菜单。因此，助记符只能是英文字母或者数字。对于文件菜单下的子菜单“打开 打开(O) Ctrl+O”，它的左侧显示的称为图标（Icon），右侧显示的称为标签（Label），最右侧显示的称为快捷键，也就是说同时按下 Ctrl 键和 O 键就相当于直接执行这个菜单所对应的功能。

工具栏上的按钮，一般是鼠标移过时，会发生边框的改变。鼠标停留在按钮上显示的淡黄色背景的提示文字，叫做工具栏提示（Tooltip），显示的文字则被称为工具栏提示文本（TooltipText），这些文字在固定时间（一般为几秒）之后消失。工程管理器处显示的为内部窗体（InternalFrame），其中包含最大化、停靠、还原等按钮。停靠后的内部窗体只在侧栏显示一个小小的图标和窗口及提示文字，如图中的输出窗口，单击后暂时弹出，单击别处后又会自动最小化隐藏。工程管理器里面显示的是树（Tree），每个树的节点（Node）都可以带有图标和文字，也有人称之为 TreeItem。工程管理器右侧则显示了一个标签页面板（TabbedPane），每个项目被称为标签（Tab）或者标签项（TabItem）。标签里面显示的代码则是一个富文本区（RichTextarea），能够显示不同的颜色。其他的输入元素还包括单行文本框（TextField）和多行文本区（TextArea）。最底部的状态栏，一般可以使用单个标签（Label，只用来显示不可被选中的文本）来显示，复杂点的状态栏则使用多个组件组合显示。

图形界面开发中有个重要的概念就是容器（Container）和组件（Component）。容器一般都是透明的，在其中成组地加入足够多的组件，成为一个整体，便于进行移动、显示、隐藏、设置大小等操作。容器也可以设置为不透明的，这样就可以带有背景色，从而能够看到它。容器的外观一般会影响加入的子组件的外观，默认情况下容器中的组件都会默认和容器的色彩设置保持一致。

### 6.1.3 一个简单的 GUI 程序

一般情况下，一个图形界面是由多个组件按照一定的排列规则放置在容器中的，当有一些事件（如鼠标单击、移动等）发生时，能够做出一定操作实现某种功能。所以 GUI 的编程就包括了组件、容器、布局和事件处理四个方面。开发一个 GUI 程序，首先要考虑使用哪些组件，这些组件以什么样的规则排列在什么样的容器中，然后根据业务功能要求处理事件。通常需要进行以下主要步骤：

（1）创建所需组件和容器；

（2）设定容器的布局管理器；

（3）放置组件；

（4）处理事件。

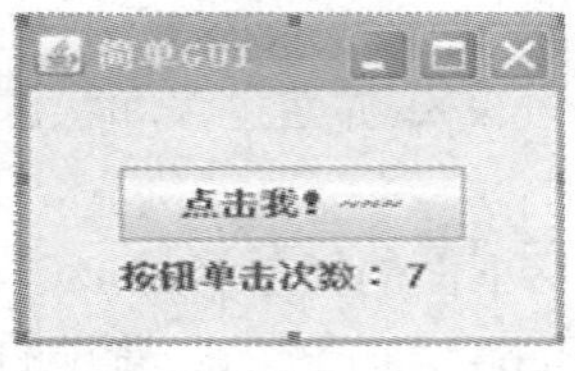

图 6-2 ［例 6-1］运行结果

**【例 6-1】** 开发一个简单的应用，如图 6-2 所示。用户单击按钮“点击我！”时，下面的标签会显示单击的次数。

（1）创建所需组件和容器。在本例中最明显的组件就是一个按钮和一个标签，标签和按钮放置在一个容器中，本例中将两个组件放置在一个面板中，然后把面板放置在一个框架中，这样做主要是为了布局更好看。所以需要创建两个组件和两个容器，参考代码如下：

```
JFrame frame = new JFrame("简单 GUI");
    JLabel label = new JLabel(labelPrefix+"0");
 JButton button = new JButton("点击我!~~~");
 JPanel pane = new JPanel();
```

（2）设定容器的布局管理器。面板使用网格布局，建立一个列的网格，参考代码如下：

```
pane.setLayout(new GridLayout(0,1));
```

（3）放置组件。参考代码如下：

```
pane.add(button);
pane.add(label);
frame.getContentPane().add(pane,BorderLayout.CENTER);
```

（4）处理事件，本例中主要为鼠标单击按钮事件，单击按钮时下方的标签的值加 1，参考代码如下：

```
button.addActionListener(new ActionListener(){
        public void actionPerformed(ActionEvent e){
                    numClicks++;
                    label.setText(labelPrefix+numClicks);} });
```

本例的完整参考代码如下：

```
package six;
import javax.swing.*;
import java.awt.*;
import java.awt.event.*;
public class EventDo {
    private static int numClicks = 0;
    private static JFrame frame = new JFrame("简单GUI");
    private static JLabel label = new JLabel("按钮单击次数:"+"0    ");
    private static JButton button = new JButton("点击我!~~~");
    private static JPanel pane = new JPanel();
   public static void main(String[]args){
      //设置面板在框架中的位置 top\left\bottom\right
         pane.setBorder(BorderFactory.createEmptyBorder(30,30,10,30));
         //设置面板布局
         pane.setLayout(new GridLayout(0,1));
         pane.add(button);pane.add(label);
         frame.getContentPane().add(pane,BorderLayout.CENTER);
         button.setMnemonic(KeyEvent.VK_I);//设置按钮的热键为'I'
      //处理单击事件
         button.addActionListener(new ActionListener(){
            public void actionPerformed(ActionEvent e){
                     numClicks++;
                 label.setText("按钮单击次数:"+numClicks);      } });
         frame.setDefaultCloseOperation(JFrame.EXIT_ON_CLOSE);
         frame.pack();
         frame.setVisible(true);         }}
```

## 6.2 事件处理

图形用户界面之所以深受用户的喜爱，就在于它可以用更简便、更灵活的方式来接受用户的命令。用户可以在图形界面中移动鼠标选择特定的图形界面元素，然后通过单击或者双击鼠标来向系统发布命令，为此，图形用户界面系统首先应该能够识别和区分鼠标和键盘的操作并做出相应的响应。

Java 语言将每一个键盘或者鼠标的操作定义为一个“事件”，在编程中只需定义每个特定事件发生时程序应该做何种响应即可。这就是图形用户界面中的“事件”和“事件处理”。事件通常是指因用户的界面操作（如单击按钮、选择菜单、往文本域输入内容等）而引起的组件状态和数据的改变。在处理事件时，这些受作用的组件被称为事件源。GUI 只有支持事件处理才能实现程序和用户之间的交互。

### 6.2.1 事件处理模式

从 JDK1.1 开始，Java 采用“委托事件”模型来处理事件。在委托事件模型中，Java 会根据不同的操作，产生不同的事件类（Event），如鼠标事件、单击事件和窗口事件等，并且为每一种事件类定义了事件对象的接受和处理方法（称为事件监听器（Listener））。

也就是说：在图形界面中每个可能产生事件对象的组件都被称为事件源，如按钮、菜单、文本框等；实现事件响应的对象称为事件监听器，监听者必须实现与事件对应的监听接口，并由事件源对象注册方能正确地响应事件源产生的事件。图 6-3 所示为在委托事件模型中传递及处理事件对象的流程。

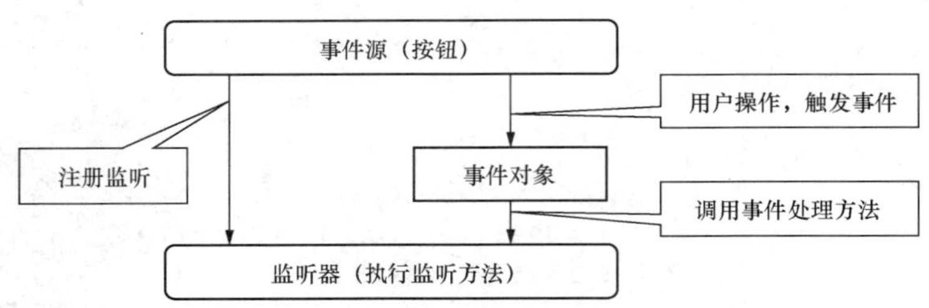


图 6-3 委托事件模型处理事件的对象的流程

当事件源产生事件时（如单击按钮），系统将自动调用该事件监听器实现的处理事件的方法，并将事件作为方法的参数传入。Java 根据事件的种类定义了各种事件类，并存放在 java.awt.event 包中。每一个事件类对应一个接口，如果要处理该事件，就必须实现该接口。[例 6-1] 中为按钮处理的 ActionEvent 事件，当单击按钮时就产生了该事件对象，当事件发生时，将修改按钮下标签的内容。为了让按钮能够监听到事件并处理事件，要进行以下两步操作。

（1）创建事件监听器。监听器就是用来处理事件的对象，监听器对象等待事件的发生，并在发生事件时受到通知。在 Java 中提供了每一个事件的监听接口，通过创建监听器类实现监听接口，创建该类的实例就是监听器。在 [例 6-1] 中要处理 ActionEvent 事件，它所对应的监听接口就是 ActionListener，所以只需要创建一个类实现该接口即可，参考代码如下：

```
class ButtonActionListener implements ActionListener {
        public void actionPerformed(ActionEvent e){
            numClicks++;
            label.setText("按钮单击次数:"+numClicks); }}
```

（2）为事件源注册事件的监听程序。事件源只有注册监听器，才能监听到事件，每一个 GUI 组件都有相应的注册监听器的方法，[例 6-1] 中按钮注册 ActionEvent 事件，参考代码如下：

```
button.addActionListener(new ButtonActionListener());
```

在 [例 6-1] 中，由于要处理到 numClicks 和 label 等局部变量，还有静态变量问题，所以可以把类的声明、对象的创建写在一起作为方法 addActionListener()的参数，可以写成如下形式：

```
button.addActionListener(new ActionListener(){
            public void actionPerformed(ActionEvent e){
                numClicks++;
                label.setText("按钮单击次数:"+numClicks);     } });
```

### 6.2.2 事件对象

Java 在 java.awt.event 中定义了事件类，用以表示窗口事件可能引发的种种事件类型。所有的事件类都是从 java.Awt.AWTEvent 派生出的，而 AWTEvent 又是类 java.Util.EventObject 的子类。这些事件从概念上又可分为两大类（见表 6-1）：低级事件类和语义事件类。低级事件类型代表低级输入或对可视组件的窗口系统进行界面改动的事件，如窗口的关闭、组件的移动等。语义事件类型则代表用户有意识地对窗口进行操作以选择执行某项功能的事件，如菜单的选择、滚动条的拖动等。

**表 6-1 事 件 对 象**

| 事件类型 | 事件名称 | 事件说明 | 引 发 原 因 |
|---|---|---|---|
| 低级事件类 | ComponentEvent | 组件事件 | 组件移动，组件大小改变 |
| | ContainerEvent | 容器事件 | 容器内组件的添加、删除 |
| | FocusEvent | 焦点事件 | 窗口的激活，拖动滚动条 |
| | InputEvent | 输入事件 | 键盘输入，鼠标操作 |
| | KeyEvent | 键盘事件 | 某键按下，某键松开 |
| | MouseEvent | 鼠标事件 | 鼠标移动，鼠标按下 |
| | WindowEvern | 窗口事件 | 窗口的关闭，窗口图标化等 |
| 语义事件类 | ActionEvent | 动作命令事件 | 选中菜单，按下按钮等 |
| | AdjustmentEvent | 数值调整事件 | 滚动条位置改变 |
| | ItemEvent | 选项事件 | 列表框，选择框等选项选中，撤销选择 |
| | TextEvent | 文本事件 | 文本框的输入、修改等 |

### 6.2.3 事件监听接口及监听器

在 Java 中每一个事件类对应一个监听接口，在接口中声明了一个或者多个抽象的事件处理方法。若要接收并处理某一个事件类，必须实现对应的接口。表 6-2 所示为常用的事件类、对应的接口及接口中声明的方法。

**表 6-2 常用事件类及其对应接口和接口中的方法**

| 事件类 | 对应接口 | 接口中声明的方法 | 对应的用户操作 |
|---|---|---|---|
| 组件事件类<br>ComponentEvent | 组件事件接口<br>ComponentListener | ComponentMoved（ComponentEvent e） | 移动组件时 |
| | | ComponentHidden（ComponentEvent e） | 隐藏组件时 |
| | | ComponentResized（ComponentEvent e） | 改变组件大小时 |
| | | ComponentShown（ComponentEvent e） | 显示组件时 |
| 选项事件类<br>ItemEvent | 选项事件接口<br>ItemListener | itemStateChanged（ItemEvent e） | 选择复选框，选择框，单击列表框，选中带复选框的菜单项时 |
| 文本事件类<br>TextEvent | 文本事件接口<br>TextListener | textValueChanged（TextEvent e） | 文本行，文本区中修改文本内容 |

续表

| 事件类 | 对应接口 | 接口中声明的方法 | 对应的用户操作 |
|---|---|---|---|
| 鼠标事件类 MouseEvent | 鼠标移动事件接口 MouseMotionListener | mouseDragged（MouseEvent e） | 拖动鼠标 |
| | | mouseMoved（MouseEvent e） | 移动鼠标 |
| | 鼠标按钮事件接口 MouseListener | mouseClicked（MouseEvent e） | 单击鼠标时 |
| | | mouseEntered（MouseEvent e） | 鼠标进入时 |
| | | mouseExited（MouseEvent e） | 鼠标离开时 |
| | | mousePressed（MouseEvent e） | 按下鼠标时 |
| | | mouseReleased（MouseEvent e） | 释放鼠标时 |
| 容器事件类 ContainerEvent | 容器事件接口 ContainerListener | ComponentAddedContainerEvent e） | 添加组件时 |
| | | ComponentRemoved（ContainerEvent e） | 移动组件时 |
| 焦点事件 FocusEvent | 焦点事件类 FocusListener | focusGained（FocusEvent e） | 获得焦点时 |
| | | focusLost（FocusEvent e） | 失去焦点时 |
| 键盘事件 KeyEvent | 键盘事件接口 KeyListener | keyPressed（KeyEvent e） | 按下键盘时 |
| | | keyReleased（KeyEvent e） | 释放键盘时 |
| | | keyTyped（KeyEvent e） | |
| 动作事件类 ActionEvent | 动作事件接口 ActionListener | actionPerformed（ActionEvent e） | 单击按钮，文本行中单击 Enter 键，双击列表框选择菜单项时 |
| 窗口事件类 WindowEvern | 窗口事件接口 WindowListener | windowOpened（WindowEvent e） | 打开窗口时 |
| | | windowActivated（WindowEvent e） | 激活窗口时 |
| | | windowDeactivated（WindowEvent e） | 窗口失去焦点时 |
| | | windowClosinged（WindowEvent e） | 关闭窗口时 |
| | | windowClosed（WindowEvent e） | 关闭窗口后 |
| | | windowIconified（WindowEvent e） | 以图标形式显示时 |
| | | windowDeiconified（WindowEvent e） | 不再以图标显示时 |

### 6.2.4 事件适配器

要实现某个接口必须完成接口中定义的所有的抽象方法。由于有的监听接口定义的抽象方法较多，当直接实现这些接口时，就需要完成所有的方法，这样是比较麻烦又没有必要的。如要实现窗口事件接口就必须重写七个抽象方法。

为了方便使用，java.awt.event 提供了一组事件适配器，事件适配器就是一组抽象类，它们实现了相应的监听接口，但是所有的方法都是空方法，没有具体语句。例如，WindowListener 接口声明如下：

```
public  interface WindowListener  extends  EventListener{
 public void windowOpened(WindowEvent e);
 public void windowActivated(WindowEvent e);
 public void windowDeactivated(WindowEvent e);
 public void windowClosed(WindowEvent e);
 public void windowClosing(WindowEvent e);
 public void windowIconified(WindowEvent e);
 public void windowDeiconified(WindowEvent e);
}
  }
```

对应的适配器类为 WindowAdaper，定义如下：

```
public abstract class WindowAdaper implements WindowListener {
    public void windowOpened(WindowEvent e){}
        public void windowActivated(WindowEvent e){}
        public void windowDeactivated(WindowEvent e){}
        public void windowClosed(WindowEvent e){}
        public void windowClosing(WindowEvent e){    }
        public void windowIconified(WindowEvent e){}
        public void windowDeiconified(WindowEvent e){}
}
}
```

使用时派生出自己的适配器类(即事件监听器)，然后只需要重写所需要的事件处理方法，不用再完成所有的方法。表 6-3 所示为接口和相应的适配器。

**表 6-3　　接口和适配器**

| 适配器名称 | 适配器说明 | 对应的接口类 |
|---|---|---|
| ComponentAdaper | 组件适配器 | ComponentListener |
| ContainerAdaper | 容器适配器 | ContainerListener |
| FocusAdaper | 焦点适配器 | FocusListener |
| KeyAdaper | 键盘适配器 | FocusListener |
| MouseAdaper | 鼠标适配器 | MouseListener |
| MouseMotionAdaper | 鼠标动作适配器 | MouseMotionAdaper |
| WindowAdaper | 窗口适配器 | WindowListener |

### 6.2.5 组件与事件的关联

并不是一个组件都可以产生任何事件，也即组件在注册监听器时不是任意指定的。每种类型的组件只能和特定类型的事件相关联。表 6-4 所示为 AWT 事件与其关联的组件、接口名及事件适配器之间的关系。

**表 6-4　　AWT 事件及与其关联的组件**

| 事 件 类 | 可关联的组件 | 接 口 名 | 事件适配器 |
|---|---|---|---|
| ActionEvent | 按钮、列表、菜单项、文本行 | ActionListener | |
| ItemEvent | 复选框、单选框、列表、菜单项 | ItemListener | |
| ContainerEvent | 容器、对话框、列表、菜单项 | ContainerListener | ContainerAdapter |
| MouseMontionEvent | 按钮、画布、复选框、单选框、组件、容器、对话框、框架、标签、列表、面板、滚动条、文本域、文本行、窗口 | MouseMontionListener | MouseMontionAdapter |
| MouseEvent | 同 MouseMontionEvent | MouseListener | Adaper |
| KeyEvent | 同 MouseMontionEvent | KeyListener | KeyAdaper |
| FocusEvent | 同 MouseMontionEvent | FocusEvent | FocusAdaper |
| AdjustmentEvent | Scrollbar | AdjustmentListener | |
| ComponentEvent | 同 MouseMontionEvent | ComponentListener | ComponentAdaper |
| TextEvent | 文本行、文本域 | TextListener | |
| WindowEvent | 对话框、框架、窗口 | WindowListener | WindowAdaper |

## 6.3 Swing 概 述

AWT 设计的初衷是支持开发小应用程序的简单用户界面。如 AWT 缺少剪贴板、打印支持、键盘导航等特性，而且原来的 AWT 甚至不包括弹出式菜单或滚动窗格等基本元素。Swing 是完全由 Java 实现的，Swing 组件是用 Java 实现的轻量级组件，没有本地代码，不依赖操作系统的支持，这是它与 AWT 组件的最大区别。由于 AWT 组件通过与具体平台相关的对等类实现，因此 Swing 比 AWT 组件具有更强的实用性。Swing 在不同的平台上表现一致，并且有能力提供本地窗口系统不支持的其他特性。

### 6.3.1 Swing 简介

对 Swing 最普遍的错误概念是认为其设计目的是用来替代 AWT 的，实际上 Swing 是用来替代 AWT 的重量组件，而不是用来替代 AWT 本身。要了解 Swing，就必须具有 AWT 的基本知识。事实上，Swing 建立在 AWT 之上，如图 6-4 所示。

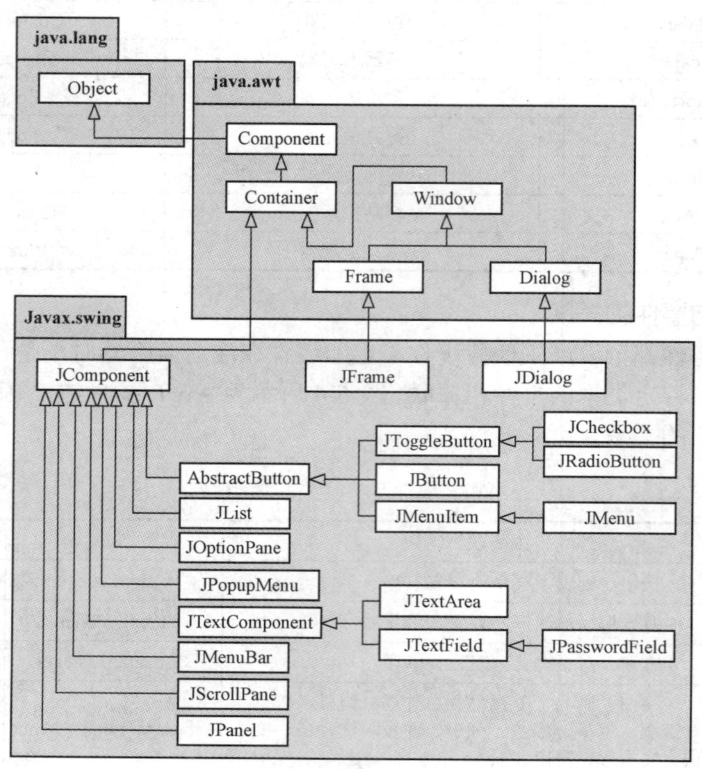


图 6-4 Swing 和 AWT

Swing 利用 AWT 的下层构件，包括图形、颜色、字体、工具包和布局管理器，但是 Swing 没有使用 AWT 的组件，唯一与 Swing 有关的 AWT 组件是 Frame、Window 和 Dialog 类，它们分别被 Swing 的重量组件——JFrame、JWindow 和 JDialog 所扩展，Swing 使用 AWT 最好的部分来建立一个新的轻量组件集，并且丢弃了 AWT 中有问题的部分——重量组件。

Swing 除利用图形、字体、布局管理器等 AWT 功能外，所有的 Swing 轻量组件基本上都是从 AWT 的 Container 类继承来的，而 AWT 的 Container 类又扩展了 AWT 的 Component 类。也即 Swing 不仅利用了 AWT 提供的下层构件，而且所有的 Swing 组件实际上都是容器。注意，AWT Container 类本身是轻量的（即它没有对等组件且在其容器的窗口中绘制）。

轻量组件首次出现在 AWT1.1 版本中。AWT 最初只包括与本地对等组件相关联的重量组件，这些组件在它们自己的本地不透明窗口中绘制。相反，轻量组件没有本地对等组件，而且在它们的重量容器的窗口中绘制。由于轻量组件不在本地不透明的窗口中绘制，因此，它们可以有透明的背景。透明的背景使显示的轻量组件可以是非矩形的，虽然所有组件（重量的或轻量的）都有一个矩形的边框。Swing 组件几乎都是轻量组件，那些顶层容器——窗体、小应用程序、窗口和对话框除外。因为轻量组件是在其容器的窗口中绘制的，而不是在自己的窗口中绘制的，所以轻量组件最终必须包含在一个重量容器中。因此，Swing 的窗体、小应用程序、窗口和对话框都必须是重量组件，以便提供一个可以在其绘制 Swing 轻量组件的窗口。

Swing 使用了模型—视图—控制器（Model-View-Controller，MVC）模型，把图形组件的外观与其内容和操控分离开，可以实现不同的观感。MVC 是面向对象设计中经典的模型之一，用该模型设计的组件可以从三个独立的方面来观察：它在什么状态（模型），它看起来是什么模样（视图）及它做些什么（控制器）。这种设计的主要优点在于模型、视图与控制器之间的无关性，并实现不同观感的即插即用，如图 6-5 所示。

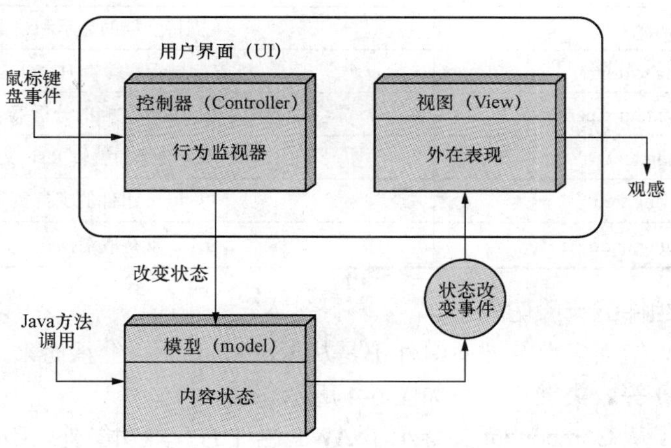


图 6-5　Swing 组件的 MVC 模型

Swing 外观采用可插入的外观感觉（Pluggable Look and Feel，PL&F）。在 AWT 组件中，由于控制组件外观的对等类与具体平台相关，使得 AWT 组件总是只有与本机相关的外观。Swing 使得程序在一个平台上运行时能够有不同的外观，用户可以选择自己习惯的外观。图 6-6 所示为［例 6-1］在同一个操作系统下得到不同的外观。

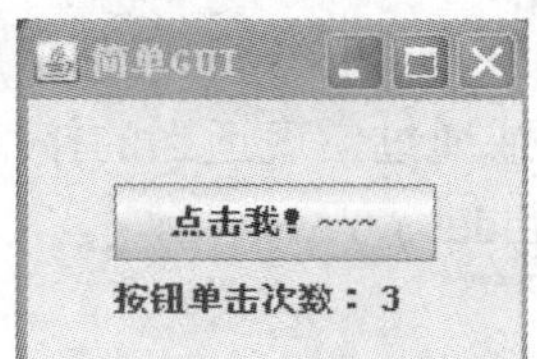

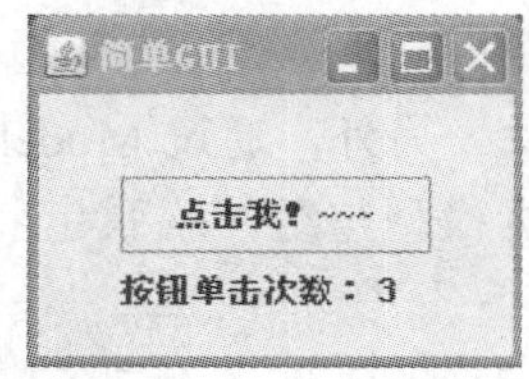


图 6-6　Swing 产生的不同外观

Swing 包是 JFC（Java Foundation Classes）的一部分，由许多包组成，如表 6-5 所示。

表 6-5 Swing 包

| 包 | 描　述 |
| --- | --- |
| com.sum.swing.plaf.motif | 用户界面代表类，它们实现 Motif 界面样式 |
| com.sum.java.swing.plaf.windows | 用户界面代表类，它们实现 Windows 界面样式 |
| javax.swing | Swing 组件和使用工具 |
| javax.swing.border | Swing 轻量组件的边框 |
| javax.swing.colorchooser | JcolorChooser 的支持类/接口 |
| javax.swing.event | 事件和侦听器类 |
| javax.swing.filechooser | JFileChooser 的支持类/接口 |
| javax.swing.pending | 未完全实现的 Swing 组件 |
| javax.swing.plaf | 抽象类，定义 UI 代表的行为 |
| javax.swing.plaf.basic | 实现所有标准界面样式公共功能的基类 |
| javax.swing.plaf.metal | 用户界面代表类，它们实现 Metal 界面样式 |
| javax.swing.table | Jtable 组件 |
| javax.swing.text | 支持文档的显示和编辑 |
| javax.swing.text.html | 支持显示和编辑 HTML 文档 |
| javax.swing.text.html.parser | Html 文档的分析器 |
| javax.swing.text.rtf | 支持显示和编辑 RTF 文件 |
| javax.swing.tree | Jtree 组件的支持类 |
| javax.swing.undo | 支持取消操作 |

### 6.3.2 Swing 组件的一般功能

除了顶层容器，绝大多数 Swing 组件都是从 Jcomponent 类继承而来，且这些类的名字都形如 Jxyz，如 Jlabel 等。类继承关系如图 6-4 所示。

Swing 组件除了从 Component 类继承了 AWT 组件的一些功能外，还从 JComponent 类继承了 Swing 组件特有的一些功能。

1. 可分离的模型架构

Swing 组件采用 MVC 结构：模型、视图和控件。模型是指定的逻辑表示法，视图是模型的可视化表示法，而控件则指定了如何处理用户输入。当模型发生改变时，它会通知所有依赖它的视图，视图使用控件指定其相应机制。

每个组件有一个相关的分离模型和它使用的界面。例如，按钮 JButton 有一个存储其状态的分离模型 ButtonModel 对象。组件的模型是自动设置的，如一般都使用 JButton 而不是使用 ButtonModel 对象。另外，通过 Model 类的子类或通过实现适当的接口，可以为组件建立自己的模型。把数据模型与组件联系起来可用 setModel()方法。

2. 可插入观感

一般情况下，同样的组件在不同的操作系统中往往会有不同的观感。Java Swing 支持插入观感，即程序员可以为GUI程序制定一种界面观感，一个GUI程序可以为用户提供多种观感以供选择，用户可以从中选择一种他们熟悉的界面观感。

利用javax.swing.UIManager类中的setLookAndFeel方法可以为程序指定界面的观感，参考代码如下：

```
try {UIManager.setLookAndFeel (UIManager.getSystemLookAndFeelClassName());
        } catch(Exception e){}
```

上面代码片段采用本地系统的观感界面，SetLookAndFeel()方法的参数是javax.swing.LookAndFeel类的子类的完整名称，常用的有：

（1）com.sun.java.swing.plaf.metal.MetalLookAndFeel（跨平台的Java观感）。

（2）com.sun.java.swing.plaf.motif.MotifLookAndFeel（Motif观感）。

（3）com.sun.java.swing.plaf.windows.WindowsLookAndFeel（Windows观感）。

默认的情况下，GUI程序采用跨平台的Java观感界面。对观感的设置一般应在创建各种组件之前进行，当然也可以在创建某些组件后再修改界面观感，那些已经创建的组件的观感并不会自动改变，通过javax.swing.SwingUtilities类的updateComponentTreeUI()方法可以改变。

3. 丰富的边框设置

对Swing组件可以设置一个和多个边框。Swing中提供了各式各样的边框供用户选用，也能建立组合边框或自己设计边框。一种空白边框可以增大组件，协助布局管理器对容器中的组件进行合理的布局。javax.swing.JComponent类中有两个方法涉及组件边框的操作：

（1）void setBorder（Border border）：设置组件边框。

（2）Border getBorder()：返回组件当前边框，若组件没有边框则返回null。

Border的对象表示边框，存储着边框的各种属性，Border对象是独立于组件的，一个Border对象可以供多个组件使用。

Border是javax.swing.border包中的一个接口，该包中还定义了实现该接口的多个边框类，但大多数情况下，并不需要直接使用这些类去创建Border对象，而是调用BorderFactory类中相应的静态方法产生所需的Border对象。这些方法的名字形如createXyzBorder，其中Xyz表示边框的类型。[例6-1]中就为面板设置了边框，参考代码如下：

```
pane.setBorder(BorderFactory.createEmptyBorder(30,30,10,30));
```

常用的边框类型包括以下几种：

（1）LineBorder线性边框，可以指定线的颜色和宽度。

（2）Empty Border空边框，边框的四个方向可以指定不同的尺寸，但并不涂色。为面板设置空边框可以使其中的组件与容器边缘有一定间距。

（3）MatteBorder填充型边框，边框有四个方向可以指定不同的尺寸，而且可以用指定的颜色或图像、图标填充边框。

（4）BevelBorder斜面型边框，组件有凸出和凹陷立体感。创建边框时可以使用BevelBorder类中定义的常量指定效果，BevelBorder.RAISED表示组件凸出，组件凹陷用BevelBorder.LOWERED。

（5）EtchedBorder蚀刻型边框，边框有凸出和凹陷立体感。创建边框时可以使用EtchedBorder类中定义的常量指定效果，EtchedBorder.RAISED表示边框凸出，组件边框用

EtchedBorder.LOWERED。

（6）CompountBorder 组合型边框，可以将两个边框组合在一起，一个边框在里面，一个边框在外面。当然组合的边框本身也是一个边框，可以再进行组合。

（7）Titled 标题型边框，一种包括标题的边框，标题显示于边框的某个指定的位置。

4. 设置组件的位置与大小

在 Component 类中定义了几个有关位置和大小的方法如下，其中位置（x，y）是指组件在其所在的容器中的左上角坐标，若组件本身是顶层容器，则位置（x，y）是指在屏幕上的左上角坐标。

（1）设置组件大小 setSize（Dimension d）setSize（int width，int height）。

（2）设置组件位置 setLocation（Point p）setLocation（int，int）。

（3）设置组件位置大小 setBounds（Rectangle r）setBounds（int x，int y，int width，int height）。

通过这些方法可以设置组件的大小和位置，另外这些方法也有相应的 get 方法。但是一般情况下如果容器指定了布局管理器，则组件的大小和位置是由布局管理器自动确定的。大多数的布局管理器在布置组件时用到组件的最佳尺寸，有些布局管理器还会用到组件的最大尺寸、最小尺寸及对齐值。组件的这些尺寸值，一般都有默认的值，但对于 JComponent 组件，程序员可以使用如下方法进行设置。

（1）setPreferredSize（Dimension preferredSize）：设置组件的最佳尺寸。

（2）setMaximumSize（Dimension maximumSize）：设置组件的最大尺寸。

（3）setMinimumSize（Dimension minimumSize）：设置组件的最小尺寸。

（4）setAlignmentx（float alignment x）：设置组件的 x 对齐值。

（5）setAlignmenty（float alignment y）：设置组件的 y 对齐值。

5. 设置组件外观

组件的外观由字体、颜色、边框等属性决定。除了边框之外，设置组件的其他外观属性的方法如下。

（1）setFont（Font f）：设置组件上文字的字体。

（2）setForeground（Color c）：设置组件的前景颜色。

（3）setBackground（Color c）：设置组件的背景颜色。

（4）setOpaque（Boolean isOpaque）：设置组件是否透明。

6. 组件状态设置与获取

虽然不同的组件有各自不同的状态属性，但有些属性是所有的组件都需要的。这些属性包括：enabled、visible、valid 和 hasFocus。下面的方法用于设置或者获取这些属性的信息。

（1）setEnabled（boolean b）：设置组件可用性，默认是 true。

（2）boolean getEnabled()：获取组件可用性。

（3）setVisible（boolean b）：设置组件可见性，组件默认是 true，顶层容器默认为 false。

（4）boolean getVisible()：获取组件可见性。

（5）boolean isValid()：测试组件是否有效，组件有效指组件已经被布置，有确定的显示位置和大小。

（6）validate()：通常操作于容器，使得容器和容器中的组件有效。

（7）boolean hasFocus()：测试组件是否聚焦。

（8）void  requestFocus()：请求获得输入焦点。

7. 图标

许多 Swing 组件，如按钮、标签，除了可以设置一个文本标题外，还能够包含一个图标来装饰自己。在此，图标是实现 javax.swing.Icon 接口的类的实例，用以表示一个固定大小的图形。Icon 接口的定义如下：

```
public interface Icon{
    public int getIconWidth();
    public int getIconHeight();
    public void paintIcon(Component c,Graphics g,int x,int y);
    }
```

Java 提供了一个实现 Icon 接口的 javax.swing.ImageIcon 类。利用该类可以基于某个图像文件创建一个 Icon 对象，常用的构造方法如下。

（1）ImageIcon（String filename）。

（2）ImageIcon（Image image）。

（3）ImageIcon（URL location）。

各种组件提供的对其所包含的图标的操作功能不尽相同。下面是 JButton、JCheckBox 等按钮类组件具有的涉及图标操作的行为方法，这些方法都定义在 AbstractButton 类中。

（1）setHorizontalTextPosition（int textPosition）：水平方向、文本相对图标的位置。

（2）setHorizontalAlignment（int alignment）：水平方向、文本和图标在组件内对齐方式。

其中参数 textPosition 和 alignment 可是 SwingConstants.LEFT、SwingConstants. CENTER、和 SwingConstants.RIGHT 常量，textPosition 的默认值为 RIGHT，alignment 默认值为 CENTER。

（3）setVerticalTextPosition（int textPosition）：垂直方向、文本相对图标的位置。

（4）setVerticalAlignment（int alignment）：垂直方向、文本和图标在组件内的对齐方式。

其中参数 textPosition 和 alignment 可是 SwingConstants.TOP、SwingConstants. CENTER、和 SwingConstants.BOTTOM 常量。

（5）setRolloverIcon（Icon rolloverIcon）：设置鼠标指针进入组件时，组件显示图标。

（6）setPressedIcon（Icon pressedIIcon）：设置按下组件时，组件显示图标。

（7）setSelectedIcon（Icon selectedIcon）：设置组件处于选择状态时，组件显示图标。

（8）setDisabledIcon（Icon disabledIcon）：设置组件不可用时，组件显示图标。

8. 工具提示

可以为 Swing 组件设置工具提示，当鼠标指针停留在组件上时，组件图像的附近会出现一个小窗口，小窗口中显示提示的信息。调用 JComponent 的 setToolTipText（String text）方法可以方便地设置工具提示。

## 6.4 容器和布局

Swing 组件从功能上可以分为原子组件和容器组件两大类。原子组件往往有预定义的外观和功能，如命令按钮，通常会居中显示指定的文本标题，被单击时会执行指定的事件处理方法。容器组件往往反映为屏幕上的一个空白区域，用于组织和显示其他组件。

布置容器内的组件，即确定组件的位置和大小，是 GUI 程序设计的一项重要的工作。Java 提供了一组各具特点的布局管理器，能够自动完成组件的布局。

### 6.4.1　容器组件

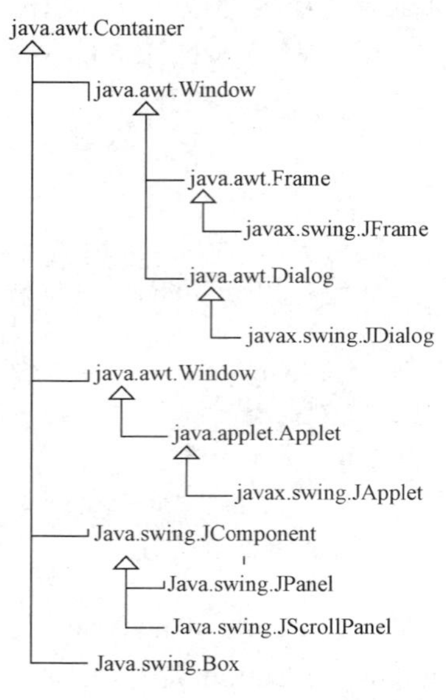

图 6-7　常用容器的继承关系

常用的容器包括：窗口（JFrame）、对话框（JDialog）、小应用程序（JApplet）、面板（JPanel）、滚动窗格（JScrollPane）、框（Box）等。这些容器类的继承关系如图 6-7 所示。

1. 容器的共性

容器用于组织和显示其他组件。容器对象首先会提供添加组件的方法，即将指定的组件添加到容器里，主要有以下两种方法：

（1）add（Component comp）；

（2）add（Component comp，Object contraints）。

两个方法都需要指定被添加的组件，第二种格式还需要提供一个限制性的参数对象。许多布局管理器仅仅根据组件被添加到容器的顺序来布置组件，此时只需用第一种格式即可；有些布局管理器可能需要更多的限制性信息来确定组件的位置和尺寸，此时需要用第二种方式。

容器对象同样提供设置布局管理器的方法，布局管理器是一种实现了 LayoutManager 接口的类的实例：

setLayout（LayoutManager lama）

有些容器会有默认的布局管理器，如窗口的默认管理器为 Border 布局管理器。但用户可以调用上面的方法为容器重新设置一个布局管理器。用户也可以在调用该方法时将参数设置为 null，指明容器不采用任何布局管理器，这样，程序员就可以调用组件的相关方法设置具体的大小、位置等。

要注意，在图 6-7 中有些容器是 JComponent 组件，有些容器不是，对非 JComponent 组件的容器，不具有 JComponent 组件的特性。

2. 顶层容器

顶层容器用于组织和显示原子组件和非顶层容器。顶层容器不能包含于其他容器，所有的原子组件只有直接或通过非顶层容器间接地放置在顶层容器中才能显示出来。Swing 顶层容器包括 JFrame、JDiaglog 和 JApplet 三种。

Swing 组件不能直接添加到顶层容器中，它必须添加到一个与 Swing 顶层容器相关联的内容面板（content pane）上。Swing 顶层容器在创建时会自动生成并包含一个内容面板，用于管理该顶层容器内的所有可视组件（菜单除外）。当需要往顶层容器添加组件或设置其布局管理器时，都应该直接向该内容面板而不是顶层容器发出请求。

需要时，用户也可以为顶层容器重新设置内容面板，所有的顶层类都提供获取和设置内容面板的方法，主要有以下两种方法：

（1）Container getContainer();

（2）setContentPane（Container contentPane）。

默认情况下，顶层容器自动生成的内容面板采用 BorderLayout 布局方式来部署所包含的组件。

包括 GUI 的 Java 应用程序一般采用 JFrame 对象作为顶层容器。JFrame 对象就是读者所熟悉的窗口，包含标题栏、窗口按钮、边框等元素。JFrame 类定义的常用的构造方法和实例方法如下。

（1）JFrame()：创建一个初始为不可见的框架。

（2）JFrame（String title）：创建一个初始为不可见的、标题为 title 的框架。

（3）get/setTitle()：获取/设置标题。

（4）setIconImage（Image image）：设置框架的最小化图标。

（5）setResizable（boolean resizable）：设置框架是否可以缩放。

（6）pack()：根据窗口包含的组件及其尺寸，产生窗口的最佳尺寸并布置各组件。

（7）setDefaultCloseOperation（int operation）：窗口关闭时的默认操作。方法参数可以选择为 JFrame.DO_NOTHING_ON_CLOSE，即不做任何事情；隐藏窗口 JFrme.HIDE_ON_CLOSE；删除窗口 JFrame.DISPOSE_ON_CLOSE；关闭窗口并结束程序。

当用户单击窗口的关闭按钮时，窗口将引发 WINDOW_CLOSING 事件。此时，系统在调用了相应的事件处理后，还会执行一些隐含的代码。该段代码根据上面的参数值决定要做的操作。

JDialog 类用于创建通常所说的的对话框。对话框总是依附于某个窗口或另外的对话框。与窗口相比，对话框也有标题、边框，但没有最小化、最大化按钮。对话框有模态和非模态之分，模态对话框显示时将阻塞应用程序其他窗口接收输入。

另外，Swing 还提供有 JOptionPane 类，定义了许多类方法，可以快速地创建并显示各种标准的对话框。

JApple 类用于创建 Java 小应用程序，所有使用 Swing 组件的小应用程序都应该扩展 JApple 类。

3. 非顶层容器

使用非顶层容器的目的是更好地管理和布置组件：先将一部分组件放置在某个非顶层容器里，并由该容器采用的布局管理器进行布置，然后将这个非顶层容器作为一个组件添加到另外的非顶层容器或顶层容器中，并由上层容器采用的布局管理器进行布置。常用的非顶层布局管理器有：

（1）面板（JPanel），是最普遍使用的一种非顶层容器。默认的布局管理器为顺序布局管理 FlowLayout，JPanel 是一个 JComponent 组件，具有 JComponent 的一般特性。

（2）滚动窗格（JScrollPane），用于观察一个大尺寸的复杂组件，可以有选择地提供滚动条。通常在创建滚动滚动窗格时指定被观察的组件。

1）JScrollPane（Component view）。

2）JScrollPane（Component view，int vsbPosicy，int hsbPolicy）。

参数 vsbPosicy 指定提供垂直滚动条的策略，取值为 JScrollPane 的一些常量如 VERTICAL_SCROLLBAR_AS_NEEDED、VERTICAL_SCROLLBAR_NEVER、VERTICAL_SCROLLBAR_AS_ALWAYS。

参数 hsbPosicy 指定提供水平滚动条的策略，取值为 JScrollPane 的一些常量如 HORIZONTAL_SCROLLBAR_AS_NEEDED、HORIZONTAL_SCROLLBAR_NEVER、HORIZONTAL_

SCROLLBAR_AS_ALWAYS。

（3）框（Box），这种容器默认采用 BoxLayout，且只能使用这种布局管理器，BoxLayout 具有水平和垂直两种布置方式。创建框时要指明要采用的布局方式。

Box（int axis）的构造方法，其中参数 axis 可以取值为 BoxLayout 的常量。X_AXIS 表示水平布置组件，Y_AXIS 表示垂直布置组件。Box 类还定义了一些用于创建不可视组件的类方法。这些不可视组件能够帮助更好的布置组件，例如：

1）static Component createRigiArea（Dimension d）：创建刚性区组件。

2）static Component createGlue()：创建粘合组件。

在 BoxLayout 管理下，刚性区组件具有指定的尺寸。不管容器如何缩放，刚性区组件的大小不变。粘合组件的大小是可变的，当容器尺寸较小时，粘合组件可以不占任何空间，当容器尺寸较大时，粘合组件能够占用任意大的多余空间。

### 6.4.2 顺序布局管理器 FlowLayout

顺序布局将加入容器中的组件依次从左到右、从上到下排列，适用于组件个数较少的情况。在排列组件的过程中，一行可以排列的组件的个数取决于容器的大小，组件排满一行将自动转向下一行。

也即采用了顺序布局策略的容器，可以直接使用 add()方法加入组件，由系统根据容器和组件的大小自动排列它们。默认情况下，系统采用居中对齐的方式排列组件，组件间的间隔为 5 个像素，可通过 FlowLayout 的构造函数改变这些设置。在 Java 中它的声明如下：

public class FlowLayout　extends Object implements LayoutManager，Serializable；

FlowLayout 的构造函数有以下三种：

1）public FlowLayout();

2）public FlowLayout(int align);

3）public FlowLayout(int align,int hgap,int vgap);

其中 align 表示对齐方式，hgap 和 vgap 表示组件之间的水平和垂直间距，单位是像素。align 取值为常量，共有 3 个（要注意大小写）：

1）FlowLayout.LEFT　　　//左对齐。

2）FlowLayout.RIGHT　　//右对齐。

3）FlowLayout.CENTER　 //居中对齐。

［例 6-2］使用顺序布局管理器 FlowLayout 排列组件，在容器 Frame 中排列六个按钮，可以调整框架的宽度，每一行按钮组件的数量会随着改变。

**【例 6-2】** 使用 FlowLayout 布局管理器。程序代码如下。

```
package six;
import javax.swing.*;
import java.awt.*;
public class FlowLayoutTest {
   JButton b1,b2,b3,b4,b5; JFrame frame;
   public void display(){
      frame=new JFrame("测试顺序布局管理器");
      frame.setDefaultCloseOperation(JFrame.EXIT_ON_CLOSE);
      b1=new JButton("按钮 1");     b2=new JButton("按钮 2");
      b3=new JButton("按钮 3");     b4=new JButton("按钮 4");
```

```
        b5=new JButton("按钮 5");
        FlowLayout flowLayout=new FlowLayout();
        Container contentPane=frame.getContentPane();
        contentPane.setLayout(flowLayout);
        contentPane.add(b1);
        contentPane.add(b2);
        contentPane.add(b3);
        contentPane.add(b4);
        contentPane.add(b5);
        contentPane.setSize(200,100);
        frame.pack();
        frame.setVisible(true);      }
    public static void main(String[]args){
        new FlowLayoutTest().display(); } }
```

程序运行结果如图 6-8（a）所示，图 6-8（b）和图 6-8（c）是通过对窗口进行缩放后显示的结果。从运行结果可以看出在 FlowLayout 布局管理器管理下，按钮都显示最佳尺寸，无论窗口怎样缩放，容器中的组件总是以最佳尺寸显示，当容器太小时，有些组件可能无法显示完整。

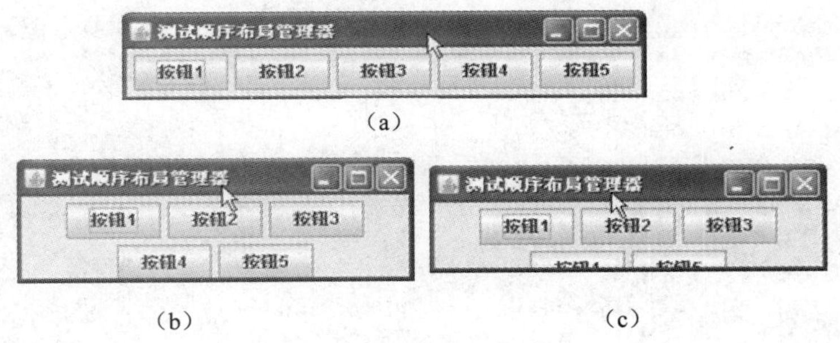


图 6-8 顺序布局管理器

### 6.4.3 区域布局管理器 BorderLayout

BorderLayout 把容器空间分为南、北、东、西和中间区域，每个区域最多只能包含一个组件，它可以对容器组件进行安排，并调整其大小，使其符合五个区域。在加入组件时，通过相应的常量进行标识组件所在的区域：NORTH、SOUTH、EAST、WEST 和 CENTER。方位的划分和地图一样，遵循“上北、下南、左西、右东”的原则。组件在排列时，默认的组件间隔为零像素，但是也可以在创建布局管理器的时候指定间距。它的声明格式如下：

public class BorderLayout extends Object implements LayoutManager2，Serializable;

（1）BorderLayout 的构造函数有以下两种：

1）public BorderLayout();

2）public BorderLayout（int hgap，int vgap）。

其中 hgap 和 vgap 是用来指定组件之间的水平和垂直间距，单位是像素，默认值为零。

（2）在使用容器的 add()方法加入组件时，如果不指定组件的摆放位置，默认的方位是容器的中部“CENTER”，所以下面的两个语句的作用和效果是一样的：

f.add（new　Button()）;

f.add（new Button()，BorderLayout.Center）。

（3）如果东、西、南、北四个边界方位，其中有任意的一个或者多个区域没有放置组件，则这个区域将变为 0，同时 Center 区域的组件将会扩展到这个区域中；如果四个边界都没有组件，则 Center 区域的组件将会充满整个容器。对于 Center 区域，如果不放置组件，则容器的中间将会是空白，而四个边界区域的组件不会扩展进来。

（4）当容器的大小发生改变时，各组件的大小也会发生变化，但是不管容器的大小如何改变，North 和 South 区域内组件的高度不变，而 East 和 West 区域内组件的宽度不会发生改变，所以实际上真正发生改变的主要是 Center 区域内组件的大小。

**【例 6-3】** 布局管理器 BorderLayout，参考代码如下：

```
package six;
import javax.swing.*;
import java.awt.*;
public class BorderLayoutTest {
   JButton b1,b2,b3,b4,b5;
   JFrame frame;
   public void display(){
      frame=new JFrame("测试区域布局管理器");
      frame.setDefaultCloseOperation(JFrame.EXIT_ON_CLOSE);
      b1=new JButton("东");        b2=new JButton("西");
      b3=new JButton("南");        b4=new JButton("北");
      b5=new JButton("中");
      BorderLayout  borderLayout=new BorderLayout();
      Container contentPane=frame.getContentPane();
      contentPane.setLayout(borderLayout);
      contentPane.add(b1,BorderLayout.EAST);
      contentPane.add(b2,BorderLayout.WEST);
      contentPane.add(b3,BorderLayout.SOUTH);
      contentPane.add(b4,BorderLayout.NORTH);
      contentPane.add(b5,BorderLayout.CENTER);
      contentPane.setSize(200,100);
      frame.pack();
      frame.setVisible(true);}
   public static void main(String[]args){
      new BorderLayoutTest().display();    } }
```

程序的运行结果如图 6-9(a)所示，图 6-9(b)是对窗口进行缩放后的结果。在 BorderLayout 的管理下，不管容器如何缩放，东西方向的组件总是保持最佳的宽度，南北方向的组件总是保持最佳高度。

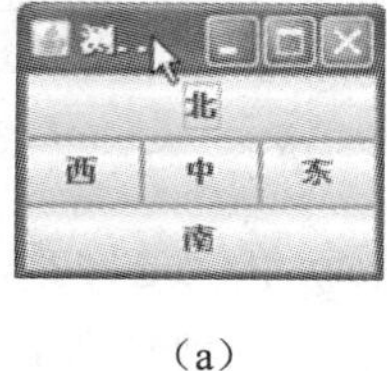


（a）

（b）

图 6-9 区域布局管理器

### 6.4.4　网格布局管理器 GridLayout

GridLayout 以矩形网格形式对容器的组件进行布置。容器被分成大小相等的矩形，一个矩形中放置一个组件。组件按行依次排列，不能指定组件所在的网格。构造函数主要有以下三种。

1）public　GridLayout()：行数为 1，列数为组件个数，间距为 0。

2）public　GridLayout（int rows，int cols）：指定行和列，间距为 0。

3）public　GridLayout（int rows，int cols，int hgap，int vgap）：创指定行、列和间距。

注意在采用 2）和 3）两种构造方法时，可以把行数和列数其中之一指定为 0，但不能不同时为 0。需要注意的是实际的行列数不一定是指定的行列数。布局管理器在确定行列数时还要考虑容器内包含的组件数。具体说，布局管理器使用一些算法计算网格的实际行列数。

若指定行数不为 0，则实际行数即为指定行数，但实际列数=（组件数＋指定行数－1）/指定行数；若指定列数不为 0，则实际列数即为指定列数，但实际行数=（组件数＋指定列数－1）/指定列数。

【例 6-4】 布局管理器 GridLayout，参考代码如下：

```
package six;
import javax.swing.*;
import java.awt.*;
public class GridLayoutTest {
    JButton b1,b2,b3,b4,b5;
    JFrame frame;
    JPanel panel;
    public void display(){
        frame=new JFrame("测试网格布局管理器");
        frame.setDefaultCloseOperation(JFrame.EXIT_ON_CLOSE);
        b1=new JButton("按钮 1");      b2=new JButton("按钮 2");
        b3=new JButton("按钮 3");      b4=new JButton("按钮 4");
        b5=new JButton("按钮 5");
        panel=new JPanel(new GridLayout(2,0));
        panel.add(b1);        panel.add(b2);
        panel.add(b3);        panel.add(b4);
        panel.add(b5);
        frame.setContentPane(panel);
        frame.pack();
        frame.setVisible(true);          }
    public static void main(String[]args){
        new GridLayoutTest().display(); } }
```

程序运行结果如图 6-10（a）所示，图 6-10（b）和图 6-10（c）是经过窗口缩放后得到的结果。可以看出，在网格布局管理器下，容器内的各个组件大小总是相同的，并会随着容器的缩放而缩放。

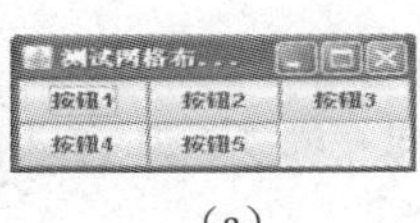


（a）

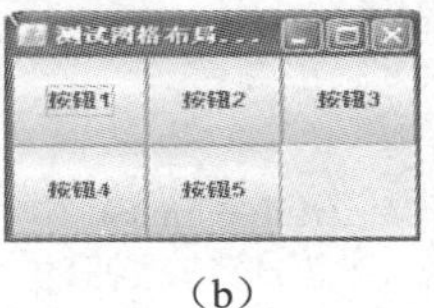


（b）

（c）

图 6-10　网格布局管理器

### 6.4.5 卡片布局管理器

卡片布局 CardLayout 非常简单，它将容器中的每一个组件当做一个卡片，一次仅有一个卡片可见，最初显示容器时，加到容器的第一个组件可见。卡片的顺序由组件对象本身在容器内部的顺序决定。CardLayout 定义了一组方法，这些方法允许应用程序按顺序地浏览这些卡片，或者显示指定的卡片。在 Java 中的声明格式为：

public class CardLayout extends Object implements LayoutManager2，Serializable；

（1）构造函数为：

1）public CardLayout()：创建一个间隙大小为 0 的新卡片布局。

2）public CardLayout（int hgap，int vgap）：创建一个具有指定的水平和垂直间隙的新卡片布局。

（2）常用方法为：

1）public void first（Container parent）：翻转到容器的第一张卡片。

2）public void last（Container parent）：翻转到容器的最后一张卡片。

3）public void next（Container parent）：翻转到指定容器的下一张卡片。

4）public void previous（Container parent）：翻转到指定容器的前一张卡片。

5）public void show（Container parent，String name）：翻转到已添加到此布局（使用 addLayoutComponent）的具有指定 name 的组件。

**【例 6-5】** 使用 CardLayout 进行版面配置。在框架 Frame 中加入 5 个标签，程序的运行结果是显示的第一个加入的标签，参考代码如下：

```
package six;
import javax.swing.*;
import java.awt.*;
import java.awt.event.ActionEvent;
import java.awt.event.ActionListener;
public class CardLayoutTest  extends JFrame {
    private JPanel pane = null; // 主要的JPanel,布局管理将被设置成CardLayout
    private JPanel p = null;              // 放按钮的JPanel
    private CardLayout card = null;       // CardLayout 布局管理器
    private JButton button_1 = null;      // 上一步
    private JButton button_2 = null;      // 下一步
    private JButton b_1 = null,b_2 = null,b_3 = null;
                                          // 三个可直接翻转到 JPanel 的按钮
    private JPanel p_1 = null,p_2 = null,p_3 = null;// 要切换的三个 JPanel
    public CardLayoutTest(){
        super("卡片布局管理器测试");
        try {                             // 将 LookAndFeel 设置成 Windows 样式
UIManager.setLookAndFeel("com.sun.java.swing.plaf.windows.WindowsLookAndF
eel");
            } catch(Exception ex){   ex.printStackTrace();    }
        /**创建一个具有指定的水平和垂直间隙的新卡片布局*/
        card = new CardLayout(5,5);
        pane = new JPanel(card);      // JPanel 的布局管理将被设置成 CardLayout
        p = new JPanel();                 // 构造放按钮的 JPanel
        button_1 = new JButton("< 上一步");button_2 = new JButton("下一步 >");
        b_1 = new JButton("1");b_2 = new JButton("2");b_3 = new JButton("3");
```

```
        b_1.setMargin(new Insets(2,2,2,2));b_2.setMargin(new Insets(2,2,2,2));
        b_3.setMargin(new Insets(2,2,2,2));
        p.add(button_1);p.add(b_1);p.add(b_2);p.add(b_3);p.add(button_2);
        p_1 = new JPanel();p_2 = new JPanel();p_3 = new JPanel();
        p_1.setBackground(Color.RED);p_2.setBackground(Color.BLUE);
        p_3.setBackground(Color.GREEN);
        p_1.add(new JLabel("JPanel_1"));p_2.add(new JLabel("JPanel_2"));
        p_3.add(new JLabel("JPanel_3"));
        pane.add(p_1,"p1");pane.add(p_2,"p2");pane.add(p_3,"p3");
        /**下面是翻转到卡片布局的某个组件,可参考API中的文档*/
         // 上一步的按钮动作
         button_1.addActionListener(new ActionListener(){
             public void actionPerformed(ActionEvent e){
                 card.previous(pane);}  });
         // 下一步的按钮动作
         button_2.addActionListener(new ActionListener(){
             public void actionPerformed(ActionEvent e){
                card.next(pane);}   });
         // 直接翻转到p_1
         b_1.addActionListener(new ActionListener(){
                public void actionPerformed(ActionEvent e){
                    card.show(pane,"p1");}   });
         // 直接翻转到p_2
         b_2.addActionListener(new ActionListener(){
            public void actionPerformed(ActionEvent e){
                card.show(pane,"p2");}  });
         // 直接翻转到p_3
          b_3.addActionListener(new ActionListener(){
              public void actionPerformed(ActionEvent e){
                    card.show(pane,"p3");}   });
         this.getContentPane().add(pane);
         this.getContentPane().add(p,BorderLayout.SOUTH);
         this.setDefaultCloseOperation(JFrame.EXIT_ON_CLOSE);
         this.setSize(300,200);
         this.setVisible(true);}
      public  static  void  main(String[]args){    new  CardLayoutTest();
  } }
```

程序的结果如图 6-11 所示，单击按钮会显示不同的内容。

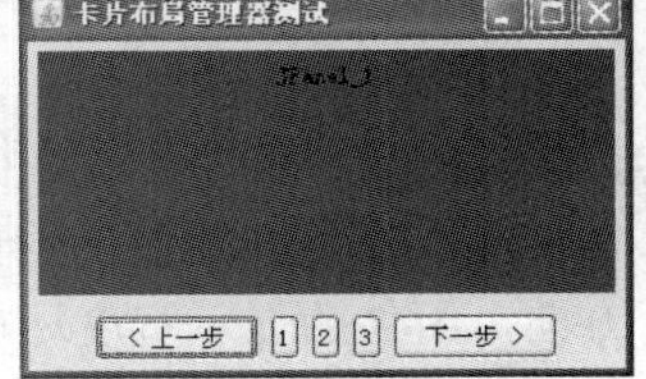


图 6-11 卡片布局管理器

### 6.4.6 框式布局管理器

BoxLayout 框式布局管理器在创建时，需指明采用该布局管理器的容器，以及布局方式，它的构造方法如下：

BoxLayout（Container target，int axis）

框式布局有两种方式，水平布局和垂直布局，水平布局时所有组件从左到右排成一行；垂直布局时，所有组件从上到下排成一列。构造方法的第二个参数指定布局方式，可以用 BoxLayout 类中定义的两个常量之一。

（1）BoxLayout.X_AXIS：创建水平框，水平布置组件；

（2）BoxLayout.Y_AXIS：创建垂直框，垂直布置组件。

在 BoxLayout 布局管理器中，无论容器如何缩放，框式布局管理器保证所有的组件都在一行或一列上，容器内组件的缩放会受到组件的最小尺寸、最佳尺寸和最大尺寸的约束。框式布局管理器还支持对组件位置的校正控制，水平框中各组件在垂直方向的位置可以用其 Y 对齐值控制，垂直框中各组件在水平方向的位置可以用其 X 对齐值控制。

另外在 Box 类中定义了几个类方法可以创建一些不可视的组件。利用这些不可视组件也能控制组件的位置，如分割组件，将组件挤到容器的一端或两端等。

**【例 6-6】** 框式布局管理器，参考代码如下：

```
package six;
import javax.swing.*;
import java.awt.*;
public class BoxLayoutTest {
   JButton b1,b2,b3,b4,b5;  JFrame frame;
   public void display(){
    frame=new JFrame("测试框式布局管理器");
    frame.setDefaultCloseOperation(JFrame.EXIT_ON_CLOSE);
    //创建按钮 b1,并设置其尺寸和 Y 对齐值
    b1=new JButton("按钮 1");
    b1.setPreferredSize(new Dimension(170,40));
    b1.setMaximumSize(new Dimension(240,50));
    b1.setMinimumSize(new Dimension(160,30));
    b1.setAlignmentY(0.2f);
    //创建粘合组件 glue
    Component glue=Box.createGlue();
    b2=new JButton("按钮 2");
    b2.setPreferredSize(new Dimension(110,40));
    b2.setMaximumSize(new Dimension(120,50));
    b2.setMinimumSize(new Dimension(100,30));
    b2.setAlignmentY(0.6f);
    Container contentPane=frame.getContentPane();
    BoxLayout boxLayout=new BoxLayout(contentPane,BoxLayout.X_AXIS);
    contentPane.setLayout(boxLayout);
    contentPane.add(b1);     contentPane.add(glue);
    contentPane.add(b2);     frame.pack();
    frame.setVisible(true);
   }
   public static void main(String[]args){
    new BoxLayoutTest().display();  } }
```

程序运行结果如图 6-12（a）所示，此时容器处于最佳尺寸。图 6-12（b）和图 6-12（c）是窗口缩放后的结果。在框式布局管理器中所有的组件被排成一列，组件的 X 对齐值控制组件在水平方向的位置；垂直方向，各组件的显示高度在最小高度至最大高度之间取值；水平方向，组件的显示宽度尽可能用组件的最大宽度。

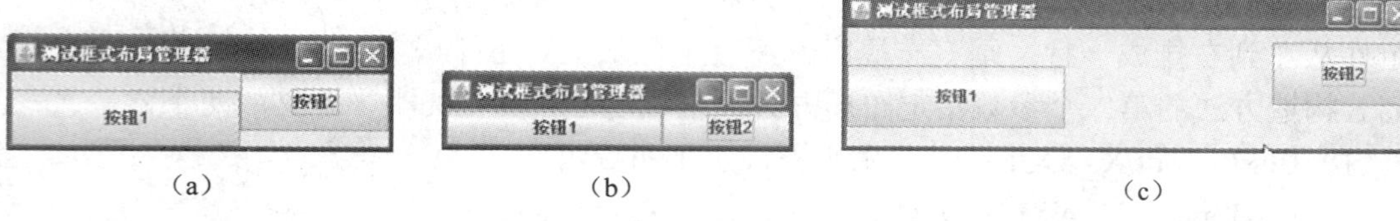


（a）　　（b）　　（c）

图 6-12　框式布局管理器

### 6.4.7　无布局管理器 null

null 称为无布局管理器，使用者必须为容器中的每个组件设置大小和位置。它的优点是程序员可以随心所欲地安排容器中组件的大小和位置，当容器的大小发生改变时，容器内的各种组件不会发生变化。但是，在不同的平台下使用这种布局方式，界面可能会发生变化且不容易调试。

## 6.5　几种常用的组件

本节将结合事件处理、容器布局介绍几个常用的 Swing 的原子组件的使用，常用的组件关系如图 6-13 所示。

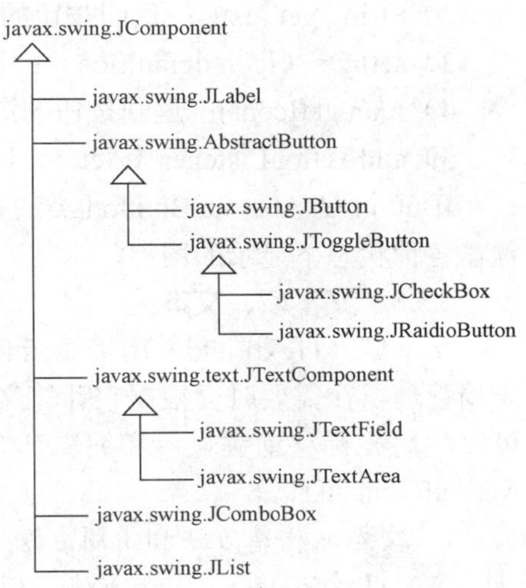


图 6-13　常用 Swing 组件的继承

### 6.5.1　标签

标签 JLabel 对象是一个可在容器中放置文本或图标的组件，标签内的图标是一个 Icon 对象。程序代码可以重新设置标签文本和图标，但用户无法从界面上对其进行编辑修改。标签不能获得键盘焦点，一般也不处理任何事件。

Jlabel 类是 Jcomponent 类的直接子类，下面是其常用构造方法和实例方法。

（1）构造方法主要包括以下几种。

1）JLabel()：创建不包含文本和图标的空标签。

2）JLabel（Icon image）：创建包含指定图标的标签。

3）JLabel（String text）：创建包含指定文本的标签。

4）JLabel（Icon image，int horizontalAlignment）：指定图标和水平对齐方式。

5）JLabel（String text，int horizontalAlignment）：指定文本和水平对齐方式。

6）JLabel（String text，Icon icon，int horizontalAlignment）：同时指定文本、图标和水平对齐方式。

（2）实例方法主要包括以下几种。

1）setText（String text）：设置标签的文本。

2）String getText()：返回标签的文本。

3）setIcon（Icon icon）：设置标签的图标。

4）Icon getIcon()：返回标签的图标对象。

5）setDisabledIcon（Icon disabledIcon）：设置标签不可用时要显示的图标。

另外，利用标签的有关实例方法可以对标签内容（文本和图标）在标签显示区域中对齐方式、文本相对图标的位置、文本与图标之间的水平间距进行设置。

### 6.5.2　按钮

按钮 JButton 也通常称为命令按钮，一般用于完成某个特定的功能。按钮被单击时，将引发 ActionEvent 事件，在程序中可以为按钮创建一个合适的 ActionListener 型监听器，用以监听、处理这种事件，从而完成按钮特定的功能。创建 Jbutton 按钮时可以指定一个文本标题或者一个图标或两者皆有。按钮常用的构造方法和实例方法如下。

（1）构造方法主要包括以下几种。

1）JButton()：构造方法，创建的按钮不包含标题和图标。

2）JButton（String s）：构造方法，创建一个包含指定标题的按钮。

3）JButton（Icon icon）：构造方法，创建一个包含指定图标的按钮。

4）JButton（String text，Icon icon）：构造方法，创建的按钮包含标题和图标。

（2）实例方法主要包括以下几种。

1）setText（String s）：设置按钮的标题。按钮的标题可以随时重新设置。

2）String getText()：返回按钮的标题。

3）setIcon（Icon defaultIcon）：设置按钮的图标。按钮的图标可以随时重新设置。

4）Icon getIcon()：返回按钮的图标。

5）addActionListener（ActionListener l）：注册监听器。

JButton 是 AbstractBoutton 类的直接子类，是按钮组件中最普通的一种按钮。按钮可以设置在各种状态下显示的图标、本文、图标的显示位置和对齐方式。

### 6.5.3 文本域、文本区

文本域（JTextField）用于显示和编辑单行文本。在创建文本域时可以指定显示的列数，布局管理器在需要时会根据它计算文本域的最佳尺寸。当组件的显示区域容纳不下文字时，可以使用光标移动键显示和编辑其余文字。在文本域聚焦的情况下按 Enter 键，将会引发 ActionEvent 事件。

1. 文本域构造方法和常用方法

（1）JTextField()：构造方法，初始文本为空串，列数为 0。

（2）JTextField（String text）：构造方法，初始文本为 text，列数为 0。

（3）JTextField（int columns）：构造方法，初始文本为空串，列数为 columns。

（4）JTextField（String text，int columns）：构造方法，指定初始文本和列数。

（5）void setHorizontalAlignment（int alignment）：指定文本内容在文本域显示区域内的对齐方式：JTextField.LEFT、JTextField.CENTER、JTextField.RIGHT。

（6）addActionListener（ActionListener l）：向文本域注册 ActionListener 型监听器。

（7）Document getDocument()：返回文本组件的模型对象。

（8）String getText()：返回文本组件的当前文本。

（9）void setEditable（boolean b）：设置文本组件是否为可编辑的。

当文本域的内容发生变化时，文本域的模型对象（Document 对象，存放着文本组件的文本内容）将引发 DocumentEvent 事件。在程序中可以为文本域的模型对象创建并注册 DocumentListener 监听器监听，处理这类事件。DocumentEvent 是一个接口，DocumentEvent 对象提供以下方法：

（1）Document getDocument()：返回作为 DocumentEvent 事件源的 Document 对象。

Document 是一个接口，所有文本组件的模型对象都应该是实现该接口的类的实例。Document 接口描述了所有文本组件模型对象的一些共同行为方法，下面是其中的几个：

1）int getLength()：返回 Document 对象中文本内容的字符数。

2）String getText（int offset，int length）throws BadLocationException：返回指定位置上

的文本字符串。BadLocationException 是一个受检查的例外。

3）void addDocumentListener（DocumentListener listener）：向 Document 模型对象注册一个 DocumentListener 监听器。

上面 DocumentEvent、DocumentListener 接口存放在 javax.swing.event 包中；Document 接口、BadLocationException 例外类存放在 javax.swing.text 包中。

文本域（JTextArea）用于显示和编辑多行文本，创建文本区时可以指定初始文本和行、列数。以下是 JtextArea 的常用构造方法和方法。

（1）JTextArea()：初始文本为空串，行、列数为 0。

（2）JTextArea（String text）：指定初始文本，行、列数为 0。

（3）JTextArea（int rows，int columns）：初始文本为空串，指定行、列数。

（4）JTextArea（String text，int rows，int columns）：指定初始文本和行、列数。

对于文本区，可以设置行卷绕特性，即当行的长度宽于显示区域时，是否自动另起一行显示。在行卷绕设置为 true 时，可以设置行卷绕的类型，即是在字符的边界处卷绕，还是在字的边界处卷绕。

（1）void setLineWrap（boolean wrap）：是否行卷绕，默认值为 false。

（2）void setWrapStyleWord（boolean word）：是否在字的边界处卷绕，默认值为 false。

在文本区中有如下所示两个特别重要的方法，其中 read()方法从字符流中读入数据，作为文本区要显示和编辑的内容；write 方法将文本区的当前内容写出到字符流中。Desc 是一个描述字符输入流入的对象。这两个方法都定义在 JtextComponent 类中。

（1）void read（Reader in，Object desc）throws IOException。

（2）write（Writer out）throws IOException。

文本区本身不带滚动条，通常应该将文本区组件放置在一个 JScrollPane 滚动窗格内。JscrollPane 为一个大尺寸组件提供一个可滚动的外观，它可以选择提供水平滚动和垂直滚动条。通过滚动条，用户就可以在有限的显示区域内观看文本区中的完整内容。

[例 6-7] 通过一个登录界面了解上面的几个组件。

**【例 6-7】** 用户登录系统，参考代码如下：

```
package six;
import javax.swing.*;
import java.awt.*;
import java.awt.event.ActionEvent;
import java.awt.event.ActionListener;
public class Login  extends JFrame implements ActionListener{
   private JLabel jLabel1,jLabel2,jLabel3;
   private JButton jConnect,jCancel;
   private JTextField jUID;
   private JPasswordField jPwd;
   Login(){ super("登录界面");
         jLabel2 = new JLabel("用户名");    jLabel3 = new JLabel("密码");
         jConnect = new JButton("连接");   jCancel = new JButton("取消");
         jUID = new JTextField(15);        jPwd = new JPasswordField(15);
         Box title = Box.createHorizontalBox();
         Box userName = Box.createHorizontalBox();
```

```
            Box password = Box.createHorizontalBox();
            Box submitButton = Box.createHorizontalBox();
            userName.add(jLabel2);    userName.add(jUID);
            password.add(jLabel3);    password.add(jPwd);
            jConnect.addActionListener(this);jCancel.addActionListener(this);
            submitButton.add(jConnect);       submitButton.add(jCancel);
            this.setLayout(new FlowLayout());
            this.add(title);    this.add(userName);
            this.add(password);this.add(submitButton);
            title.setVisible(true);userName.setVisible(true);
            password.setVisible(true);submitButton.setVisible(true);
            this.setLocation(50,50);this.setSize(250,200);
            this.setVisible(true);
            this.setDefaultCloseOperation(EXIT_ON_CLOSE);     }
    public static void main(String[]args){   new Login();    }
    public void actionPerformed(ActionEvent e){
              if(e.getSource()==jConnect){
              String s1="你的姓名是"+jUID.getText();
              String s2="你输入的密码为"+jPwd.getText();
              System.out.println(s1);   System.out.println(s2);
      }else if(e.getSource()==jCancel){
              jUID.setText(""); jPwd.setText("");}  }    }
```

程序运行结果如图 6-14（a）所示，可以在框中输入用户名和密码如图 6-14（b）所示，单击“连接”按钮可以在控制台上输出用户名和密码，如图 6-14（c）所示，单击“取消”按钮在文本域中显示空串。

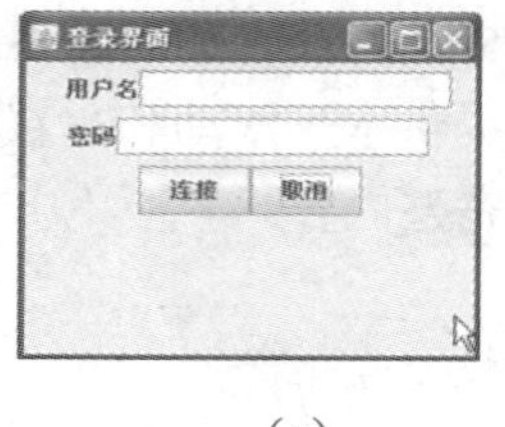


（a）

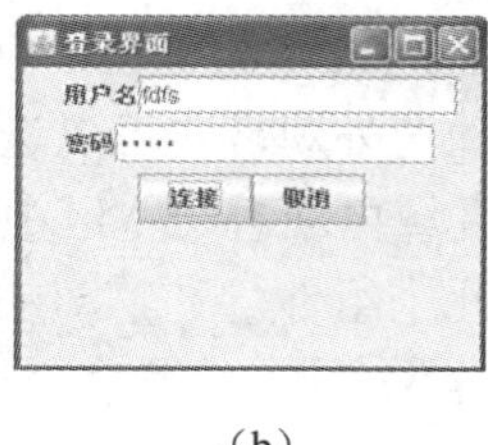


（b）

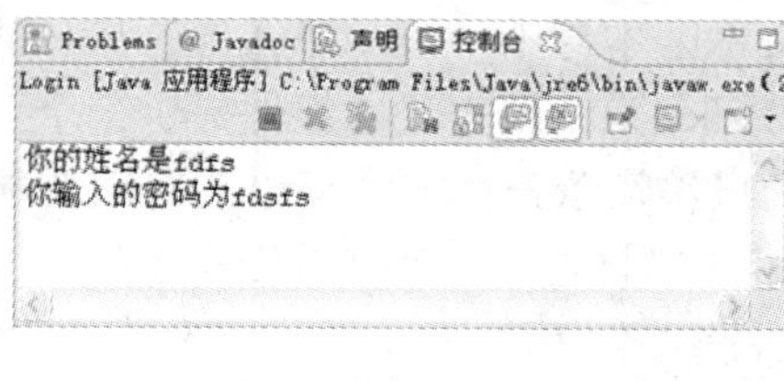


（c）

图 6-14　登录系统

### 6.5.4　单/复选框、组合框、列表框

#### 一、单/复选框

单选按钮（JRadioButton 与 ButtonGroup）总是成组出现，且其中只能有一个单选按钮被选中（true 状态）。当选中一个新的单选按钮时，组中原先被选中的单选按钮自动变成 false 状态。下面是 JradioButton 的常用一些构造方法。

（1）JRadioButton（String text）：指定文本标题，默认状态为 false。

（2）JRadioButton（String text，boolean selected）：指定文本标题，指定默认状态。

（3）JRadioButton（Icon icon）：指定图标，默认状态 false。

（4）JRadioButton（Icon icon，boolean selected）：指定图标，指定默认状态。

（5）JRadioButton（String text，Icon icon）：同时指定文本标题和图标。

几个 JRadioButton 组件之间本身并不会自动形成排他选择行为的按钮组，必须借助于ButtonGroup 类。利用 ButtonGrop 的 add 方法可以向组中添加按钮。当选择组中一个新的按钮时，组中原先被选中的按钮自动取消。

ButtonGroup 类的 add 方法和 remove 方法：

（1）void add（AbstractButton b）：向组中添加一个按钮。

（2）void remove（AbstractButton b）：从组中移去一个按钮。

JRadioButton 组件会引发 ActionEvent 事件和 ItemEvent 事件。

复选框 JcheckBox 用于让用户在两种状态下选择一种。利用 isSelected 方法可以测试一个复选框的当前状态（true 或 false）。当复选框被单击时，其状态将改变，此时引发 ActionEvent 事件和 ItemEvent 事件。通常情况下，复选框内显示一个图标和一个文本标题，文本标题显示在图标的右侧；默认图标是一个方框，复选框选中时，方框中有一个对钩。

JcheckBox 是 JtoggleButton 类的直接子类，也是 AbstractButton 的子类。复选框具有一般按钮组件共有的一些行为方法。复选框的一些常用的构造方法和实例方法如下。

1. 构造方法

（1）JCheckBox（String text）：指定文本标题，默认状态为 false。

（2）JCheckBox（String text，boolean selected）：指定文本标题和默认状态。

（3）JCheckBox（Icon icon）：指定图标，默认状态为 false。

（4）JCheckBox（Icon icon，boolean selected）：指定图标和默认状态。

（5）JCheckBox（String text，Icon icon）：指定文本标题和图标。

2. 实例方法

（1）void setSelected（boolean b）：设置复选框的状态。

（2）boolean isSelected()：返回复选框的状态。

（3）void setText（String text）：设置复选框的文本标题。

（4）String getText()：返回复选框的文本标题。

（5）void setIcon（Icon defaultIcon）：设置复选框未被选中时的图标。

（6）void setSelectedIcon（Icon selectedIcon）：设置复选框被选中时的图标。

（7）void addActionListener（ActionListener l）：注册 ActionListener 型监听器。

（8）void addItemListener（ItemListener l）：注册 ItemListener 型监听器。

setSelected（boolean b）方法可能改变也可能不改变复选框的状态，如果是前者将引发ItemEvent 事件，但无论何种情况都不会引发 ActionEvent 事件。

**二、组合框**

组合框 JcomboBox 允许用户从它提供的下拉列表中选择一个项目。组合框分为不可编辑和可编辑两种，不可编辑组合框由一个按钮和一个下拉列表组成，一般情况下这种组合框只显示按钮，按钮的标题为当前被选择的项目。可编辑组合框由一个文本域和一个下拉列表组成，一般情况下这种组合框只显示文本域，文本域中显示当前被选择的项目，当用户单击按钮或文本域右端的下拉箭头时，组合框将显示出下拉列表，用户可以选择一个项目。

对可编辑组合框，用户既可以从下拉列表中选择项目，也可以通过在文本域中输入项目来选择。用户还可以在文本域中输入下拉列表中不存在的项目，输入的项目将作为组合框的当前选择，但不会自动加入下拉列表中。要从下拉类表中添加和移去项目，可以调用组合框的 addItem()、removeItem()等方法。

组合框的主要方法包括以下几种。

（1）JComboBox()：构造方法，初始状态不包含项目。

（2）JComboBox（Object[]items）：构造方法，初始时指定一组项目。

（3）void setEditable（boolean aFlag）：设置组合框是否可编辑。

（4）addItem（Object anObject）：添加一个项目。

（5）void removeItem（Object anObject）：移去一个项目。

（6）int getSelectedIndex()：返回被选项目的索引号。

（7）void setSelectedIndex（int anIndex）：选择指定位置上的项目。

（8）Object getSelectedItem()：返回被选项目。

（9）void setSelectedItem（Object anObject）：选择指定项目。

（10）void addActionListener（ActionListener l）：注册 ActionListener 监听器。

（11）void addItemListener（ItemListener aListener）：注册 ItemListener 监听器。

当创建组合框时，下拉列表中第一个项目的索引号为 0，第一个项目为默认选中状态。无论用何种方式选择项目，组合框都将引发 ActionEvent 事件，当一个项目的状态发生变化时，组合框将引发 ItemEvent 事件。

**三、列表框**

列表框 Jlist 用于提供并显示一组项目供用户选择，用户可以从列表框中选择一个或多个项目，构造方法如下。

（1）JList（Object[]listData）：根据指定的项目数组创建列表。

（2）JList（ListModel dataModel）：根据指定的模型对象创建列表。

第一种构造方法创建列表框时，一个列表框模型对象会被自动创建，指定的项目数据就存放在该对象里。需要注意的是这个被自动创建的模型对象是不可修改的，所以用这种方法创建的列表框，是不能修改项目内容的。第二种构造方法创建列表框时，需要指定一个 ListModel 对象，如 DefaultListModel 实例，DefaultListModel 是一个实现 ListModel 接口的类，对用这种方法创建的列表框，用户可以利用在 DefaultListModel 类中定义的 add、addElement、remove、removeElement、set 等方法修改列表框中的项目内容。

创建列表框后，可以调用列表框的 setSelectionMode（int selectionMode）方法设置其选择模式。参数 selectionMode 的取值如下。

（1）ListSelectionModel.MULTIPLE_INTERVAL_SELECTION：一次只能选一个项目。

（2）ListSelectionModel.SINGLE_INTERVAL_SELECTION：一次可以选择多个相邻的项目。

（3）ListSelectionModel.SINGLE_SELECTION：不受限制地选择。

通过 Jlist 类中的一些实例方法，可以返回列表框中当前被选择的项目，或者将某个项目设置成选中状态。这些实例方法如下。

（1）Object getSelectedValue()：返回被选项目中索引值最小的项目。

（2）Object[]getSelectedValues()：返回所有被选中的项目。

（3）void setSelectedIndex（int index）：将指定位置上的项目设置为选中状态。

（4）void setSelectedIndices（int[]indices）：将多个项目设置为选中状态。

与文本区一样，列表框本身并不支持滚动条。为了在一个有限的区域内显示更多的项目内容，可以将列表框放置在一个滚动窗格（JScrollPane）里。当列表框的项目选择状态引起改变时，会引起 ListSelectionEvent 事件。可以在列表框上注册 ListSelctionListener 监听器，监听处理这类事件。当项目选择状态改变时，每个 ListSelctionListener 监听器的 valueChanged 方法被调用两次，一次是在改变发生时，一次在改变完成后。调用 ListSelctionEvent 事件的 getValuesAdjusting()方法可以区分这两次调用，第一次调用时方法返回 true，第二次调用时方法返回 false。

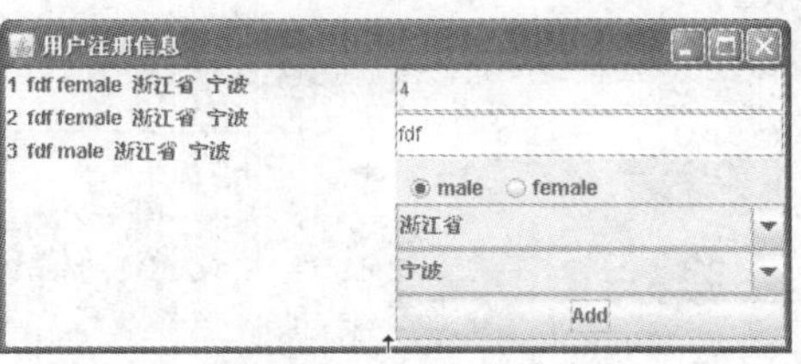

图 6-15 注册信息

**【例 6-8】** 用户注册信息，参考代码如下。程序的运行界面如图 6-15 所示。

```
package six;
import java.awt.*;
import javax.swing.*;
import java.awt.event.*;
public class UserMess  implements ActionListener,ItemListener{
   JFrame f;JTextField tf1,tf2;
   JRadioButton  jrbutton1,jrbutton2;
   JComboBox c1,c2;ButtonGroup bg;
   DefaultListModel listModel;JList ls1;
   JButton b1;
   public static void main(String arg[]){
     (new UserMess()).display();}
   public void display(){
      JPanel p1,p2;
      f = new JFrame("用户注册信息");
      f.setSize(480,200);f.setLocation(200,140);
      f.setBackground(Color.lightGray);
      f.setLayout(new GridLayout(1,2));        //网格布局,左右分隔窗口
      listModel=new DefaultListModel();
      ls1 = new JList(listModel);              //创建列表框
      f.add(ls1);                              //占据窗口左半部分
      p1 = new JPanel();
      p1.setLayout(new GridLayout(6,1));       //网格布局,6 行 1 列
      f.add(p1);                               //占据窗口右半部分
      tf1 = new JTextField("1");               //创建组件
      tf2 = new JTextField("Name");
      bg = new ButtonGroup();                  //创建复选框组
      jrbutton1 = new JRadioButton("male");    //创建单选按钮
      jrbutton2 = new JRadioButton("female");
      bg.add(jrbutton1);bg.add(jrbutton2);
      c1 = new JComboBox();                    //创建选择框
      c1.addItem("江苏省");c1.addItem("浙江省");//添加选择框的选项
      c1.addItemListener(this);                //注册选择框事件监听程序
      c2 = new JComboBox();                    //创建选择框
      c2.addItem("南京");
      b1 = new JButton("Add");b1.addActionListener(this);
      p1.add(tf1);p1.add(tf2);                 //组件依次添加到面板 p1 上
      p2 = new JPanel();
      p2.setLayout(new FlowLayout(FlowLayout.LEFT));
      p2.add(jrbutton1);p2.add(jrbutton2);
      p1.add(p2);p1.add(c1);
```

```
        p1.add(c2);p1.add(b1);
        f.setVisible(true);}
    public void actionPerformed(ActionEvent e){
        if(e.getSource()==b1){                         //单击 Add 按钮时
          String str = tf1.getText()+"  "+tf2.getText();
          if(jrbutton1.isSelected())str=str+" "+jrbutton1.getText();
          if(jrbutton2.isSelected())str=str+" "+jrbutton2.getText();
          str = str+"  "+c1.getSelectedItem();  //获得选择框的选中项
          str = str+"  "+c2.getSelectedItem();
          listModel.addElement(str);
          tf1.setText(""+(Integer.parseInt(tf1.getText())+1));//编号自动加 1
        }     }
    public void itemStateChanged(ItemEvent e){
        if(c1.getSelectedIndex()==0){                  //对选择框 c1 操作时触发
            c2.removeAllItems();                       //清除选择框 c2 全部内容
            c2.addItem("南京");                        //选择框 c2 添加内容
            c2.addItem("苏州");c2.addItem("无锡");
        }
        if(c1.getSelectedIndex()==1){
        c2.removeAllItems();
            c2.addItem("杭州");c2.addItem("宁波");
            c2.addItem("温州");}      }   }
```

### 6.5.5 Swing 菜单

菜单与工具栏通过提供一些可视化的命令选项可以使程序更友好。尽管 Swing 组件可以支持多个按键的命令序列，但是菜单被设计用来提供使用鼠标的图形化选择，而不是通过键盘。

Swing 菜单控件是 JComponent 类的子类，其具有 Swing 控件的所有优点。常用的菜单组件都可以通过 Swing 组件来实现，例如，对于级联菜单，可以创建一个 JMenu 组件，并将其添加到 JmenuBar；对于 JMenu 中的可选菜单，可以创建一个 JMenuItem 组件，并将其添加到 Jmenu；要创建子菜单，可以向 JMenu 添加一个新的 JMenu，并向新菜单添加 JMenuItem 选项。Swing 菜单控件的一些显著特性如下。

（1）可以在菜单中使用图标。

（2）菜单项可以为单选按钮或者复选框。

（3）可以为菜单项指定加速键和快捷键。

（4）大多数的标准控件都可以用做菜单项。

图 6-16 所示是一个标准的 Swing 菜单，图 6-17 所示是这些菜单组件的继承关系。

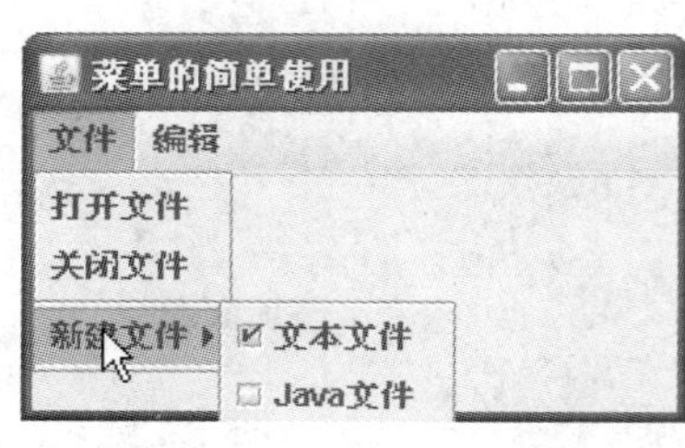


图 6-16　典型的菜单界面

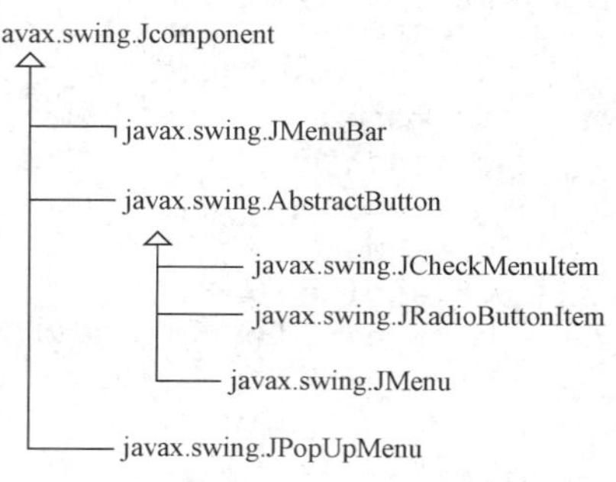


图 6-17　菜单相关类的继承关系图

菜单（JMenu）和菜单项（JMenuItem）都扩展了 AbstractButton 类。菜单和菜单项包含与许多 Swing 按钮相同的特性。例如，菜单项可以在鼠标经过时，高亮显示；可以被单击，表明用户做出了选择；可以像按钮一样被禁止使用。

复选菜单项（JCheckBoxMenuItem）与单选菜单项（JRadioButtonMenuItem）扩展了 JMenuItem，其也具有与许多 Swing 按钮相同的特性，如可以在选中与非选中状态之间进行切换。

JMenu 扩展了 JMenuItem 类，每个 JMenu 对象都包含一个用做菜单标题的隐藏菜单项。菜单不一定出现在菜单栏上，其可以被嵌入其他的菜单中充当子菜单。菜单栏包含一个或多个菜单，其使用时摆放在与平台相关的位置，通常位于窗口的上方。

弹出式菜单（JPopupMenu）只有在用户执行了与平台相关的鼠标操作后才能出现。例如，在一个支持弹出式菜单的控件上右击，将弹出快捷菜单。

图 6-16 所示的菜单实现完整代码如［例 6-9］所示。

**【例 6-9】** 一个简单的菜单用例，参考代码如下：

```
   package six;
   import java.awt.*;
   import javax.swing.*;
   public class SimpleMenu extends JFrame{
JMenuBar jMenuBarOne;JMenu fileMenu,editMenu,newFileMenu;
    JMenuItem openFile,closeFile;                //声明菜单
    JCheckBoxMenuItem newFileTxt,newFileJava;
    JRadioButtonMenuItem copyFile,pasteFile;ButtonGroup buttonEdit;
    public SimpleMenu(){
       jMenuBarOne=new JMenuBar();buttonEdit=new ButtonGroup();
       // 创建几个 JMenu 对象
       fileMenu=new JMenu("文件");editMenu=new JMenu("编辑");
       newFileMenu =new JMenu("新建文件");openFile=new JMenuItem("打开文件");
       closeFile=new JMenuItem("关闭文件");
      //创建两个 JCheckBoxMenuItem 对象
       newFileTxt=new JCheckBoxMenuItem("文本文件");
       newFileJava=new JCheckBoxMenuItem("Java 文件");
      //创建两个 JRadioButtonMenuItem 对象
       copyFile=new JRadioButtonMenuItem("复制");
       pasteFile=new JRadioButtonMenuItem("粘贴");
       buttonEdit.add(copyFile);buttonEdit.add(pasteFile);
       this.setJMenuBar(jMenuBarOne);
       jMenuBarOne.add(fileMenu);jMenuBarOne.add(editMenu);
      //向 fileMenu 中添加 JMenuItem 对象
       fileMenu.add(openFile);fileMenu.add(closeFile);
       fileMenu.addSeparator();fileMenu.add(newFileMenu);
       newFileMenu.add(newFileTxt);newFileMenu.add(newFileJava);
       editMenu.add(copyFile);editMenu.add(pasteFile);
      //设置窗体的大小、位置、可见性以及按下关闭按钮时的默认动作
       this.setTitle("菜单的简单使用");this.setBounds(100,100,250,150);
       this.setVisible(true);this.setDefaultCloseOperation(JFrame.EXIT_ON_CLOSE);
    }
    public static void main(String args[]){
     new SimpleMenu();}}
```

程序中使用了菜单栏（JMenuBar）、菜单项、菜单、复选菜单项及单选菜单项。

## 6.6 小　　结

GUI 由一些诸如窗口、标签、文本域等组件组成，GUI 的设计要选择创建合适的组件，选择合适的容器和布局管理器，对组件进行布局，判断需要监听哪些组件引发的哪些事件，创建并注册合适的监听器。

Swing 组件主要包括组件和容器两大类，每个容器都可以设置布局管理器，用于布置容器内的组件。布局管理器保存在 java.awt 和 javax.swing 包中。事件由事件对象表示，事件对象由 GUI 线程创建，并由事件源组件传递给监听器对象处理，事件类保存在 java.awt.event 和 javax.swing.event 包中。监听器类通过实现监听接口来实现，监听接口声明了该监听器可用于处理各种事件的方法，监听器接口保存在 java.awt.event 和 javax.swing.event 包中。

## 习　　题

### 一、选择题

1．下列说法中错误的是（　　）。

A．JPanel 是中间容器　　B．JInternalFrame 是特殊容器

C．JLable 组件显示不可编辑的信息　　D．Jtable 组件显示不可编辑的信息

2．下列不属于 JComponent 类的功能的一项是（　　）。

A．边框设置　　B．键盘导航　　C．提示信息　　D．调用本地图形系统

3．所有 Swing 组件都实现了（　　）接口。

A．ActionListener　　B．Serializable　　C．Accessible　　D．MouseListener

4．Swing 采用的设计规范是（　　）。

A．视图—模式—控制器　　B．模式—视图—控制器

C．控制器—模式—视图　　D．控制器—视图—模式

5．抽象窗口工具包（　　）是 Java 提供的建立图形用户界面 GUI 的开发包。

A．AWT　　B．Swing　　C．Java.io　　D．Java.lang

6．关于使用 Swing 的基本规则，下列说法正确的是（　　）。

A．Swing 组件可直接添加到顶级容器中

B．要尽量使用非 Swing 的重量级组件

C．Swing 的 Jbutton 不能直接放到 Frame 上

D．以上说法都不对

7．下列 Compoinent 类的方法中，用于控制组件可见性的是（　　）。

A．update()　　B．paint（Graphics g）

C．repaint()　　D．setVisible（Boolean b）

8．下列说法中错误的一项是（　　）。

A．JFrame 可以作为最外层的容器单独存在

B．JPanel 可以作为最外层的容器单独存在

C．JFrame 类刚实例化时，既没有大小，也不可见

D．JPanel 类可以作为组件放入 JFrame 容器中

9．下列说法中错误的一项是（　　）。

A．Swing 组件可以设置一个或多个边框　　B．Swing 的按钮组件上可以使用图标

C．Swing 组件可以使用键盘代替鼠标操作　　D．Swing 中需要手工编写缓冲区

10．下列说法错误的一项是（　　）。

A．Swing 组件支持双缓冲区，编写程序时不需要重写有关的代码

B．AWT 组件支持双缓冲区，编写程序时不需要重写有关的代码

C．Swing 组件支持在按钮组件上同时添加图标和文字

D．AWT 组件不支持在按钮组件上添加图标

11．下列说法错误的一项是（　　）。

A．Swing 外观采用可插入的外观感觉

B．AWT 是重量级的组件，外观是通过调用本地平台的图形系统实现的，因此在不同平台上呈现的效果可能会有所不同

C．可以在按钮、标签等 Swing 组件上使用图标

D．AWT 组件以“J”开头，除了与 Swing 相似基本组件外还提供了高层组件集合

12．下列不属于 Swing 的顶层容器的一项的是（　　）。

A．JApplet　　B．JDialog　　C．JTree　　D．JFrame

13．下列有关 MVC 体系结构的说法中错误的一项是（　　）。

A．模型是指定的逻辑表示方法　　B．视图是模型的可视化表示方法

C．控制器用于指定用户输入的处理机制　　D．MVC 体系结构用于 AWT 中

14．要表示表格数据，需要继承下列（　　）类。

A．JTable　　B．TableModel

C．JTableModel　　D．AbstractTableModel

15．下列说法中错误的一项是（　　）。

A．在 Swing 中，设置布局管理器是针对内容窗格的

B．在 Swing 中，不能直接将组件加入到顶层容器中

C．Swing 事件处理机制和 AWT 的事件处理机制不相同

D．在 Swing 中，不可以对顶层容器进行布局管理

二、填空题

1．在需要自定义 Swing 组件的时候，首先要确定使用哪种组件类作为所定制组件的________、一般继承 JPanel 类或更具体的 Swing 类。

2．用 Swing 编程与用 AWT 不同，Swing 组件不能直接添加到________，它必须添加到一个与 Swing________相关联的内容窗格（ContentPane）上。

3．Swing 组件都是 AWT 的 Container 类的________子类和________子类。

4．Java 的图形界面技术经历了两个发展阶段，分别通过提供 AWT 开发包和________开发包来实现。

5．MVC 体系结构的设计思想实现了将________和________分开，有益于实现多种多样的显示。

6．容器里的组件的位置和大小是由________决定的。

7．可以使用 setLocation()、setSize()或________中的任何一种方法设定组件的大小或位置。

8．在组件中设置显示所使用的字体可以用________方法来设置。

9．Swing 采用的 MVC 设计范式包括三部分：________、________和________。

10．________对话框在被关闭前将阻塞包括框架在内的其他所有应用程序的输入。

11．Java 的 Swing 包括定义了两种组件：________和________。

**三、程序设计题**

1．设计一个图形用户界面。界面中包括三个标签、三个文本框和一个按钮。三个标签分别是“数学”、“英语”、“总分”。按钮的标题为“求和”。要求在文本框中输入数学、英语分数，单击求和按钮后在文本框中显示总分。

2．准备好若干张相关的照片，用 Java 程序把这些照片逐张显示出来，形成动态效果。

3．创建一个窗口，在窗口上设置三个标签对象，其中第一个标签对象是纯文本标签；第二个标签除了带有文本和图形，并且当鼠标停留在标签上时会出现提示信息；第三个标签除了有第二个标签的功能以外还将标签中的文本设置为水平方向居中、垂直方向居下。

4．创建一个输入对话框，从对话框中输入文字，当单击“确定”按钮后能在屏幕上显示那段文字。

5．利用列表框设计一个学生课程选项列表清单，在清单的左侧是课程名称，右侧为相应的课时数，通过鼠标选择课程选项。单击“确定”按钮后，弹出对话框显示用户所选课程和课时及总课时，如果要选择多门课程，在单击选择课程时按 Shift 键或 Ctrl 键。

6．修改［例 6-7］最多允许用户试验三次密码，三次输入都不正确时，程序自动关闭。

7．设计一个创建二级菜单的程序。其中菜单有 File 菜单项和 Format 菜单项。File 菜单项中有子菜单 About 和 Exit，Format 菜单项中有 Color 和 Font 子菜单项，Color 子菜单项下有单选按钮 Blue、Red、Yellow 子菜单项，Font 子菜单项下有复选框 Bold 和 Italic 子菜单项。对 About 和 Exit 菜单项注册监听对象，当选择 About 或 Exit 菜单项时，弹出一个对话框或退出程序。对 Color 子菜单项下的菜单注册监听对象，当选择 Color 子菜单项下的单选按钮 Blue、Red、Yellow 菜单项时，给窗口中的字体设置颜色，颜色就是单选按钮中的英文字母所代表的颜色；对 Font 子菜单项下的菜单注册监听对象，当选择 Font 子菜单项下的复选框 Bold 和 Italic 菜单项时，对窗口中的字体设置字体类型，字体类型为复选框中的英文字母所代表的类型。

# 第7章 多线程机制

目前大多数操作系统都属于多任务、分时操作系统，即可以在同一时间执行多个程序的操作系统。例如，在自己的计算机中，一边听歌，一边使用 word 程序编写文字还一边看网页。正是由于这种操作系统的出现才有了多线程这个概念。在引入 Java 多线程技术后，几乎所有应用程序的开发在性能上都得到了很大的改进。

多线程技术是 Java 语言的一个重要的特点。传统的程序设计语言的程序同一时刻只能单任务操作，效率非常低。例如，要从服务器接收多个数据，则接收完之后才能进行后继的操作。随着 Internet 的迅速发展，人们越来越希望程序能展现出优异的性能。应 Internet 技术而生的 Java 语言解决了这个问题。在一个 Java 程序中，可以同时并行地运行多个相对独立的线程，例如，在一个多线程程序中，可以分配一个线程来读取数据，分配另一个线程来处理数据，而分配第三个线程把数据输送到图形卡上去。这三个线程可以并行运行，这样一来，在磁盘读取数据的同时仍然可以处理数据，从而大大提高了程序的执行效率和处理能力。

本章将介绍 Java 线程的概、线程的创建、线程的调度和控制、线程的同步等知识点。

## 7.1 线程与进程

线程，有时被称为轻量级进程，是程序执行流的最小单元。在多线程操作系统中，通常是在一个进程中包括多个线程，每个进程作为利用 CPU 的基本单位，是花费最小开销的实体。在单个程序中同时运行多个线程完成不同的工作，称为多线程。

### 7.1.1 应用程序与进程

程序是一段静态的代码，是对数据描述与操作的代码的集合，是应用软件执行的蓝本。进程（Process）是多用户、多任务操作系统环境下用于表示应用程序在内存环境中基本执行单元的概念，是一个动态的概念。

从用户角度来看，进程是应用程序的一个执行过程。从操作系统角度来看，进程代表的是操作系统分配的内存、CPU 时间片等资源的基本单位，是为正在运行的程序提供的运行环境。

进程与应用程序的区别在于应用程序作为一个静态文件存储在计算机系统的硬盘等存储空间中，而进程则是处于动态条件下由操作系统维护的系统资源管理实体。

### 7.1.2 进程与线程

一个进程就是一个执行中的程序，而每一个进程都有自己独立的一块内存空间、一组系统资源，每一个进程的内部数据和状态都是完全独立的。因此，创建并执行一个进程的系统开销是比较大的，如果能够将一个进程划分成更小的运行单位，一些彼此相对独立的代码段可以共享一块内存空间和一组系统资源，可以同时运行，从而不仅可以提高执行效率，而且系统的开销也比较小。从而我们引入了线程，引入线程有如下几点好处。

（1）易于调度。

（2）提高并发性。

（3）开销少。

线程是比进程更小的运行单位，线程与进程相似，是一段完成某个特定功能的代码，是程序中单个顺序的流控制；同进程一样，一个线程也有从创建、运行到消亡的过程，称为线程的生命周期。一个进程可以产生多个线程，多线程则指的是在单个程序中可以同时运行多个不同的线程、执行不同的任务。

进程是资源分配的基本单位。所有与该进程有关的资源都被记录在进程控制块—PCB 中，以表示该进程拥有这些资源或正在使用它们。与进程相对应，线程与资源分配无关，它属于某一个进程，并与进程内的其他线程一起共享该进程的资源。当进程发生调度时，不同的进程拥有不同的虚拟地址空间，而同一进程内的不同线程共享同一地址空间。线程只由相关堆栈（系统栈或用户栈）寄存器和线程控制表 TCB 组成。

发生进程切换与发生线程切换时的比较。发生进程切换时涉及有关资源指针的保存及地址空间的变化等问题；线程切换时，由于同不进程内的线程共享资源和地址空间，将不涉及资源信息的保存和地址变化问题，从而减少了操作系统的开销时间。而且，进程的调度与切换都是由操作系统内核完成的，而线程则既可由操作系统内核完成，也可由用户程序进行。所以系统在产生一个线程或者在各个线程之间切换时，承担的负担要比进程小的多，正因如此，线程也被称为轻负荷进程（light-weight process）。

进程和线程的关系为：

（1）一个线程属于一个进程，一个进程可以有多个线程，但至少有一个线程。

（2）资源分配给进程，该进程的所有线程共享该资源。

（3）处理机分配给线程，在处理机上真正运行的是线程。

（4）线程在执行中协作同步执行。

## 7.2 线程的创建

每个 Java 程序都有一个默认的主线程。对于应用程序，主线程是 main()方法执行的线程。对于 Applet，主线程是浏览器加载并执行 Java 的小程序。要想实现多线程，必须在主线程中创建新的线程对象。

在 Java 中有两种方法可以创建线程，一种是通过扩展 java.lang.Thread 类，另一种是通过实现 java.lang.Runnable 接口。不管使用哪种方法创建线程，都必须使用 run 方法，因为执行一个线程实际上就是执行 run 方法里的代码。我们把 run 方法称为该线程的线程体。

### 7.2.1 通过继承 Thread 类创建线程

Thread 类封装了线程的行为，要创建一个线程，必须创建一个从 Thread 类扩展出的新类。由于在 Thread 类中方法 run()没有提供任何操作，因此，在创建线程时用户必须覆盖方法 run()以完成有用的工作。其声明格式如下：

public class Thread extends Object implements Runnable。

1. 构造方法

（1）public Thread()。

（2）public Thread（String name）。

（3）public Thread（Runnable target）。

（4）public Thread（Runnable target，String name）。

（5）public Thread（TheadGroup group，Runnable target）。

（6）public Thread（TheadGroup group，String name）。

（7）public Thread（TheadGroup group，Runnable target，String name）。

其中 group 指明线程所属的线程组 TreadGroup 类。线程组是 Java 特有的概念，在 Java 中，线程组是类 ThreadGroup 的对象，每个线程都隶属于唯一的一个线程组，该线程组在线程创建时指定且在线程的整个生命期内都不能更改。可以通过调用 Thread 类的构造函数来指定线程属的线程组，若没有指定，则线程缺省地隶属于名为 system 的系统线程组。

在 Java 中，除了预建的系统线程组外，所有线程组都必须显式创建。除系统线程组外的每个线程组又隶属于另一个线程组，可以在创建线程组时指定其所隶属的线程组。若没有指定，则缺省地隶属于系统线程组。这样，所有线程组组成了一棵以系统线程组为根的树。

TreadGroup 类可以用来管理一组线程，可以控制线程组中的所有线程使他们同时进行操作，也可以通过调用线程组的相应方法来设置其中所有线程的优先级，还可以启动或阻塞其中的所有线程。线程组的另一个重要作用是线程安全。例如，线程组机制允许我们通过分组来区分具有不同安全特性的线程，对不同组的线程进行不同的处理。ThreadGroup 类提供了大量的方法以方便我们对线程组的操作。

target 为实际执行线程体的目标对象，它是一个由实现 Runnable 接口的类所创建的对象，一般在实现 Runnable 接口创建线程的方法中用到。

name 是线程名，用于指定线程的名字。

2. Thread 类的静态方法

（1）public static Thread currentThread()返回当前执行线程的引用对象。

（2）public static int activeCount()返回当前线程组中活动线程的个数。

（3）public static int enumerate（Thread[]tarray）将当前线程组中的活动线程拷贝到 tarray 数组中，包括字线程。

3. Thread 类一些常用的实例方法

（1）public final String getName()返回线程名。

（2）public final void setName（String name）设置线程的名字为 name。

（3）public void start()启动已创建的线程对象。

（4）public final boolean isAlive()返回线程是否启动的状态。

（5）public final ThreadGroup getThreadGroup()返回当前线程所属的线程组名。

（6）public String toString()返回线程的字符串信息，包括名字、优先级和线程组。

下面通过例子来说明利用 Thread 类创建线程。

**【例 7-1】** 通过继承 Thread 类来创建线程。由于 Thread 类的 run 方法是空方法，所以利用继承 Thread 类来创建线程必须实现 run 方法。参考代码为：

```
package seven;
public class Runnable1 implements Runnable{
    String name;
    Runnable1(String name){
        this.name=name;}
    //覆盖 run 方法,即线程体
```

```
    public void run(){
        for(int i=0;i<20;i++){
            System.out.print(name+"-"+i+"\t");}
        System.out.println(name+"  end!");}
    public static void main(String args[]){
      Runnable1 r1=new Runnable1("Thread1");
      Runnable1 r2=new Runnable1("Thread2");
      Thread t1 = new Thread(r1);//创建线程对象
      Thread t2 = new Thread(r2);
      t1.start();t2.start();
      System.out.println("activeCount="+t1.activeCount());}}
```

程序运行的结果为：

```
activeCount=3
Thread1:
1 3 5 7 9 11 13 15 17 19 21 23 25 27 29
Thread2:
2 4 6 8 10 12 14 16 18 20 22 24 31 33 35 37 39 41 43 45 47 49 Thread1  end!
26 28 30 32 34 36 38 40 42 44 46 48 Thread2  end!
```

程序的运行结果说明：

（1）main 本身也是一个线程，所以线程的总数为 3。

（2）线程语句的顺序只决定了线程产生的顺序，线程启动后并不会立即执行，它会和系统中的其他线程一起来等待系统的调用。线程执行的顺序由系统调度和执行决定，而不由程序决定。调度的原则将在以下章节中介绍。

（3）由线程自己竞争计算机资源，两个线程交替运行，从宏观上看是同时在运行的。一个程序只有在程序中所有的线程都终止时才结束，也就是说 main 方法即使执行完了，程序也许并未终止。

（4）每一次程序的运行结果可能不相同。

### 7.2.2 通过接口创建线程

当用户希望一个类能运行在自己的线程中，同时也扩展其它某些类的特性时，通常就需要借助运行 Runnable 接口来实现。Runnable 接口只有一个方法 run()。不论什么时候创建了一个使用 Runnable 接口的类，都必须在类中编写 run()方法来覆盖接口中的 run()方法。下面通过例子来说明利用 Runnable 接口创建线程。

**【例 7-2】** 通过实现 Runnable 接口创建线程，参考代码为：

```
package seven;
public class Thread1 extends Thread{
    public Thread1(String name,int k){
        super(name);//调用超类 Thread 的构造方法 }
    public void run(){
        for(int i=0;i<20;i++){
            System.out.print(getName()+"-"+i+"\t");}
        System.out.println(getName()+"  end!");}
    public static void main(String args[]){
      Thread1 t1 = new Thread1("Thread1",1);//创建线程对象
      Thread1 t2 = new Thread1("Thread2",2);
```

```
        t1.start();//启动执行线程
        t2.start();
        System.out.println("activeCount="+t1.activeCount());}}
```

本例是通过实现 Runnable 接口创建线程，在编写时应注意以下几点。

（1）必须实现该接口里未被实现的 run 方法。

（2）利用实现该接口的类创建的对象只是带有线程体的目标对象，并不是真正的线程，由于已经具有具体的线程体，故可以直接使用 Thread 类构造相应的线程。

（3）启动相应的线程仍需要使用 start 方法。

其运行结果为（程序运行结果不唯一，根据系统的繁忙程度决定）：

```
activeCount=3
Thread1-0   Thread1-1   Thread1-2   Thread1-3   Thread1-4   Thread1-5
Thread1-6   Thread1-7   Thread1-8   Thread1-9   Thread1-10  Thread1-11
Thread1-12  Thread1-13  Thread1-14  Thread1-15  Thread1-16  Thread1-17
Thread1-18  Thread1-19  Thread1  end!
Thread2-0   Thread2-1   Thread2-2   Thread2-3   Thread2-4   Thread2-5
Thread2-6   Thread2-7   Thread2-8   Thread2-9   Thread2-10  Thread2-11
Thread2-12  Thread2-13  Thread2-14  Thread2-15  Thread2-16  Thread2-17
Thread2-18  Thread2-19  Thread2  end!
```

创建线程体的两种方法之间的比较：

1. 使用 Runnable 接口

（1）可以将 CPU、代码和数据分开，形成清晰的模型。

（2）还可以从其他类继承。

（3）保持程序风格的一致性。

2. 直接继承 Thread 类

（1）不能再从其他类继承。

（2）编写简单，可以直接操纵线程。

## 7.3 线程生命周期

同进程一样，一个线程也有从创建、运行到消亡的过程，称为线程的生命周期。线程的生命周期包括创建、可运行、运行中、阻塞、死亡等五个状态。

### 7.3.1 线程的状态

线程的状态表明线程处在生命周期的哪个阶段，表示线程正在进行的活动及在此时间段内所能完成的任务。线程有创建、可运行、运行中、阻塞、死亡五种状态。一个具有生命的线程，总是处于这五种状态之一。

1. 创建状态

使用 new 运算符创建一个线程后，该线程仅仅是一个空对象，系统没有分配资源给它，此时称该线程处于创建状态（new thread）。

2. 可运行状态

线程使用 start()方法启动后，系统为该线程分配了除 CPU 外的所需资源，进入线程队列排队等待 CPU 服务，该线程处于可运行状态（Runnable），但实际上并没有运行。

3. 运行中状态

Java 运行系统通过调度选中的一个 Runnable 线程，使其占有 CPU 并转为运行中状态（Running）。此时，系统真正执行线程的 run()方法。

4. 阻塞状态

一个正在运行的线程因某种原因不能继续运行时，进入阻塞状态（Blocked），也称为不可运行状态。阻塞时它不能进入排队队列，只有当引起阻塞的原因被消除时，线程才转入可运行状态，重新进入线程队列中排队等待 CPU 资源。

当以下事件发生时，线程进入不可运行状态。

（1）suspend()方法被调用。

（2）sleep()方法被调用。

（3）线程使用 wait()来等待条件变量。

（4）线程处于 I/O 等待。

5. 死亡状态

线程结束后便进入死亡状态（Dead）。导致线程死亡的原因有两个：一个是正常运行的线程完成了它的全部工作，即执行完了 run()方法的最后一个语句并退出，另一个是线程被强制性地终止。

### 7.3.2 线程状态的转换

从图 7-1 中可以看出线程状态之间的转换，线程创建，并由 start 方法启动后，线程才进入可执行状态，排队等待 CPU 服务从而进入运行状态，在此过程中由于某种原因，线程可能进入死亡状态或是进入阻塞状态。其中的一些方法会在 7.4 节中介绍。

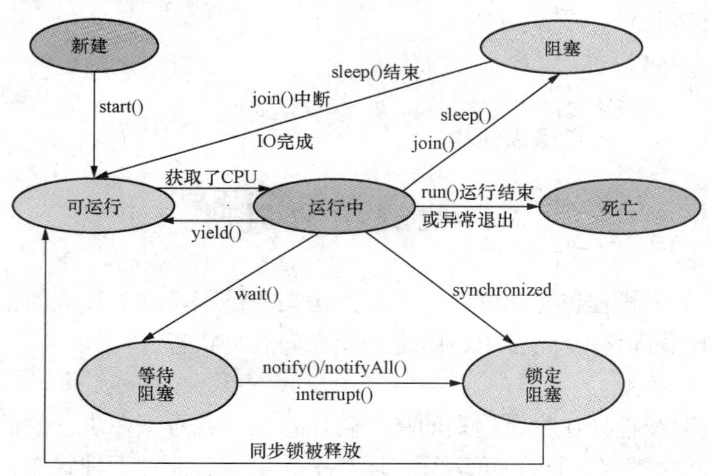


图 7-1 状态转换图

## 7.4 线程的优先级和调度

1. 线程的调度

Java 提供一个线程调度管理器来监控程序中启动后进入可运行状态的所有线程，负责线程的排队和 CPU 在线程间的分配，并由线程的调度算法进行调度。

线程调度按照线程的优先级决定应调度哪些线程来执行。线程调度按线程的优先级高低先选择高优先级线程（进入运行中状态）执行，同时线程调度是抢先式调度，即如果在当前线程执行过程中，一个更高优先级的线程进入可运行状态，则这个线程立即被调度执行。

抢先式调度又分为：时间片方式和独占方式。在时间片方式下，当前活动线程执行完当前时间片后，如果有其他处于可运行状态的相同优先级的线程，则系统会将执行权交给其他可运行状态的同优先级线程。当前活动线程转入等待执行队列，等待下一个时间片的调度。在独占方式下，当前活动线程一旦获得执行权，将一直执行下去，直到执行完毕或由于某种原因主动放弃 CPU，或者是有一高优先级的线程处于可运行状态为止。

2. 线程的优先级

线程的优先级代表该线程的重要程度，当有多个线程同时处于可执行状态并等待获得 CPU 时间时，线程调度系统将根据各个线程的优先级来决定给谁分配 CPU 时间，优先级高的线程有更大的机会获得 CPU 时间，优先级低的线程也不是没有机会，只是机会要小一些而已。

线程的优先级用数字来表示，范围为从 1 到 10。1 表示优先级最小，默认值为 5。每个优先级对应一个 Thread 类的公用静态常量，如：

Thread.MIN_PRIORITY=1

Thread.MAX_PRIORITY=10

Thread.NORM_PRIORITY=5

下述方法可以对优先级进行操作。

（1）int getPriority()获取线程的优先级。

（2）void setPriority（int newPriority）当线程被创建后，此方法设置线程的优先级。

Java 线程模型涉及可以动态更改的线程优先级。JVM 标准首先调用优先级较高的线程，然后再调用优先级较低的线程。但是该标准对具有相同优先级的线程的处理是随机的，如何处理这些线程取决于基层操作系统的策略。在某些情况下，优先级相同的线程分时运行；在另一些情况下，线程将一直运行到结束。Java 支持 10 个优先级，基层操作系统支持的优先级可能要少得多，这样会造成一些混乱。因此，只能将优先级作为一种很粗略的工具使用。最后的控制可以通过使用 yield()函数来完成。通常情况下，不要依靠线程优先级来控制线程的状态。

## 7.5 线程的常用方法

1. start()线程启动

public void start()执行线程实际上是执行线程的线程体也就是 run 方法，而 run 方法是不允许用户直接调用的，它由 start()方法来调用的。线程创建后仅仅是占有了内存资源，在 JVM 管理的线程中还没有这个线程，此线程必须调用 start()方法通知 JVM，这样 JVM 就会知道又有一个新线程排队等候切换了。

2. stop()停止线程

public void stop()方法同 start 方法的作用相反，它的作用为停止线程的运行，使线程进入死亡状态。不推荐通过调用 stop()来终止线程的执行，而是让线程执行完。

3. sleep()线程睡眠

public static void sleep（long millis）throws InterruptedException

使用此方法可使线程停止执行一段时间，线程由运行中状态进入不可运行状态。睡眠时间过后线程再进入可运行状态，该时间由参数 millis 设定。

**【例 7-3】** 线程睡眠，参考代码为：

```
package seven;
public class SThread extends Thread{
    public SThread(String name){
        super(name);}
    public void run(){
        try {
            System.out.println(getName()+"_sleep!");
            this.sleep(1000);                    //睡眠一秒钟   }
        catch(InterruptedException e){
            System.out.println(e.getMessage());}
        System.out.println(getName()+" end!");}
    public static void main(String args[]){
        new SThread("A").start();
        new SThread("B").start();
        new SThread("C").start();
        new SThread("D").start();
        Thread curt = Thread.currentThread();    //返回当前活动线程
        System.out.println("currentThread="+curt.getName());
        System.out.println("getPriority = "+curt.getPriority());//优先级
        System.out.println("activeCount="+Thread.activeCount());
        Thread ta[]=new Thread[10];
        Thread.enumerate(ta);                    //将当前活动线程复制到 ta 数组中
        for(int i=0;i<Thread.activeCount();i++)
            System.out.println(ta[i].getName()+"_"+ta[i].isAlive());}}
```

其运行结果如图 7-2 所示。

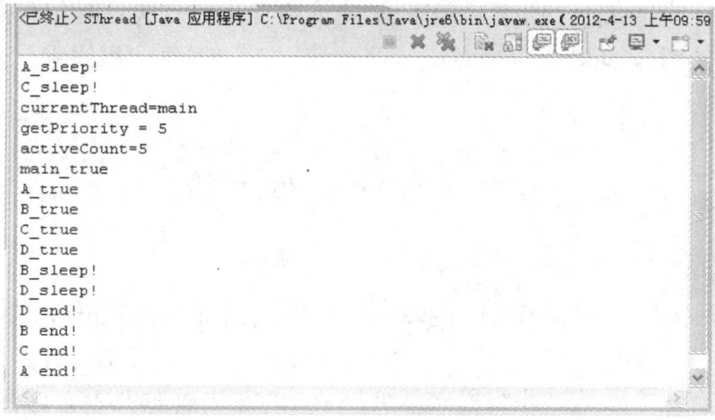


图 7-2 线程睡眠示例

4. yield()暂停线程

public static void yield()暂停当前线程执行，并允许其他线程执行。yield()使得线程放弃当前分得的CPU时间，但是不使线程阻塞，即线程仍处于可执行状态，随时可能再次分得CPU时间。调用 yield()的效果等价于调度程序认为该线程已执行了足够的时间从而转到另一个线程。

【例 7-4】 线程暂停，参考代码为：

```
package seven;
public class YThread extends Thread{
    static int k=0;
    public YThread(String name){ super(name);}
    public void run(){
        k++;
        System.out.println(getName()+"是第"+k+"个被执行的线程");
        if(k==1){this.yield();}
        System.out.println(getName()+" end!");}
    public static void main(String args[]){
        YThread t1=new YThread("Thread1");
        YThread t2=new YThread("Thread2");
        YThread t3=new YThread("Thread3");
        YThread t4=new YThread("Thread4");
        t1.start();t2.start();t3.start();t4.start();}}
```

其运行结果如图 7-3 所示。

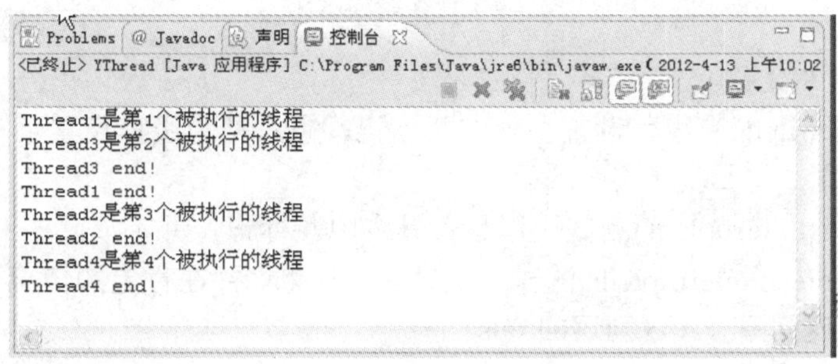


图 7-3 线程暂停示例

5. join()连接线程

（1）public final void join()throws InterruptedException。

（2）publci fianl void join（long millis）throws InterruptedException。

（3）publci fianl void join（long millis，int nanos）throws InterruptedException。

暂停当前线程的执行，当前线程等待调用该方法的线程结束后，或者最多等待 millis＋nanos 时间后，再恢复执行。

【例 7-5】 连接线程，参考代码如下：

```
package seven;
public class JThread extends Thread{
    static int k=1;
    public JThread(){
        super("Thread"+(k++));//调用 Thread 类的构造方法设置线程的名字
    }
    public void run(){
```

```
        try{
         System.out.println(getName()+"线程开始执行!");
         if(k<=5){
            JThread t=new JThread();
            t.start();
            t.join();//使用 join 方法暂停当前线程执行从而使其倒序执行\ }
         System.out.println(getName()+" END!");}
        catch(InterruptedException e){
            System.out.println(e.getMessage());}
    }
    public static void main(String args[]){  (new JThread()).start();}}
```

其运行结果如图 7-4 所示。

图 7-4　连接线程示例

6. interrup()中断线程

public void interrupt()为线程设置一个中断标记。它只是为线程设置了一个中断标记，并没有中断线程运行。

public boolean isInterrupted()测试线程是否具有中断标记，并不清除中断标记。

public static boolean interrupted()测试线程是否被中断，并在肯定的情况下，清除当前线程对象的中断标记并返回 true，否则返回 false。

**【例 7-6】** 中断线程，参考代码为：

```
package seven;
public class IThread extends Thread{
    static int k=1;
    public IThread(){
        super("Thread"+(k++));          //调用 Thread 类的构造方法设置线程的名字 }
    public void run(){
        System.out.println(getName()+"线程开始执行!");
        if(k<=5){
           IThread t=new IThread();
           t.start();
           this.interrupt();                //设置中断标记
           int i=0,j=0;
           while(this.isInterrupted()){ //如果有中断标记,则设置循环等待
             //直到此线程中的 t 线程处于阻塞或死亡状态
             i++;
             if(i==1000){
               j=j+1;
               System.out.println(getName()+"中断"+"  "+j);}
```

```
            if(t.isAlive()==false){
              boolean b=this.interrupted();      //清除中断标记
              } } }
        System.out.println(getName()+" END!");
    }
    public static void main(String args[]){(new IThread()).start();}}
```

由运行结果可知，实际上线程并没有真的中断。

7. isAlive()方法

可以通过 Thread 中的 isAlive()方法来获知线程是否处于活动状态。线程由 start()方法启动后，直到其被终止之间的任何时刻，都处于'Alive'状态，使用该方法都会返回 true。

## 7.6 线 程 同 步

到目前为止，我们所看到的示例都只是以非常简单的方式来利用线程。只有最小的数据流，而且不会出现两个线程访问同一个对象的情况。但是，在大多数有用的程序中，线程之间通常有信息流。由于同一进程的多个线程共享同一片存储空间，在带来方便的同时，也带来了访问冲突这个严重的问题。例如，同一时刻一个线程在读取数据，另外一个线程在处理数据，处理数据的线程没有等到读取数据的线程读取完毕就去处理数据，必然得到错误的处理结果。再如，多个使用者对一个共享的银行账户利用存取款线程进行操作，由于线程的同步运行机制，从而导致数据的混乱。Java 提供了同步运行机制来解决多线程的共享数据和同步运行中的问题。

（1）共享数据。多个线程共享一个数据对象。Java 同步机制提供了互斥锁来限定任何时刻都只有一个线程对一个共享数据对象进行操作，从而保证了数据对象的完整性和一致性。

（2）同步运行。需要传送数据的多个线程必须同步运行，步调一致，以保证传送的数据被及时、准确收到。

### 7.6.1 临界区

互斥量也称为条件变量，是一种公共资源，在指定时刻，它只能被一个线程占有（也就是所有权特性），而且占有它的线程可以反复申请这个互斥量。使用互斥量的目的是控制线程保护临界区和提供对共享资源的互斥访问。

临界区是一段代码，在执行时不能被其他线程打断，如果要保护它，可以用互斥量实现。如果线程想对资源进行独占访问，就必须为每个资源提供对应的互斥量。而在访问资源之前必须为之申请到互斥量，用完之后要把互斥量释放掉，以便其他线程可以使用它来访问资源。

例如银行账户，我们把它设定为临界区，那么同一时刻只有一个使用者对其进行操作，操作结束后再允许其他用户进行操作，从而保证了数据的完整性和一致性。

**【例 7-7】** 对账户操作的代码如下：

```
package seven;
public class Account1 {
    String holdername;
    float amount;
    public Account1(String name,float amt){//建立银行账户
        holdername = name;
        amount=amt;  }
```

```
    //存款
     public void deposit(float amt){   amount+= amt;}
    //取款
    public void withdraw(float amt){   amount-= amt;}
     //查询账户
    public float check(){   return amount;}}
```

同一时刻只让一个使用者使用一个银行账户，否则的话就会出现问题。

### 7.6.2 线程的互斥

由于我们可以通过关键字 private 来保证数据对象只能被方法访问，所以我们只需针对方法提出一套机制，这套机制就是线程的互斥使用关键字 synchronized，来对共享数据对象进行互斥锁定。它包括 synchronized 方法和 synchronized 块两种用法。

1. synchronized 方法

通过在方法声明中加入关键字 synchronized 来声明 synchronized 方法，并锁定一个方法。语法如下：

```
synchronized<方法声明>
{
 <方法体>
}
```

**【例 7-8】** 修改后的银行账户类操作，参考代码为：

```
package seven;
public class Account2 {
    String holderName;
    float amount;
    public Account2(String name,float amt){//建立银行账户
        holderName = name;
        amount = amt;}
    //存款
    public synchronized void deposit(float amt){  amount+= amt;}
    //取款
    public synchronized void withdraw(float amt){ amount-= amt;}
    //查询账户
    public synchronized float checkBalance(){ return amount;   }}
```

synchronized 方法控制对类成员变量 amount 的访问，该类实例所对应的线程一旦执行，便独占该锁，其他线程则处于阻塞状态，直到从该方法返回时才将锁释放，此后被阻塞的线程方能获得该锁，重新进入可执行状态。这种机制确保了同一时刻对于每一个类实例，其所有声明为 synchronized 的成员函数中至多只有一个处于可执行状态，从而有效避免了访问冲突。

synchronized 方法的缺陷。若将一个大的方法声明为 synchronized，将会大大影响效率，典型地，若将线程类的方法 run()声明为 synchronized，由于在线程的整个生命期内它一直在运行，因此将导致它对本类任何 synchronized 方法的调用都永远不会成功。当然我们可以通过将访问类成员变量的代码放到专门的方法中，将其声明为 synchronized，并在主方法中调用来解决这一问题，但是 Java 为我们提供了更好的解决办法，那就是 synchronized 块。

2. synchronized 块

通过关键字 synchronized 来声明 synchronized 块，锁定一段代码。语法如下：

```
synchronized (对象名)
```

```
{
 //允许访问控制的代码
}
```

synchronized块是这样一个代码块，其中的代码必须获得对象的锁后才能执行。由于可以针对任意代码块，且可以任意指定上锁的对象，所以灵活性较高。

**【例7-9】** 模拟对银行账户的存取款操作，参考代码为：

```
package seven;
class Account3 {
    String holdername;
    float amount;
    public Account3(String name,float amt){ //建立银行账户
        holdername = name;
        amount=amt;  }
     //存款
    public void deposit(float amt){  amount+= amt;  }
    //取款
    public float withdraw(float amt){
        if(amount<amt){
            amt=amount;
            amount=0;}
        return amt;  }
    //查询账户
    public float checkamount(){ return amount;}
}
//存款线程
class  Save extends Thread {
    private Account3 a1;
    private float amount;
    public Save(Account3 a1,int amount){
        this.a1 = a1;
        this.amount=amount;}
    public void run(){
        synchronized(a1){              //锁定账户对象
            float k=a1.checkamount();
            try  { sleep(1);           //花费时间
            }catch(InterruptedException e){ System.out.println(e);}
            a1.deposit(amount);
            System.out.println("现有"+k+",存入"+amount+",余额"+a1.checkamount());
        }} }
//取款线程
class Fetch extends Thread  {
    private Account3 a1;
    private int amount;
    public Fetch(Account3 a1,int amount){
        this.a1 = a1;
        this.amount = amount;
    }
    public void run(){
        //锁定账户对象
        synchronized(a1){
            float k = a1.checkamount();
            try {   sleep(1);          //花费时间
```

```
            } catch(InterruptedException e){ System.out.println(e);}
            System.out.println("现有"+k+",取走"+a1.withdraw(amount)+",余额
"+a1.checkamount());
        } }}
    class test{
        public static void main(String args[]){
            Account3 a1 = new Account3("张三",100);
            (new Save(a1,100)).start();
            (new Save(a1,200)).start();
            (new Fetch(a1,500)).start();
        }}
```

其运行结果为：

```
现有100.0,存入100.0,余额200.0
现有200.0,存入200.0,余额400.0
现有400.0,存入400.0,余额0.0
```

在［例 7-9］中对象所对应的线程一旦执行，就独占该锁，其他线程则处于阻塞状态，直到执行完锁定的代码后才将锁释放，此后被阻塞的线程方能获得该锁，重新进入可执行状态。这种机制确保了同一时刻对于同一个账户对象，只有一个线程可以处于可执行状态，从而有效避免了访问冲突。

### 7.6.3 线程的同步

同步运行是指对于需要传送数据的多个线程必须同步运行、步调一致，以保证传送的数据被及时、准确收到。例如，有两个线程，一个线程用于向缓冲区中放入数据，一个用于获取这个数据，且要求每次放入的数据和取出的数据是一致的。这就要求这两个线程同步运行，从而保证放入和获取的数据一致。例如，下例就出现了问题。

**【例 7-10】** 发送与接收线程，参考代码为：

```
package seven;
//定义缓冲区
class Buffer1{
   private int value;
   void put(int i){ value = i;}
   int get(){return value;}
}
//发送线程
class Put1 extends Thread  {
   private Buffer1 bf;
   public Put1(Buffer1 bf){  this.bf = bf;}
   public void run(){
     synchronized(bf){
       for(int i=1;i<6;i++){
          bf.put(i);
          System.out.println(" Put1  put:"+i);
          try{  sleep(1);}
          catch(InterruptedException e){
              System.out.println(e.getMessage());
          } } }}}
//接受线程
class Get1 extends Thread {
```

```
    private Buffer1 bf;
    public Get1(Buffer1 bf){ this.bf = bf;}
    public void run(){
      synchronized(bf){
        for(int i=1;i<6;i++){
            System.out.println("\t\t    Get1 get:"+bf.get());
            try {sleep(1);}
            catch(InterruptedException e){
                System.out.println(e.getMessage());
            }}}}}
class  Test2{
     public static void main(String args[]){
            Buffer1 bf = new Buffer1();
          (new Put1(bf)).start();
          (new Get1(bf)).start();
        }}
```

其运行结果如图 7-5 所示。

```
Put1  put : 1
Put1  put : 2
Put1  put : 3
Put1  put : 4
Put1  put : 5
                    Get1 get : 5
                    Get1 get : 5
                    Get1 get : 5
                    Get1 get : 5
                    Get1 get : 5
```

图 7-5　没有同步线程

在此例中，当线程在继续执行前需要等待一个条件时，仅有关键字 synchronized 是不够的。虽然关键字 synchronized 阻止并发更新一个对象，但它没有实现线程间传递数据。Thread 类为此提供从 Object 类中继承过来的 wait()、notify()和 notifyAll()三个函数。

（1）wait 方法使当前线程变为阻塞状态，主动释放互斥锁，这一点也是和 sleep 方法不同的地方，sleep 方法不会释放互斥锁。

（2）notify 方法唤醒等待队列中的其他线程继续执行，使这些线程变为可运行状态。

（3）notifyall 方法唤醒等待队列中的全部线程继续执行。

**【例 7-11】** 发送接受线程数据传输的同步实现。

在本例中，当 Put1 线程向缓冲区中放入一个数据后就调用 wait()方法阻塞自己等待 Get1 线程取数据，同时调用 notify()方法唤醒 Get1 线程去获取数据。同样的，Get1 线程每次取数据后就调用 wait()方法阻塞自己等待 Put1 线程放数据，同时调用 notify()方法唤醒 Put1 线程去放数据。这样就达到了两个线程的同步传送数据。但在实际的应用中往往还需要有一个标志去标示缓冲区中的数据是否被取出，如果取出，则执行 Put1 线程放数据，否则执行 Get1 线程取数据。［例 7-11］的参考代码为：

```
package seven;
//加互斥锁的缓冲区
class Buffer2  {
   private int value;
```

```
    private boolean isEmpty = true;        //value 是否为空的信号量
    synchronized void put(int i){
        //当 value 不空时,等待
        while(!isEmpty){
            try{this.wait();}
            catch(InterruptedException e){
                 System.out.println(e.getMessage());} }
        value = i;                         //当 value 空时,value 获得值
        isEmpty = false;                   //设置 value 为不空状态
        notify();                          //唤醒其他等待线程
    }
    synchronized int get(){
                                           //当 value 空时,等待
        while(isEmpty){
            try{ this.wait();}
            catch(InterruptedException e){System.out.println(e.getMessage());}}
        isEmpty = true;                    //设置 value 为空状态,并返回值
        notify();
        return value;
  }
}
//发送线程
class Put2 extends Thread {
   private Buffer2 bf;
   public Put2(Buffer2 bf){ this.bf = bf;}
   public void run(){
       for(int i=1;i<6;i++){
          bf.put(i);
          System.out.println("Put2  put:"+i);}}
   public static void main(String args[]){
       Buffer2 bf = new Buffer2();
     (new Put2(bf)).start();
     (new Get2(bf)).start();}}
 //接受线程
class Get2 extends Thread {
   private Buffer2 bf;
   public Get2(Buffer2 bf){this.bf = bf;}
   public void run(){
       for(int i=1;i<6;i++)System.out.println("\t\t  Get2 get:"+bf.get());
   }}
```

其运行结果如图 7-6 所示。

```
Put2  put : 1
Put2  put : 2
                     Get2 get : 1
                     Get2 get : 2
Put2  put : 3
                     Get2 get : 3
Put2  put : 4
                     Get2 get : 4
Put2  put : 5
                     Get2 get : 5
```

图 7-6 同步后线程

在 wait()、notify()和 notifyAll()使用中须注意以下几点。

（1）调用 wait()，notify()方法前，必须获得锁，即必须写在 synchronized（obj）{...}代码段内。

（2）调用 wait()后，线程 A 就释放了锁，否则线程 B 无法获得锁，也就无法在 synchronized（obj）{...}代码段内唤醒 A。

（3）如果 A1、A2、A3 都在 wait()，则 B 调用 notify()只能唤醒 A1、A2、A3 中的一个（具体哪一个由 JVM 决定）。

（4）notifyAll()则能全部唤醒 A1、A2、A3，但是要继续执行 wait()的下一条语句，必须获得锁，因此，A1、A2、A3 只有一个有机会获得锁继续执行。

（5）当 B 调用 notify/notifyAll 的时候，B 正持有锁，因此，A1、A2、A3 虽被唤醒，但是仍无法获得锁。直到 B 退出 synchronized 块，释放锁后，A1、A2、A3 中的一个才有机会获得锁继续执行。

在程序中如果没有正确地使用 synchronized、wait()、notify()和 notifyAll()，则会出现死锁等问题。那么什么是死锁呢？

死锁是指这样一种情形：多个线程同时被阻塞，它们中的一个或者全部都在等待某个资源被释放或者是都处于等待状态而无法被唤醒时，由于线程被无限期地阻塞，因此程序不能正常终止。

产生死锁的原因主要为：①临界资源使用的互斥性。②部分地分配资源。③资源的循环等待。④资源的不可抢占性等。Java 技术既不能发现死锁也不能避免死锁。所以程序员编程时应注意死锁问题，尽量避免。

### 7.6.4 生产者—消费者模型

任何编程语言，对于多线程程序来说，生产者和消费者模型都是最经典的。生产者和消费者模型准确说应该是“生产者—消费者—仓储”模型。接下来设计一个简单的生产者和消费者模型，该模型符合以下要求。

（1）生产者仅在仓储未满时候生产，仓满则停止生产。

（2）消费者仅在仓储有产品时候才能消费，仓空则等待。

（3）当消费者发现仓储无产品可消费时会通知生产者生产。

（4）生产者在生产出可消费产品时，通知等待的消费者去消费。

**【例 7-12】** 生产者和消费者模型，参考代码为：

```
package seven;
class Godown {
    public static final int max_size = 100;      //最大库存量
    public int curnum;                            //当前库存量
    Godown(){}
    Godown(int curnum){ this.curnum = curnum;}
    public synchronized void produce(int neednum){
                                                  //测试是否需要生产
          while(neednum+curnum > max_size){
             System.out.println("要生产的产品数量"+neednum+"和剩余库存量"+curnum+
"之和超过最大库存量,暂时不能执行生产任务!");
                 try {wait();
```

```
            }catch(InterruptedException e){  e.printStackTrace();}  }
        curnum+= neednum;
        System.out.println("已经生产"+neednum+"个产品,现储量为"+curnum);
          notifyAll();       //唤醒在此对象监视器上等待的所有线程
          }

    public synchronized void consume(int neednum){
                                //测试是否可消费
      while(curnum < neednum){
        try { wait();
        }catch(InterruptedException e){e.printStackTrace();}}
      curnum-= neednum;
      System.out.println("已经消费了"+neednum+"个产品,现仓储量为"+curnum);
      notifyAll();              //唤醒在此对象监视器上等待的所有线程
    }}
class Producer extends Thread {
    private int neednum;
    private Godown godown;
    Producer(int neednum,Godown godown){
       this.neednum = neednum;
       this.godown = godown;}
    public void run(){ godown.produce(neednum);}    //生产指定数量的产品
          }
class Consumer extends Thread {
    private int neednum;
    private Godown godown;
    Consumer(int neednum,Godown godown){
          this.neednum = neednum;
          this.godown = godown;}
    public void run(){
          godown.consume(neednum);                    //消费指定数量的产品
    }}
public class Psc {
    public static void main(String[]args){
       Godown godown = new Godown(30);
       Consumer c1 = new Consumer(50,godown);
       Consumer c2 = new Consumer(20,godown);
       Consumer c3 = new Consumer(30,godown);
       Producer p1 = new Producer(10,godown);
       Producer p2 = new Producer(10,godown);
       Producer p3 = new Producer(10,godown);
       Producer p4 = new Producer(10,godown);
       Producer p5 = new Producer(10,godown);
       Producer p6 = new Producer(10,godown);
       Producer p7 = new Producer(80,godown);
       c1.start();c2.start();c3.start();
       p1.start();p2.start();p3.start();
       p4.start();p5.start();p6.start();
       p7.start();
       }}
```

程序运行结果如图 7-7 所示。

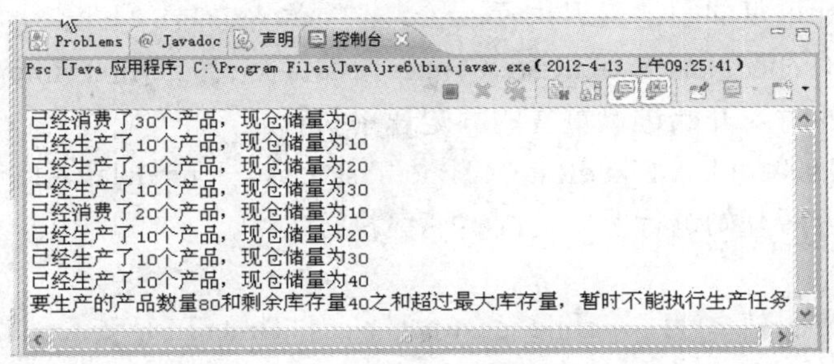


图 7-7　生产者与消费者

该例结合 java.lang.Object 的 wait 与 notify、notifyAll 方法来实现以上的要求。当发现不能满足生产或者消费条件时，调用对象的 wait 方法来释放当前线程所获得的锁，并调用 notifyAll()方法，唤醒该对象上其他等待线程，使得其继续执行。注意 notifyAll()方法，不释放锁，也不获取锁，只是告诉该对象上等待的线程可以竞争执行了。

## 7.7　计时器线程 Timer

有时需要每隔一段时间去执行某个任务，在 Java 中提供了 Timer 和 TimerTask 来完成这个任务。

1. Timer

Timer 的声明格式为：public class Timer extends Object。

Timer 的构造方法为：

（1）public Timer()创建一个新计时器。相关的线程不作为守护程序运行。

（2）public Timer（boolean isDaemon）创建一个新计时器，可以指定其相关的线程作为守护程序运行。如果计时器将用于安排重复的“维护活动”，则调用守护线程，在应用程序运行期间必须调用守护线程，但是该操作不应延长程序的生命周期。如果应该将相关的线程作为守护程序运行，则 isDaemon 应设为 true。

（3）public Timer（String name）创建一个新计时器，其相关的线程具有指定的名称。相关的线程不作为守护程序运行。name 为相关线程的名称。

（4）public Timer（String name，boolean isDaemon）创建一个新计时器，其相关的线程具有指定的名称，并且可以指定作为守护程序运行。name 为相关线程的名称，如果应该将相关的线程作为守护程序运行，则 isDaemon 应设为 true。

Timer 的主要方法为：

（1）public void cancel()终止该计时器，丢弃所有当前已安排的任务。

（2）public int purge()从该计时器的任务队列中移除所有已取消的任务。

（3）public void schedule（TimerTask task，Date time）安排在指定的时间执行指定的任务。

（4）public void schedule（TimerTask task，Date firstTime，long period）安排指定的任务在指定的时间开始进行重复的固定延迟执行。

（5）public void schedule（TimerTask task，long delay）安排在指定延迟后执行指定的任务。

（6）public void schedule（TimerTask task，long delay，long period）安排指定的任务从指定的延迟后开始进行重复的固定延迟执行。

（7）public void scheduleAtFixedRate（TimerTask task，Date firstTime，long period）安排指定的任务在指定的时间开始进行重复的固定速率执行。

（8）public void scheduleAtFixedRate（TimerTask task，long delay，long period）安排指定的任务在指定的延迟后开始进行重复的固定速率执行。

2. TimerTask

TimerTask 的声明格式为：public abstract class TimerTask extends Object implements Runnable。

TimerTask 的构造方法为：protected TimerTask()创建一个新的计时器任务。

TimerTask 的主要方法有：

（1）public boolean cancel()取消此计时器任务。

（2）public abstract void run()该计时器任务要执行的操作。

（3）public long scheduledExecutionTime()返回任务最近实际执行的已安排执行时间。

**【例 7-13】** Timer 的使用，参考代码为：

```
package seven;
import java.util.Date;
import java.util.Timer;
import java.util.TimerTask;
public class Timertest {
  public static void main(String[]args){
     Timer t1=new Timer();
     TimerTasktest tk=new TimerTasktest();
     System.out.println((new Date()).toString());
     t1.schedule(tk,1000*5,1000*2);//第一次先等待 5 秒,以后每隔 2 秒走一次 run 方法。
    } }
class TimerTasktest extends TimerTask{
    int i=0;
    public void run(){
       i++;
       System.out.println((new Date()).toString()+"第"+i+"次");
       if(this.i==5){ this.cancel();}
       } }
```

程序运行结果为：

```
Fri Mar 16 12:46:00 CST 2012
Fri Mar 16 12:46:05 CST 2012 第 1 次
Fri Mar 16 12:46:07 CST 2012 第 2 次
Fri Mar 16 12:46:09 CST 2012 第 3 次
Fri Mar 16 12:46:11 CST 2012 第 4 次
Fri Mar 16 12:46:13 CST 2012 第 5 次
```

## 7.8 线 程 组

Java 定义了在多线程运行系统中的线程组对象，用于实现按照特定功能对线程进行集中式分组管理。用户创建的每个线程均属于某线程组，这个线程组可以在线程创建时指定，也可以不指定线程组以使该线程处于默认的线程组之中。但是，一旦线程加入某线程组，该线程就一直存在于该线程组中直至线程死亡为止，不能中途改变线程所属的线程组。当 Java 的 Application 应用程序运行时，JVM 将创建名称为 main 的线程组。除非单独指定，在该应用程序中创建的线程均属于 main 线程组。

线程组表示一个线程的集合。此外，一个线程组也可以包含其他线程组。线程组构成一棵树，在树中，除了初始线程组外，每个线程组都有一个父线程组。Java 中允许线程访问有关自己所属的线程组的信息，但是不允许它访问有关其线程组的父线程组或其他任何线程组的信息。

线程组就是由线程组成的管理线程的类，这个类为 java.lang.ThreadGroup 类。与线程类似，可以针对线程组对象进行线程组的调度、状态管理及优先级设置等。在对线程组进行管理的过程中，加入到某线程组中的所有线程均被看作统一的对象。

ThreadGroup 类的声明格式为：

public class ThreadGroup extends Object implements Thread.UncaughtExceptionHandler

ThreadGroup 类的构造方法有：

（1）public ThreadGroup（String n）构造一个新线程组，参数 n 为新线程组的名称。

（2）public ThreadGroup（ThreadGroup parent，String name）创建一个新线程组。参数 parent 为父线程组，name 为新线程组的名称。

ThreadGroup 类的主要方法有：

（1）public int activeCount()返回该线程组中活动线程的估计数。

（2）public int activeGroupCount()返回该线程组中活动线程组的估计数。

（3）public void checkAccess()确定当前运行的线程是否有权修改此线程组。

（4）public void destroy()销毁该线程组及其所有子组。

（5）public int enumerate（Thread[]list）将该线程组及其子组中的所有活动线程复制到指定数组中。

（6）public int enumerate（Thread[]list，boolean recurse）将该线程组中所有活动线程复制到指定数组中。

（7）public int enumerate（ThreadGroup[]list）将对该线程组中的所有活动子组的引用复制到指定数组中。

（8）public int enumerate（ThreadGroup[]list，boolean recurse）将对该线程组中的所有活动子组的引用复制到指定数组中。

（9）public int getMaxPriority()返回该线程组的最高优先级。

（10）public String getName()返回该线程组的名称。

（11）public ThreadGroup getParent()返回该线程组的父线程组。

（12）public void interrupt()中断该线程组中的所有线程。

（13）public boolean isDaemon()测试该线程组是否为一个后台程序线程组。

（14）public boolean isDestroyed()测试该线程组是否已经被销毁。

（15）public void list()将有关该线程组的信息打印到标准输出。

（16）public boolean parentOf（ThreadGroup g）测试该线程组是否为线程组参数或其祖先线程组之一。

（17）public void setDaemon（boolean daemon）更改该线程组的后台程序状态。

（18）public void setMaxPriority（int pri）设置线程组的最高优先级。

（19）public String toString()返回该线程组的字符串表示形式。

**【例 7-14】** 线程组，参考代码为

```
package seven;
public class TestAccess {
    public static void main(String[]args){
      ThreadGroup x = new ThreadGroup("x");
      ThreadGroup y = new ThreadGroup(x,"y");
      ThreadGroup z = new ThreadGroup(y,"z");
      TestThread1 one=new TestThread1(x,"one");
      TestThread2 two=new TestThread2(z,"two");
      one.start();    two.start();
    }}
  class TestThread1 extends Thread{
    TestThread1(ThreadGroup g,String name){ super(g,name);}
    public void run(){
      try{ sleep(1000);}  //防止该线程过早死亡
      catch(Exception e1){e1.getMessage();}}
     public void f(){ System.out.println("线程"+getName()+"调用 f()");}
  }
  class TestThread2 extends TestThread1{
    TestThread2(ThreadGroup g,String name){ super(g,name);}
    public void run(){
     ThreadGroup g=getThreadGroup().getParent().getParent();
     g.list();                //将有关此线程组的信息打印到标准输出。
     Thread[]gAll = new Thread[g.activeCount()];
     g.enumerate(gAll);     //把线程组及其子组中的所有活动线程复制到指定数组中。
     for(int i = 0;i < gAll.length;i++){
       gAll[i].setPriority(Thread.MIN_PRIORITY); //重设线程的优先级
      ((TestThread1)gAll[i]).f();}
      g.list();}}
```

程序运行结果如图 7-8 所示。

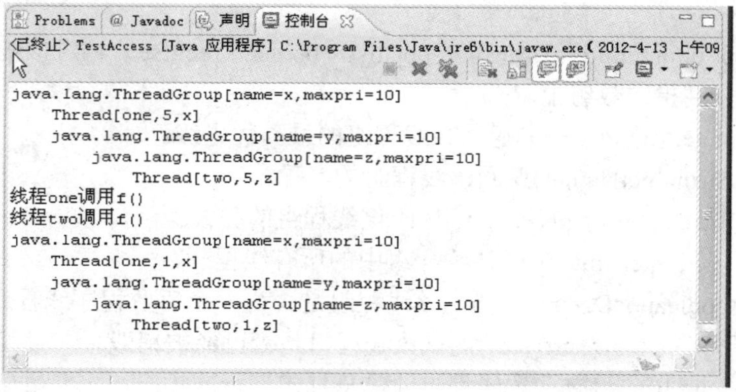

```
Problems  @ Javadoc  声明  控制台
<已终止> TestAccess [Java 应用程序] C:\Program Files\Java\jre6\bin\javaw.exe ( 2012-4-13 上午09
java.lang.ThreadGroup[name=x,maxpri=10]
    Thread[one,5,x]
    java.lang.ThreadGroup[name=y,maxpri=10]
        java.lang.ThreadGroup[name=z,maxpri=10]
            Thread[two,5,z]
线程one调用f()
线程two调用f()
java.lang.ThreadGroup[name=x,maxpri=10]
    Thread[one,1,x]
    java.lang.ThreadGroup[name=y,maxpri=10]
        java.lang.ThreadGroup[name=z,maxpri=10]
            Thread[two,1,z]
```

图 7-8 线程组示例

## 7.9 小结

本章主要介绍Java中的多线程技术。通过本章的学习要了解线程和进程的特点，要掌握怎样去创建线程，理解线程的生命周期及各个状态之间的转换，了解线程的调度，掌握使用相应的方法实现对线程的控制，掌握怎样实现线程的同步，以及计时器线程 Timer 和线程组的使用。

## 习题

**一、选择题**

1. 下列说法中错误的一项是（　　）。
   A. 线程就是程序　　B. 线程是一个程序的单个执行流
   C. 一个进程可以产生多个线程　　D. 多线程用于实现并发
2. 下列说法中正确的一项是（　　）。
   A. 代码和数据是进程的组成部分　　B. 代码和数据是线程的组成部分
   C. 进程是轻型的线程　　D. 线程中包括线程
3. 下列说法中错误的一项是（　　）。
   A. Java 的线程体由 run()方法定义
   B. 通过调用 run()方法创建线程对象
   C. 线程创建时已经确定了提供线程体的对象
   D. Java 中每一个线程都有名字
4. 下列有关线程的叙述中正确的一项是（　　）。
   A. 一旦一个线程被创建，它就立即开始运行
   B. 使用 start()方法可以使一个线程成为可运行的，但是它不一定立即开始运行
   C. 当一个线程因为抢占机制而停止运行时，它被放在可运行队列的前面
   D. 一个线程可能因为不同的原因而终止并进入终止状态
5. 下列哪个方法可以使线程从运行状态进入阻塞状态（　　）。
   A. sleep　　B. wait　　C. yield　　D. start
6. 下列关于 Thread 类提供的线程控制方法的说法中，错误的一项是（　　）。
   A. 在线程 A 中执行线程 B 的 join()方法，则线程 A 等待直到 B 执行完成。
   B. interrupt()为线程设置一个中断标记，并没有中断线程运行。
   C. 若线程 A 调用方法 isAlive()返回值为 true，则说明 A 正在执行中。
   D. yield()使线程进入阻塞状态。
7. 下列说法中错误的一项是（　　）。
   A. 共享数据的所有访问都必须使用 synchronized 加锁
   B. 共享数据的访问不一定全部使用 synchronized 加锁
   C. 所有的对共享数据的访问都是临界区
   D. 临界区必须使用 syschronized 标识

## 二、填空题

1．在操作系统中，被称做轻型的进程是________。

2．在 Java 程序中创建线程有两种方式：________和________。

3．Thread 类中表示最高优先级的常量是________，表示最低优先级的常量是________。

4．可以使用________方法启动一个线程。

5．Java 中的对象锁是一种独占的________锁。

6．________唤醒等待队列中的全部线程继续执行。

7．Java 中可使用关键字________对对象加锁。

## 三、简答题

1．进程和线程有何异同？

2．关键字 synchronized 是什么含义？有哪些用法？

3．wait()、notify()和 notifyAll()方法在什么情况下使用？它们的作用是什么？

4．什么是死锁？什么情况下会死锁？

# 第 8 章　输入/输出与文件

几乎所有的程序都离不开读/写信息，如从键盘读取数据、打开与保存文件、在网络中进行数据传输等。输入/输出是程序设计中很重要的一部分，JDK 提供了 java.io 包，包含了一系列的类来实现输入/输出处理，如标准输入/输出、文件的操作、网络上的数据流、字符串流、对象流等。

本章将介绍 Java 的输入/输出流的概念和应用。

## 8.1　Java 输入 / 输出类库

"流"是一个抽象的概念，是一组有顺序的、不间断的有源端和目的端，用来实现程序间的通信、读/写外部设备、读/写文件等。在 Java 中它屏蔽了实际的 I/O 设备中处理数据的细节，所以程序不需要关注这些细节。"流"能够用于多种输入/输出设备，使之独立于相关的设备，从而增强了程序的可移植性。源端和目的端，代表任何有能力产生数据的数据源对象或是有能力接收数据的接收端，可以是内存的某些区域，还可以是显示器、打印机，还可以是文件或是 Internet 上的某个 URL。

### 8.1.1　I/O 流层次

1. 数据流

数据流是指所有的数据通信通道，是对输入/输出的总称，表示字符或者字节数据的流动序列。根据数据流的方向不同分为输入流和输出流两类。

（1）输入流只能进行读操作不能进行写操作，可从键盘或文件等中读数据。

（2）输出流则是只能进行写操作不能进行读操作，可向显示器或文件等中写数据。

java.io 包含了一系列的类来实现输入/输出处理，是大多数面向数据流的输入/输出类的主要软件包，支持两种类型的数据流：一种是字节流，另一种是字符流，分别由四个抽象类来表示（每种流包括输入和输出两种，所以一共四个）：InputStream、OutputStream、Reader、Writer。

Java 中其他的流均是由它们派生出来的。在实际的应用中程序员主要使用由这四个抽象类派生出来的类来进行程序设计。其中 InputStream 和 OutputStream 是基于字节流的，而 Reader 和 Writer 是基于字符流。表 8-1 所示为对 IO 包中的类进行描述。

2. 文件类和 RandomAccessFile

文件类是用以记载文件信息并以顺序方式访问文件的，是一个实用的工具。它不仅可以代表一个特定文件的名称，又能代表一个目录下的一组文件的名称。其中提供了很多的方法，可以让用户查询文件信息、建立相关的文件目录、搜索建立一组文件的集合等。

RandomAccessFile 类是一个非常有用的独立的类，不属于"流"类，它可以随机地读/写文件的内容，不仅能够读而且能够进行写，读和写还能同时进行，并且可以设定从哪个位置开始读/写。它不同于输入流和输出流，输入流只能进行读操作，输出流只能进行写操作。

表 8-1 **IO 包 中 的 类**

| 类　名 | 说　明 |
|---|---|
| InputStream | 是所有面向字节的输入流的超类，其中声明多个方法，主要有读取数据、获取数据量、标记位置、关闭数据流等操作。作用是用来表示那些从不同数据源产生输入的类，这些数据源主要有：①字节数组；②String 对象；③文件；④“管道”；⑤序列化的对象流；⑥其他数据源，如 Internet 连接等 |
| OutputStream | 是所有面向字节的输出流的超类，其中声明多个方法，主要有写入数据、刷空输出流、关闭数据流等操作。决定了输出的目标：字节数组、文件或管道等 |
| Reader | 是所有面向字符的输入流的超类，其中声明多个方法，主要有读取数据、关闭数据流等操作。是以 Unicode 字符为单位进行的，提供了更高的效率 |
| Writer | 是所有面向字符的输出流的超类，其中声明多个方法，主要有将字符串写入数据、将缓冲区内容写入输出流、关闭数据流等操作。是以 Unicode 字符为单位进行的，提供了更高的效率 |

3. 标准 I/O

Java 的标准数据流是指在字符方式下（如 DOS），程序与系统进行交互的方式。Java 通过 System 类里三个成员来实现标准输入/输出的功能。System 类是 java.lang 包中的 final 类。其声明格式为：

```
public final class System extends Object
```

其中用于实现输入/输出的功能的成员是 in、out 和 err，其格式分别为：

```
public static final InputStream in
public static final PrintStream out
public static final PrintStream err
```

（1）System.in。“标准”输入流，是字节输入流 InputStream 类的一个对象。此流已打开并准备提供输入数据。通常，此流对应于键盘输入。主要有 read 方法来实现，其主要格式为：

```
public int read()throws IOException            //读取一个字节,返回值为所读的字节
public int read(byte b[])throws IOException    //读取多个字节,放置到字节数组 b 中,
                                                 返回值为实际读取的字节的数量
```

（2）System.out。“标准”输出流，是打印流 PrintStream（是 OutputStream 类的子类的子类）类的一个对象。此流已打开并准备接受输出数据。通常，此流对应于显示器输出。其中主要有 print 和 println 方法来实现，其主要格式为：

```
public void print(参数);
public void println(参数或无参数);
```

这两个方法支持 Java 的任意基本数据类型作为参数。区别在于：print 方法必须有参数且不输出回车符；而 println 方法可以有参数也可以无参数，有参数时将内容输出后再输出回车符，无参数时直接输出回车符。

（3）System.err。“标准”错误输出流，是打印流 PrintStream（是 OutputStream 类的子类的子类）类的一个对象。此流已打开并准备接受输出数据。通常，此流对应于显示器输出，用于显示错误消息，或者显示应该立刻引起用户注意的其他信息。其中主要由 print 和 println 方法来实现，与 System.out 相同。

可见 Java 中标准输入/输出的功能是通过 InputStream 类的 read()方法从键盘接收数据的，PrintStream 类的 print()和 println()方法可以向屏幕输出数据。由于 read()方法声明要抛出

IOException 异常，调用它的函数要处理该异常。

**【例 8-1】** 接收从键盘输入的字符串，参考代码如下：

```
package eight;
import java.io.*;
public class Sysin1{
   public static void main(String args[])throws IOException{
      byte buf[]=new byte[512];
      int count;
      System.out.print("请输入字符串:");
      count=System.in.read(buf);                    //读入数据
      System.out.println("您输入的字节个数是:"+count);
      System.out.print("直接输出 buf 里的数据是:");
      for(int i=0;i<count;i++)
        System.out.print(buf[i]+" ");               //按整数输出
      System.out.println();
      System.out.print("buf 里的数据转换为字符输出是:");
      for(int i=0;i<count;i++)     {
         System.out.print((char)buf[i]+" ");  //按字符输出
      }}}
```

其输出结果为：

```
请输入字符串:asdfd
您输入的字节个数是:7
直接输出 buf 里的数据是:97 115 100 102 100 13 10
buf 里的数据转换为字符输出是:a s d f d
```

[例 8-1] 需注意以下几个问题：

（1）使用 System.in.read 方法时，注意需进行异常的捕获处理或由 main 方法抛出交由系统处理。

（2）如 [例 8-1] 中从键盘输入的是 5 个字符，为什么 count 值为 7？原因是输入字符串之后，要按 Enter 键结束输入，而回车符是占用两个字符的。

（3）输入的是字符，而存储到 buf 数组里的是对应的字符的 ASCII 码值。所以 [例 8-1] 中直接输出 buf 里的数据是整数数据。

（4）输出的是 7 个 ASCII 码值，为什么转换为字符输出后只看到 5 个？原因是后两个字节值代表的是回车符，转换为字符后，直接进行了相应的回车操作。

4. 使用 Scanner 类

从 [例 8-1] 中可以看到，System.in 只能以字符的形式取得输入，使用起来有些不方便，而用 java.util.Scanner 类中的方法可以取得字符串或者数字。Scanner 类的声明格式为：

```
public final class Scanner extends Object implements Iterator
```

（1）构造方法为：

```
Scanner(InputStream source):构造新的 Scanner,生成值是从指定的输入流扫描的。
Scanner(InputStream source,String charsetName)。
Scanner(File source):构造新的 Scanner,生成的值是从指定文件扫描的。
Scanner(File source,String charsetName)。
```

（2）一些常用的方法有：

1）void close()：关闭扫描器。

2）boolean hasNext()：如果此扫描器的输入中有另一个标记，则返回 true。

3）boolean hasNextBoolean()：如果通过使用一个从字符串 "true|false" 创建的大小写敏感的模式，此扫描器输入信息中的下一个标记可以解释为一个布尔值，则返回 true。

（4）boolean hasNextFloat()：如果通过使用 nextFloat()方法，此扫描器输入信息中的下一个标记可以解释为默认基数中的一个 float 值，则返回 true。

（5）boolean hasNextInt()：如果通过使用 nextInt()方法，此扫描器输入信息中的下一个标记可以解释为默认基数中的一个 int 值，则返回 true。

（6）boolean hasNextLine()：如果在此扫描器的输入中存在另一行，则返回 true。

（7）String next()：查找并返回来自此扫描器的下一个完整标记。

（8）boolean nextBoolean()：扫描解释为一个布尔值的输入标记并返回该值。

（9）float nextFloat()：将输入信息的下一个标记扫描为一个 float。

（10）int nextInt()：将输入信息的下一个标记扫描为一个 int。

（11）String nextLine()：此扫描器执行当前行，并返回跳过的输入信息。

**【例 8-2】** 使用 Scanner 接收从键盘输入的整数，参考代码为：

```
package eight;
import java.util.*;
public class ScannerExp {
  public static void main(String args[]){
     Scanner scanner = new Scanner(System.in);
     int sum=0;
     System.out.println("输入整数(按非整数键退出):");
     while(scanner.hasNextInt()){              //判断输入的是否为整数
        int item=scanner.nextInt();            //获取输入的整数
        sum=sum+item;
     }
     System.out.println("总和为:"+sum);
  }}
```

其输出结果为：

```
输入整数(按非整数键退出):
12 24
56
f
总和为:92
```

（1）使用时先用 System.in 构造 Scanner 类，用 Scanner 的 next()、nextInt()、nextFloat()、nextBoolean()等方法取得输入。

（2）Scanner 默认使用空白（包括空格、Tab 空白和回车等）作为多个输入项之间的分隔符。

（3）使用时可以先用 hasNext()、hasNextInt()等判断下一个输入是否符合要求。

### 8.1.2 字节流

InputStream 是所有字节输入流的超类，而 OutputStream 是所有字节输出流的超类。

1. 字节输入流 InputStream

字节输入流类 InputStream 是一个抽象类，其常用方法如表 8-2 所示，参考格式为：

```
public abstract class InputStream exends Object
```

表 8-2 **InputStream 的常用方法**

| 方　法 | 作　用 |
|---|---|
| int read() | 读取一个字节，返回值为所读的字节。返回一个整数或－1，－1 代表流的结束 |
| int read(byte b[]); | 读取多个字节，放置到字节数组 b 中，返回值为实际读取的字节的数量。返回一个整数或－1，－1 代表流的结束 |
| int read(byte[],int,off,int len) | 读取 len 个字节，放置到以下标 off 开始的字节数组 b 中，返回值为实际读取的字节的数量。返回一个整数或－1，－1 代表流的结束 |
| void close() | 关闭流 |
| int available() | 报告流中直接可读的字节数 |
| skip(long) | 跳过流中指定的字节 |

InputStream 是所有字节输入流的超类，以字节为单位进行数据的输入，其他字节输入流类都继承于它，从而形成了一定的层次关系，其他字节输入流类都可以使用它的方法对数据进行操作，或者使用相应类中定义的其他方法更方便地对数据进行操作。表 8-3 中列出了这些类的作用和功能。

表 8-3 **部分字节输入流的功能说明**

| 类 | 功　能 |
|---|---|
| FileInputStream | 用于从文件中读取信息 |
| PipedInputStream | 用于从管道中读取数据，和 PipedOutputStream 成对来使用 |
| FilterInputStream | 抽象类，作为“修饰器”的接口。其中“修饰器”为其他的 InputStream 类提供有用的接口 |
| ByteArrayInputStream | 允许将内存的缓冲区当作 InputStream |
| SequenceInputStream | 将两个或多个 InputStream 对象转换成单一 InputStream |
| StringBufferInputStream | 将 String 转换成 InputStream |
| ObjectInputStream | 用于读取一个对象 |

其中 FilterInputStream 是一个抽象类，用来提供修饰器类接口以控制特定的输入流，是所有字节过滤流类的超类。由它派生的过滤流类中，DateInputStream 允许读取不同的基本类型数据及 String 对象，而其他类则在内部修改 InputStream 的行为方式，主要包括是否缓冲，是否保留它所读过的行，以及是否把单一字符推回输入流等。

2. 字节输出流 OutputStream

字节输出流 OutputStream 也是一个抽象类，它的主要方法如表 8-4 所示。

表 8-4 **OutputStream 的常用方法**

| 方　法 | 作　用 |
|---|---|
| write(int　c) | 写一个字节到流中 |
| write(byte[]) | 将数组中的内容写到流中 |
| write(byte[],int off,int len) | 将数组中从 off 指定的位置开始长度为 len 的数据写到流中 |
| void close() | 关闭输出流 |
| void flush() | 强行将写入缓冲区中剩余的数据写入 |

3. 文件字节输入流 FileInputStream

字节流 InputStream 和 OutputStream 都是抽象类，不能进行实例化。在实际的应用中并不使用这两个类，而是使用一些基本的数据流类，它们都是 InputStream 和 OutputStream 的子类，分别用于不同的场合，一般格式为：

```
public FileInputStream(String name)throws FileNotFoundException
public FileInputstream(File file)throws FileNotFoundException
```

其中，name 为文件名，file 为文件对象，文件类将在 8.2 节中讲述。其中用到的方法主要是从 InputStream 类中继承过来的 read 方法和 close 方法。文件字节输入流 FileInputStream 的对象表示一个文件字节输入流，从中可以读出一个字节或者多个字节。在生成 FileInputStream 对象时如果指定的找不到，则抛出 FileNotFoundException 异常。

**【例 8-3】** 建立相应的文件输入流读取一个文件，参考代码如下：

```
package eight;
import java.io.*;
public class Infile{
   public static void main(String args[]){
      try {                              //创建文件输入流对象
         FileInputStream  rf=new FileInputStream("Infile.java");
         byte buffer[]= new byte[512];
         while(rf.read(buffer)!=-1){  //读取输入流
            System.out.print(new String(buffer));
            for(int i=0;i<512;i++)
              buffer[i]=0;               //每次取出buffer中的数据后，使其为默认值0
         }
         System.out.println();
         rf.close();                     //关闭输入流
         }
      catch(IOException e){ System.out.println(e);}
      catch(Exception e){  System.out.println(e);}
   }}
```

其运行结果将文件的内容显示在屏幕上。

（1）此例是建立相关的字节文件输入流，利用 read 方法将其文件的内容读入缓冲区 buffer 中。再将 buffer 中的整数（ASCII 码）构建为相应的字符串输出到屏幕上。

（2）在使用 FileInputStream 构造方法建立相应的字节文件输入流时要抛出异常，使用相关的 read 方法时也要抛出异常，所以应将有关这些方法的语句放入 try 语句块进行异常的捕获和处理。

4. 文件字节输出流 FileOutputStream

文件字节输出流 FileOutputStream 类用来向一个文件写数据，它从父类 OutputStream 中继承 write、close 等方法。

```
public FileOutputStream(String name)throws FileNotFoundException
public FileOutputstream(File file)throws FileNotFoundException
public FileOutputstream(File file,boolean append)throws FileNotFoundException
```

其中，name 为文件名，file 为文件对象，文件类将在 8.2 节中讲到。append 表示文件是否为追加的方式写入，为 false 时，以重写方式从头写入；为 true 时，为追加方式，在原有内容的后面写入。其中用到的方法主要是从 OutputStream 类中继承过来的 write 方法和 close 方法。

【例 8-4】 建立相关的文件，将其从键盘输入的内容保存到文件中，参考代码如下：

```
package eight;
import java.io.*;
public class Outfile {
   public static void main(String args[]){
      try{
         System.out.print("请输入内容:");
         int count;
         byte buf[]=new byte[512];
         count = System.in.read(buf);      //读取标准输入流
                                           //创建文件输出流对象
FileOutputStream  wf = new FileOutputStream("Outfile.txt");
         wf.write(buf);                    //写入输出流
         wf.close();                       //关闭输出流
         System.out.println("此内容已保存到文件 Outfile.txt");}
      catch(IOException e){  System.out.println(e);}
      catch(Exception e){    System.out.println(e);}
   }}
```

### 8.1.2　字节流

1. Reader 类和 Writer 类

Reader 类和 Writer 类是所用面向字符的输入流和输出流的超类，其声明格式为：

```
public abstract class Reader extends Object
public abstract class Writer extends Object
```

它们的应用和功能与字节流相应的类相似，本节不再多做介绍。主要的方法有：

```
public int read()throws IOException;
public int read(char cbuf[])throws IOException;
public abstract int read(char cbuf[],int off,int len)throws IOException;
public void write(int c)throws IOException;//将整型值 c 的低 16 位写入输出流
public void write(char cbuf[])throws IOException;
public abstract void write(char cbuf[],int off,int len)throws IOException;
public void write(String str)throws IOException;
public void write(String str,int off,int len)throws IOException;
public abstract void close()throws IOException;
```

它们和 InputStream 和 OutputStream 类的层次结构上有些对应的地方，如表 8-5 所示。

表 8-5　字节流和字符流对应关系

| 字　节　流 | 字　符　流 |
|---|---|
| InputStream<br>OutputStream | Reader 适配器：InputStreamReader<br>Writer 适配器：OutputStreamWriter |
| FileInputStream<br>FileOutputStream | FileReader<br>FileWriter |
| ByteArrayInputStream<br>ByteArrayOutputStream | CharArrayReader<br>CharArrayWriter |

续表

| 字　节　流 | 字　符　流 |
|---|---|
| PipedInputStream<br>PipedOutputStream | PipedReader<br>PipedWriter |
| FilterInputStream<br>FilterOutputStream | FilterReader<br>FilterWriter |
| BufferedInputStream<br>BufferedOutputStream | BufferedReader<br>BufferedWriter |
| PrintStream | PrintWriter |

其中 InputStreamReader 和 OutputStreamWriter 是 java.io 包中用于处理字符流的最基本的类，用在字节流和字符流之间作为中介，有时也称为转换流。

2. FileReader 类和 FileWriter 类

FileReader 类和 FileWriter 类用于字符文件的输入/输出处理，其声明格式为：

```
public class FileReader extends InputStreamReader
public class FileWriter extends OutputStreamWriter
```

构造方法是：

（1）public FileReader（File file）throws FileNotFoundException。

（2）public FileReader（String name）throws FileNotFoundException。

（3）public FileWriter（File file）throws FileNotFoundException。

（4）public FileWriter（String name，boolean append）throws FileNotFoundException。

3. BufferedReader 和 BufferedWriter 类

由于 FileReader 和 FileWriter 以字符为单位进行读写，速度非常慢，因此在进行文件的输入/输出时，经常要把其包装成 BufferedReader 和 BufferedWriter 来进行操作，从而提高执行的效率。其声明如下：

```
public class BufferedReader extends Reader
public class BufferedWriter extends Writer
```

构造方法为：

（1）public BufferedReader（Reader in）。

（2）public BufferedReader（Reader in，int sz）。

（3）public BufferedWriter（Writer out）。

（4）public BufferedWriter（Writer out，int sz）。

主要使用的方法为：

（1）public string readLine()throws IOException　　　//按行读。

（2）public string newLine()throws IOException　　　//写入一个行分隔符。

**【例 8-5】** 读取和复制文件，参考代码如下：

```
package eight;
import java.io.*;
public class RWfile{
    //读取文件
    void rfile(String filename){
```

```
        try{  FileReader fr = new FileReader(filename); //建立文件字符输入流
                BufferedReader br = new BufferedReader(fr);
                    //建立缓冲区流,以缓冲区方式读取文件内容
                String aline;
                System.out.println("文件"+filename+"中的内容是:");
                 while((aline=br.readLine())!= null){  //按行读取文本
                     System.out.println(aline);}
                 fr.close();br.close();
              }catch(IOException ioe){ System.out.println(ioe);}
               catch(Exception e){ System.out.println(e);}
       }
    //复制文件
    void copy(String filename,String copyfile){
       try{
          FileReader fr = new FileReader(copyfile);      //建立相关的字符输入流
          BufferedReader br = new BufferedReader(fr);
          FileWriter  fw = new FileWriter(filename);     //建立文件字符输出流
          BufferedWriter bw = new BufferedWriter(fw);
          String aline;
          while((aline=br.readLine())!= null){           //按行读取文本
              bw.write(aline);                           //按行写入
              bw.newLine();}
          bw.close();fw.close();
          br.close();fr.close();
    System.out.println("文件"+copyfile+"里的内容已复制到文件"+filename+"中!");
  } catch(IOException ioe){ System.out.println(ioe);}
   catch(Exception e){System.out.println(e);}
    }
    public static void main(String args[])  {
       RWfile f1=new RWfile();
       f1.copy("RWfile.txt","RWfile.java");
       f1.rfile("RWfile.txt");
    }}
```

本例中设计了 rfile（String filename）和 copy（String filename，String copyfile）两个主要的方法，其中 rfile 方法用来读取一个文件的内容将其输出到屏幕上，copy 的作用是将 copyfile 所对应的文件里的内容复制到 filename 所对应的文件中。在读/写文件的过程中，采用的是缓冲区流，提高了读/写的速度。注意 newLine 的使用方法，如果没有使用，是怎样的情况。

## 8.2 字符的输入/输出

1. 字符编码的基本知识

Java 中包括 char、byte、String 等概念。

（1）char 指的是一个 Unicode 字符，为 16 位的整数。

（2）byte 是字节，字符串在网络传输或存储前需要转换为 byte 数组，从网络接收或从存储设备读取后需要将 byte 数组转换成 String。

（3）String 是字符串，可以看成是由 char 组成的数组。

String 和 char 为内存形式，byte 是网络传输或存储的序列化形式。String 序列化成 byte 数组或反序列化时需要选择正确的编码方式。如果编码方式不正确，就会得到一些 0x3F 的值。常用的字符编码方式有 ISO8859_1、GB2312、GBK、UNICODE、UTF 等。

（1）ISO8859_1。ISO8859_1 属于单字节编码，最多能表示的字符范围是 0～255，应用于英文系列。ISO8859_1 编码表示的字符范围很窄，无法表示中文字符。但是，由于是单字节编码，和计算机最基础的表示单位一致，所以很多情况下，仍旧使用 ISO8859_1 编码来表示，而且在很多协议上，默认使用该编码。

（2）GB2312/GBK。GB2312/GBK 是双字节编码，是中文的国标码，专门用来表示中文，而英文字母和 ISO8859_1 一致（兼容 ISO8859_1 编码）。其中 GBK 编码兼容 GB2312 编码，能够用来同时表示繁体字和简体字，而 GB2312 只能表示简体字。

（3）Unicode。这是最统一的编码，可以用来表示所有语言的字符，而且是定长双字节（也有四字节的）编码，包括英文字母在内。所以可以认为是不兼容 ISO8859_1 编码的，也不兼容任何其他编码。定长编码便于计算机处理（注意 GB2312/GBK 不是定长编码），而 Unicode 又可以用来表示所有字符，所以在很多软件内部是使用 Unicode 编码来处理的，如 Java。

（4）UTF。由于 Unicode 编码不兼容 ISO8859_1 编码，容易占用更多的空间，如对于英文字母，Unicode 也需要两个字节来表示，所以 Unicode 不便于传输和存储。因此产生了 UTF 编码，UTF 编码兼容 ISO8859_1 编码，同时也可以用来表示所有语言的字符，但是，UTF 编码是不一定长编码，每一个字符的长度从 1～6 个字节不等，UTF 编码自带简单的校验功能。一般来讲，英文字母都是用一个字节表示，而汉字使用三个字节。虽然 UTF 是为了节省空间而使用的，但那只是相对于 Unicode 编码的，如果已经知道是汉字，则使用 GB2312/GBK 无疑是最节省的。另一方面，虽然 UTF 编码对汉字使用 3 个字节，但即使对于汉字网页，UTF 编码也会比 Unicode 编码节省空间，因为网页中包含了很多英文字符。

2. 字符的输入/输出

在对文本文件进行读/写操作时，必须要清楚的知道所读取的文本文件的编码格式和要写入文本文件的编码格式，否则读取的文件信息将会是乱码或错误的信息等，写入的信息也不利于以后该文件的再读取。

（1）读取的实现步骤如下：

1)先取出该文本文件对应的字节流，然后按照该文本的编码格式将字节流转换为字符流，最后再转换为 java 的 JVM 的编码格式（即 Unicode）。

2）提供缓冲区，再读取文本文件，主要使用 BufferedReader 类的 readLine()函数，每次读取一行。

InputStreamReader 类是字节流通向字符流的桥梁，它使用指定的 charset 读取字节并将其解码为字符。它使用的字符集可以由名称指定或显式给定，或者可以接受平台默认的字符集。声明如下：

```
public class InputStreamReader extends Reader
```

构造方法主要有：

1）public InputStreamReader（InputStream in）。

2）public InputStreamReader（InputStream in，String charsetName）throws。

3）UnsupportedEncodingException。 // 如果不支持指定的字符集则抛出异常。

4）public InputStreamReader（InputStream in，Charset cs）。

（2）写入的实现步骤如下：

1）先使字符由 Unicode 码转化为要写入文本文件对应的编码格式，然后将该编码格式对应的字节流写入文本文件中

2）提供缓冲区，在写文本文件程序中，主要使用 BufferedWriter 类。

OutputStreamWriter 是字符流通向字节流的桥梁，可使用指定的 charset 将要写入流中的字符编码成字节。它使用的字符集可以由名称指定或显式给定，否则将接受平台默认的字符集。声明如下：

```
public class OutputStreamWriter extends Writer
```

构造方法主要有：

1）public OutputStreamWriter（OutputStream out）。

2）public OutputStreamWriter（OutputStream out，String charsetName）throws UnsupportedEncodingException。 //如果不支持指定的字符集抛出异常。

3）public OutputStreamWriter（OutputStream out，Charset cs）。

InputStreamReade 和 OutputStreamWriter 有时也称为转换流。有时可能要混合使用两种类型的数据流，这时可以使用 InputStreamReader 和 OutputStreamWriter 在两种类型数据流间进行转换。

**【例 8-6】** 指定字符集进行读/写，参考代码如下：

```
package eight;
import java.io.*;
import java.nio.charset.Charset;
public class Charsettest{
    public void copy(String filepathString,String encodeString,String toFile-
PathString, String encodString2){
        //复制一个文件
        File formFile=new File(filepathString);
        InputStreamReader iReader=null; //声明一个 InputStreamReader 对象
        BufferedReader bReader=null;
        File toFile=new File(toFilePathString);
        OutputStreamWriter oWriter=null;//声明一个 OutputStreamWriter 对象
        BufferedWriter bWriter=null;
        PrintWriter pWriter=null;
        try {
            if(encodeString!=null){
    iReader=new InputStreamReader(new FileInputStream(formFile),encodeString);
     创建一个 InputStreamReader 对象使用指定的 charset 读取字节并将其解码为字符
            }else {iReader=new InputStreamReader(new FileInputStream(formFile));
            }
            bReader=new BufferedReader(iReader);
            if(encodString2!=null){
        oWriter=new  OutputStreamWriter(new  FileOutputStream(toFile),encod-
String2);
  //建立 OutputStreamWriter 对象使用指定的 charset 将要写入流中的字符编码成字节
            }else{oWriter=new OutputStreamWriter(new FileOutputStream(toFile));
```

```
            }
            bWriter=new BufferedWriter(oWriter);
            pWriter=new PrintWriter(bWriter);
            String string=bReader.readLine();
            while(string!=null){
               pWriter.println(string);
               System.out.println(string);;
               string=bReader.readLine();}   }
         catch(UnsupportedEncodingException e1){e1.printStackTrace();}
         catch(FileNotFoundException e1){e1.printStackTrace();}
         catch(IOException e){e.printStackTrace();}
         finally{
            try {bReader.close();pWriter.close();}
            catch(IOException e){e.printStackTrace();}}}
      public static void main(String[]args)throws IOException {
         Charsettest test1=new Charsettest();
         test1.copy("你好你好.txt",null,"aa1.txt","utf-8");
         }}
```

## 8.3 文件与文件输入/输出

文件是计算机中一种基本的数据存储形式，在实际存储数据时，如果对于数据的读/写速度要求不是很高，存储的数据量不是很大时，使用文件作为一种持久数据存储的方式是比较好的选择。文件（File）是最常见的数据源之一，在程序中经常需要将数据存储到文件中，也经常要根据需要从指定的文件中读取数据。

### 8.3.1 文件的概念

每个文件以一个文件路径和文件名称进行表示，在需要访问该文件时，只需要知道该文件的路径及文件的全名即可。在不同的操作系统环境下，文件路径的表示形式是不一样的，例如，在 Windows 操作系统中一般的表示形式为 C:\windows\system，而 Unix 上的表示形式为/user/my。

1. 绝对路径和相对路径

绝对路径是指书写文件的完整路径，如 e:\java\Hello.java，该路径中包含文件的完整路径 e:\java 及文件的全名 Hello.java。使用该路径可以唯一的找到一个文件，不会产生歧义。但是使用绝对路径表示文件时，受到的限制很大，且不能在不同的操作系统下运行，因为不同操作系统下绝对路径的表达形式不同。

相对路径是指书写文件的部分路径，如\test\Hello.java，该路径中只包含文件的部分路径 \test 和文件的全名 Hello.java，部分路径是指当前路径下的子路径，例如，当前程序在 e:\java 下运行，则该文件的完整路径就是 e:\java\test。使用这种形式，可以更加通用地代表文件的位置，使得文件路径具有一定的灵活性。在 Eclipse 项目中运行程序时，当前路径是项目的根目录，例如，工作空间存储在 d:\javaproject，当前项目名称是 Test，则当前路径是 d: \javaproject\Test。在控制台下运行程序时，当前路径是 class 文件所在的目录，如果 class 文件包含包名，则以该 class 文件最顶层的包名作为当前路径。

另外，在 Java 语言的代码内部书写文件路径时，需要注意大小写，大小写需要保持一致，路径中的文件夹名称区分大小写。由于“\”是Java语言中的特殊字符，所以在代码内部书写文件路径时，例如，代表“c:\test\java\Hello.java”时，需要书写成“c:\\test\\java\\Hello.java”或“c:/test/java/Hello.java”。

2. 文件名称

文件名称一般采用“文件名.后缀名”的形式进行命名，其中“文件名”用来表示文件的作用，而使用后缀名来表示文件的类型，这是当前操作系统中常见的一种形式，如“readme.txt”文件，其中readme代表该文件是说明文件，而.txt后缀名代表文件是文本文件类型。在程序中需要存储数据时，如果设计了特定的文件格式，则可以自定义文件的后缀名，来表示文件类型。和文件路径一样，在Java代码内部书写文件名称时也区分大小写，文件名称的大小写必须和操作系统中的大小写保持一致。

### 8.3.2 文件和目录

在Java的程序设计中，最常见的是对文件的操作，而在对文件操作的时候，首先要知道一些文件的信息，在java.io包中有关文件处理的类有File、FileInputStream、FileOutputStream、RamdomAccessFile等，接口有FilenameFilter，其中类File提供了一种与机器无关的方式来描述一个文件对象的属性。在Java中，把目录也作为文件对象来处理。File类提供了一些方法可用来管理文件和获得文件的信息。如获取文件的名字、路径、读写性和长度等，还可以创建目录、改变文件名、删除文件等。其声明格式为：

public class File extends Object implements Serializable，Comparable

1. 构造方法

（1）public File（String path）。

（2）public File（String path，String name）。

（3）public File（File dir，String name）。

利用这些构造方法生成一个文件类的对象，它代表一个文件或目录。其中，如果参数path是一个路径，则该File对象表示的是目录；如果path是文件名，则该File对象表示的是文件。参数name是文件名；参数dir是一个File对象，代表的是一个路径，表示的是一个目录。

2. File类中的一些常用方法

（1）获取文件的信息：

1）public String getName()：得到一个文件的名称（不包括路径）。

2）public String getPath()：得到一个文件的路径名，包含文件名。

3）public String getAbsolutePath()：得到一个文件的绝对路径名，包含文件名。

4）public String getParent()：得到一个文件的上一级目录名。

5）public long length()：得到文件的长度，以字节为单位。

（2）测试文件属性：

1）public boolean exists()：测试当前File对象所指示的文件是否存在。

2）public boolean canWrite()：测试当前文件是否可写。

3）public boolean canRead()：测试当前文件是否可读。

4）public boolean isFile()：测试当前文件是否是文件（不是目录）。

5）public boolean isDirectory()：测试当前文件是否是目录。

（3）文件操作：

1）public long lastModified()：得到文件最近一次修改的时间。

2）public String renameTo（File newName）：重命名文件。

3）public boolean delete()：删除当前文件。

（4）目录操作：

1）public boolean mkdir()：创建指定的目录。

2）public String list()：返回目录中所有文件名的字符串。

3）public File[] listFiles()：返回目录中的所有文件对象。

**【例 8-7】** 复制文件到指定的目录中。

在此例中应注意以下几个方面：

1）如何建立相应的目录。

2）如何获取文件的一些信息。

3）如何进行文件的读/写。

此例利用文件类的一些方法将拷贝的文件放到指定的目录中及获取相关的文件信息。其中主要有三个方法，分别是：copy（File f1，File f2）、bcopy（File f1，File f2，String fs）和 getinfo（File f1）。

（1）copy（File f1，File f2）用来实现将 f1 的内容复制到 f2 中。

（2）bcopy（File f1，File f2，String fs）进行一些判断后调用 copy 方法实现文件的复制，以及调用 getinfo 方法获取相关文件的信息。

（3）getingo 方法是用来获取相关文件的信息的。

［例 8-7］参考代码如下：

```
package eight;
import java.io.*;
import java.util.Date;
import java.text.SimpleDateFormat;
public class Fcopy{
 void copy(File f1,File f2){                        //复制文件
     try {
    FileReader fr = new FileReader(f1);      //建立相关的字符输入流
    BufferedReader br = new BufferedReader(fr);
    FileWriter  fw = new FileWriter(f2);     //建立文件字符输出流
    BufferedWriter bw = new BufferedWriter(fw);
    String aline;
    while((aline=br.readLine())!= null){
       bw.write(aline);                             //按行写入
       bw.newLine();}
       bw.close();fw.close();br.close();fr.close();
       System.out.println("文件"+f1.getName()+"里的内容已复制到文件
"+f2.getName()+"中!");
       }catch(IOException ioe){ System.out.println(ioe);
       } catch(Exception e){ System.out.println(e);}
 }
 public void bcopy(File f1,File f2,String fs){
     File f3;
     if(f1.exists()){
```

```
        if(!f2.exists()){ f2.mkdir();        //建立相应的目录
          }
      f3=new File(f2,fs);
      copy(f1,f3);
      System.out.println("文件信息(名字、路径、大小、最后修改时间)是:");
      System.out.println("______________________");
      getinfo(f1);
      getinfo(f2);
      getinfo(f3);
      }else System.out.println("要复制的文件不存在!");
      }
  public static void getinfo(File f1){
    SimpleDateFormat sdf
            =new SimpleDateFormat("yyyy年MM月dd日hh时mm分");
     if(f1.isFile())
       System.out.println("文件"+f1.getName()+","+f1.getAbsolutePath()+","+
f1.length()+","+sdf.format(new Date(f1.lastModified())));
     else{
        System.out.print("目录"+f1.getName()+","+f1.getAbsolutePath()+",");
        File[]files = f1.listFiles();
        System.out.println("此目录中有"+files.length+"个文件!");
        System.out.println("______________________");
     }
  public static void main(String args[]){
      Fcopy fc=new Fcopy();
      File f1,f2,f3;
      f1=new File("Fcopy.java");
      f2=new File("backup");
      fc.bcopy(f1,f2,"Fcopy.txt");
  }}
```

其运行结果为：

```
文件Fcopy.java里的内容已拷贝到文件Fcopy.txt中!
文件信息(名字、路径、大小、最后修改时间)是:
______________________
文件Fcopy.java,E:\java1\biao\Fcopy.java,2548,2007年04月27日10时42分
______________________
目录backup,E:\java1\biao\backup,此目录中有1个文件!
______________________
文件Fcopy.txt,E:\java1\biao\backup\Fcopy.txt,2548,2007年04月27日10时42分
______________________
```

### 8.3.3 文件的过滤

FileTilter和FilenameFilter接口都提供了accept方法。在程序设计中，需要实现该方法，用来实现对文件名字符串的过滤，从而得出想要的一些文件。这两个接口的格式为：

```
public interface FileFilter{
   public Boolean accept(File pathname)
}
public interface FilenameFilter{
    public Boolean accept(File dir,String name)
}
```

这两个接口的区别在于，它们的 accept 方法要求的方法参数不同。

使用 File 类的 list 方法和 listFiles 方法可以显示出经过过滤符合条件的文件清单，需要设置一个文件过滤器作为参数，声明如下：

```
public String[]list(FilenameFilter filter)
public File[]listFiles(FilenameFilter filter)
public File[]listFiles(FileFilter filter)
```

**【例 8-8】** 列出当前目录中符合过滤条件的文件清单。

本例通过实现 FilenameFilter 接口中的 accept 方法，来判断当前目录中的文件清单，那些满足过滤器所设置的条件的文件，如果 accept 方法返回的是 true，则留在清单中。本例主要是实现文件名中有一个*字符（不在扩展名中）的文件清单。主要使用了以下三个方法。

（1）DirFilter（String str）用来判定所给定文件名字符串，将其细化成三部分，分别是*之前的字符串、*之后扩展名之前的字符串和扩展名的字符串，以便于在 accept 方法中的判断。

（2）accept（File dir，String filename）用于判断文件名是否符合所给定的条件，是则返回 true，否则返回 false。过滤器会将返回值为 true 的文件名留在文件清单中。

（3）list（filter）列出经过滤器 filter 过滤后的文件清单。

［例 8-8］的参考代码如下：

```
package eight;
import java.io.*;
public class DirFilter implements FilenameFilter{
   private String pre="",mid="",suf="";
   public DirFilter(String str){
      str=str.toLowerCase();//转换为小写字符串
      int i=str.indexOf('*');
      int j=str.indexOf('.');
      if(i>0)pre=str.substring(0,i);
      if((i+1)!=j)mid=str.substring(i+1,j);
      if(j>0)suf=str.substring(j+1);
   }
   public boolean accept(File dir,String filename){
      boolean yes=false;
      try {
         filename=filename.toLowerCase();                    //转换为小写字符串
         if(filename.endsWith(suf)){
            int i=filename.indexOf('.');
            String s=filename.substring(0,i);
            yes=(s.startsWith(pre))&(s.endsWith(mid));    //判断是否符合条件
         }
        }catch(NullPointerException e){}
       return yes;}
   public static void main(String args[]){
      FilenameFilter filter=new DirFilter("w*r.txt");       //创建过滤器
      File f1= new File("");
      File curdir = new File(f1.getAbsolutePath());         //当前目录
      System.out.println(curdir.getAbsolutePath());
      String[]str = curdir.list(filter);        //列出符合条件的文件名清单
      for(int i=0;i<str.length;i++)System.out.println("\t"+str[i]);
   }}
```

其运行结果为：

```
F:\java 书\shu\第 8 章\例子\过滤文件
wddfr.txt
wdfr.txt
wr.txt
```

### 8.3.4 使用 Scanner 解析文件

Scanner 是 jdk1.5 新增的工具类，Scanner 可以方便的获取用户的键盘输入，也可以方便的解析文件中的数据。Scanner 对象在 8.1.1 节中已经有所介绍，本节再熟悉一些方法的使用。

（1）Scanner useDelimiter（String pattern）：将此扫描器的分隔模式设置为从指定 String 构造的模式。

（2）Pattern delimiter()：返回此 Scanner 当前正在用于匹配分隔符的 Pattern。

（3）boolean hasNext()：判断扫描器中当前扫描位置后是否还存在下一段。

（4）boolean hasNextLine()：如果在此扫描器的输入中存在另一行，则返回 true。

（5）boolean hasNextInt()：当且仅当此扫描器的下一个标记是有效的 int 值时才返回 true。

（6）String next()：查找并返回来自此扫描器的下一个完整标记。

（7）String nextLine()：此扫描器执行当前行，并返回跳过的输入信息。

（8）int nextInt()：将输入信息的下一个标记扫描为一个 int。

Scanner 是一个基于正则表达式的文本扫描器，可以从文件、输入流、字符串中解析出基本类型值和字符串值。Scanner 默认使用空白（包括空格、Tab 空白和回车等）作为多个输入项之间的分隔符，［例 8-2］已经遇到过。Scanner 还可以修改分隔符，使用 useDelimiter()方法可以指定正则表达式作为分割标记。

**【例 8-9】** 使用 Scanner 解析文件中的数据，参考代码如下：

```
package eight;
import java.io.*;
import java.util.*;
public class ScannerFile {
   public static void main(String args[]){
      File file = new File("student.txt");
      Scanner sc=null;
      int count=0;
      double sum=0;
      try { double score=0;
           sc = new Scanner(file);              //以一个文件对象构建 Scanner 对象
           sc.useDelimiter("[^0123456789.]+");//使用正则表达式作为分隔符
           while(sc.hasNextDouble()){
              score=sc.nextDouble();
              count++;
              sum=sum+score;
              System.out.println(score);}
           double aver=sum/count;
           System.out.println("平均成绩为:"+aver);
      }catch(Exception exp){ System.out.println(exp);}
   }}
```

输出结果为：

```
72.0
89.0
95.0
平均成绩为:85.33333333333333
```

### 8.3.5 压缩文件

在 Java 中为了减少传输时的数据量也提供了专门的压缩流，可以将文件或文件夹压缩成 ZIP、JAR、GZIP 等文件格式。Java I/O 类库中的类支持读/写压缩格式的数据流。它们对现有的 I/O 类库进行封装，以提供压缩功能。

Java 提供了 java.util.zip 包用来兼容 ZIP 格式的数据压缩。它提供了一系列的类用来读取、创建、修改 ZIP 和 GZIP 格式的文件。它还提供了工具类来计算任意输入流的数目，这可以用来验证输入数据的有效性。该包的结构如表 8-6 所示。

**表 8-6　　zip 包中的结构**

| 类 | 说　明 |
|---|---|
| Checksum 接口 | 被类 Adler32 和 CRC32 实现的接口 |
| Adler32 | 可用于计算数据流的 Adler-32 校验和的类 |
| CRC32 | 可用于计算数据流的 CRC-32 的类 |
| Inflater | 此类使用流行的 ZLIB 压缩程序库为通用解压缩提供支持 |
| Deflater | 此类使用流行的 ZLIB 压缩程序库为通用压缩提供支持 |
| CheckedInputStream | GetCheckSum()为任何 InputStream 产生校验和（不仅是解压缩） |
| CheckedOutputStream | GetCheckSum()为任何 OutputStream 产生校验和（不仅是压缩） |
| InlfaterInputStream | 解压缩类的基类 |
| DeflaterOutputStream | 压缩类的基类 |
| GZIPInputStream | 一个 InlfaterInputStream，解压用 GZIP 文件格式保存的数据 |
| GZIPOutputStream | 一个 DeflaterOutputStream，将数据压缩成 GZIP 文件格式 |
| ZipInputStream | 一个 InlfaterInputStream，解压用 Zip 文件格式保存的数据 |
| ZipOutputStream | 一个 DeflaterOutputStream，将数据压缩成 Zip 文件格式 |
| ZipEntry | 此类用于表示 ZIP 文件条目 |
| ZipFile | 此类用于从 ZIP 文件读取条目 |

在表 8-6 中 ZipInputStream 类和 GZIPInputStream 类继承于 InlfaterInputStream 类，而 InlfaterInputStream 类继承于 FilterInputStream 类，FilterInputStream 类继承于 InputStream 类，从而可以看到它们的层次关系，压缩流类属于 InputStream 和 OutputStream 字节流类中的层次结构。压缩类库是按字节方式而不是字符方式处理的，不过有时可能会被迫要混合使用两种类型的数据流，因此可以使用 InputStreamReader 和 OutputStreamWriter 在两种类型间进行转换。

1. 用 GZIP 进行单个文件简单压缩

GZIP 接口非常简单，通常用于对单个文件进行压缩。

【例 8-10】 实现一个文件的 GZIP 压缩，参考代码如下：

```
package eight;
import java.io.*;
import java.util.zip.*;
public class GZipExp {
  public static void main(String[]args){
    try {
      BufferedReader in =new BufferedReader(new FileReader("GZipExp.java"));
      BufferedOutputStream out =new BufferedOutputStream(new
 GZIPOutputStream(new FileOutputStream("GZipExp.gz")));
      int c;
      while((c = in.read())!=-1)out.write(c);
      in.close();out.close();
      System.out.println("压缩完成!生成 GZipExp.gz 压缩文件");
      System.out.println("从 GZipExp.gz 压缩文件中读出文件");
      BufferedReader  in2  =new  BufferedReader(new  InputStreamReader(new
GZIPInputStream(new FileInputStream("GZipExp.gz"))));
      //InputStreamReader 进行转换
      String s;
      while((s = in2.readLine())!= null)System.out.println(s);
    } catch(Exception e){e.printStackTrace();}
  }}
```

压缩类的用法非常直观，只需将输出流封装到一个 GZIPOutputStream 或者 ZipOutputStream 内，并将输入流封装到 GZIPInputStream 或者 ZipInputStream 内即可。剩余的全部操作就是标准的 I/O 读/写。在此例中数据的输入使用 Reader 类，而 GZIPOutputStream 的构建器只能接收一个 OutputStream 对象，不能接收 Writer 对象，所以需结合 InputStreamReader 和 OutputStreamWriter 在两种类型间进行转换。

2. 用 Zip 进行多文件保存

支持 Zip 格式的 Java 库更加全面，利用该库可以方便地保存多个文件。

【例 8-11】 实现一个文件夹的 ZIP 压缩。

本例实现将文件夹 testzip 中的所有文件压缩到 testzip.zip 压缩文件中，并从该压缩文件中读出文件。将输出流封装到一个 ZipOutputStream 内，从压缩文件中读出各个文件，输入流封装到 ZipInputStream 内。参考代码如下：

```
package eight;
import java.io.*;
import java.util.*;
import java.util.zip.*;
public class ZipExp {
  public static void main(String[]args){
    try {
      File f1=new File("testzip");          //建立目录对象
      FileOutputStream f =new FileOutputStream(f1.getName()+".zip");
      CheckedOutputStream csum =new CheckedOutputStream(f,new Adler32());
      ZipOutputStream out =new ZipOutputStream(new BufferedOutputStream(csum));
      out.setComment("开始压缩");
      File  f2[]=f1.listFiles();            //获取目录中所有的文件对象
```

```
        for(int i = 0;i < f2.length;i++){
          System.out.println("向 "+f1.getName()+".zip中写入文件:"+f2[i].getName());
          BufferedReader in =new BufferedReader(new FileReader(f2[i]));
          out.putNextEntry(new ZipEntry(f2[i].getName()));
          int c;
          while((c = in.read())!=-1)out.write(c);
          in.close();
        }
        out.close();
        out.setComment("压缩完成");
        System.out.println("Checksum:"+csum.getChecksum().getValue());
        System.out.println("从"+f1.getName()+".zip文件中读出文件");
        FileInputStream fi =new FileInputStream(f1.getName()+".zip");
        CheckedInputStream csumi =new CheckedInputStream(fi,new Adler32());
        ZipInputStream in2 =new ZipInputStream(new BufferedInputStream(csumi));
        ZipEntry ze;
        System.out.println("Checksum:"+csumi.getChecksum().getValue());
        while((ze = in2.getNextEntry())!= null){
          System.out.println("开始读取 "+ze);
          int x;
          while((x = in2.read())!=-1)System.out.write(x);
          System.out.println();
        }
        in2.close();
        ZipFile zf = new ZipFile(f1.getName()+".zip");
        Enumeration e = zf.entries();
        System.out.println(f1.getName()+".zip中的文件有:");
        while(e.hasMoreElements()){
          ZipEntry ze2 =(ZipEntry)e.nextElement();
          System.out.println(ze2);
        }
      }catch(Exception e){ e.printStackTrace();}
    }}
```

3. JAR 格式

Java 档案文件（JAR）格式是基于标准的 ZIP 文件格式，并附有可选择的文件清单列表。如果想要在程序中创建 JAR 文件或从 JAR 文件中解压缩文件，可以使用 java.util.jar 包，它提供了读/写 JAR 文件的类。使用 java.util.jar 包提供的类与 java.util.zip 包十分相似。

## 8.4 数 据 流

类 FilterInputStream 和 FilterOutputStream 是所有字节过滤输入流和输出流的超类。为了使用一个过滤流，必须首先把过滤流连接到某个输入/输出流上，通过在构造方法中的参数指定所要连接的输入/输出流。

1. 几种常见的字节过滤流

BufferedInputStream 和 BufferedOutputStream 缓冲区输入/输出流，用于提高输入/输出处理的效率。在字符流中有相应的 BufferedReader 和 BufferedWrite，字符流中的这两种比较常用。

DataInputStream 和 DataOutputStream 数据输入/输出流，不仅能读/写数据流，而且能读/写不同的基本类型数据及 String 对象。

PushbackInputStream 回压输入流，提供了一个方法可以把刚读过的字节退回到输入流中，以便重新再读一遍。

PrintStream 打印流，打印流的作用是把 Java 语言的内构类型以其字符表示形式送到相应的输出流。

2. 数据流 DataInputStream 和 DataOutputStream

DataInputStream 和 DataOutputStream 类用来创建数据输入流和数据输出流，可以对不同的基本类型数据及 String 对象进行操作，是在普通流上加了读/写原始型数据的功能，可以按与机器无关的风格来读写 Java 的原始数据，从而增强了程序的可移植性。

数据输入流 DataInputStream 类的声明为：

```
public class DataInputStream extends FilterInputStream implements DataInput
```

构造方法为：

```
public DataInputStream(InputStream in)
```

一些常用方法：

（1）public final int readInt()throws IOException//读取一个整型数值。

（2）public final char readChar()throws IOException//读取一个字符数据输出流。

DataOutputStream 类的声明为：

```
public class DataOutputStream extends FilterOutputStream implements DataOutput
```

构造方法为：

```
public DataOutputStream(OutputStream out)
```

一些常用方法：

（1）public final void writeInt（int v）throws IOException//写入一个整型。

（2）public final void writeChar（char v）throws IOException//写入一个字符。

（3）public final void writeChars（String s）throws IOException//写入一个字符串。

其中 read 和 write 只是列出了部分数据类型的读/写方法，其他的和这些类似。并且 DataInputStream 和 DataOutputStream 类也实现了接口 DataInput 和接口 DataOutpu，它们的功能就是把二进制的字节流转换成 Java 的基本数据类型，同时还提供了从数据中使用 UTF-8 编码构建 String 的功能，这两个接口提供了 DataInputStream 和 DataOutputStream 类中所用到的重要的一些方法，如 readBoolean()、readInt()、writeChar()、writeDouble()等。其中读出和写入字符串须注意写入使用方法为 writeChars（String s）；读出时没用相应的方法，由于字符串在数据流是以一系列的字符形式存放的，所以可以一次读出一个字符，使用循环的方法读出整个字符串，注意字符串要有一个标记结束的符号。

**【例 8-12】** 模拟实现数据输入/输出流。

```
package eight;
import java.io.*;
class Person{
   String name;
```

```
    static int count=0;
    int number;
    Person(String na){
        count++;
        name=na;
        number=count;}
    void f(){}
    void w(){}
}
public class Datstream{
    void wf(File file1,Person p1){
        try{
            FileOutputStream fout = new FileOutputStream(file1,true);
            //建立相关的数据输出流
            DataOutputStream out = new DataOutputStream(fout);
            out.writeInt(p1.number);            //写一个整型数据
            out.writeChars(p1.name+"\n");       //写字符串类型的数据
            out.close();
            System.out.println("person"+p1.number+" 对象相关数据已写入
"+file1.getName()+"文件中!");
        }catch(IOException ioe){}
    }
    static void rf(File file1){
        try{
            FileInputStream fin = new FileInputStream(file1);
            DataInputStream in = new DataInputStream(fin);//建立相关的数据输入流
            System.out.println(file1.getName()+"文件中的内容是:");
            int i = in.readInt();
            while(i!=-1){
                System.out.print(i+"  ");
                char a;
                while((a=in.readChar())!='\n')System.out.print(a);
                System.out.println();
                i = in.readInt();                           //读一个整型数据
                }
            in.close();}
        catch(IOException ioe){}
    }
    public static void main(String arg[]){
        File file1 = new File("person.dat");
        Datstream dat1=new Datstream();
        Person p1=new Person("张三");
        Person p2=new Person("李四");
        dat1.wf(file1,p1);
        dat1.wf(file1,p2);
        dat1.rf(file1);
    } }
```

其运行结果为:

```
person1 对象相关数据已写 person.dat 文件中!
person2 对象相关数据已写 person.dat 文件中!
person.dat 文件中的内容是:
1  张三
2  李四
```

## 8.5 随 机 流

对于 InputStream 和 OutputStream 来说，它们的实例都是顺序访问流，也就是说，只能对文件从头开始进行顺序地读/写，不能从某一位置开始读/写，也不能跳跃地读/写等，并且输入流只能读不能写，输出流只能写不能读。在 Java 中，RandomAccessFile 类提供了随机访问文件的方法。随机访问文件是指：可以对文件内容只读或只写或同时既读又写；可以在指定的位置进行读/写，可以跳跃地读/写，也可以比较随机灵活地读/写文件。

RandomAccessFile 类是一个自我独立的类，除了实现了 DataInput 接口和 DataOutput 接口之外，它和 InputStream 和 OutputStream 的继承层次结构没有任何的关联，是一个完全独立的类。一般适用于大小已知的纪录组成的文件。其声明为：

```
public class RandomAccessFile extends Object implements DataInput,DataOutput
```

RandomAccessFile 类直接继承于 Object 类，并实现了接口 DataInput 和接口 DataOutput。接口 DataInput 中定义的方法主要包括从流中读取基本类型的数据、读取一行数据、或者读取指定长度的字节数，如 readBoolean()、readInt()、readLine()、readFully()等。接口 DataOutput 中定义的方法主要是向流中写入基本类型的数据、或者写入一定长度的字节数组，如 writeChar()、writeDouble()、write()等。构造方法为：

```
public class RandomAccessFile(String name,String mode)throws FileNotFoundException
public class RandomAccessFile(File file,String mode)throws FileNotFoundException
```

参数 name 是文件名，file 是文件对象，mode 是打开方式，如“r”表示只读，“w”表示只写，“rw”表示可读也可写。

RandomAccessFile 类的一些常用方法为：

（1）public long getFilePointer()throws IOException：用于得到当前的文件指针。

（2）public void seek（long pos）throws IOException：用于移动文件指针到指定的位置。

（3）public final int readInt()hrows IOException：读一个 int 类型的数据。

（4）public final int readInt()throws IOException：写一个 int 类型的数据。

（5）public long length()throws IOException：返回文件长度。

**【例 8-13】** 模拟实现随机文件操作。

此例是模拟实现随机文件的操作，Array1 类是一个有关处理整型数组的类，其中主要的两个方法是 wrdf（RandomAccessFile rf）和 rrdf（RandomAccessFile rf），分别进行随机的读操作和随机的写操作。其中请注意文件指针的移动和何时关闭随机文件的操作。参考代码如下：

```
package eight;
import java.io.*;
class Array1{
   int a[];
   Array1(int n)    {
      a=new int[n];
      //生成数组 a 的元素数据为 1~n 的值
      for(int i=0;i<n;i++){a[i]=i+1;}
```

```
    }
    void f(){}
    void s(){}              //一些与整型数组相关的方法,比如插入数据、排序等
    void wrdf(RandomAccessFile rf)throws IOException{
        rf.seek(0);                                         //设置文件指针为 0
        for(int i=0;i<a.length;i++){
            rf.writeInt(a[i]);                              //将数组元素写入文件中
        }
        System.out.println("已将数组元素数据写入文件中!");
    }
    void rrdf(RandomAccessFile rf)throws IOException    {
        try{
            rf.seek(0);                                     //设置文件指针为 0
            System.out.println("将文件中的数值每隔一个输出为:");
            for(int i=1;i<=((int)rf.length()/8);i++){
              System.out.print(rf.readInt()+"  ");    //将相应的元素读出
              if(i%10==0)System.out.println();
              rf.seek(i*2*4);                               //移动文件中的指针
            }  }
        catch(EOFException e){}
        System.out.println();        }}
public class RandomFile{
    public static void main(String args[])throws IOException  {
        RandomAccessFile rdf=new RandomAccessFile("array.bin","rw");
        Array1 r1=new Array1(100);
        r1.wrdf(rdf);
        r1.rrdf(rdf);
        rdf.close();
}}
```

其运行结果为：

```
已将数组元素数据写入文件中!
将文件中的数值每隔一个输出为:
1  3  5  7  9  11  13  15  17  19
21  23  25  27  29  31  33  35  37  39
41  43  45  47  49  51  53  55  57  59
61  63  65  67  69  71  73  75  77  79
81  83  85  87  89  91  93  95  97  99
```

如果几个程序同时对一个文件操作，则有可能会产生混乱。如何解决这一问题呢？JDK1.4 引入了一种文件加锁机制，它允许同步访问某个作为共享资源的文件。程序需要通过对 FileChannel 类调用 tryLock()或 lock()方法，就可以获得整个文件的 FileLock。FileChannel 类和 FileLock 类是 java.nio.channel 包中的类。

**【例 8-14】** 模拟实现文件锁功能。

使用文件锁的步骤为：

（1）用 RandomAccessFile 流创建文件流对象，读写属性设为 rw。

（2）调用 getChannel()方法创建 FileChannel 对象（信道）。

（3）调用 tryLock()或 lock()方法获得 FileLock 对象（文件锁），对文件进行加锁。对一个文件加锁后，将禁止任何程序对文件进行操作或再进行加锁，如果想读/写文件必须让 FileLock 对象调用 release()方法释放文件锁。

```
package eight;
import java.io.*;
import java.nio.channels.*;
import java.util.Scanner;
public class FilelockExp {
  public static void main(String args[]){
    File file=new File("FilelockExp.java");
    Scanner scanner = new Scanner(System.in);
    try{
      RandomAccessFile input = new RandomAccessFile(file,"rw");
                                                  //创建文件流象
      FileChannel channel = input.getChannel(); //创建 FileChannel 对象
      FileLock lock=channel.tryLock();           //加锁
      System.out.println("输入要读出的行数:");
      while(scanner.hasNextInt()){
        int n= scanner.nextInt();
        lock.release();                          //解锁
        for(int i=1;i<=n;i++){
          String str=input.readLine();
          System.out.println(str);}
        lock=channel.tryLock();                  //加锁
        System.out.println("输入要读出的行数:");} }
    catch(IOException event){System.out.println(event);
}}}
```

## 8.6 对象的序列化

### 8.6.1 对象的序列化

（1）对象的序列化的主要内容。对象的序列化是非常有用的，利用它可以实现程序的持久性，并且能自动地弥补一个对象在不同操作系统之间的差异。对象通常随着生成该对象的程序的终止而终止，有时候，可能需要将对象的状态保存下来，在需要时再将对象恢复。对象的这种能记录自己的状态以便将来再生，其生存周期不取决于程序是否正在执行的性质叫做对象的持久性。对象的序列化是指将那些实现了 Serializable 接口的对象转换成一个字节序列，并能够在以后将这个字节序列完全恢复为原来的对象。

（2）进行对象的序列化的原因。Java 中的数据流提供了把对象写入文件或从文件中读取对象的功能，由于一个类的对象包含多种信息，为了保证从对象流中能够读/写正确的对象，因此要求所有读取、写入对象流的对象都必须是序列化的对象。

### 8.6.2 使对象可序列化

java.io 包中，ObjectInputStream 和 ObjectOutputStream 类用来创建对象输入流和对象输出流，可以读/写一个对象，在普通流上加了读/写对象的功能。

1. 对象输入流 ObjectInputStream

类的声明如下：

```
public class ObjectInputStream extends InputStream implements
ObjectInput,ObjectStreamConstants
```

ObjectInputStream 构造方法

```
public ObjectInputStream(InputStream in)throws
IOException,StreamCorruptedException
protected ObjectInputStream()throws IOException,SecurityException
```

ObjectInputStream 一些常用方法

```
public final Object readObject()throws
 OptionalDataException,ClassNotFoundException,IOException
```

2. 对象输出流 ObjectOutputStream

使用对象输出流 ObjectOutputStream 读取一个对象，类的声明如下：

```
public class ObjectOutputStream extends OutputStream implements
                                  ObjectOutput,ObjectStreamConstants
```

ObjectOutputStream 的构造方法为：

```
public ObjectOutputStream(OutputStream in)throws IOException
protected ObjectOutputStream()throws IOException,SecurityException
```

ObjectOutputStream 的一些常用方法为：

```
public final void WriteObject(Object obj)throws IOException//写入一个对象
```

3. 对象序列化

在读/写一个对象之前首先要进行对象的序列化，一个类如果实现了 Serializable 接口，那么这个类的对象就是序列化的对象。Serializable 接口中没有方法，所以实现该接口的类不需要实现额外的方法。该接口的一般格式为：

```
public interface Serializable{}
```

**【例 8-15】** 模拟实现对象流。

本例中对一个对象进行读/写操作时，Person 类是一个序列化的类，Objstream 类主要用来实现将 Person 类创建的对象保存到一个文件里和从一个文件中读取一个对象的功能。其中 ws（File file1，Person p1）方法用于将一个对象保存到一个文件里，rd（File file1）用于将一个对象从一个文件中读出。

```
package eight;
import java.io.*;
class Person implements Serializable{
    String name;
    static int count=0;
    int number;
    Person(String na){
        count++;
        name=na;
        number=count;}
    void f(){}
    void w(){}}
public class Objstream1{
    public void wf(File file1,Person p1){
```

```
        try {
          FileOutputStream fout=new FileOutputStream(file1);
          ObjectOutputStream out=new ObjectOutputStream(fout);
          out.writeObject(p1);                    //将对象p1写入file1对象文件中
          out.close();
        System.out.println("对象 Person"+p1.number+"已写入"+file1.getName()+"文件中!");
          }catch(FileNotFoundException fe){}
           catch(IOException ioe){}     }
       public void rf(File file1)  {
       try{
           FileInputStream fin=new FileInputStream(file1);
           ObjectInputStream in=new ObjectInputStream(fin);
           Person u1=(Person)in.readObject();  //读出一个对象将其赋给u1
           in.close();
           System.out.println("person 对象已被读出,其名字为:"+u1.name+";"+"序号为:"+u1.number);}
        catch(FileNotFoundException fe){}
        catch(ClassNotFoundException e){}
        catch(IOException ioe){}
       }
       public static void main(String args[]){
         Person p1=new Person("张三");
         File file1=new File("person1.obj");
         Objstream1 obj1=new Objstream1();
         obj1.wf(file1,p1);                     //调用wf方法保存一个对象
         obj1.rf(file1);                        //调用rf方法读出一个对象
       }  }
```

在文件中保存多个对象和从一个文件中读取多个对象时，可以将由一个类创建的多个序列化的对象放到一个对象数组里面，再将这个对象数组中的对象逐个写入到对象输出流里，就可以实现写入多个对象。读取时也可使用while循环等将存储在文件里的对象逐个读出。

**【例8-16】** 写入和读取多个对象，参考代码如下：

```
    package eight;
    import java.io.*;
    public class Objstream2{
       public void wf(File file1,Person p[]){
        try  {
             FileOutputStream fout=new FileOutputStream(file1);
             ObjectOutputStream out=new ObjectOutputStream(fout);
             for(int i=0;i<p.length;i++){
               out.writeObject(p[i]);  //将对象数组中的对象写入file1对象文件中
               System.out.println("对象 Person"+p[i].number+"已写入"+file1.getName()+"文件中!");
             }
            out.close();     }
          catch(FileNotFoundException fe){}
          catch(IOException ioe){}
       }
       public void rf(File file1){
       try{
          FileInputStream fin=new FileInputStream(file1);
          ObjectInputStream in=new ObjectInputStream(fin);
          Person u1;
```

```
        int i=1;
        while((u1=(Person)in.readObject())!=null){
          System.out.println("person"+i+"对象已被读出,其名字为:"+u1.name+"
"+"序号为:"+u1.number);              //依次读出对象
            i++;  }
        in.close();}
      catch(FileNotFoundException fe){}
      catch(ClassNotFoundException e){}
      catch(IOException ioe){}
    }
    public static void main(String args[])  {
      Person p[]=new Person[3]; //声明一个Person对象数组
      p[0]=new Person("张三");
      p[1]=new Person("李四");
      p[2]=new Person("王五");
      File file1=new File("person2.obj");
      Objstream2 obj1=new Objstream2();
      obj1.wf(file1,p);             //调用wf方法保存对象数组中的多个对象
      obj1.rf(file1);               //调用rf方法读出文件中存放的多个对象
    }}
```

其运行结果为：

```
对象Person1已写入person.txt文件中!
对象Person2已写入person.txt文件中!
对象Person3已写入person.txt文件中!
person1对象已被读出,其名字为:张三  序号为:1
person2对象已被读出,其名字为:李四  序号为:2
person3对象已被读出,其名字为:王五  序号为:3
```

## 8.7 小结

本章重点介绍了 Java 中输入/输出流的应用，通过本章的学习，了解 Java 的输入/输出类库，掌握 Java 标准输入/输出的使用，掌握如何应用字节流和字符流来进行读/写操作，熟悉文件的一些基本知识，掌握对文件的操作，掌握随机流、转换流、数据流、对象流等的使用。

## 习题

**一、选择题**

1．实现字符流的写操作类是（　　）。

A．FileReader　　B．Writer　　C．FileInputStream　　D．FileOutputStream

2．下列哪个类是一个抽象类？（　　）

A．FileReader　　B．FileWriter　　C．InputStream　　D．FileOutputStream

3．在编写 Java Application 程序时，若需要使用到输入/输出流，必须在程序的开头写上（　　）语句。

A．import java.awt.*;　　B．import java.applet.Applet;

C．import java.io.*;　　D．import java.awt.Graphics;

4．下列流中哪个不属于字符流？（　　）

A．InputStreamReader　　B．BufferedReader
C．FilterReader　　D．FileInputStream

5．字符流与字节流的区别在于（　　）。
A．前者带有缓冲，后者没有　　B．前者是块读写，后者是字节读写
C．二者没有区别，可以互换使用　　D．每次读写的字节数不同

6．下列哪一个流实现字节到字符的转换？（　　）
A．InputStreamReader　　B．BufferedReader
C．FilterReader　　D．FileInputStream

7．下列哪一个类可以实现一行一行读取文件？（　　）
A．FileReader　　B．BufferedReader
C．FilterReader　　D．FileInputStream

8．下面哪个类可用于处理 Unicode 码？（　　）
A．ByteArrayInputStream　　B．BufferedReader
C．Writer　　D．PipedInputStream

9．ZiplnputStream 类的对象可以作为下列哪个类的构造方法的参数？（　　）
A．ZipOutputStream　　B．FileInputStream
C．InputStreamReader　　D．OutputStreamReader

**二、填空题**

1．________是所有字节输入流的超类，________是所有字节输出流的超类。

2．________类和________类是所有面向字符的输入流和输出流的超类。

3．其中________和________是 java.io 包中用于处理字符流的最基本的类，用来在字节流和字符流之间作为中介，有时也称为转换流。

4．常用的字符编码方式有________、________、GBK、________、UTF 等。

5．FileTilter 和 FilenameFilter 接口都提供了________方法。在程序设计中，需要实现该方法，用来实现对文件名字符串的过滤，过滤出用户想要的一些文件。

6．在读/写一个对象之前首先要进行对象的序列化，一个类如果实现了________接口，那么这个类的对象就是序列化的对象。

**三、简答题**

1．什么是数据流？Java 支持几种类型的数据流？

2．标准 I/O 是什么？如何实现？

3．RandomAccessFile 类有何功能和特点？

4．什么是对象的序列化？为什么要进行对象的序列化？

**四、编程题**

1．请用文件字节输入/输出流方法复制一个文件到指定的目录。

2．请用文件字符输入/输出流方法复制一个文件到指定的目录。

3．列出当前目录下扩展名为.java 的文件清单。

4．请编程实现对象流中多个对象的写入和读取操作。

# 第 9 章　集合框架和实用工具

为了使程序方便地存储和操纵数目不固定的一组数据，JDK 类库提供了 Java 集合。所有 Java 集合类都位于 java.util 包中。与 Java 数组不同，Java 集合不能存放基本的数据类型，而只能存放对象的引用。为了表达方便，我们将其简称为对象。本章主要介绍集合框架中的接口、实现类及算法和一些工具类。

## 9.1 集合框架

集合论是现代数学中重要的基础理论。计算机科学作为一门现代科学因其与数学的渊源，其中的许多概念也来自数学，集合是其中之一。如果说集合论的产生给数学注入了新的生机与活力，那么计算机科学中的集合概念给程序员的生活也注入了新的生机与活力。在计算机科学中集合就是一个包含有其他对象的对象。被包含的对象称为集合的元素。

有了集合的概念，那么什么是集合框架呢？集合框架是为表示和操作集合而规定的一种统一的、标准的体系结构。任何集合框架都包含对外的接口、接口的实现和对集合运算的算法三大块内容。

接口：表示集合的抽象数据类型。接口提供了对集合中所表示的内容进行单独操作的可能。

实现：也就是集合框架中接口的具体实现，实际上它们就是那些可复用的数据结构。

算法：在一个实现了某个集合框架中的接口的对象身上完成某种有用的计算的方法，如查找、排序等。这些算法通常是多态的，因为相同的方法在同一个接口被多个类实现时有不同的表现。事实上，算法是可复用的函数。如果你学过 C++，那 C++中的标准模版库（STL）你应该不陌生，它是众所周知的集合框架的绝好例子。

其实在 Java2 之前，Java 是没有完整的集合框架的。它只有一些简单的可以自扩展的容器类，如 Vector、Stack、Hashtable 等。Hashtable 与 Java2 中的 Map 类似，可以看成是一种关联或映射数组，可以将两个或多个毫无关系的对象相关联。与数组不同的是它的大小可以动态变化。

Java2 中的集合框架提供了一套设计优良的接口和类，使程序员操作成批的数据或对象元素更为方便，如图 9-1 所示。

（1）六个接口（短虚线表示），表示不同集合类型，是集合框架的基础。

（2）八个实现类（实线表示），表示对接口的具体实现。

（3）五个抽象类（长虚线表示），是对集合接口的部分实现，可扩展为自定义集合类。

集合框架中重要的接口有 Collection、Set、List 和 Map。其中前三个在一个继承树上（Set 和 List 是 Collection 的子接口），而 Map 是单独的，如图 9-2 所示。

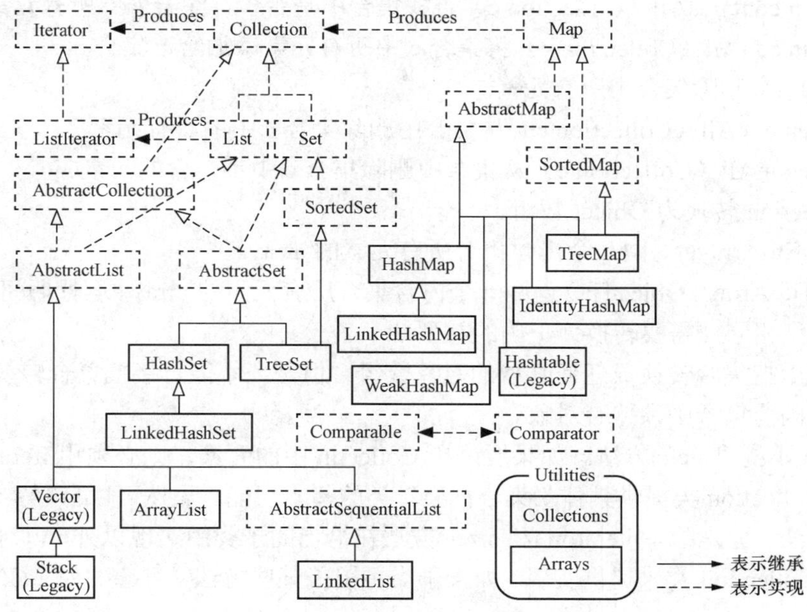


图 9-1　Java 2 集合框架

Collection 接口是一组允许重复的对象。Set 接口继承 Collection，但不允许重复，使用自己内部的一个排列机制。List 接口继承 Collection，允许重复，以元素安插的次序来放置元素，不会重新排列。Map 接口是一组成对的“键—值”对象，即所持有的是 key-value pairs。Map 中不能有重复的 key，且拥有自己的内部排列机制。

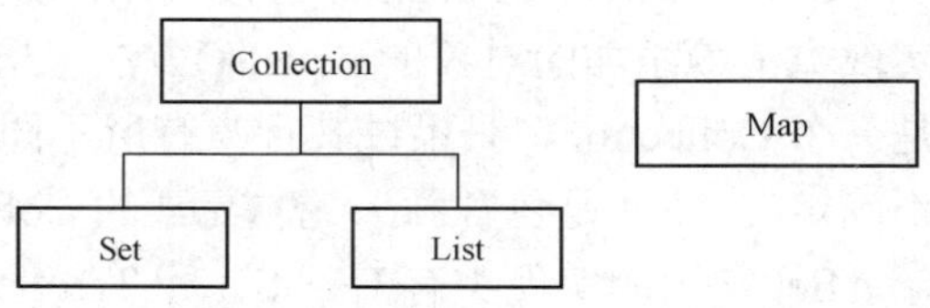


图 9-2　集合中的重要接口

### 9.1.1　Collection 接口

Collection 是集合框架中最根本的一个接口，它代表了各种各样的对象集合。使用 Collection 接口来传递对象集合可以使代码更具普遍性（Generality）。例如，把某个方法的形参声明为 Collection 要比声明为具体的类更灵活些，因为 Collection 是根接口，所以实施了 Collection 子接口的各种对象都可以传递给这个方法，都能通过类型检查。

Collection 接口定义了其方法，Collection 接口中的方法可以分为几类。

（1）单元素添加、删除操作。

1）boolean add（Object o）将对象添加给集合。

2）boolean remove（Object o）如果集合中有与 O 相匹配的对象，则删除对象 O。

（2）查询操作。

1）int size()返回当前集合中元素的数量。

2）boolean isEmpty()判断集合中是否有任何元素。

3）boolean contains（Object o）查找集合中是否含有对象 O。

4）Iterator iterator()返回一个迭代器，用来访问集合中的各个元素。

（3）组操作，作用于元素组或整个集合。

1）boolean containsAll（Collection c）查找集合中是否含有集合 c 中所有元素。

2）boolean addAll（Collection c）将集合 c 中所有元素添加给该集合。

3）void clear()删除集合中所有元素。

4）void removeAll（Collection c）从集合中删除集合 c 中的所有元素。

5）void retainAll（Collection c）从集合中删除集合 c 中不包含的元素。

（4）Collection 转换为 Object 数组。

1）Object[]toArray()返回一个内含集合所有元素的 array。

2）Object[]toArray（Object[]a）返回一个内含集合所有元素的 array。运行期间返回的 array 和参数 a 的类型相同，需要转换为正确的类型。

此外，可以把集合转换成任何其他的对象数组。但是，不能直接把集合转换成基本数据类型的数组，因为集合必须持有对象。

Collection 不提供 get()方法。如果要遍历 Collectin 中的元素，则必须用 Iterator。

AbstractCollection 类提供具体“集合框架”类的基本功能。虽然可以自行实现 Collection 接口的所有方法，但是除了 iterator()和 size()方法在恰当的子类中实现以外，其他所有的方法都由 AbstractCollection 类来提供实现。如果子类不覆盖某些方法，可选的如 add()之类的方法将抛出异常。

### 9.1.2 Set 接口

Set 是继承自 Collection 的接口，Set 关心唯一性，是没有重复项目的集合，每个具体的 Set 实现类依赖添加的对象的 equals()方法来检查独一性。Set 接口没有引入新方法，所以 Set 就是一个 Collection，只不过其行为有所不同。对于 Set 对象，利用迭代器获取的元素的顺序是不确定的，Set 是包含独一无二元素的 Collection。

Set 常用的实现类有 HashSet 和 TreeSet（TreeSet 实现 SortedSet 接口）。

1. HashSet 类

在更多情况下，使用 HashSet 存储重复、自由的集合。考虑到效率，添加到 HashSet 的对象需要采用恰当地分配哈希码的方式来实现 hashCode()方法。虽然大多数系统类覆盖了 Object 中默认的 hashCode()和 equals()实现，但创建要添加到 HashSet 的类时，需要覆盖 hashCode()和 equals()。

Hash 表是一种数据结构，用来查找对象。Hash 表为每个对象计算出一个整数，该整数称为 Hash Code（哈希码）。Hash 表是个链接式列表的阵列。每个列表称为一个 buckets（哈希表元）。对象位置的计算方法为：index = HashCode % buckets（HashCode 为对象哈希码，buckets 为哈希表元总数）。

添加元素时，有时会遇到已经填充了元素的哈希表元，这种情况称为 Hash Collisions（哈希冲突）。这时，必须判断该元素是否已经存在于该哈希表中。

如果哈希码是合理地随机分布的，并且哈希表元的数量足够大，那么哈希冲突的数量就会减少。同时，也可以通过设定一个初始的哈希表元数量来更好地控制哈希表的运行。初始哈希表元的数量为 buckets=size*150%＋1（size 为预期元素的数量）。如果哈希表中的元素放得太满，则必须进行 rehashing（再哈希）。再哈希使哈希表元数量增倍，并将原有的对象重新导入新的哈希表元中，而原始的哈希表元被删除。load factor（加载因子）决定何时要对哈希表进行再哈希。在 Java 编程语言中，加载因子的默认值为 0.78，默认哈希表元为 101。

AbstractSet 类覆盖了 Object 类的 equals()和 hashCode()方法，以确保两个相等的集返回相同的哈希码。若两个集大小相等且包含相同元素，则这两个集相等。根据定义，集的哈希码是集中元素哈希码的总和。因此，不论集的内部顺序如何，两个相等的集会有相同的哈希码。

HashSet 的构造函数描述如下。

（1）HashSet()：构建一个空的哈希集。

（2）HashSet（Collection c）：构建一个哈希集，并且添加集合 c 中所有元素。

（3）HashSet（int initialCapacity）：构建一个拥有特定容量的空哈希集。

（4）HashSet（int initialCapacity，float loadFactor）：构建一个拥有特定容量和加载因子的空哈希集，LoadFactor 是 0.0～1.0 之间的一个数。

2. TreeSet 类

当要从集合中以有序的方式插入和抽取元素时，TreeSet 实现会起作用。为了能顺利进行，添加到 TreeSet 的元素必须是可排序的。

TreeSet 类实现了 SortedSet 接口，能够对集合中的对象进行排序。SortedSet 接口为集的视图（子集）和它的两端（即头和尾）提供了访问方法。当处理列表的子集时，更改视图会反映到源集。此外，更改源集也会反映在子集上。出现这种情况的原因在于视图由两端的元素而不是下标元素指定，所以如果要使一个特殊的高端元素（toElement）在子集中，必须找到下一个元素。添加到 SortedSet 实现类的元素必须实现 Comparable 接口，否则必须给它的构造函数提供一个 Comparator 接口的实现。TreeSet 类是它的唯一一份实现。

“集合框架”中的两个比较接口：Comparable 接口和 Comparator 接口。如 String 和 Integer 等 Java 内建类实现 Comparable 接口以提供一定排序方式，但这样只能实现该接口一次。对于那些没有实现 Comparable 接口的类或者自定义的类，可以通过 Comparator 接口来定义自己的比较方式。

SortedSet（只有 TreeSet 这一个实现可用）中的元素一定是有序的。这使得 SortedSet 接口多了如下的一些方法。

（1）Comparator comparator()：返回对该 set 中的元素进行排序的比较器；如果该 set 使用其元素的自然顺序，则返回 null。

（2）Object first()：返回最小的元素。

（3）Object last()：返回最大的元素。

（4）SortedSet subSet（fromElement，toElement）：返回 Set 的子集，其中的元素从 fromElement 开始到 toElement 为止（包括 fromElement，不包括 toElement）。

（5）SortedSet headSet（toElement）：返回 Set 的子集，其中的元素都应小于 toElement。

（6）SortedSet headSet（fromElement）：返回 Set 的子集，其中的元素都应大于 fromElement。注意，SortedSet 的意思是“根据对象的比较顺序”，而不是“插入顺序”进行排序。

TreeSet 具有的构造函数为：

（1）TreeSet()：构建一个空的树集。

（2）TreeSet（Collection c）：构建一个树集，并且添加集合 c 中的所有元素。

（3）TreeSet（Comparator c）：构建一个树集，并使用特定的比较器对其元素进行排序。

（4）TreeSet（SortedSet s）：构建一个树集，添加有序集合 s 中的所有元素，并使用与有序集合 s 相同的比较器排序。

集合框架中还有个很实用的公用类 Collections。它也是在 java.util 下的类，包含有各种有关集合操作的诸如排序、复制、查找和填充等一些非常有用的方法。

**【例 9-1】** HashSet 和 TreeSet 举例 TestSet.java，参考代码为：

```
import java.util.ArrayList;
import java.util.Collection;
import java.util.HashSet;
import java.util.Iterator;
import java.util.Set;
import java.util.TreeSet;
public class TestSet {
    private static void printCol(Collection coll){
        Iterator iter = coll.iterator();
        while(iter.hasNext()){System.out.println(iter.next());}
    }
    public static void main(String[]args){
        Collection coll = new ArrayList();
        coll.add("c");coll.add("a");
        coll.add("b");coll.add("a");
        Set set1 = new HashSet();Set set2 = new TreeSet();
        set1.addAll(coll);set2.addAll(coll);
        System.out.println("HashSet 的内容:");
        printCol(set1);
        System.out.println("TreeSet 的内容:");
        printCol(set2);
        }
}
```

程序运行结果为：

```
HashSet 的内容:
b
c
a
TreeSet 的内容:
a
b
c
```

从运行结果看出，无论是 HashSet 还是 TreeSet，都没有重复的值。HashSet 的对象是散列开的，具体体现在输出上。我们输入的顺序是 cab，经过 HashSet 存储后输出的顺序变成 bca 了，而 TreeSet 是有序的。

### 9.1.3 List 接口

List 接口代表一种有序的集合，也是 Collection 的子接口，它关心的是索引。List 对象可以包含重复元素。它的面向位置的操作包括 Collection 的功能，还包括获取、除去或更改元素的功能。在 List 中可以从列表的头部或尾部开始搜索元素，如果找到所搜索的元素，还将报告元素所在的位置。List 接口不但以位置序列迭代的方式遍历整个列表，还能处理集合的子集。因为 List 是有序的，所以它新增了下面的一些方法，如表 9-1 所示。

表 9-1　**List 新增方法**

| 方　　法 | 描　　述 |
|---|---|
| boolean addAll(int index,Collection c) | 将集合 c 的所有元素添加到集合的 index 位置，原先位置及其后面的元素依次后移 |
| Object get(int index) | 返回 index 位置的元素 |
| Object set(int index,Object element) | 用所给的对象 element 替换指定位置的元素，返回被替换的元素 |
| void add(int index,Object element) | 在指定位置插入对象 element，而原先位置及其后面的元素依次后移 |
| Object remove(int index) | 从 List 中删除指定位置的元素，原先位置及其后面的元素依次左移，返回被删除的元素 |
| int indexOf(Object o) | 返回对象 o 在 List 中第一次出现的索引值，如果对象 o 不是 List 的一个元素则返回－1 |
| int lastIndexOf(Object o) | 返回对象 o 在 List 中最后一次出现的索引值，如果对象 o 不是 List 的一个元素则返回－1 |
| ListIterator listIterator() | 按顺序返回 List 中元素的一个列表跌代器 |
| ListIterator listIterator(int index) | 按顺序返回 List 中从 index 位置开始的元素的一个列表跌代器 |
| List subList(int fromIndex,int toIndex) | 返回此 List 中从 fromIndex 到 toIndex 的元素组成的一个子 List |

**【例 9-2】** List 接口举例 TestList.java，参考代码为：

```
import java.util.*;
public class TestList{
   public static void main(String[]args){
      List l = new ArrayList();
      String wo = "Allen";
      l.add(wo);         l.add(wo);
      l.add("Lisa");        l.add("Jim");
      Iterator i = l.iterator();
      while(i.hasNext()){System.out.println(i.next()+"");}
   }}
```

1. ArrayList

ArrayList 是一个可变长度的数组，它实现了 List 接口，因此它可以包含重复元素和 Null 元素，也可以任意地访问和修改元素。由 ArrayList 类实现的 List 集合采用数组结构保存对象。ArrayList 类封装了一个动态再分配的 Object[]数组。每个 ArrayList 对象都有一个 capacity。这个 capacity 表示存储列表中元素的数组的容量。当元素添加到 ArrayList 时，它的 capacity 在常量时间内自动增加。向 ArrayList 中不断添加元素，其容量也自动增长，但增长算法并没有定义。当需要插入大量元素时，在插入前可以调用 ensureCapacity 方法来增加 ArrayList 的容量以提高插入效率。不过 ArrayList 是非同步的，我们经常使用 List list = Collections. synchronizedList（new ArrayList()）来返回一个支持 ArrayList 的同步列表。创建一个 ArrayList 如下的格式：

```
ArrayList onelist =new ArrayList();
                //默认的构造器,将会以默认(10)的大小来初始化内部的数组
ArrayList twelist = new ArrayList(ICollection);
                //用一个 ICollection 对象来构造,并将该集合的元素添加到 ArrayList
ArrayList threelist = new ArrayList(int); //用指定的大小来初始化内部的数组
```

它有以下几个常用的方法。

（1）add()：用于添加一个元素到当前列表的末尾。

（2）remove()：用于删除一个元素，通过元素本身的引用来删除。

（3）Contains()：用来查找某个对象是否在列表之中。

（4）ToArray()：这个方法把 ArrayList 的元素 Copy 到一个新的数组中。

（5）ensureCapacity（int minCapacity）：将 ArrayList 对象容量增加 minCapacity。

（6）trimToSize()：整理 ArrayList 对象容量为列表当前大小。程序可使用这个操作来减少 ArrayList 对象存储空间。

**【例 9-3】** ArrayList 举例 TestArrayList.java，参考代码为：

```
import java.util.*;
public class TestArrayList {
   public static void main(String[]args){
      Collection list = new ArrayList();
      list.add("A");        list.add("B");        list.add("C");
      System.out.println("list:"+list);
      System.out.println("list.contains(\"D\"):"+list.contains("D"));
      System.out.println("list.contains(\"C\"):"+list.contains("C"));
      Object[]a = list.toArray(); //用 toArray 方法构建引用数组
      list.remove("C");
      //删除了指向"C"字符串的引用,该对象仍然存在
       //其在 a[]数组中的引用不受该函数的影响
      System.out.println("list:"+list);
      System.out.println("list.contains(\"C\"):"+list.contains("C"));
      System.out.println("list.size():"+list.size());
      System.out.println("a[2]:"+a[2]);
}
}
```

运行结果如下：

```
list:[A,B,C]
list.contains("D"):false
list.contains("C"):true
list:[A,B]
list.contains("C"):false
list.size():2
a[2]:C
```

2. Vector

Vector（向量）是直接继承 AbstractList 的一个类，它是可增长的对象数组。所谓对象数组指的是向量中的元素必须是对象，而不是如整型、实符型等基本的数据类型的值。与数组一样，它包含可以使用整数索引进行访问的组件。创建一个向量的格式如下：

```
Vector vectorOne = new Vector();    //构造一个空向量,使其内部数据数组的大小为 10,
                                    //其标准容量增量为零。
Vector vectorTwo =new Vector(20);   //是构造一个初始容量为 20 的向量。
```

下面介绍 Vector 常用的几种方法。

（1）set（int index，element）方法。

set 方法是用指定的元素替换此向量中指定位置处的元素。index 是所要替换的元素的索引，element 是存储在指定位置的元素，返回以前位于指定位置处的元素。set 方法中使用的下标必须是一个大于或等于 0 且严格小于向量当前大小的整数。如果超出这个范围，则抛出一个 ArrayIndexOutOfBoundsException 异常。

（2）add 方法。

方法 add 是重载方法。一元参数的 add 方法是在向量元素表的末尾添加一个元素。如 vector.add（“末尾元素”）。

二元参数的 add 方法是在 Vector 任意下标处添加元素，其中下标为从 0 到向量大小间的任意值。如 vector.add（i,”hello”），添加元素到下标为 i 的位置。原来所有位于 i 位置或大于 i 位置的元素的下标都增加 1。因此这个向量的大小也增加 1。

（3）size 方法，使用 size 方法可以获得向量中存储元素的个数。

**【例 9-4】** Vector 举例 TestVector.java，参考代码为：

```
import java.util.Vector;
public class TestVector {
  public static void main(String arg[]){
    Vector vector= new Vector();
    vector.add("元素一");        vector.add(1,"元素二");
    for(int i=0;i<vector.size();i++){System.out.print(i+"位置:"+vector.get(i)+"
");}
    System.out.println();
    System.out.println("vector的长度是:"+vector.size());
    vector.add(2,"元素三");
    for(int i=0;i<vector.size();i++){System.out.print(i+"位置:"+vector.get(i)+"
");}
    System.out.println();
    System.out.println("vector的长度是:"+vector.size());
    vector.set(0,"元素五");
    for(int i=0;i<vector.size();i++){System.out.print(i+"位置:"+vector.get(i)+"
");}
    System.out.println();
    System.out.println("vector的长度是:"+vector.size());
  }
}
```

运行结果为：

```
0位置:元素一  1位置:元素二
vector的长度是:2
0位置:元素一  1位置:元素二  2位置:元素三
vector的长度是:3
0位置:元素五  1位置:元素二  2位置:元素三
vector的长度是:3
```

上面的程序如果用数组来写，则需要大量的代码，用向量方法会简单得多。Vector 非常类似于 ArrayList，但是 Vector 是同步的。由 Vector 创建的 Iterator，虽然和 ArrayList 创建的 Iterator 是同一接口，但是，因为 Vector 是同步的，当一个 Iterator 被创建而且正在被使用时，另一个线程改变了 Vector 的状态。这时调用 Iterator 的方法时将抛出 ConcurrentModificationExceptio，因为必须捕获该异常。当需要增长线程时，Vector 默认增长为原来一倍，而 ArrayList 却是原来的一半。Vector 是 ArrayList 的线程安全版本，性能比 ArrayList 要低，现在已经很少被使用。

Stack 类是 Vector 的子类。就是数据结构里讲的堆栈，采用后进先出的存取方式。Stack 提供了五个额外的方法使得 Vector 能当作堆栈使用。基本的为 Pop 和 Push 方法，Empty 方法测试堆栈是否为空，Search 方法检查堆栈是否有元素，Peek 方法取得栈顶元素。

3. LinkedList

LinkedList 实现了 List 接口，允许 null 元素。它的内部实现是链表，它适合于在链表中间需要频繁地进行插入和删除操作。LinkedList 和 ArrayList 一样是非同步的。如果多个线程同时访问一个 List，则必须自己实现访问同步。虽然 LinkedList 绝大多数时候，只是用 add()加对象，用 get()取对象，用 iterator()获取这个序列的 Iterator，但是它还提供额外的 get、remove 和 insert 方法在其首部和尾部。这些操作使 LinkedList 可被用作堆栈（stack）、队列（queue）或双向队列（deque）。

（1）用 LinkedList 做一个栈，“栈（stack）”有时也被称为“后进先出”（LIFO）的容器。也就是说，最后一个被“压”进栈中的东西，会第一个“弹”出来。同其他 Java 容器一样，压进去和弹出来的东西都是 Object，所以除非只用 Object 的功能，否则就必须对弹出来的东西进行类型转换。LinkedList 的方法能直接实现栈的功能，所以完全可以不写 Stack 而直接使用 LinkedList。如果只想要栈的功能，那么继承就不太合适了，因为继承出来的是一个拥有 LinkedList 的所有方法的类。

（2）用 LinkedList 做一个队列，队列（queue）是一个“先进先出”（FIFO）容器。也就是，从一端把东西放进去，从另一端把东西取出来。所以放东西的顺序也就是取东西的顺序。LinkedList 有支持队列的功能的方法，所以它也能被当作 Queue 来用。

（3）还能很轻易地用 LinkedList 做一个 deque（双向队列）。它很像队列，只是可以从任意一端添加和删除元素。

**【例 9-5】** 用 ArrayList 和 LinkedList 实现堆栈举例 TestStack.java，参考代码为：

```
import java.util.*;
public class TestStack {
  public static void main(String[]args){
    ListStack linkedstack = new ListStack(new LinkedList());
    //用 LinkedList 构造了栈 linkedstack
    ListStack arraystack = new ListStack(new ArrayList());
    //用 ArrayList 构造了栈 arraystack
    for(int i=0;i<3;i++){
       linkedstack.push("LindedList stack"+i);    //元素入栈 linkedstack
       arraystack.push("ArrayList stack"+i);      //元素入栈 arraystack
    }
    for(int i=1;i<3;i++){
       System.out.println(arraystack.pop());      //元素出栈 arraystack
       System.out.println(linkedstack.pop());     //元素出栈 linkedstack
    }
  }}
class ListStack{
   private List _stack;
```

```
    public ListStack(List stack){_stack=stack;}
    //移除_stack 的 0 号元素
    public Object pop(){return _stack.remove(0);    }
    //在 0 号位置插入元素
    public void push(Object o){_stack.add(0,o);}
}
```

运行几次的结果为：

```
ArrayList stack2
LindedList stack2
ArrayList stack1
LindedList stack1
```

4. Arrays

Arrays 是集合框架中很实用的公用类。它包含有一个方法，用于从特定的对象数组生成一个 Collection 对象。Arrays 还是 Java 的一种用于处理数组的特殊“实用”类。这个类提供了数组的填充、查找、比较、排序等一系列的对数组的操作。

（1）java.util.Arrays.asList()方法返回一个 List 对象，它含有数组的元素，该数组是传递给此方法的。为快速构建一个 Collection 对象提供了一种方便的机制。

**【例 9-6】** 使用 java.util.Arrays.asList()方法来构建一个 Collection 对象举例 Test.java，参考代码为：

```
import java.util.*;
public class Test {
   public static void main(String[]args){
       Collection c=Arrays.asList(new String[]{"A","B","C"});
       System.out.println(c);
   }}
```

其中 new String[]{"A"，"B"，"C"}创建了一个含三个 String 元素的匿名数组。该数组传递给 asList()方法，asList()方法返回一个 List 对象，该对象含有这些元素。List 接口是继承 Collection 的，因此可以把 List 对象赋给 Collection 引用。

（2）处理数组的静态实用方法。

1）Arrays.fill（type[]a，type val）：是对数组进行填充。就是简单的把一个数组的全部或者某段数据填成一个特殊的值。

2）binarySearch（type[]a，type key）：是在某类型的数组中用二分法查找特定的 Key 的元素，返回元素索引值。前提是这个数组是经过排序的，如果出现有多个元素和 Key 值相等的情况，则返回值无法预料。对于返回值，有以下规律，返回值小于 0 表示没有找到，返回值大于等于 0 说明找到了。对于插入，Arrays 没有特殊算法，一般对数组的插入都是转化为 Collection 之后再做的，但是 binarySearch 还是能找到数组的插入点，插入点位置为返回值的绝对值减 1（|返回值|－1）。

3）equals（type[]a，type[]b）：是做两个数组的比较的，相等则返回 true。

4）sort（type[]a）：是对数组排序的。此方法用的排序算法是调整快速排序法，此算法在许多数据集上提供 n*log（n）性能。

**【例 9-7】** Arrays 举例 TestArrays.java，参考代码为：

```
import java.util.Arrays;
public class TestArrays {
   public static void main(String[]args){
       int[]a ={40,70,50,20,90,80,30,60};
       print(a);
       Arrays.sort(a);
       print(a);
       int k = Arrays.binarySearch(a,40);
       System.out.println("Arrays.binarySearch(a,40):"+k);
       System.out.println("a[+k+]:"+a[k]);
       k = Arrays.binarySearch(a,55);
        // 查找的目标是 55,在该数组中没有找到该值,因此该方法返回一个负数
       System.out.println("Arrays.binarySearch(a,55):"+k);
       int[]b = new int[8];
       print(b);
       Arrays.fill(b,66);
       print(b);
       System.out.println("Array.equals(a,b):"+Arrays.equals(a,b));
   }
   public static void print(int[]a){
        for(int i=0;i<a.length;i++)
            System.out.print(a[i]+" ");
            System.out.println();}
}
```

运行结果为：

```
40 70 50 20 90 80 30 60
20 30 40 50 60 70 80 90
Arrays.binarySearch(a,40):2
a[+k+]:40
Arrays.binarySearch(a,55):-5
0 0 0 0 0 0 0 0
66 66 66 66 66 66 66 66
Array.equals(a,b):false
```

从结果来看，第二次调用 Arrays.binarySearch()方法，这次查找的目标是 55。在该数组中没有找到该值，因此该方法返回一个负数，即 k=－5。当发生这种情况时索引 i=－k－1，应将目标元素插入到此数组中的位置，以维持此数组是升序排列的。数组升序排列时 binarySearch()才能正确工作。

| *Map* |
| --- |
| +clear() : void<br>+containsKey(key : Object) : boolean<br>+containsValue(value : Object) : boolean<br>+entrySet() : Set<br>+get(key : Object) : Object<br>+isEmpty() : boolean<br>+keySet() : Set<br>+put(key : Object, value : Object) : Object<br>+putAll(mapping : Map) : void<br>+remove(kdy : Object) : Object<br>+size() : int<br>+values() : Collection |

图 9-3　Map 定义

### 9.1.4　Map 接口

映射是一个保存了一组键值对关系的对象。集合中不能包含重复的键，即一个键最多对应一个值。使用 put（K key，V value）方法时，如果 key 已存在，则新的 value 值会取代旧的 value 值。图 9-3 给出了 Map 的定义。

1. Map 接口中常用方法

（1）添加、删除操作。

1）Object put（Object key，Object value）：将互相关联

的一个关键字与一个值放入该映像。如果该关键字已经存在，那么与此关键字相关的新值将取代旧值。方法返回关键字的旧值，如果关键字原先并不存在，则返回 null。

2）Object remove（Object key）：从映像中删除与 key 相关的映射。

3）void putAll（Map t）：将来自特定映像的所有元素添加给该映像。

4）void clear()：从映像中删除所有映射。

（2）查询操作。

1）Object get（Object key）：获得与关键字 key 相关的值，并且返回与关键字 key 相关的对象，如果没有在该映像中找到该关键字，则返回 null。

2）boolean containsKey（Object key）：判断映像中是否存在关键字 key。

3）boolean containsValue（Object value）：判断映像中是否存在值 value。

4）int size()：返回当前映像中映射的数量。

5）boolean isEmpty()：判断映像中是否有任何映射。

（3）视图操作：处理映像中键/值对组。

1）Set keySet()：返回映像中所有关键字的视图集。

2）Collection values()：返回映像中所有值的视图集。

3）Set entrySet()：返回 Map.Entry 对象的视图集，即映像中的关键字/值对。

2. Map 的实现——HashMapt 和 TreeMap

集合框架提供两种常规的实现，HashMap 和 TreeMap。在 Map 中插入、删除和定位元素，HashMap 是最好的选择。HashMap 通过 hashcode 对其内容进行快速查找，而 TreeMap 中所有的元素都保持着某种固定的顺序，如果需要得到一个有序的结果就应该使用 TreeMap（HashMap 中元素的排列顺序是不固定的）。使用 HashMap 要求添加的键类明确定义了 hashCode()和 equals()的实现。

在 HashMap 中 put（Object key，Object value）方法会往 Map 中加一个值，并且把这个值同键（查找时所用的对象）联系起来。给出键之后，get（Object key）就会返回与之相关的值。也可以用 containsKey()和 containsValue()测试 Map 是否包含某个键或值。

SortedMap（只有 TreeMap 这一个实现）的键肯定是有序的，因此这个接口里面就有如下的一些附加功能的方法。

（1）Comparator comparator()：返回 Map 所使用的 comparator，如果是用 Object 内置的方法，则返回 null。

（2）Object firstKey()：返回第一个键。

（3）Object lastKey()：返回最后一个键。

（4）SortedMap subMap（fromKey，toKey）：返回这个 Map 的一个子集，其键从 fromKey 开始到 toKey 为止，包括前者，不包括后者。

（5）SortedMap headMap（toKey）：返回这个 Map 的一个子集，其键均小于 toKey。

（6）SortedMap tailMap（fromKey）：返回这个 Map 的一个子集，其键均大于等于 fromKey。

**【例 9-8】** HashMap 和 TreeMap 举例 TestMap.java，参考代码为：

```
import java.util.Collection;
import java.util.HashMap;
import java.util.Iterator;
```

```
import java.util.Set;
import java.util.TreeMap;
public class TestMap {
        int point;
        int no;
        String name;
    public TestMap(int point,int no,String name){
        this.point = point;
        this.no = no;
        this.name = name;
    }
    private static void printCol(Collection coll){
        Iterator iter = coll.iterator();
        while(iter.hasNext()){ System.out.println(iter.next());}
    }
    public static void main(String[]args){
        HashMap map1 = new HashMap();
        map1.put("Zhang",new TestMap(100,1,"zhangsan"));
        map1.put("li",new TestMap(80,2,"lishi"));
        map1.put("wang",new TestMap(90,3,"wangwu"));
        TestMap mapdemo =(TestMap)map1.get("Zhang");
        System.out.println("Zhang result is "+mapdemo.point);
        Set set1 = map1.keySet();
        printCol(set1);
        TreeMap map2 = new TreeMap();
        map2.put("Zhang",new TestMap(100,1,"Zhangsan"));
        map2.put("li",new TestMap(80,2,"lisi"));
        map2.put("wang",new TestMap(90,3,"wangwu"));
        TestMap mapdemo1 =(TestMap)map1.get("Zhang");
        System.out.println("Zhang result is "+mapdemo1.point);
        Set set2 = map2.keySet();
        printCol(set2);
        }
}
```

运行结果为：

```
Zhang result is 100
li
Zhang
wang
Zhang result is 100
Zhang
li
wang
```

程序分别用了 HashMap 和 TreeMap 来存储数据，在用 TreeMap 的时候，进行了排序（按首字母的大小进行排序）。值得注意的地方是，排序的时候，大写字母永远都排在小写字母前面，例如，A 要排在 a 的前面。

## 9.2 迭　代　器

迭代器是一种设计模式，它是一个对象，它可以遍历并选择序列中的对象，而开发人员不需要了解该序列的底层结构。通常用 for 循环或 while 循环遍历一个集合的迭代器。迭代器用于 for 循环，参考代码为：

```
for(Iterator iter = l.iterator();iter.hasNext();){
  System.out.println(iter.next().toString());
}
```

迭代器用于 while 循环，参考代码为：

```
Iterator iter = l.iterator();
while(iter.hasNext()){
    System.out.println(iter.next()+" ");}
```

### 9.2.1 Iterator

Collection 接口的 iterator()方法返回一个 Iterator，Iterator 接口方法能以迭代的方式逐个访问集合中的各个元素，并安全地从 Collection 中除去合适的元素。Java 中的 Iterator 功能比较简单，并且只能单向移动。Iterator 主要方法有：

（1）boolean hasNext()：判断是否存在另一个可访问的元素。

（2）Object next()：返回所要访问的下一个元素，如果到达集合结尾，则抛出 NoSuch ElementException 异常。

（3）void remove()：删除上次访问返回的对象。本方法必须紧跟在一个元素的访问后执行。如果上次访问后集合已被修改，方法将抛出 IllegalStateException 异常。

【例 9-9】 Iterator 举例 TestIterator.java，参考代码为：

```
import java.util.ArrayList;
import java.util.Iterator;
import java.util.LinkedList;
import java.util.List;
import java.util.Vector;
public class TestIterator {
   private static List list;
   public static void main(String[]args){
     System.out.println("1.设置 list 为 LinkedList");
     setList(new LinkedList(),"LinkedList");
     for(Iterator it=list.iterator();it.hasNext();){System.out.println(it.
next().toString());}
     System.out.println("2.设置 list 为 ArrayList");
     setList(new ArrayList(),"ArrayList");
     for(Iterator it=list.iterator();it.hasNext();){System.out.println(it.
next().toString());}
     System.out.println("3.设置 list 为 Vector");
     setList(new Vector(),"Vector");
     for(Iterator it=list.iterator();it.hasNext();){System.out.println(it.
next().toString());}
   }
```

```
    public static void setList(List _list,String listname){
        list=_list;
        list.add(listname+"1");
        list.add(listname+"2");
        list.add(listname+"3");
    }
}
```

运行结果为：

1．设置 list 为 LinkedList

```
LinkedList1
LinkedList2
LinkedList3
```

2．设置 list 为 ArrayList

```
ArrayList1
ArrayList2
ArrayList3
```

3．设置 list 为 Vector

```
Vector1
Vector2
Vector3
```

值得一说的是，集合中的元素在放入的时候会“失去”类型，所以在取出的时候，要将强制类型转化为当初的类型。

### 9.2.2 ListIterator

ListIterator 接口是和实现 List 接口的集合一起使用的。如果需要进行记录的前后反复检索，就使用 ListIterator。ListIterator 是一个双向迭代器。ListIterator 没有当前元素，它的当前游标是位于调用 next()和 previsous()返回的元素之间。

ListIterator 不仅有 Iterator 的所有方法，而且增加了 set 和 add 两种新方法。下面详细介绍 ListIterator 方法。

（1）boolean hasNext()：正向遍历列表时，如果列表迭代器有多个元素，则返回 true（换句话说，如果 next 返回一个元素而不是抛出异常，则返回 true）。

（2）boolean hasPrevious()：如果逆向遍历列表，且列表迭代器有多个元素，则返回 true（换句话说，如果 previous 返回一个元素而不是抛出异常，则返回 true）。

（3）Object next()：返回列表中的下一个元素。可以重复调用此方法来迭代此列表，或混合调用 previous 来前后移动（注意交替调用 next 和 previous 将重复返回相同的元素）。

（4）Object previous()：返回列表中的前一个元素。可以重复调用此方法来迭代列表，或混合调用 next 来前后移动（注意交替调用 next 和 previous 将重复返回相同的元素）。

（5）void add（Object e）：将指定的元素插入列表（可选操作）。该元素直接插入到 next 返回的下一个元素的前面（如果有），或者插入到 previous 返回的下一个元素之后（如果有）。如果列表中没有元素，那么新元素就成为列表中的唯一元素。新元素被插入到隐式光标前，不影响对 next 的后续调用，并且对 previous 的后续调用会返回此新元素（此调用将调用

nextIndex 或 previousIndex 所返回的值增加 1）。

（6）public void set（Object e）：用指定元素替换 next 或 previous 返回的最后一个元素（可选操作）。只有在最后一次调用 next 或 previous 后既没有调用 ListIterator.remove 也没有调用 ListIterator.add 时才可以进行该调用。

**【例 9-10】** ListIterator 举例 TestListIterator.java，参考代码为：

```
import java.util.LinkedList;
import java.util.List;
import java.util.ListIterator;
public class TestListIterator {
  public static void main(String args[]){
     TestListIterator tliterator= new TestListIterator();
     List list=new LinkedList();
     tliterator.initial(list);                    //初始化这个链接表
     ListIterator li= list.listIterator(); //将该链接表转化为 ListIterator
   //顺序输出迭代器中的元素
     while(li.hasNext()){System.out.println(li.next()+" ");}
                                                  //验证 add 方法,给 li 加两个元素
     li.add("元素四");
     li.add("元素五");
     //通过使用 ListIterator 的特有的方法 hasPrevious 与 previous
     //实现 List 的元素逆序输出
     for(String str;li.hasPrevious();){System.out.print(li.previous()+" ");}
     System.out.println();                        //产生换行操作
   //顺序输出 li 迭代器中现有的元素
     while(li.hasNext()){System.out.print(li.next()+" ");}
     System.out.println();                        //产生换行操作
     //通过使用 ListIterator 的 set 方法来改变 li 中的元素
     for(String str;li.hasPrevious();){
         str=li.previous().toString();
         li.set(str.replaceAll("元素","元素编号"));
     }
   //顺序输出 li 迭代器中现有的元素
     while(li.hasNext()){System.out.print(li.next()+" ");}
  }
  public void initial(List list){                //初始化 List 方法
     list.add("元素一");
     list.add("元素二");
     list.add("元素三");
  }}
```

运行结果为：

```
元素一
元素二
元素三
元素五 元素四 元素三 元素二 元素一
元素一 元素二 元素三 元素四 元素五
元素编号一 元素编号二 元素编号三 元素编号四 元素编号五
```

## 9.3 泛　　型

泛型是 Java SE 1.5 的新特性，是一种特殊的类型，它把指定类型的工作推迟到客户端代码声明并实例化类或方法的时候进行。

在 Java SE 1.5 之前，没有泛型的情况下，通过对类型 Object 的引用来实现参数的“任意化”，“任意化”带来的缺点是要做显式的强制类型转换，而这种转换是要求开发者在对实际参数类型可以预知的情况下进行的。对于出现强制类型转换错误的情况，编译器可能不提示错误，在运行的时候才出现异常，这是一个安全隐患。Java 语言引入泛型的好处是在编译的时候检查类型的安全，并且所有的强制转换都是自动和隐式的，提高了代码的重用率。

泛型的本质是参数化类型，也就是说所操作的数据类型被指定为一个参数。这种参数类型可以用在类、接口和方法的创建中，分别称为泛型类、泛型接口、泛型方法。

在定义泛型类或声明泛型类的变量时，使用尖括号来指定形式类型参数。

1. 泛型命名类型参数

推荐的命名约定是以大写的单个字母名称作为类型参数。对于常见的泛型模式，推荐的名称为：

K—键，如映射的键。

V—值，如 List 和 Set 的内容，或者 Map 中的值。

E—异常类。

T—泛型。

2. 泛型规则和限制

（1）泛型的类型参数只能是类这种类型（包括自定义类），而不能是简单类型。

（2）同一种泛型可以对应多个版本（因为参数类型是不确定的），不同版本的泛型类实例是不兼容的。

（3）泛型的类型参数可以有多个。

（4）泛型的参数类型可以使用 extends 语句，如<T extends superclass>。习惯上称为“有界类型”。

（5）泛型的参数类型还可以是通配符类型。如：Class<?> classType = Class.forName("java.lang.String")；

**【例 9-11】** 使用泛型举例 TestGenerics.java，参考代码为：

```
class Point<T>{      //声明了一个泛型类,这个 T 没有任何限制,实际上相当于 Object 类型。
                     //相当于 class Point<T extends Object>。
  private T var;
  public T getVar(){return var;}
  public void setVar(T var){    this.var = var;}
}
public class TestGenerics{
  public static void main(String args[]){
     Point<String> p = new Point<String>();
//指定泛型类型持有者的真实类型。
//实际上,当构造对象时不指定类型信息的时候,默认
```

```
//会使用 Object 类型,输出时要强制转换。
      p.setVar("hello");
      System.out.println(p.getVar().length());
  }  }
```

程序使用<T>来声明一个类型持有者的名称，然后就可以把 T 当作一个类型代表来声明成员、参数和返回值的类型。泛型的高级应用可参看 Java 文档。

## 9.4 枚　　举

JDK 5.0 中 Java 语言的另一个增加的特性是枚举。当使用关键字 enum 声明一个枚举时，编译器就会在内部生成一个类，用于扩展 Enum 并为枚举的每个值声明静态实例。所以如果编写代码：public enum Suit {HEART，DIAMOND，CLUB，SPADE}；编译器就会在内部生成一个叫做 Suit 的类，该类扩展 java.lang.Enum<Suit>并具有叫做 HEART、DIAMOND、CLUB 和 SPADE 的常量（public static final）成员，每个成员都是 Suit 类。与 Class 一样，Enum 也是一个泛型类。但是与 Class 不同，它的签名更复杂一些。

常用的方法如下。

（1）int compareTo（E o）：比较此枚举与指定对象的顺序。

（2）Class<E> getDeclaringClass()：返回与枚举常量的枚举类型相对应的 Class 对象。

（3）String name()：返回此枚举常量的名称，在其枚举声明中对其进行声明。

（4）int ordinal()：返回枚举常量的序数（它在枚举声明中的位置，其中初始常量的序数为零）。

（5）String toString()：返回枚举常量的名称，它包含在声明中。

（6）static <T extends Enum<T>> T valueOf（Class<T> enumType，String name）：返回带指定名称的指定枚举类型的枚举常量。

**【例 9-12】** Enum 举例 EnumTest.java，参考代码为：

```
public enum EnumTest {
  FRANK("The given name of me"),
  LIU("The family name of me");
  private String context;
  private String getContext(){return this.context;}
  private EnumTest(String context){ this.context = context;}
  public static void main(String[]args){
      for(EnumTest name:EnumTest.values()){
      System.out.println(name+":"+name.getContext());}
      System.out.println(EnumTest.FRANK.getDeclaringClass());}
  }
```

运行结果为：

```
FRANK:The given name of me
LIU:The family name of me
class EnumTest
```

## 9.5 算　法　类

集合框架提供了很多针对集合的算法，如排序、混洗、查找、反转、组成、求极值等。这些算法以类的静态方法的形式出现，参数为Collection，但绝大多数是对List实例的操作。这里只介绍排序、混洗和求极值三种操作，其它的可参考Java API文档。

1. 排序（Sorting）

Collections类的sort()方法也可对List对象进行排序，参考下面例子。

**【例9-13】** Collections类Sort方法举例TestCollectionsSort.java，参考代码为：

```
import java.util.*;
public class TestCollectionsSort{
  public static void main(String[]args){
     List l = new ArrayList();
       l.add("Mary");l.add("Coby");
       l.add("Aliki");l.add("Hilary");
       System.out.println("Original:");
       showList(l);
       Collections.sort(l);
       System.out.println("");
       System.out.println("Sorted:");
       showList(l);
  }
private static void showList(List l){
   ListIterator li = l.listIterator();
   while(li.hasNext()){System.out.print(li.next()+" ");}
}}
```

运行结果为：

```
Original:
Mary Coby Aliki Hilary
Sorted:
Aliki Coby Hilary Mary
```

使用排序算法要注意以下几点。

（1）算法类是按照一个自然顺序（natural ordering）对集合进行重排序的。元素是数值对象按照从小到大的顺序排序；元素是字符串按照字典编撰顺序排序；元素是文件按照文件名的字典编撰顺序排序。

（2）集合元素必须是同类的对象才能进行比较和排序，不同类的对象不具备可比性（mutually comparable）。

（3）自定义类的实例作为集合元素必须满足以下条件方可进行排序。自定义类实施Comparable接口，或者创建一个比较器（Comparator）对象，调用sort（List <T> list, Comparator <?super T> c）方法进行排序。

（4）如果想使用自然顺序之外的顺序对集合重新排序，那么需要创建一个比较器。

2. 混洗（Shuffling）

混洗算法以随机次序重排List中的元素。该算法很适用于机会游戏的洗牌，也适用于产生随机顺序的试验。

**【例 9-14】** 洗牌程序 TestDeal.java，参考代码为：

```
import java.util.*;
class TestDeal {
   public static void main(String[]args){
      int numHands = 4;
      int cardsPerHand = 8;
      // Make a normal 82-card deck.
      String[]suit = new String[]
         {"spades","hearts","diamonds","clubs"};
      String[]rank = new String[]
         {"ace","2","3","4","8","6","7","8",
          "9","10","jack","queen","king"};
      List<String> deck = new ArrayList<String>();
      for(int i = 0;i < suit.length;i++)
         for(int j = 0;j < rank.length;j++)deck.add(rank[j]+" of "+suit[i]);
      Collections.shuffle(deck);
      for(int i=0;i < numHands;i++)
         System.out.println(dealHand(deck,cardsPerHand));
   }
      public static <E> List<E> dealHand(List<E> deck,int n){
      int deckSize = deck.size();
      List<E> handView = deck.subList(deckSize-n,deckSize);
      List<E> hand = new ArrayList<E>(handView);
      handView.clear();
      return hand;
   }
}
```

程序运行结果为：

```
[10 of spades,king of spades,2 of spades,ace of clubs,10 of clubs,king of clubs,ace of diamonds,4 of diamonds]
[2 of hearts,king of diamonds,8 of clubs,jack of hearts,7 of hearts,8 of diamonds,queen of hearts,8 of diamonds]
[ace of hearts,4 of clubs,6 of hearts,queen of spades,7 of clubs,9 of clubs,8 of clubs,6 of clubs]
[8 of hearts,queen of clubs,3 of spades,4 of hearts,7 of diamonds,ace of spades,jack of diamonds,10 of diamonds]
```

3. 求极值

可以使用 Collections 的 min 或 max 方法来求集合的最小值或最大值。通常是根据自然排序来决定极值的，也可提供 Comparator 对象来决定判断大小的规则。

**【例 9-15】** 求文件极值 MinFile.java，参考代码为：

```
import java.util.*;
import java.io.*;
class MinFile {
   public static void main(String[]args){
      Collection files = new HashSet();
      File b = new File("b.txt");
```

```
        files.add(b);
        File a = new File("a.txt");
        files.add(a);
        File c = new File("c.txt");
        files.add(c);
        System.out.println("The min file is "+Collections.min(files));
    }
}
```

运行结果为：

```
The min file is a.txt
```

当集合的元素是文件时，集合的自然顺序是文件名的字典编撰顺序，所以上面程序中最小的文件是文件名排在最前面的 a.txt。

**【例 9-16】** 求文件极值 MaxFile.java，参考代码为：

```
import java.util.*;
import java.io.*;
class MaxFile {
 public static void main(String[]args){
Collection files = new HashSet();
        File b = new File("b.txt");
        files.add(b);
        File a = new File("a.txt");
        files.add(a);
        File c = new File("c.txt");
        files.add(c);
        System.out.println("The max file is "+Collections.max(files,LENGTH
ORDER));
    }
        static final Comparator<File> LENGTH_ORDER = new Comparator<File>(){
public int compare(File f1,File f2){
            if(!f1.exists()){return-1;
             }else if(!f2.exists()){return 1;}
            if(f1.length()<f2.length()){return-1;
             }else{return 1;}
    }};
}
```

运行结果为：

```
The max file is c.txt
```

在［例 9-16］中 LENGTH_ORDER 是用匿名类定义的一个对象，在调用 Collections 的 max 方法时传递了该对象。这里的求最大值算法不再使用自然顺序，而使用 LENGTH_ORDER 提供的顺序。运行结果为 c.txt 说明 c.txf 文件长度最大。

## 9.6 实用工具类

Java 语言的 Calendar（日历）、Date（日期）和 DateFormat（日期格式）组成了 Java 标准的一个基本。但是作为非常重要的部分，日期是商业逻辑计算的一个关键的部分，所有的开发者都应该能够计算未来的日期，定制日期的显示格式，并将文本数据解析成日期对象。

### 9.6.1　Date 类

Date 类表示特定的瞬间，精确到毫秒。在 JDK 1.1 之前，Date 类有两个其他的函数。它允许把日期解释为年、月、日、小时、分钟和秒值。它也允许格式化和分析日期字符串。不过，这些函数的 API 不易于实现国际化。从 JDK 1.1 开始，应该使用 Calendar 类实现日期和时间字段之间的转换，并使用 DateFormat 类来格式化和分析日期字符串。Date 中的相应方法已废弃。Date 类的主要成员有：

（1）public Date()。Date 类的构造方法，分配 Date 对象并初始化此对象，以表示分配它的时间（精确到毫秒）。该构造方法在内部使用 System.currentTimeMillis()方法来从系统获取日期。

（2）public long getTime()。返回自 1970 年 1 月 1 日 00：00：00 GMT（格林尼治标准时间）以来，此 Date 对象表示的毫秒数。

**【例 9-17】** 使用日期类 TestDate.java，参考代码为：

```
import java.util.*;
class TestDate{
   public static void main(String[]args){
      Date date = new Date();
      System.out.println(date.getTime());
   }}
```

运行结果为：

```
1329472021140
```

### 9.6.2　Calendar 类

Calendar 类为特定瞬间与一组诸如 YEAR、MONTH、DAY_OF_MONTH、HOUR 等 日历字段之间的转换提供了一些方法，并为操作日历字段（例如获得下星期的日期）提供了一些方法。Calendar 提供了一个类方法 getInstance，以获得此类型的一个通用的对象。Calendar 的 getInstance 方法返回一个 Calendar 对象，其日历字段已由当前日期和时间初始化：Calendar rightNow = Calendar.getInstance()。

Calendar 类的主要成员有：

（1）public boolean after（Object when）：判断此 Calendar 表示的时间是否在指定 Object 表示的时间之后，并返回判断结果。如果此 Calendar 的时间在 when 表示的时间之后，则返回 true；否则返回 false。

（2）public boolean before（Object when）：判断此 Calendar 表示的时间是否在指定 Object 表示的时间之前，并返回判断结果。如果此 Calendar 的时间在 when 表示的时间之前，则返回 true；否则返回 false。

（3）public int get（int field）：返回给定日历字段的值。

（4）public void set（int field，int value）：将给定的日历字段设置为给定值。

（5）public final Date getTime()：返回一个表示此 Calendar 时间值（从历元至现在的毫秒偏移量）的 Date 对象。

### 9.6.3　DateFormat 类

java.text 包中 DateFormat（日期格式）类提供了一些方法，可以将 Date 对象格式化为日期/时间字符串，或者从给定字符串的开始分析文本，以生成一个 Date 对象。

DateFormat 类的主要成员有：

（1）public static final DateFormat getDateInstance()：获得日期 formatter，该 formatter 具有默认语言环境的默认格式化风格。

（2）public final String format（Date date）：将一个 Date 对象格式化为日期/时间字符串。

（3）public Date parse（String source）throws ParseException：从给定字符串的开始分析文本，以生成一个日期。

**【例 9-18】** 日期格式类举例 TestDateFormat.java，参考代码为：

```
import java.util.*;
import java.text.*;
public class TestDetaFormat {
  public static void main(String[]args){
     Date now = new Date();
     DateFormat df =  DateFormat.getDateInstance();
     DateFormat df1 = DateFormat.getDateInstance(DateFormat.SHORT);
     DateFormat df2 = DateFormat.getDateInstance(DateFormat.MEDIUM);
     DateFormat df3 = DateFormat.getDateInstance(DateFormat.LONG);
DateFormat df4 = DateFormat.getDateInstance(DateFormat.FULL);
     String s =  df.format(now);
     String s1 = df1.format(now);
     String s2 = df2.format(now);
     String s3 = df3.format(now);
     String s4 = df4.format(now);
     System.out.println("(Default)Today is "+s);
     System.out.println("(SHORT)Today is "+s1);
     System.out.println("(MEDIUM)Today is "+s2);
     System.out.println("(LONG)Today is "+s3);
     System.out.println("(FULL)Today is "+s4);
     String ds = "2007年1月1日";
     DateFormat df5 = DateFormat.getDateInstance(DateFormat.LONG);
     try{
        Date d = df5.parse(ds);
        System.out.println("After parse:"+d.getTime());
     }catch(ParseException e){  System.out.println("Unable to parse "+ds);}
}}
```

运行结果为：

```
(Default)Today is 2012-2-17
(SHORT)Today is 12-2-17
(MEDIUM)Today is 2012-2-17
(LONG)Today is 2012年2月17日
(FULL)Today is 2012年2月17日 星期五
After parse:1167580800000
```

## 9.7 小　　结

本章介绍了 java.util 包中的接口、实现接口的类及算法类（Collections）和实用工具类。对其总结如表 9-2 所示。

表 9-2　　集合框架总结

<table>
<tr><th colspan="2">接口与对应的实现类</th><th>有序否</th><th>允许元素重复否</th></tr>
<tr><td colspan="2">Collection</td><td>否</td><td>是</td></tr>
<tr><td colspan="2">List</td><td>是</td><td>是</td></tr>
<tr><td rowspan="3">Set</td><td>AbstractSet</td><td>否</td><td rowspan="3">否</td></tr>
<tr><td>HashSet</td><td>否</td></tr>
<tr><td>TreeSet</td><td>是（用二叉树排序）</td></tr>
<tr><td rowspan="3">Map</td><td>AbstractMap</td><td>否</td><td rowspan="3">使用 key-value 来映射和存储数据，Key 必须惟一，value 可以重复</td></tr>
<tr><td>HashMap</td><td>否</td></tr>
<tr><td>TreeMap</td><td>是（用二叉树排序）</td></tr>
</table>

## 习　　题

### 一、选择题

1．（　　）不属于主要的集合类型。

A．set（集）　B．list（列表）　C．map（映射）　D．Arrays

2．（　　）不属于列表在数据结构中的表现。

A．数组和向量　B．链表　C．二叉树　D．队列和堆栈

3．当对象经常被插入到序列中和经常从序列中移走对象时，哪个集合实现适于保持一个有序的对象序列（　　）。

A．TreeMap　B．HashSet　C．ArrayList　D．LinkedList

4．Set 同 List 都实现了 Collection 接口但是他们的实现方式却大不一样正确的说法是：（　　）

A．List 基本上都是以 Array 为基础，但是 Set 则是在 HashMap 的基础上来实现的

B．List 基本上都是以 HashMap 为基础，但是 Set 则是在 Array 的基础上来实现的

C．List、set 都是以 Array 为基础

D．List、set 都是以 HashMap 为基础

5．Vector 还是 ArrayList，哪一个更好，（　　）不是考虑的因素。

A．API　B．Vector 现基本不用

C．数据增长性　D．使用模式

6．下面（　　）支持双向访问。

A．ListIterator　B．Iterator　C．Map　D．ArrayList

7．有如下代码：

```
import java.util.*;
class Student {
   int age;
   String name;
   public Student(){}
```

```
    public Student(String name,int age){
    this.name = name;
    this.age = age;}
  public int hashCode(){ return name.hashCode()+age;}
  public boolean equals(Object o){
    if(o == null)return false;
    if(o == this)return true;
    if(o.getClass()!= this.getClass())return false;
    Student stu =(Student)o;
    if(stu.name.equals(name)&& stu.age == age)return true;
    else return false;}
}
public class TestHashSet{
  public static void main(String args[]){
    Set set = new HashSet();
    Student stu1 = new Student();
    Student stu2 = new Student("Tom",18);
    Student stu3 = new Student("Tom",18);
    set.add(stu1);
    set.add(stu2);
    set.add(stu3);
    System.out.println(set.size());}
}
```

下列说法正确的是：（　　）

A．编译错误　　B．编译正确，运行时异常

C．编译运行都正确，输出结果为 3　　D．编译运行都正确，输出结果为 2

8．有下列程序，选择正确答案是（　　）。

```
import java.util.*;
public class TestListSet{
  public static void main(String args[]){
    List list = new ArrayList();
    list.add("Hello");
    list.add("Learn");
    list.add("Hello");
    list.add("Welcome");
    Set set = new HashSet();
    set.addAll(list);
    System.out.println(set.size());
  }}
```

A．编译不通过　　B．编译通过，运行时异常

C．编译运行都正常，输出 3　　D．编译运行都正常，输出 4

## 二、简答题

1．什么是集合框架？

2．Collection 和 Collections 的区别。

3．比较 Set、List、Map 三个接口。

4．ArrayList 和 Vector 的区别。

## 三、程序阅读题

1．写出下列程序的输出结果。

```
import java.util.*;
public class TestList1{
  public static void main(String args[]){
     List list = new ArrayList();
     list.add("Hello");
     list.add("World");
     list.add("Hello");
     list.add("Learn");
     list.remove("Hello");
     list.remove(0);
     for(int i = 0;i<list.size();i++){ System.out.println(list.get(i));}
  }}
```

2．写出下面程序的输出结果。

```
import java.util.*;
   class MyClass{
    int value;
    public MyClass(){}
    public MyClass(int value){ this.value = value;}
    public String toString(){  return ""+value;}
   }
   public class TestList2{
     public static void main(String args[]){
        MyClass mc1 = new MyClass(10);
        MyClass mc2 = new MyClass(20);
        MyClass mc3 = new MyClass(30);
        List list = new ArrayList();
        list.add(mc1);list.add(mc2);list.add(mc3);
        MyClass mc4 =(MyClass)list.get(1);
        mc4.value = 50;
     for(int i = 0;i<list.size();i++){ System.out.println(list.get(i));}
   }}
```

## 四、编程题

1．使用一个迭代器，编写和测试下面的方法：

int frequency(Collection c,Object x)

// returns the number of occurrences of the specified object x in the specified //collection

2．假如有以下 e-mail 数据“AA@sohu.com,BB@163.com,CC@nyist.com,...”现需要把 e-mail 中的用户部分和邮件地址部分分离，分离后以键值对应的方式放入 HashMap。

# 第 10 章　Java 数据库连接

数据库（Database）是按照一定的数据结构来组织、存储和管理数据的仓库，关系数据库是现代数据库产品的主流。结构化查询语言 SQL 对所有现代关系数据库来说都是至关重要的命令行语言，JDBC 则使得程序员可以通过 SQL 与数据库执行通信，实际上 JDBC 就是一个将 SQL 语句进行封装并传递到数据库的一个应用程序接口（API）。

在本章中将要简要介绍结构化查询语言，讲解 JDBC 的一些基本思想，并教读者使用 JDBC 进行数据库操作的编程。

## 10.1　结构化查询语言

SQL（Structured Query Language）语言，是关系数据库的业界标准。SQL 语言的功能包括查询、操纵、定义和控制数据库，是一个综合的、通用的关系数据库语言，同时又是一种高度非过程化的语言，只要求用户指出做什么而不需要指出怎么做。本节中将简单的介绍 SQL，但是本节的 SQL 知识远远不够，建议读者参阅其他有关著作。

习惯上 SQL 的关键字全部都用大写字母，当然也可以不这样做。SQL 语言主要包括：数据定义语言（DDL）、数据操作语言（DML）、数据查询语言（DQL）及数据控制语言（DCL）。

### 10.1.1　数据库模式定义语言

数据库模式定义语言 DDL（Data Definition Language）用于定义和管理对象（数据库、数据表及视图），DDL 语句通常包括每个对象的 CREATE、ALTER 及 DROP 命令。

在进行数据库查询、修改和插入数据之前，必修要有存储数据的空间，可以使用 CREATE 语句创建对象。例如，在 MyDB 数据库建立一个名为 Books 的范例数据表如下：

```
Use MyDB
CREATE TABLE Books(
Title CHAR(60),
ISBN CHAR(13),
Publisher_Id CHAR(6),
Price DECIMAL(10,2)
);
```

这个语句能产生数据表 Books 并定义了该表的每一个字段及这个字段的数据类型，SQL 的数据类型如表 10-1 所示，这个数据表会一直是空的直到数据被填入数据表内。ALTER TABLE 语句用来修改数据表的定义与属性，例如，在 Books 表中新增 Author_ID 数据行：

```
ALTER TABLE Books  ADD Author_ID INT;
```

DROP TABLE 语句用来删除数据表定义及所有的数据、索引、触发程序、条件约束和数据表的权限。

表 10-1　SQL 数据类型

| 数据类型 | 说明 |
| --- | --- |
| INTEGER 或 INT | 通常为 32 位的整数 |
| SMALLINT | 通常为 16 位的整数 |
| NUMERIC(m,n),DECIMAL(m,n)或 DEC(m,n) | M 位长的定点十进制数，其中小数点后为 n 位 |
| FLOAT(n) | 运算精度为 n 位二进制数的浮点数 |
| REAL | 通常为 32 位的浮点数 |
| DOUBLE | 通常为 64 位的浮点数 |
| CHARACTER(n)或 CHAR(n) | 固定长度为 n 的字符串 |
| VARCHAR(n) | 最大长度为 n 的字符串 |
| BOOLEAN | 布尔值 |
| DATE | 日历日期（与具体实现无关） |
| TIME | 当前时间（与具体实现无关） |
| TIMESTAMP | 当前日期和时间（与具体实现有关） |
| BLOB | 二进制大对象 |
| CLOB | 字符大对象 |

### 10.1.2　数据操纵语言

数据操纵语言 DML（Data Manipulation Language）利用 INSERT、SELECT、UPDATE 及 DELETE 等语句来操作数据库对象所包含的数据。

INSERT 语句用来在数据表或视图中插入一行数据。例如，如果要在 Books 数据表中新增一条图书记录，可使用类似以下的 INSERT 语句：

```
INSERT INTO Books
(Title,ISBN,Publisher_Id,Price)
VALUES('Java 程序设计简明教程','978-7-5083-5596-2','0201',27.00);
```

请注意 SQL 语句中第二行的数据列名称列表，列表上数据行名称的次序决定了数据数值将被放在哪个数据列。如果在建立数据表时，定义数据行填入数值的次序与现在相同，就不必特意指定列名称，可以用以下的 INSERT 语句代替：

```
INSERT INTO Books
VALUES('Java 程序设计简明教程','978-7-5083-5596-2','0201',27.00);
```

注意如果使用这种形式的 INSERT 语句，被插入的数值次序上与建立数据表不同时，数值将被放入错误的数据列。如果数据的类型与定义不符，则会收到一个错误信息通知数据类型不匹配。另外注意在 SQL 中字符串都是用单引号括起来的，而非双引号，如果在字符串中出现单引号则用一对单引号代替。

UPDATE 语句用来更新或修改一行或多行中的值。假设现在要将所有书都降价 2 元处理，可使用以下 UPDATE 语句：

```
UPDATE  Books
SET Price=Price-2;
```

DELETE 语句用来删除数据表中一行或多行的数据，可以删除资料表中的所有数据行。例如，要从 Books 数据表中删除所有的包含“C++”的图书：

DELETE FROM Books WHERE Title LIKE '%C++%';

### 10.1.3 数据查询语言

数据查询语言 SELECT 语句主要用来对数据库进行查询并返回符合用户查询标准的结果数据。SELECT 语句相当灵活，可以使用下面查询语句就可以查出 Books 表中所有记录：

```
SELECT *
FROM Books;
```

在每一个 SQL 的 SELECT 语句中，FROM 子句都是必不可少的，FROM 子句用于告知数据库应该在哪个表上查询数据。

查询时可以选择所需要的列：

```
SELECT ISBN,Price,Title
FROM Books;
```

还可以在查询语句中使用 WHERE 子句来限定所要选择的行：

```
SELECT ISBN,Price,Title
FROM Books
WHERE Price=34.00;
```

注意，SQL 使用=和< >来判断是否相等或者不等，这点和 Java 不同。WHERE 子句也可以使用 LIKE 操作符实现模式匹配，在此通配符并不是通常所说的*和？，而是使用%表示 0 或者 0 以上的字符，而使用下划线表示单个字符，例如，下列语句排除了所有书名中包含 UNIX 或 Linux 的图书：

```
SELECT ISBN,Price,Title
FROM Books
WHERE Title NOT LIKE '%n_x%';
```

利用 SELECT 语句还可以从多个表中选择数据，例如：

SELECT * FROM Books，Publishers;

上面的语句就是列出两个表中所有的记录组合，但是因为没有 WHERE 子句，所以也没有很大意义，实际应用中要对查询结果进行限制，如只选出图书与出版社匹配的记录的语句如下：

```
SELECT * FROM Books,Publishers
WHERE Books.publisher_ID =Publisher. publisher_ID;
```

当从两个或者多个表中选取数据时，如果相同的列名出现在不同的表中，为了避免出现歧义可以在每个列名前添加它所在的表名作为前缀。

数据控制语言 DCL（Data Control Language），用于控制对数据库对象操作的权限，它使用 GRANT 和 REVOKE 语句对用户或用户组授予或回收数据库对象的权限。

### 10.1.4 数据库管理系统

数据库管理系统（Database Management System）是一种操纵和管理数据库的大型软件，用于建立、使用和维护数据库，简称 DBMS。用户通过 DBMS 访问数据库中的数据，数据库管理员也通过 DBMS 进行数据库的维护工作。DBMS 可使多个应用程序和用户用不同的方法在同时或不同时刻建立、修改和询问数据库。

DBMS 提供数据定义语言 DDL（Data Definition Language）与数据操作语言 DML（Data

Manipulation Language），供用户定义数据库的模式结构与权限约束，实现对数据的追加、删除等操作。

DBMS 能够对关系数据库进行管理和操作，提供的 DDL 和 DML 基本上都和 10.1.1 节所讲的 SQL 语句一致，常见的关系数据库系统有 SQL Server、MySQL、Sybase、DB2、Oracle、Access、VF 等，不同的 DBMS 提供的 SQL 语句有些许差别，在使用的时候读者可以根据实际情况进行学习。本章将以 MySQL 数据库为例，讲解 JDBC。

MySQL 是一种关系数据库管理系统，由于其体积小、速度快、总体拥有成本低，尤其是开放源码这一特点，许多中小型网站为了降低网站总体拥有成本而选择其作为网站数据库。

## 10.2 JDBC 概 述

1996 年 Sun 公司发布了第一版的 Java 数据库连接（JDBC）API，通过 JDBC 可以连接到数据库，并使用结构化查询语言（即 SQL）完成对数据库的查找、更新等操作。与其他数据库编程环境相比，Java 的 JDBC 有一个显著的优点，即使用 Java 和 JDBC 开发的程序可以跨平台运行，不受数据库供应商的限制。另外注意，JDK 不提供任何支持“可视化”数据库程序开发工具。如果要使用表单设计器、查询构造器和报表生成器，必须求助第三方工具。

### 10.2.1 JDBC 的发展

Sun 公司最初希望程序员可以使用“纯”Java 语言与任何数据库管理系统（DBMS）进行通信，如图 10-1 所示。但是很快就发现这是一个很难完成的任务，因为业界有很多不同的 DBMS，这些 DBMS 所采用的协议也不相同。

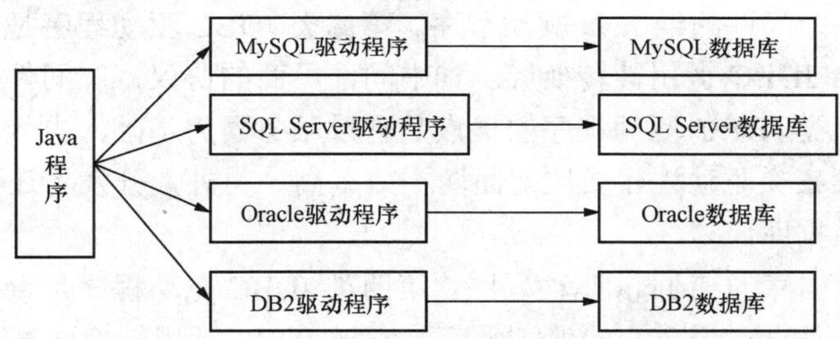


图 10-1 没有 JDBC 前连接数据库的形式

如果 Sun 公司能够为 SQL 访问提供一套“纯”Java API，同时提供一个驱动管理器，以便允许第三方驱动程序可以连接到特定的数据库上，那么这样 DBMS 供应商就可以提供自己的驱动程序，只要这些驱动程序满足驱动管理器 API 的要求，就可在驱动管理器中注册，交给驱动管理器来管理。

因此，Sun 公司就制定了两套接口，一个是应用程序开发者使用的 JDBC API，另一个是 DBMS 供应商开发驱动程序使用的 JDBC 驱动 API，如图 10-2 所示。这样 Java 应用程序的程

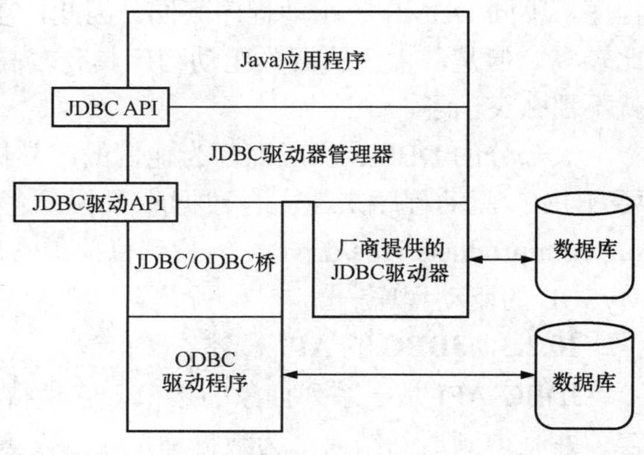


图 10-2 JDBC 和数据库的通信路径

序员无论要使用哪一种 DBMS，他所用的 JDBC 的 API 都是相同的。

其实这种接口组织方式遵循了微软非常成功的 ODBC 模式（ODBC 是 C 语言访问数据库提供的一套编程接口）。所以 JDBC 和 ODBC 都是基于一个思想：根据 JDBC API 编写的程序都可以与驱动管理器通信，而驱动管理器则通过插入其中的驱动程序与实际数据库进行通信。

### 10.2.2　JDBC 驱动程序类型

JDBC 驱动程序根据所实现的方式分为四种类型。

（1）JDBC-ODBC 桥，再加上 ODBC 驱动程序。

早期的 Java 数据访问策略依赖于建立通向 ODBC 的桥梁，其结果就是 JDBC-ODBC 桥接驱动程序。这种驱动程序是 JDBC-ODBC 桥再加上一个 ODBC 驱动程序，桥接驱动程序由 Sun 提供，它的目标是支持传统的数据库系统。

这种形式的优点是可以利用现存的 ODBC 数据源访问数据库。尽管 Sun 提供了 JDBC-ODBC 桥接驱动程序，但由于 ODBC 会在客户端装载二进制代码和数据库客户端代码，这种技术不适用于高事务性的环境。另外这种形式的驱动程序不支持完整的 Java 命令集，而是局限于 ODBC 驱动程序的功能。

（2）基于本地 API 的部分 Java 驱动。应用程序通过本地协议跟数据库打交道，然后将数据库执行的结果通过驱动程序中的 Java 部分返回给客户端程序。这种方法需要本地数据库驱动代码，本地 API 驱动直接把 JDBC 调用转变为数据库的标准调用再去访问数据库。

这类驱动程序也存在与第一类驱动程序一样的性能问题，即客户端载入二进制代码的问题，而且它们被绑定了特定的平台。第二类驱动程序要求编写面向特定平台的代码，这对于任何 Java 开发者来说恐怕都不是真正乐意做的事情。

（3）面向数据库中间件的纯 Java 驱动程序。第三类 JDBC 驱动程序是面向数据库中间件的纯 Java 驱动程序，JDBC 调用被转换成一种中间件厂商的协议，中间件再把这些调用转换到数据库 API。第三类 JDBC 驱动程序的优点是它以服务器为基础，也就是不再需要客户端的本机代码，这使第三类驱动程序要比前面两类效率高。另外，开发者还可以利用单一的驱动程序连接到多种数据库。

（4）直接面向数据库的纯 Java 驱动程序。第四类 JDBC 驱动程序是直接面向数据库的纯 Java 驱动程序，即所谓的“瘦”（thin）驱动程序，它把 JDBC 调用转换成某种直接可被 DBMS 使用的网络协议，这样，客户机和应用服务器可以直接调用 DBMS 服务器。对于第四类驱动程序，不同 DBMS 的驱动程序不同。因此，在一个异构计算环境中，驱动程序的数量可能会比较多。但是，由于第四类驱动程序具有较高的性能，能够直接访问 DBMS，所以这一问题就不那么突出了。

大部分的 DBMS 供应商都为他们的产品提供了第三类或第四类驱动程序，注意 JDBC 需要 JDBC 驱动程序来建立与数据库服务器之间的连接，读者可以在网站 http://industry.java.sun.com/products/jdbc/drivers 上找到目前最常用的驱动程序清单。Connector/J 是 JDBC 用于 MySQL 的驱动程序。

### 10.2.3　JDBC 的 API 概述

JDBC API 是一系列抽象的接口，它使得应用程序员能够进行数据库连接，执行 SQL 语言，并且得到返回结果；为数据库应用开发人员、数据库前台开发人员提供了一种标准的应用程序设计接口，使开发人员可以用纯 Java 语言编写完整的数据库应用程序。JDBC 中包括了 java.sql 和 javax.sql 两个包。

（1）java.sql 基本功能。这个包中的类和接口主要针对基本的数据库编程服务，如生成连接、执行语句及准备语句和运行批处理查询等。同时也有一些高级的处理，如批处理更新、事务隔离和可滚动结果集等。

（2）javax.sql 扩展功能。它主要为数据库方面的高级操作提供了接口和类。如为连接管理、分布式事务和旧有的连接提供了更好的抽象，它引入了容器管理的连接池、分布式事务和行集（RowSet）等。

JDBC API 主要的接口与类如表 10-2 所示：

**表 10-2　　JDBC API 主要接口和类**

| API | 说　明 |
| --- | --- |
| java.sql.Connection | 与特定数据库的连接（会话）。能够通过 getMetaData 方法获得数据库提供的信息、所支持的 SQL 语法、存储过程和此连接的功能等信息。代表了数据库 |
| java.sql.Driver | 每个驱动程序类必需实现的接口，同时，每个数据库驱动程序都应该提供一个实现 Driver 接口的类 |
| java.sql.DriverManager（Class） | 管理一组 JDBC 驱动程序的基本服务。作为初始化的一部分，此接口会尝试加载在“jdbc.drivers”系统属性中引用的驱动程序。只是一个辅助类，是工具 |
| java.sql.Statement | 用于执行静态 SQL 语句并返回其生成结果的对象 |
| java.sql.PreparedStatement | 继承 Statement 接口，表示预编译的 SQL 语句的对象，SQL 语句被预编译并且存储在 PreparedStatement 对象中。然后可以使用此对象高效地多次执行该语句 |
| java.sql.CallableStatement | 用来访问数据库中的存储过程。它提供了一些方法来指定语句所使用的输入/输出参数 |
| java.sql.ResultSet | 指的是查询返回的数据库结果集 |
| java.sql.ResultSetMetaData | 可用于获取关于 ResultSet 对象中列的类型和属性信息的对象 |

最终 JDBC 实现了以下目标：

（1）通过使用 SQL 语句，程序员可以利用 Java 语言开发访问数据库的应用。

（2）DBMS 供应商可以提供底层的驱动程序，因此他们有能力优化各自数据库产品的驱动程序。

## 10.3　JDBC 编　程

使用 JDBC API 操作数据库一般过程如下：

（1）加载数据库驱动程序，这一步主要使用 Driver 接口。

（2）将驱动程序在驱动器 DriverManager 类中进行注册，然后获得和数据库的连接 Connection 对象。

（3）创建语句对象，这一步主要涉及到 Connection 接口、Statement 接口、PreparedStatement 接口、CalbleStatement 接口等。

（4）执行数据库操作，比较常用的是执行 SQL 语句，涉及 ResultSet 接口。

（5）显示数据操作结果。

### 10.3.1　Driver 接口

对于任何一个数据库的驱动程序，如果要实现和 JDBC API 的通信，就需要实现 Driver

接口，也即每一个 DBMS 所提供的驱动程序都应该包含一个实现了 Driver 接口的类。DriverManager 会试着加载尽可能多的它可以找到的驱动程序类，然后对于任意给定连接请求，DriverManager 类会让每一个驱动程序依次试着连接到目标 URL。

在加载某一个数据库的驱动程序 Driver 类时，它应该创建自己的实例并向 DriverManager 注册该实例。程序员可以通过下面语句加载和注册一个驱动程序：

```
Class.forName("Driver类名");
```

几种常用的 JDBC 驱动程序的 Driver 类名如下：

（1）JDBC-ODBC 驱动：sun.jdbc.odbc.JdbcOdbcDriver。

（2）SQL Server 数据库的 JDBC 驱动：com.microsoft.jdbc.sqlserver.SQLServerDriver。

（3）MySQL 数据库的 JDBC 驱动：com.mysql.jdbc.Driver。

（4）Oracle 数据库的 JDBC 驱动：Oracle.jdbc.driver.OracleDriver。

（5）Sybase 数据库的 JDBC 驱动：com.sybase.jdbc2.jdbc.SybDriver。

Class 类中 forName 方法的参数“Driver 类名”可以根据不同的数据库选择上述类名，这些类存在于所对应的数据库驱动程序的 jar 包中，如 sun.jdbc.odbc.JdbcOdbcDriver 类就在 JDK 的 rt.jar 中。

### 10.3.2 DriverManager 类

DriverManager 类使用注册过的数据库驱动程序获得一个数据库的连接，是 JDBC 的管理层，作用于用户和驱动程序之间，跟踪可用的驱动程序，并在数据库和相应驱动程序之间建立连接。DriverManager 类和被管理对象间的关系如图 10-3 所示。

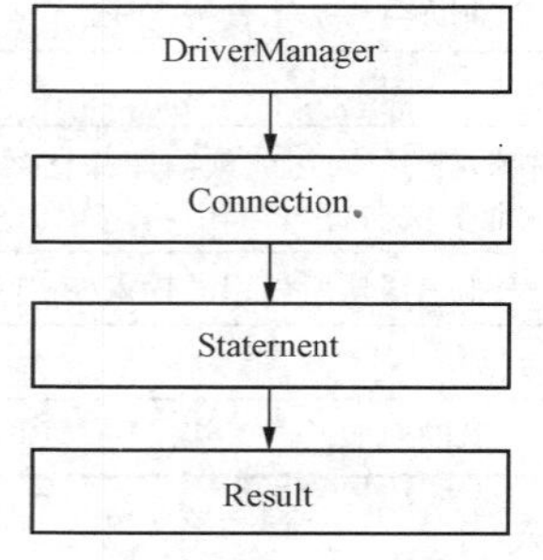

图 10-3 DriverManager 类和被管理对象间的关系

对于简单的应用程序，程序员需要使用静态方法 getConnection()获得与数据库的连接，即获得一个 JDBC Connection 对象。该方法有如下几种形式：

```
    public static Connection getConnection(String url)throws SQLException;
    public static Connection getConnection(String url,String user,String password)
throws SQLException;
    public static Connection getConnection(String url,java.util.Properties info)
throws SQLException;
```

其中参数 user 是指连接数据库时使用的用户名；参数 password 是指连接数据库时用户 user 所使用的登录密码；参数 info 是作为连接参数的任意字符串标记/值的列表，一般至少包括“user”和“password”属性，即把这些属性的值以键值对的形式放置在一个属性文件中；参数 url 是指连接数据库的 URL，格式如：jdbc：子协议名称：数据库名称。常见的各种数据库 URL 形式如下：

（1）ODBC 源：jdbc：odbc：数据库源名。

（2）SQL Server：jdbc：Microsoft：sqlserver：//主机：端口号；DatabaseName=数据库名。

（3）MySQL：jdbc：mysql：//主机：端口号：数据库名。

（4）Oracle：jdbc：Orcale：thin：@主机：端口号：数据库名。

（5）Sybase：jdbc：Sybase：Tds：主机：端口号/数据库名。

提示：同时使用 useUnicode、characterEncoding 时，可指定数据库数据输出时的中文编码，例如，jdbc:mysql://localhost/test?user=root&useUnicode=true;characterEncoding=gbk。

*注意：使用 JDBC 驱动程序之前，必须先加载驱动程序并在 DriverManager 中注册；如果数据库链接不成功将会抛出 SQLException。*

### 10.3.3 Connection 类

一个 Connection 对象表示与特定数据库的连接，主要用于执行 SQL 语句并得到执行的结果。默认情况下，Connection 对象处于自动提交模式，也即它在执行每个 SQL 语句都会自动提交更改，如果禁用自动提交模式，则提交更改就必须显式调用 commit()方法，否则将无法保存数据库更改。

在数据库操作中使用“事务隔离级别”可有效保证并发读取数据的正确性，Connection 有 5 个常量属性用于表示 JDBC 数据操作的事务级别，具体情况如表 10-3 所示。

**表 10-3 JDBC 数据库操作的事务级别**

| 事 物 级 别 | 值 | 脏 读 | 不可重复读 | 虚 读 |
|---|---|---|---|---|
| TRANSACTION_NONE | 0 | 可能发生 | 可能发生 | 可能发生 |
| TRANSACTION_READ_UNCOMMITTED | 1 | 可能发生 | 可能发生 | 可能发生 |
| TRANSACTION_READ_COMMITTED | 2 | 不可能发生 | 可能发生 | 可能发生 |
| TRANSACTION_REPETABLE_READ | 4 | 不可能发生 | 不可能发生 | 可能发生 |
| TRANSACTION_SERIALIZABLE | 8 | 不可能发生 | 不可能发生 | 不可能发生 |

Connection 类常用方法有以下几种。

（1）Statement createStatement()throws SQLException。创建一个 Statement 对象，将 SQL 语句发送到数据库。没有参数的 SQL 语句通常使用 Statement 对象执行。使用返回的 Statement 对象创建的结果在默认的情况下事物类型为 TYPE_FORWARD_ONLY，并带有 CONCUR_READ_ONLY 并发级别。createStatement()方法还有两种带有参数的形式：

1）Statement createStatement（int resultSetType，int resultSetConcurrency）throws SQLException。这种形式用于创建一个 Statement 对象，该对象将生成具有给定类型和并发性的 ResultSet 对象，此方法与不带参数的 createStatement()功能类似，但它允许重写默认结果记录集类型，可以设置并发性。

2）Statement createStatement（int resultSetType，int resultSetConcurrency，int resultSetHoldability）throws SQLException。用于创建一个 Statement 对象，该对象将生成具有给定类型、并发性和可保存性的 ResultSet 对象，允许重写默认结果记录集类型，可以设置并发性和可保存性。

resultSetType、resultSetConcurrency 和 resultSetHoldability 的取值为 ResultSet 常量，其含义将在 ResultSet 接口中详细说明。如果这两种形式发生数据库访问错误，或者给定参数不是指定类型、并发性和可保存性的 ResultSet 常量，程序将抛出 SQLException。

（2）PreparedStatement prepareStatement（String sql）throws SQLException。该方法创建一个 PreparedStatement 对象，使用该对象可以将参数化的 SQL 语句发送到数据库，带有输入参数和不带有输入参数的 SQL 语句都可以被预编译并存储在 PrepareStatement 对象中，然后可以使用此对象来多次执行该语句。同时注意 PreparedStatement 对 SQL 语句进行预编译处理的前提是使用的驱动程序支持预编译。使用返回的 PreparedStatement 对象创建的结果记录集在默认情况下类型为 TYPE_FORWARD_ONLY，并带有 CONCUR_READ_ONLY 并发级别。

（3）CallableStatement prepareCall（String sql）throws SQLException。创建一个 CallableStatement 对象来调用数据库存储过程。该对象提供了设置输入和输出参数的方法，以及用来执行对存储过程的调用方法。方法返回一个包含预编译的 SQL 语句的新的 CallableStatement 对象。

为了处理存储过程调用语句，此方法进行了优化。某些驱动程序可以在调用 prepareCall 方法后将调用语句发送给数据库；另一些则直到执行了 CallableStatement 对象后才可以发送。这对用户没有直接影响。在默认的情况下该方法返回的 CallaStatement 对象创建的结果记录集类型为 TYPE_FORWARD_ONLY，并带有 COUNTER_READ_ONLY 并发级别。同时像 createStatement()方法一样在 JDBC 中也提供了可以指定这两项参数的 preparedCall 方法。

（4）void commit()throws SQLException。使用从上一次提交/回滚以来进行的所有更改成为持久更改，并释放此 Connection 对象当前保存的所有数据库锁定。此方法应该只在已禁用自动提交模式时使用。

（5）boolean getAutoCommit()throws SQLException。用于检索当前 Connection 对象的自动提交模式。如果是 true 则表示是自动提交，否则的话是禁用自动提交模式，需要程序员显式的使用 commit()方法提交事务。

（6）void setAutoCommit（boolean autoCommit）throws SQLException。将当前连接的自动提交模式设置为参数 autoCommit 指定状态。如果处于自动提交模式下，则将执行所有的 SQL 语句，并将这些语句作为单独的事务提交。否则，SQL 语句将成组地进入通过 commit()方法或 rollback()方法终止的事务中。默认情况下，一个新建连接处于自动提交模式下。

提交发生在语句完成或执行下一个语句时，以先发生的情况为准。在语句返回 ResultSet 对象的情况下，该语句在已检索完最后一行 ResultSet 对象或已关闭 ResultSet 对象时完成。在更复杂的情况下，单个语句可以返回多个结果和输出参数值。在这些情况下，提交发生在检索到所有结果和输出参数值后。

（7）void rollback()throws SQLException。取消当前事务中进行的所有更改，并释放当前 Connection 对象保存的所有数据库锁定。rollback 只能在已禁用自动提交事务模式下使用。

（8）void close()throws SQLException。立即释放此 Connection 对象的数据库和 JDBC 资源，而不是等待他们自动释放。在已经关闭的 Connection 对象上调用 close()方法将什么也不做。

（9）boolean isClose()throws SQLException。检查当前 Connection 对象是否已经关闭，该方法只保证在已经调用 Connection.close()方法之后被调用时返回 true。

（10）DatabaseMetaDate getMetaDate()throws SQLException。获取 DatebaseMetaDate 对象，该对象包含关于 Connection 对象连接到数据库的元数据。元数据包括关于数据库的表、受支持的 SQL 语法、存储过程、此连接的功能等信息。

（11）int getTransactionIsolation()throws SQLException。可以使用该方法得到当前的 Connection 对象的事务隔离级别。事务隔离级别的值是表 10-3 所示的 Connection 中的常量。

（12）void setTransactionIsolation（int level）throws SQLException。将当前 Connection 对象的事务隔离级别更改为给定的级别。参数 level 的值可以是表 10-3 中所示的 Connection 常量值之一。

（13）void setReadOnly（boolean readOnly）throws SQLException。设置当前连接为只读模式。

### 10.3.4 Statement 接口

Statement 接口对象主要用于包容 SQL 语句。实际有三种 Statement 对象，它们都作为在给定连接上执行 SQL 语句的包容器：Statement、PreparedStatement（它继承 Statement）和 CallableStatement（它继承 PreparedStatement）。Statement 对象用于执行不带参数的简单 SQL 语句；PreparedStatement 对象用于执行带或不带 IN 参数的预编译 SQL 语句；CallableStatement 对象用于执行对数据库已存储过程的调用。

通过 Statement 可以执行静态的 SQL 语句并返回它所生成结果的对象。默认在同一时刻每一个 Statement 对象只能打开一个 ResultSet 对象，所以当需要交叉读取两个 ResultSet 对象时必须是有两个不同的 Statement 对象生成的。如果存在某个语句的打开的当前 ResultSet 对象，则 Statement 接口中的所有执行方法都会隐式关闭它。

Statement 接口提供了三种执行 SQL 语句的方法：executeQuery()、executeUpdate()和 execute()。使用哪一个方法由 SQL 语句所产生的内容决定。

（1）ResultSet executeQuery（String sql）throws SQLException。用于产生单个结果集的语句，参数 sql 是要发送给数据库的 SQL 语句，通常为 SELECT 语句，它几乎是使用最多的 SQL 语句。

（2）int executeUpdate（String sql）throws SQLException。用于执行 INSERT、UPDATE 或 DELETE 语句及 SQL DDL（数据定义语言）语句，如 CREATE TABLE 和 DROP TABLE。INSERT、UPDATE 或 DELETE 语句的效果是修改表中零行或多行中的一列或多列。executeUpdate 的返回值是一个整数，指示受影响的行数（即更新计数）。对于 CREATE TABLE 或 DROP TABLE 等不操作行的语句，executeUpdate 的返回值总为零。

（3）boolean execute（String sql）throws SQLException。用于执行返回多个结果集、多个更新计数或二者组合的语句。execute 方法应该仅在语句能返回多个 ResultSet 对象、多个更新计数或 ResultSet 对象与更新计数的组合时使用。

如果结果是 ResultSet 对象，则方法 execute 返回 true；如果结果是 int，则返回 false，意味着结果是更新计数或执行语句是 DDL 命令。在调用方法 execute 之后要做的第一件事情是调用 getResultSet()或 getUpdateCount()。调用方法 getResultSet()可以获得两个或多个 ResultSet 对象中第一个对象，调用方法 getUpdateCount()可以获得两个或多个更新计数中第一个更新计数的内容。使用 getMoreResults()来移动后续结果。

（4）void addBatch（String sql）throws SQLException。用于将给定的 SQL 命令添加到此 Statement 对象的命令列表中。参数 sql 通常为静态的 SQL INSERT 或 UPDATE 语句。

（5）int executeBatch()throws SQLException。将在 Statement 对象命令列表中的一批命令全部提交到数据库来执行，如果全部命令执行成功，则返回更新计数组成的数组。返回数组的 int 元素的排列顺序对应于批中的命令，批中的命令根据被添加到批中的顺序排序。返回数组中的元素的值可能有以下几种：

1）大于或者等于零时，表示成功地处理了命令，该值是执行命令所影响数据库中行数的更新计数；

2）若返回值为常量 SUCCESS_NO_INFO，表示成功执行了命令，但受影响的行数是未知的。如果批量更新中的命令之一无法正确执行，则此方法抛出 BatcheUpdateException 异常，同时 JDBC 驱动程序可能继续执行批处理中的其他命令，也可能不执行。无论如何，驱动程序的行为必须和特定 DBMS 一致，要么继续处理命令，要么永远不继续处理命令。如果驱动程序在一次失败后继续进行处理，则 BatchUpdateException.getUpdateCounts()方法返回的数组将包含的元素与批中存在的命令一样多，并且其中至少一个元素将为 EXECUTE_FILED。

3）返回值为 EXECUTE_FAILED，表示未能成功执行命令，仅当命令失败后驱动程序继续处理命令时出现。

（6）void clearBatch（String sql）throws SQLException。清空 Statement 对象的当前 SQL 命令列表。

### 10.3.5 PreparedStatement 接口

PreparedStatement 接口继承 Statement，但是 PreparedStatement 实例包含已编译的 SQL 语句，这就是使语句“准备好”。包含于 PreparedStatement 对象中的 SQL 语句可具有一个或多个 IN 参数。IN 参数的值在 SQL 语句创建时未被指定，该语句为每个 IN 参数保留一个问号，作为占位符。每个问号的值必须在该语句执行之前，通过适当的 setXXX 方法来提供，其中 XXX 是与该参数相应的类型。

由于 PreparedStatement 对象已预编译过，所以其执行速度要快于 Statement 对象。因此，多次执行的 SQL 语句经常创建为 PreparedStatement 对象，以提高效率。

作为 Statement 的子类，PreparedStatement 继承了 Statement 的所有功能。另外它还添加了一整套方法，用于设置发送给数据库以取代 IN 参数占位符的值。同时，execute、executeQuery 和 executeUpdate 三种方法已被更改以使之不再需要参数。

在执行 PreparedStatement 对象之前，必须设置每个参数的值，这可通过调用 setXXX 方法来完成。setXXX 方法的第一个参数 parameterIndex 设置参数的序数位置，编号从 1 开始；第二个参数 x 设置给该参数的值。常用的 setXXX 方法有如下几种：

```
void setBoolean(int parameterIndex,boolean x)throws SQLException;
void setByte(int parameterIndex,byte x)throws SQLException;
void setBytes(int parameterIndex,byte x[])throws SQLException;
void setDate(int parameterIndex,java.sql.Date x)throws SQLException;
void setDouble(int parameterIndex,double x)throws SQLException;
void setFloat(int parameterIndex,float x)throws SQLException;
void setInt(int parameterIndex,int x)throws SQLException;
void setLong(int parameterIndex,long x)throws SQLException;
void setObject(int parameterIndex,Object x)throws SQLException;
void setShort(int parameterIndex,short x)throws SQLException;
void setString(int parameterIndex,String x)throws SQLException;
```

一旦设置了给定语句的参数值，就可用它多次执行该语句，直到调用 clearParameters 方法清除它为止。在连接的默认模式下（启用自动提交），当语句完成时将自动提交或还原该语句。

### 10.3.6 ResultSet 接口

ResultSet 类负责存储查询数据库的结果，并提供一系列的方法对数据库进行新增、删除和修改操作。同时，也负责维护一个记录指针（Cursor），记录指针指向数据表中的某个记录，通过适当的移动记录指针，可以随心所欲地存取数据库，加强程序的效率。

查询结果集一般是一个表，其中包括查询所返回的列标题及相应的值。例如，如果查询语句为 SELECT a，b，c FROM Table1，则结果集将具有如下形式：

```
   a      b        c
-------------------
12345  Cupertino  CA
83472  Redmond  WA
83492  Boston    MA
```

ResultSet 维护指向其当前数据行的光标。每调用一次 next 方法，光标向下移动一行。最初它位于第一行之前，因此第一次调用 next 将把光标置于第一行上，使它成为当前行。随着每次调用 next，光标向下移动一行，按照从上至下的次序获取 ResultSet 行。在 ResultSet 对象或其父辈 Statement 对象关闭之前，光标一直保持有效。

ResultSet 的方法 getXXX 提供了获取当前行中某列值的途径。在每一行内，可按任意次序获取列值。但为了保证可移植性，应该从左至右获取列值，并且一次性地读取列值。列名或列号可用于标识要从中获取数据的列。例如，如果 ResultSet 对象 rs 的第二列名为“title”，并将值存储为字符串，则下列代码将获取存储在该列中的值：

```
String s = rs.getString("title");
String s = rs.getString(2);
```

注意列是从左至右编号的，并且从列一开始。同时，用作 getXXX 方法的参数列名不区分大小写。关于 ResultSet 中列的信息，可通过调用方法 ResultSet.getMetaData 得到。返回的 ResultSetMetaData 对象将给出其 ResultSet 对象各列的编号、类型和属性。

对于 getXXX 方法，JDBC 驱动程序试图将基本数据转换成指定 Java 类型，然后返回适合的 Java 值。例如，如果 getXXX 方法为 getString，而基本数据库中数据类型为 VARCHAR，则 JDBC 驱动程序将把 VARCHAR 转换成 Java String，getString 的返回值将为 Java String 对象。JDBC 规范提供了允许从 SQL 类型到供 ResultSet 获取方法使用的 Java 类型映射关系，如表 10-4 所示。

**表 10-4　　JDBC 规范数据类型转换表**

| JDBC 类型 | Java 类型 | JDBC 类型 | Java 类型 |
|---|---|---|---|
| BIGINT | long | TINYINT | short |
| BINARY | byte[] | VARCHAR | String |
| BIT | boolean | VARBINARY | byte[] |
| CHAR | String | TIMESTAMP | java.sql.Timestamp |
| DECIMAL | java.math.BigDecimal | SMALLINT | short |
| DOUBLE | double | REAL | float |
| INTEGER | int | NUMERIC | java.math.BigDecimal |
| LONGVARBINARY | byte[] | LONGVARCHAR | String |
| TIME（1） | java.sql.Time（1） | DATE | java.sql.Date |
| HAR | String | microsoft.sql.Types | microsoft.sql.DateTimeOffset |

默认情况下，ResultSet 对象不可更新，而且仅有一个向前移动的指针，所以只能迭代它一次并且只能从第一行到最后一行顺序进行。当然 JDBC 可以生成可滚动或可更新的 ResultSet 对象，即：

```
Statement stmt=con.createStatement(ResultSet.TYPE_SCROLL_INSENSITIVE,
                                   ResultSet.CONCUR_UPDATABLE);
ResultSet rs=stmt.executeQuery("SELECT 字段名 1,字段名 2 FROM 表名");
```

上面的程序代码中 rs 对象是可滚动且不受其他更新影响的、可更新的结果记录集。

在可滚动的 ResultSet 对象中，可以向前、向后移动指针，将其置于绝对位置或相对于当前行的位置。以下代码片段更新 ResultSet 对象 rs 的第六行中的 NAME 列，然后使用方法 updateRow()更新用于生成结果记录集 rs 的数据源表：

```
rs.absolute(6);
rs.updateString("NAME","zhangsan");
rs.updateRow();
```

可更新的 ResultSet 对象具有一个与其关联的特殊行，该行用作构建要插入的行的暂存区域。以下代码片段将指针移动到插入行，构建一个三列的行，并使用 insertRow()方法将其插入到结果记录集 rs 和数据表中。

```
rs.moveToInsertRow();
rs.updateString(1,"lishishi");
rs.updateInt(2,25);
rs.updateBoolean(3,true);
rs.insertRow();
rs.moveToCurrentRow();
```

“insert row”是结果记录集中的一个特殊的记录，它实质上是构造的一个数据缓冲区。

当生成 ResultSet 对象的 Statement 对象关闭、重新执行或用来从多个结果的序列检索下一个结果时，ResultSet 对象会自动关闭。

ResultSet 接口中常用的方法如下。

（1）boolean first()throws SQLException。将指针移到结果记录集的第一行，如果指针位于有效行，则返回 true；如果返回结果记录集中不存在任何行，则返回 false。如果结果记录集的类型为 TYPE_FORWARD_ONLY，调用该方法将抛出 SQLException 异常。

（2）boolean last()throws SQLException。将指针移到结果记录集的最后一行。

（3）boolean next()throws SQLException。将指针从当前位置移到结果记录集的下一行，如果指针位于有效行则返回 true，如果返回结果记录集中不存在任何行则返回 false。

（4）boolean absolute（int row）throws SQLException。absolute 方法用于将指针移动到此 ResultSet 对象的给定行编号。参数 row 是想要移动到的行的编号。正的编号指示从结果记录集的开头开始计数行编号，负的编号指示从结果集的末尾开始计数行的编号。例如，调用方法 absolut（1）相当于调用 first()方法，将指针置于第一行；调用 absolut（-1）相当于调用 last()方法，将指针置于最后一行。如果调用该方法后指针位于结果记录集上则返回 true，否则返回 false。如果结果记录集的类型为 TYPE_FORWARD_ONLY，调用该方法将抛出 SQLException 异常。

（5）void moveToInsertRow()throws SQLException。将指针移动到插入行。将指针置于插

入行时，当前的指针位置会被记住。插入行是一个与可更新结果集相关联的特殊行。它实际上是一个缓冲区，在将行插入到结果集前可以通过调用更新方法在这个缓冲区中构造新行。当指针位于插入行上时，仅能使用更新方法、获取方法及 insertRow 方法。

（6）void deleteRow()throws SQLException。从当前 ResultSet 对象和底层数据库中删除当前行。指针不位于插入行上时不能调用此方法。

（7）void insertRow()throws SQLException。将插入行的内容插入到当前 ResultSet 对象和数据库中，此时当前指针必须位于插入行上。如果发生数据库访问错误，或者当前指针不位于插入行上时调用此方法，或者插入行中所有不可为 null 的列中还存在未分配值的列，则会抛出 SQLException 异常。

（8）void updateXXX（int columnIndex，xxxx x）throws SQLException。用指定的 Java 数据类型更新当前行的第 columnIndex 列的值。调用此方法并不会更新底层数据库，更新数据库要调用 updateRow()或者 insertRow()方法。也可以指定列名来更新值 updateXXX（String columnName，xxxx x）。指针必须位于插入行上才能调用此方法，否则会抛出 SQLException 异常。

### 10.3.7　JDBC 程序示例

使用 JDBC API 操作数据库一般要有五个过程，实质上就是通过构造 SQL 语句对象后，执行 SQL 语句来进行数据库操作的，下面通过一些简单例子讲解 JDBC 对数据库的操作。运行调试下面程序前需要把 MySQL 驱动 mysql-connector-java-5.jar 加到 classpath 中。MySQL 目前提供的 Java 驱动程序为 Connection/J，可以从 MySQL 官方网站下载，然后打开压缩文件，找到 mysql-connector-java-5.0.1-ga-bin.jar 文件，将此.jar 文件添加到 classpath 环境变量中。

首先为了实现以下操作需要在 MySQL 数据库中创建数据库 test、表 user，并在表中插入一条记录：

```
CREATE DATABASE test;
USE test;
CREATE TABLE user(name varchar(10),password varchar(10));
INSERT INTO user(name,password)VALUES('zhanghua','123456');
```

对数据库的操作最多的应该是对数据库表中信息的查询，但是由于本例中数据库表 mytable 中还没有数据，因此从更新数据开始。更新数据包括三种情况：在数据表中插入记录，即 INSERT SQL 操作；在数据表中删除记录，即 DELETE SQL 操作；在数据表中更新记录，即 UPDATE SQL 操作。下面以插入记录为例。

**【例 10-1】**　插入数据记录。

（1）建立数据库连接，获得 Connection 对象，首选加载 MySQL 的 Connector/J 驱动：

```
Class.forName("com.mysql.jdbc.Driver").newInstance();
```

建立到 MySQL 的连接，数据库为 myDB，数据库用户为 root，数据库密码为空：

```
conn = DriverManager. getConnection ("jdbc: mysql: // localhost: 3306/ myDB",
"root","");
```

（2）根据 SQL 语句建立 Statement 对象或者 PreparedStatement 对象：

```
stmt = conn.createStatement();
```

（3）用 Connection 对象执行 SQL 语句，本例使用 INSERT 语句。

（4）依次关闭各个 Statement 对象和 Connection 对象：

```
package ten;
import java.sql.*;
public class MySQLTest1{
public static void main(String[]args){
try{   Connection conn;
    Statement stmt;
    //加载 mysql 的 Connector/J 驱动
    Class.forName("com.mysql.jdbc.Driver").newInstance();
    //建立到 MySQL 的连接,数据库为 test,数据库用户为 root,数据库密码为空
    conn = DriverManager.getConnection("jdbc:mysql://localhost:3306/test",
"root","123456");
     //执行 SQL 语句
    stmt = conn.createStatement();
    for(inti=1;i<=5;i++){
       String insertSq="INSERT INTO user VALUES('zhanghua"+i+"','123456')";
       int sum=stmt.executeUpdate(insertSq);
       System.out.println("成功的向表 user 插入了第"+i+"条记录!");}
  }catch(Exception e){
     e.printStackTrace();
    }}}
```

程序的运行结果如图 10-4（a）所示，在 MySQL 的控制台中查看表中记录，发现在表中又插入了 5 条记录，如图 10-4（b）所示。

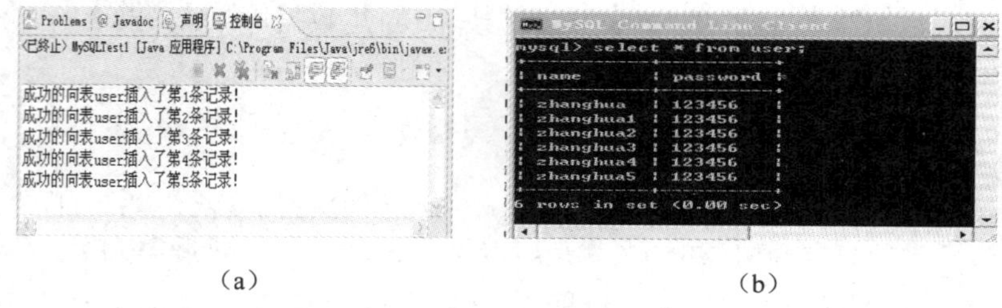


（a）　　　　　　（b）

图 10-4　通过 JDBC 向数据库插入记录

（a）程序运行结果；（b）控制台中显示的表记录

其他的更新操作与插入记录类型，唯一不同的是使用的 SQL 语句不相同，读者可以自行测试。

查询数据就是把数据从数据库表中取出来，最简单的查询就是顺序查询，将按照数据表中记录的顺序依次取出记录，顺序查询代码如［例 10-2］所示。

**【例 10-2】** 顺序查询数据记录，参考代码如下：

```
package ten;
import java.sql.*;
public class MySQLTest2{
public static void main(String[]args){
try{
     Connection conn;
```

```
        Statement stmt;
       ResultSet rs;
         Class.forName("com.mysql.jdbc.Driver").newInstance();
         conn = DriverManager.getConnection("jdbc:mysql://localhost:3306/test",
"root","123456");
        stmt = conn.createStatement();
        rs = stmt.executeQuery("SELECT * FROM user");
          //处理结果集
        while(rs.next()){
          String name = rs.getString("name");
          String passw = rs.getString("password");
          System.out.println("userName:"+name+"    userPassword:"+passw);
    }
    rs.close();
    }catch(Exception e){
          e.printStackTrace();}}}
```

运行结果如图 10-5 所示。

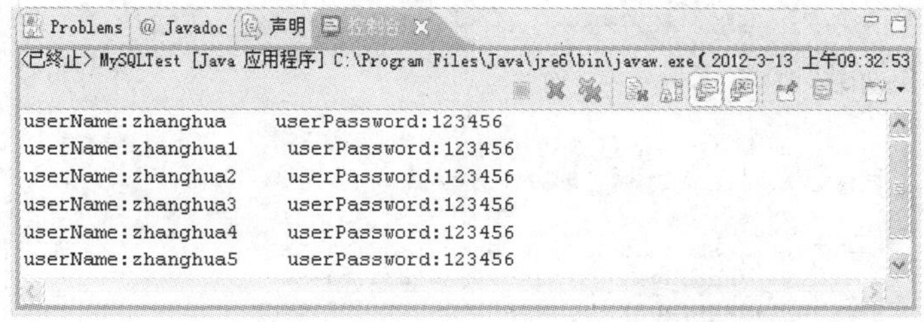


图 10-5　JDBC 查询数据记录

用 JDBC 查询数据库和向数据库中插入记录时的代码不同之处：一是使用的 SQL 语句不相同；二是执行 SQL 语句时使用的方法不同，插入数据时使用的是方法 executeUpdate()，查询数据时使用 executeQuery()方法。为了取得查询结果，在查询程序中还使用了结果集对象。

在［例 10-2］中查询了数据库表中所有记录，如果要按照一定条件进行查询，只需要修改 SQL 语句，即在 SELECT 语句中添加 WHERE 子句。

在［例 10-2］中创建的 SQL 语句对象，使用的是不带参数的 createStatement()方法，这种情况下查询的结果记录集的指针只能向前移动，不能向后移动或移动到指定的行，即结果记录集的指针类型为 TYPE_FORWARD_ONLY。如果再调用结果记录集对象的 previous()方法或 absolute()方法，将会抛出 SQLException 异常。

移动查询数据就是指可以将结果记录集指针随机移动，从而得到用户想要的数据，在 createStatement()方法中需要将其第一参数设为 TYPE_SCROLL_INSENSITIVE 或 TYPE_SCROLL_SENSITIVE，使用 TYPE_SCROLL_SENSITIVE 参数后得到的结果记录集中的数据能和数据库中的数据同步，但是开销比较大。

**【例 10-3】** 移动查询数据记录，参考代码如下：

```
package ten;
import java.sql.*;
public class MySQLTest3{
public static void main(String[]args){
```

```
    try{
        Connection conn;Statement stmt;ResultSet rs;
        Class.forName("com.mysql.jdbc.Driver").newInstance();
        conn = DriverManager.getConnection("jdbc:mysql://localhost:3306/test",
"root","123456");
        stmt = conn.createStatement(ResultSet.TYPE_SCROLL_INSENSITIVE,ResultSet.
CONCUR_READ_ONLY);
        rs = stmt.executeQuery("SELECT * FROM user");
          //倒序输出后第 6 到第 3 条记录
        if(rs.next())rs.absolute(7);
        int i=0;
        while(rs.previous()){
          String name = rs.getString("name");
          String passw = rs.getString("password");
          System.out.println("userName:"+name+"    userPassword:"+passw);
          i++;
          if(i>=4)break;}
    rs.close();
    }catch(Exception e){    e.printStackTrace();}}}
```

程序的运行结果如图 10-6 所示。

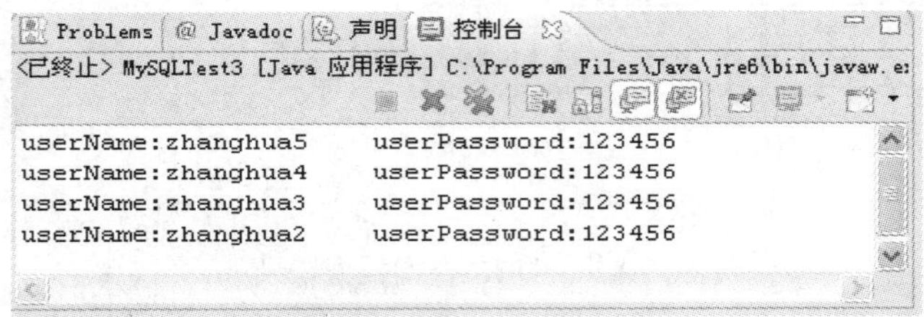


图 10-6 JDBC 移动查询数据记录

从［例 10-3］可以看出，使用 JDBC 操作数据库很简单，只要连接数据库，并把相应的 SQL 语句传递到数据库即可。

为了确保 JDBC 资源不在出现异常或错误等情况下被不正常关闭，应该在 JDBC 编程时要养成经常释放连接的习惯，使用完 JDBC 资源之后关闭且释放它们。

## 10.4 JDBC 高 级 应 用

### 10.4.1 调用存储过程

存储过程（Stored Procedure）是在大型数据库系统中，一组为了完成特定功能的 SQL 语句集，经编译后存储在数据库中，用户通过指定存储过程的名字并给出参数来执行它。因为存储过程是预编译的，所以可以获得更高的数据库处理性能，并且在存储过程中可以做一些复杂运算、数据筛选处理等，可以封装一定的业务逻辑、数据处理逻辑，进而减少 JDBC 与数据库交互的次数。

调用存储过程主要有两种情况，第一种情况是执行 SQL 语句后没有返回值，这是最简单的情况；第二种情况是执行 SQL 语句后返回一个结果记录集。

使用 JDBC 调用存储过程需要先用 Connection 对象的 prepareCall()方法来生成 CallableStatement 对象，再通过 CallableStatement 对象的 execute 方法来调用存储过程。

（1）在 JDBC 中调用有输入参数的储存过程的语法：call 过程名[(?,?,...)]。

（2）返回结果参数的过程的语法为：?=call 过程名[(?,?,...)]。

（3）调用不带参数的储存过程的语法类似：call 过程名。

通常，创建 CallableStatement 对象的人应当知道所用的 DBMS 是支持已储存过程的，并且知道这些过程都是什么。如果需要检查，多种 DatabaseMetaData 方法都可以提供这样的信息。CallableStatement 继承 Statement 的方法（它们用于处理一般的 SQL 语句），还继承了 PreparedStatement 的方法（它们用于处理 IN 参数）。CallableStatement 中定义的所有方法都用于处理 OUT 参数或 INOUT 参数的输出部分：注册 OUT 参数的 JDBC 类型（一般 SQL 类型），从这些参数中检索结果，或者检查所返回的值是否为 JDBCNULL。

**【例 10-4】** 调用没有返回值的存储过程。

以银行转账操作为例，简单说就是一个账户加钱、另一个账户减钱，需要有两个 UPDATE 操作来更新账户表中的两条记录。

先在数据库中创建一个账户类，并插入两条账户记录，然后在数据库中创建一个存储过程，SQL 语句如下：

```
CREATE TABLE account(account_id  int,account_money float);
INSERT INTO account  VALUES(001,500.00);
INSERT INTO account  VALUES(002,800.00);
CREATE procedure  exchangeMoney1(
  account_id_in  int,
  account_id_out int,
  exchange_money float
)
 begin
     UPDATE account SET account_money=account_money-exchange_money
     WHERE account_id=account_id_out;
     UPDATE account SET account_money=account_money+exchange_money
     WHERE account_id=account_id_in;
end;
```

在这个存储过程中有三个输入参数：转入钱的账号 account_id_in，转出钱的账号 account_id_out，转出金额 exchange_money，没有输出参数。相应的，在 Java 代码中调用存储过程的字符串语句为：

call exchangeMoney（转入钱的账号，转出钱的账号，转出金额）

下面的程序代码把账号为 002 的账户转出了 200 元到账号为 001 的账户，具体代码如下：

```
package ten;
import java.sql.*;
public class MySQLTest4{
public static void main(String[]args){
try{
     Connection conn;
     Statement stmt;
     ResultSet rs;
```

```
        Class.forName("com.mysql.jdbc.Driver").newInstance();
        conn = DriverManager.getConnection("jdbc:mysql://localhost:3306/test",
"root","123456");
        String selectSql="SELECT * FROM account";
        stmt = conn.createStatement();
        rs = stmt.executeQuery(selectSql);
        System.out.println("转账之前");
        while(rs.next()){
            int id=rs.getInt("account_id");
            float  money=rs.getFloat("account_money");
            System.out.println("账号"+id+"的余额:"+money);}
        //调用存储过程
        String callProcedureSql="call exchangeMoney1(001,002,200)";
        CallableStatement procedure=conn.prepareCall(callProcedureSql);
        procedure.execute();
    System.out.print("转账成功!");
        rs = stmt.executeQuery(selectSql);
        System.out.println("现在");
        while(rs.next()){
            int id=rs.getInt("account_id");
            float  money=rs.getFloat("account_money");
            System.out.println("账号"+id+"的余额:"+money);
      }
    }catch(Exception e){
          e.printStackTrace();}}}
```

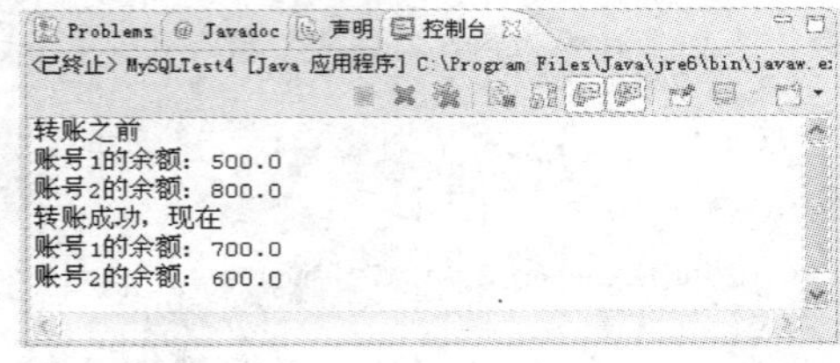


图 10-7 JDBC 调用没有输出的存储过程

程序的运行结果如图 10-7 所示。

在［例 10-4］中调用了没有返回值的存储过程，但是一般情况下用户总是想知道账户余额变动情况，在［例 10-4］中通过两次查询语句来查看变动情况。其实可以在存储过程中把账户转账前后的信息保存在一个临时的表中，再返回这个表的内容作为结果记录集，创建存储过程的 SQL 语句如下：

```
    CREATE procedure  exchangeMoney2(
      account_id_in  int,
      account_id_out int,
      exchange_money float
    )
     begin
         /*创建一个临时表 account1*/
         CREATE TABLE account1(
          account_id      int,
          account_money  float);
         /*将转账前两个账号的信息存入到临时表 account1 中*/
         INSERT INTO account1
         SELECT  *   FROM account
         WHERE  account_id=account_id_in or account_id=account_id_out;
         /*更新转出账户信息*/
          UPDATE account SET account_money=account_money-exchange_money
```

```
        WHERE account_id=account_id_out;
      /*更新转入账户信息*/
        UPDATE account SET account_money=account_money+exchange_money
        WHERE account_id=account_id_in;
       /*将转账后两个账号的信息存入到临时表 account1 中*/
       INSERT INTO account1
       SELECT *   FROM account
       WHERE   account_id=account_id_in or account_id=account_id_out;
       /*返回临时表中记录*/
     SELECT * FROM account1;
       /*删除临时表*/
    DROP TABLE account1;
 end;
```

在这个存储过程中，创建了一个临时表 account1，表结构和 account 相似，再用 INSERT INTO 语句将转账前后的两个账户信息插入到临时表中，然后返回临时表中的记录。使用这个存储过程的代码如［例 10-5］。

**【例 10-5】** 调用返回结果记录集的存储过程，参考代码如下：

```
    package ten;
    import java.sql.*;
    public class MySQLTest5{
    public static void main(String[]args){
    try{
          Connection conn;
          Class.forName("com.mysql.jdbc.Driver").newInstance();
          conn = DriverManager.getConnection("jdbc:mysql://localhost:3306/test",
"root","123456");
          //调用存储过程
          String callProcedureSql="call exchangeMoney4(001,002,200)";
          CallableStatement procedure=conn.prepareCall(callProcedureSql);
          //使用 CallableStatement 的执行查询方法
          ResultSet rs=procedure.executeQuery();
          System.out.println("转账前的账号信息");
          int i=0;
          while(rs.next()){
             i++;
             if(i==3){ System.out.println("转账后的账号信息");}
        System.out.println("账号"+rs.getInt("account_id")+"的余额:"+rs.getFloat
("account_money"));
        }  }catch(Exception e){
           e.printStackTrace();}
    }
    }
```

程序的运行结果如图 10-8 所示。

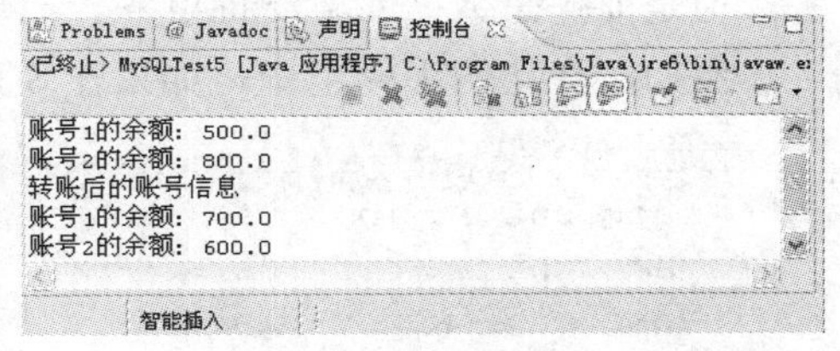


图 10-8  JDBC 调用有结果集的存储过程

在程序中，由于转账操作涉及到两个账户，用一个变量 i 记录循环的次数，结果记录集的前两条记录为转账前的账户信息，后两条记录为转账后的账户信息，所以当变量 i 值为 3 时输出一条信息“转账后的账号信息”。

CallableStatement 接口扩展了 PreparedStatement

接口，用这两个接口生成的对象调用的 SQL 语句都是预编译的，可以设置动态参数，例如，在本例中调用存储过程的语句字符串为：

```
call exchangeMoney4(001,002,200)
```

可以将输入参数设置为“？”，即 call exchangeMoney4（?,?,?），在调用之前用 PreparedStatement 接口的 setXXXX()方法来设置参数值。在本例中具体改为：

```
String callProcedureSql="call exchangeMoney(?,?,?)";
CallableStatement procedure=conn.prepareCall(callProcedureSql);
Procedure.setInt(1,001);
Procedure.setInt(2,002);
Procedure.setFloat(3,200f);
```

采用动态参数的方法可以提高一些程序的效率。

### 10.4.2 事务处理

事务是作为单个逻辑工作单元执行的一系列操作。一个逻辑工作单元必须有四个属性，称为 ACID（原子性 Atomicity、一致性 Consistency、隔离性 Isolation 和持久性 Durability）属性，只有具备这四个属性才能成为一个事务。

（1）原子性：指整个事务是不可分割的工作单元。只有事务中所有的操作执行成功，才算整个事务成功；事务中任何一个 SQL 语句执行失败，那么已经执行成功的 SQL 语句也必须撤销，数据库状态应该回到执行事务前的状态。

（2）一致性：指数据库事务不能破坏关系数据的完整性及业务逻辑上的一致性。如对于银行转账事务，不管事务成功还是失败，应该保证事务结束后两个转账账户的存款总额是与转账前一致的。

（3）隔离性：指的是在并发环境中，当不同的事务同时操纵相同的数据时，每个事务都有各自的完整数据空间。

（4）持久性：指的是只要事务成功结束，它对数据库所做的更新就必须永久保存下来。即使发生系统崩溃，重新启动数据库系统后，数据库还能恢复到事务成功结束时的状态。

如果不进行事务处理，可能会出现一些重大问题。如［例 10-4］和［例 10-5］，修改一个信息后再去查询这个信息，看似这是一个简单的业务，实现起来也非常容易，但当这个业务放在多线程、高并发的平台下，问题自然就出现了，如当执行了一个修改后，在执行查询之前有一个线程也执行了修改语句，这时再执行查询，看到的信息就有可能与修改的不同。如果把这些操作都放置在一个事务中，由于事务的特点不允许两个线程同时使用事务，那么就不会出现类似的问题，当出现异常（断电等）时数据库系统还会自动回滚。

事务处理有两种方法，一种是直接在存储过程中使用事务；另一种是使用 JDBC 中的事务，但是前提是数据库要支持事务。

例如，在［例 10-4］中，如果在 SQL 语句中使用事务的具体代码如下：

```
CREATE procedure  exchangeMoney(
   account_id_in  int,
   account_id_out int,
   exchange_money float
)
 Begin
```

```
        begin transaction  /*开始事务*/
        UPDATE account SET account_money=account_money-exchange_money
        WHERE account_id=account_id_out;
        UPDATE account SET account_money=account_money+exchange_money
        WHERE account_id=account_id_in;
        commit transaction  /*提交事务*/
    end;
```

如果像这样在存储过程中使用事务，那么事务的处理工作就交给数据库完成，在 Java 代码中不必关心事务如何处理、何时开始、何时结束，减轻了 Java 程序员的负担。但是这样又不便于 Java 程序员控制代码的执行过程，移植性变差了。

Java 程序员可以采用第二种方式，也即使用 JDBC 中的事务机制，JDBC 对事务的支持体现在以下三个方面。

（1）事务的提交模式。JDBC 中默认的事务提交方式是自动提交方式，也即说每执行一个 SQL 语句，JDBC 都将它当做一个事务来处理。一个独立的 SQL 操作什么时候算执行完毕？JDBC 规范是这样规定的：对数据操作语言（DML，如 INSERT、UPDATE、DELETE）和数据定义语言（如 CREATE、DROP），语句一执行完就视为执行完毕；对 SELECT 语句，当与它关联的 ResultSet 对象关闭时，视为执行完毕；对存储过程或其他返回多个结果的语句，当与它关联的所有 ResultSet 对象全部关闭，所有 updatecount（UPDATE、DELETE 等语句操作影响的行数）和 output parameter（存储过程的输出参数）都已经获取之后，视为执行完毕。

Connection 提供了一个 auto-commit 的属性来指定事务何时结束。如果要通过 JDBC 在一个事务中执行多个 SQL 语句，就需要用 Connection 对象的 setAutoCommit()方法将自动提交方式设为 false。此时每个事务都必须显式调用 commit 方法进行提交，或者显式调用 rollback 方法进行回滚。

（2）事务隔离级别。由于事务并发处理可能引起的问题：首先是“脏读”，即一个事务读取了另一个事务尚未提交的数据；其次是“不可重复读”，即一个事务的操作导致另一个事务前后两次读取到不同的数据；最后是“幻读”，即一个事务的操作导致另一个事务前后两次查询的结果数据量不同。

JDBC 提供了五种不同的事务隔离级别来避免由于事务并发处理而引起的问题，可以使用 Connection 对象的 setTransactionIsolation（int level）设置，具体值如表 10-3 所示。

（3）保存点。JDBC 定义了 SavePoint 接口，提供一个更细粒度的事务控制机制。当设置了一个保存点后，可以 rollback 到该保存点处的状态，而不是 rollback 整个事务。Connection 接口的 setSavepoint()和 releaseSavepoint()方法可以设置和释放保存点。

JDBC 规范虽然定义了事务的以上支持行为，但是各个 JDBC 驱动数据库厂商对事务的支持程度可能各不相同。如果在程序中任意设置，可能得不到想要的效果。为此，JDBC 提供了 DatabaseMetaData 接口，提供了一系列 JDBC 特性支持情况的获取方法。例如，通过 DatabaseMetaData.supportsTransactionIsolationLevel 方法可以判断对事务隔离级别的支持情况，通过 DatabaseMetaData.supportsSavepoints 方法可以判断对保存点的支持情况。

**【例 10-6】** 通过 JDBC 实现转账操作的事务处理，参考代码如下：

```
package ten;
import java.sql.*;
```

```
    public class JDBCTrancTest{
    public static void main(String[]args){
    try{  Connection conn;
        Class.forName("com.mysql.jdbc.Driver").newInstance();
      conn  =  DriverManager.getConnection("jdbc:mysql://localhost:3306/test",
"root","123456");
        int accountIn=1;
      int accountOut=2;
      float  exchangeMoney=100.00f;
        String sqlStr="SELECT * FROM account WHERE account_id+?or account_id=?";
        PreparedStatement preState1=conn.prepareStatement(sqlStr);
        preState1.setInt(1,accountIn);
      preState1.setInt(2,accountOut);
        ResultSet rsFront=preState1.executeQuery();
        System.out.println("转账前的账号信息");
        while(rsFront.next()){
        System.out.println(" 账 号 "+rsFront.getInt("account_id")+" 的 余 额 :"+
rsFront.getFloat("account_money"));
        }
        rsFront.close();
        try{ conn.setAutoCommit(false);//设置为手动提交事务
        //设置事务级别
            conn.setTransactionIsolation(conn.TRANSACTION_SERIALIZABLE);
    String sqlStr1=" UPDATE account SET account_money=account_money-?WHERE
account_id=?";
            String sqlStr2=" UPDATE account SET account_money=account_money+?
where account_id=?";
            PreparedStatement preState2=conn.prepareStatement(sqlStr2);
            preState2.setFloat(1,exchangeMoney);
            preState2.setInt(2,accountOut);
            preState2.executeUpdate();
            preState2.close();
            PreparedStatement preState3=conn.prepareStatement(sqlStr1);
            preState3.setFloat(1,exchangeMoney);
            preState3.setInt(2,accountIn);
            preState3.executeUpdate();
            preState3.close();
            // int x=1/0;  //为了演示事务的原子性添加的异常语句,运行结果如图 10-10 所示
            conn.commit(); //提交事务
                System.out.println("事务已成功提交!");
        }catch(Exception e){
            e.printStackTrace();conn.rollback();
            System.out.println("事务执行过程中发生了异常,已经回滚事务");
        }
        PreparedStatement preState4=conn.prepareStatement(sqlStr);
        preState4.setInt(1,accountIn);
        preState4.setInt(2,accountOut);
        ResultSet rsEnd=preState4.executeQuery();
        System.out.println("转账后的账号信息");
        while(rsEnd.next()){
            System.out.println(" 账 号 "+rsEnd.getInt("account_id")+" 的 余 额 :"+
```

```
rsEnd.getFloat("account_money"));
        }
        rsEnd.close();
    }catch(Exception e){  e.printStackTrace();} } }
```

在程序中进行事务处理之前设置的事务提交为手动提交，并设置了事务级别为最高级别，可以防止发生脏读、不可重复读和虚读。在代码中使用了两个 PreparedStatement 对象分别执行事务中的两个 UPDATE SQL 语句。程序的运行结果如图 10-9 所示。

为了演示事务的原子性，在事务提交之前添加一个可以抛出异常的语句，如 int x=1/0。由于除数不能为零，程序捕获异常，并回滚事务，所以事务不执行，程序的运行结果如图 10-10 所示。

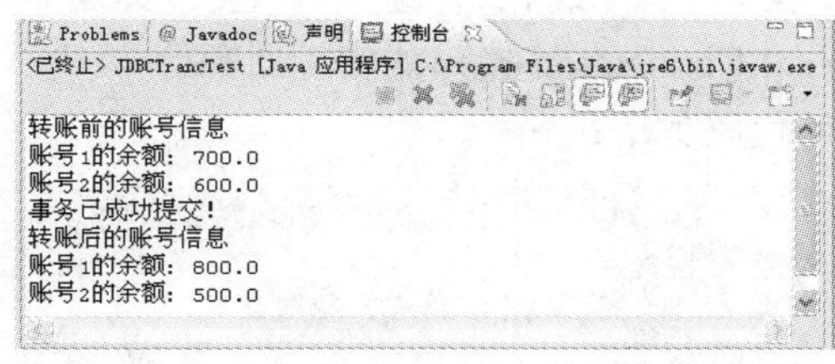


图 10-9 JDBC 的事务处理

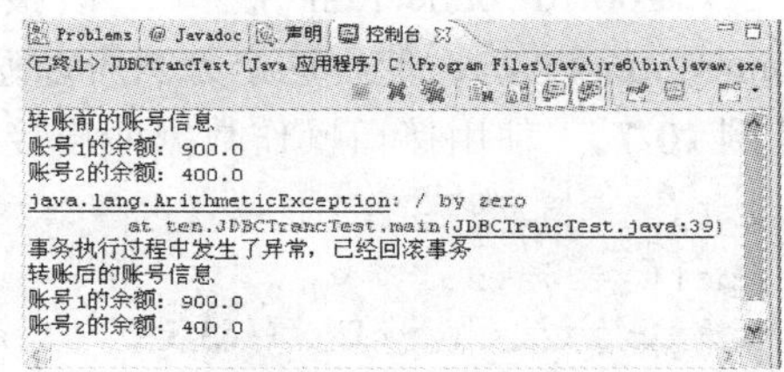


图 10-10 JDBC 的事务的原子性

## 10.5 数据库连接池

在执行数据库 SQL 语句时，先要进行数据连接。而每次创建新的数据库的连接要消耗大量的资源，特别是在有大量用户通过短的无连接操作来访问数据库时。在这种环境中不断地创建连接的代价非常昂贵，特别是在 Web 应用中大量的用户在进行着短而散的数据库操作。

在这种情况下，数据库连接池技术出现了。它的原理是：在运行过程中，同时打开着一定数量的数据库连接，形成数据连接池，当需要用到数据连接时，就从中取出一个连接，完成某些 SQL 操作后，系统自动回收，以供其他用户（或进程）调用。

Java 标准的 java.sql.Connection 表示一个数据连接，封装了这个类，就形成了数据库连接池。用于处理数据库连接池主要的接口连接池是通过 javax.sql.DataSource 对象实现的，因此客户应用需要获得一个合适的 DataSource 对象来使用连接池。连接池对应用代码是透明的。一个对无连接池的连接进行编程的应用，在使用连接池时也无需对代码进行修改。

数据库连接的推荐方法是使用 DataSource。使用 DataSource 的一个最重要的好处是应用无需知道数据库的连接细节信息（URL、用户名、密码等），只需要知道 DataSource 的名称即可。如果 DataSource 的细节信息发生了改变，只需在一个地方对其修改，即只需修改 JNDI（Java 命名目录服务）名字服务中指明的 DataSource。

DataSource 代表了数据库之上的一个软件层。DataSource 可以使用数据库驱动为数据库通信过程增加一些特性。例如，DataSource 可以配置成使用连接池，连接池在运行时会创建可用的很多数据库连接。使用连接池可以使得与底层数据库连接的过程更快速、更高效。

使用池连接时，因为该数据库连接是连接池的一部分，对 Connection 对象的 close()方法的调用不会执行真的关闭。相反，池管理只会设置一个标记，表明该连接不再处于使用中，从而可以分配给请求连接的其他用户。数据再连接池存在于中间层服务器环境当中，可以被不同的 Java 应用程序所调用。

用于处理数据库连接池主要的接口有以下几种。

（1）DataSource 接口：DataSource 接口的实例对象代表了存在于中间层服务器中的缓冲数据源服务，使用它可以返还数据库连接池中现存的数据库连接。DataSource 接口的实例对象实际上是某个 JNDI 服务的提供者，在使用它之前，该 JNDI 服务对象必须先在中间层服务器环境中注册，并且和某个服务名绑定在一起，然后它才能被别的 Java 应用程序调用。

（2）ConnectionPoolDataSource 接口：该接口可以用于创建一个被缓冲于连接池的数据库物理连接，它有可能会被 DataSource 接口的实例对象调用。

（3）PooledConnection 接口：该接口代表被缓冲的数据库连接，它定义了一个 getConnection()方法，使用这个方法可以返回 java.sql.Connection 接口的实例对象。

**【例 10-7】** 使用接口操作数据库连接池，参考代码如下：

```
package ten;
import java.sql.*;
import javax.naming.InitialContext;
import javax.sql.*;
public class DataSourceTest {
public static void main(String args[]){
    DataSource ds = null;
    try{
        InitialContext ctx=new InitialContext();
        ds=(DataSource)ctx.lookup("java:comp/env/jdbc/mysql");
        Connection conn = ds.getConnection();
        conn.setAutoCommit(false);
        Statement stmt = conn.createStatement();
        String strSql = " SELECT * FROM user";
        ResultSet rs = stmt.executeQuery(strSql);
        while(rs.next()){ System.out.print(rs.getString(1));}
        conn.commit();
        conn.close();
        System.out.println("调用连接池测试结束");
    }catch(Exception ex){
        System.out.println("出现例外,信息是:"+ex.getMessage());
        ex.printStackTrace();}      }}
```

上面的代码段的运行原理是：首先程序代码获取初始化的 JNDI 环境并且调用 Context.lookup()方法从 JNDI 服务提供者那里获一个 DataSource 对象；中间层 JNDI 服务提供者返回一个 DataSource 对象给当前的 Java 应用程序，这个 DataSource 对象代表了中间层服务上现存的缓冲数据源；应用程序调用 DataSource 对象的 getConnection()方法；当 DataSource 对象的 getConnection()方法被调用时，中间层服务器将查询数据库连接池中有没有 PooledConnection 接口的实例对象，这个 PooledConnection 对象将被用于与数据库建立物理上的数据库连接；如果在连接池中命中了一个 PooledCoonection 对象，那么连接池将简单地更新内部的缓冲连接队列并将该 PooledConnection 对象返回，如果在连接池内没有找到现成的 PooledConnection 对象，那么 ConnectionPoolDataSource 接口将会被用来产生一个新的

PooledConnection 对象并将它返回以便应用程序使用；中间层服务器调用 PooledConnection 对象的 getConnection()方法以便返还一个 java.sql.Connection 对象给当前的 Java 应用程序；当中间层服务器调用 PooledConnection 对象的 getConnection()方法时，JDBC 数据库驱动程序将会创建一个 Connection 对象并且把它返回中间层服务器；中间层服务器将 Connection 对象返回给应用程序，Java 应用程序可以认为这个 Connection 对象是一个普通的 JDBC Connection 对象，使用它可以和数据库建立事实上的连接并与数据库引擎产生交互操作；当应用程序不需要使用 Connection 对象时，可以调用 Connection 接口的 close()方法。

请注意，这种情况下 close()方法并没有关闭事实上的数据库连接，仅仅是释放了被应用程序占用的数据库连接，并将它还给数据库连接池，数据库连接池会自动将这个数据库连接交给请求队列中下一个应用程序使用。

在数据库应用中，数据库连接过程需要较长的时间，而且频繁的连接数据库会增加数据库系统的压力。所以，最好在项目中使用数据库连接池来减少数据库连接的数量，从而提高数据库访问效率。目前有许多数据库连接池技术，在此推荐使用 apache 的 dbcp 及 pool 自建数据源，下载 DBCP 包。DBCP 是 Apache 的一个开源项目——commons.dbcp，下载地址为 http://jakarta.apache.org/commons/dbcp/index.html

DBCP 依赖 Apache 的另外两个开源项目 commons.collections 和 commons.pool，下载这些包并将这些包的路径添加到 classpath 中，就可以使用 dbcp 作为项目中的数据库连接池使用了，如图 10-11 所示。

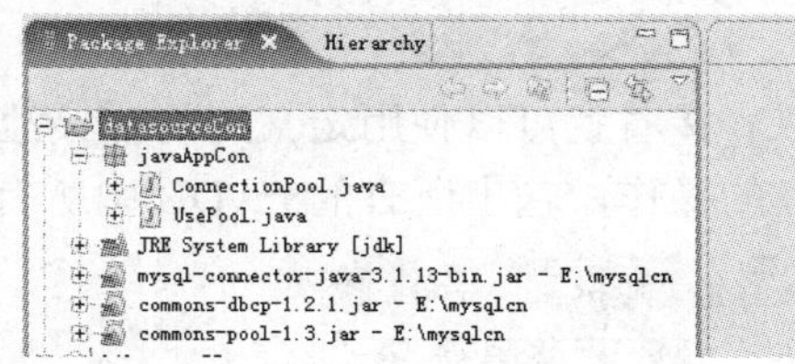


图 10-11　项目中导入 dbcp 包

**【例 10-8】** 使用 dbcp 创建连接池，并对数据进行操作。

首先创建连接池。在本例中，连接到 MySQL 的 myDB 数据库上，数据库在本机上，端口号是 3306，用户名为 username，密码为空。参考代码如下：

```
package ten;
import org.apache.commons.dbcp.BasicDataSource;
import org.apache.commons.dbcp.BasicDataSourceFactory;
import java.sql.SQLException;
import java.sql.Connection;
import java.util.Properties;
public class ConnectionPool {
   private static BasicDataSource dataSource = null;
   public ConnectionPool(){}
   public static void init(){
      if(dataSource!= null){
         try { dataSource.close();
         } catch(Exception e){  e.printStackTrace();}
         dataSource = null;}
      try {
         Properties p = new Properties();
         p.setProperty("driverClassName","com.mysql.jdbc.Driver");
         p.setProperty("url","jdbc:mysql://127.0.0.1:3306/myDB");
         p.setProperty("password","");
         p.setProperty("username","root");
```

```
            p.setProperty("maxActive","30");
            p.setProperty("maxIdle","10");
            p.setProperty("maxWait","1000");
            p.setProperty("removeAbandoned","false");
            p.setProperty("removeAbandonedTimeout","120");
            p.setProperty("testOnBorrow","true");
            p.setProperty("logAbandoned","true");
            dataSource =(BasicDataSource)
            BasicDataSourceFactory.createDataSource(p);
        } catch(Exception e){e.printStackTrace();}
    }
    public static synchronized Connection getConnection()throws  SQLException {
        if(dataSource == null)init();
        Connection conn = null;
        if(dataSource!= null)conn = dataSource.getConnection();
        return conn;
        } }
    if(dataSource!= null)conn = dataSource.getConnection();
    return conn;}
}
```

接着就可以使用定义好的连接池 ConnectionPool，下面的代码是使用连接池实现对数据库的操作，输出所有的 myDB 中所有记录的 name 的值：

```
package ten;
import java.sql.*;
public class UsePool{
 public static void main(String[]args){
      Connection con = null;
      try{ con = ConnectionPool.getConnection();
          Statement stm = con.createStatement();
          ResultSet rs = stm.executeQuery("SELECT * FROM mytable");
          if(rs.next()){
              System.out.println("name:"+rs.getString("name"));
           }
          }catch(Exception e){ e.printStackTrace();
          } finally{ if(con!=null){}
           try{ con.close();
          }catch(SQLException ex){ex.printStackTrace(); }   }  } }
```

程序的运行结果如图 10-12 所示：

```
Problems  Javadoc  Declaration  Console
<terminated> UsePool (1) [Java Application] D:\Su
name:zhanghua
```

图 10-12 使用连接池的运行结果图

大多数应用程序都需要处理数据。Java 应用程序运行时，往往把数据封装为相互连接的对象网络，但是当程序结束时，这些对象就会消失。有时需要永久保存这些对象，有时候，甚至在编写应用程序之前，数据就已经存在了，所以需要读入它们并将其表示为对象，这样的对象叫做持久化对象。手动编写代码来执行这些任务不仅单调乏味、易于出错，而且会占用整个应用程序很大一部分的开发工作量。

JDBC 连接池提供了数目有限的连接，如果数量不够，就需要长时间的等待。不正常关闭 JDBC 连接会导致等待回收无效的 JDBC 连接。只有正常的关闭和释放 JDBC 连接，JDBC 资源才可以被快速重用并使性能得到改善。

## 10.6 小 结

使用 JDBC 编程意味着和数据库一起工作，本章介绍了关系数据库的基本概念和 SQL 结构化查询语言，并对 Java 语言的数据库编程 JDBC API 的几个核心类及其方法进行了分析和介绍，举例说明在 Java 应用程序中如何连接数据库及执行查询和更新。

## 习 题

### 一、选择题

1．下列哪些是 JDBC 驱动程序？（ ）

A．JDBC-ODBC 桥和 ODBC 驱动程序

B．本地协议纯 Java 驱动程序

C．本地 API 部分用 Java 来编写的驱动程序

D．JDBC 网络纯 Java 驱动程序

2．关于 DriverManager 类下列哪些程序段是正确的？（ ）

A．Class.forName（"acme.db.Driver"）;

B．DriverManager.registerDriver（new acme.db.Driver()）;

C．Class.forName（new acme.db.Driver()）;

D．DriverManager.registerDriver（"acme.db.Driver"）;

3．关于 PreparedStatement 对象的使用下列哪些说法是正确的？（ ）

A．PreparedStatement 是个类

B．PreparedStatement 继承了 Statement

C．PreparedStatement 是预编译的，效率高

D．PreparedStatement 可以绑定参数，防 SQL 注入问题

4．下列关于 ResultSet 接口的说法哪些是正确的？（ ）

A．ResultSet 接口被用来提供访问查询结果的数据表，查询结果被当作 ResultSet 对象而返回。

B．ResultSet 对象提供“指针”，指针每次访问数据库表的一行。

C．ResultSet 的 next()方法用来移动指针到数据表的下一行，如果到达表尾，next()方法返回假的布尔值 false，否则为真。

D．ResultSet 接口提供大量的获得数据的方法，这些方法返回数据表中任意位置的数据，不论是基本数据类型或引用数据类型的数据。

5．能够完成更新的 ResultSet 的 SQL 语句必须要具备（ ）。

A．只引用了单个表　　B．可以是多个表

C．不含有 JOIN 或者 GROUP BY 子句　　D．列中要包含主关键

6．关于 CallableStatement 对象的说法正确的是（ ）。

A．CallableStatement 对象用于执行对数据库已存储过程的调用。

B．CallableStatement 对象中，有一个通用的成员方法 call，这个方法用于以名称的方式调用数据库中的存储过程。

C．在数据库调用过程中，可以通过设置 IN 参数向调用的存储过程提供执行所需的参数。

D．在存储过程的调用中，通过 OUT 参数获取存储过程的执行结果。

E．CallableStatement 对象用于执行对数据库所有的调用。

7．关于 JDBC API 管理的事务下列说法正确的是（　　）。

A．默认情况下，新连接将处于自动提交模式。

B．方法 commit()使 SQL 语句对数据库所做的任何更改成为永久性的，它还将释放事务持有的全部锁。而方法 rollback()将弃去那些更改。

C．缺省情况下，新连接将处于手动提交模式。

D．如果两个更新都是成功的，则调用 commit()方法，从而使两个更新结果成为永久性的；如果其中之一或两个更新都失败了，则调用 rollback()方法，以将值恢复为进行更新之前的值。

8．方法 executeUpdate 用于的语句有（　　）。

A．INSERT　　B．SELECT　　C．UPDATE　　D．DELETE

9．关于 Statement 的使用下列说法正确的是（　　）。

A．继承了 Statement 接口中所有方法的 PreparedStatement 接口都有自己的 executeQuery、executeUpdate 和 execute 方法。

B．Statement 是预编译的，效率高。

C．Statement 对象用 Connection 的方法 createStatement 创建。

D．还可以绑定参数，防 SQL 注入问题。

10．关于 Statement 常用的方法下列说法正确的是（　　）

A．方法 execute 和 executeQuery 一样都返回单个结果集。

B．方法 executeUpdate 用于执行 INSERT、UPDATE 或 DELETE 语句及 SQL DDL 语句。

C．方法 execute 用于执行返回多个结果集、多个更新计数或二者组合的语句。

D．方法 executeQuery 用于产生单个结果集的语句。

11．在 Jdbc 中可以调用数据库的存储过程的接口是（　　）。

A．Statement　　B．PreparedStatement

C．CallableStatement　　D．PrepareStatement

## 二、简答题

1．简述对 Statement、PreparedStatement、CallableStatement 的理解。

2．数据连接池的工作机制是什么？

3．在 JCBC 编程时为什么要养成经常释放连接的习惯。

4．简述编写 JDBC 程序的一般过程。

## 三、编程题

1．写一个连接 MySQL 数据库，在 user 表中根据用户名把其中的密码更新成指定的密码的 JDBC 程序。User 表如下：

| 字段名称 | 说　明 | 数据类型 | 约　束 |
| --- | --- | --- | --- |
| UserName | 用户名 | Varchar（10） | 主键 |
| Pwd | 密码 | Varchar（6） | 不允许空 |

2．在 MySQL 数据库建立一个学生信息表（学号，姓名，班级，成绩），编程完成如下操作：

（1）增加 5 条学生记录；

（2）显示成绩大于 85 分的学生信息；

（3）将表中的所有记录，按照成绩从大到小顺序排列，如果成绩相同以学号从小到大顺序排列。

# 第 11 章 网 络 编 程

Java 语言最初得到广泛支持就是在互联网领域，Applet 是最早嵌入在浏览器中提供人机交互的应用。随着互联网的普及，Java 语言已经成为现在 Internet 上最流行的一种编程语言，能够使用网络上的各种资源和数据，与服务器建立各种传输通道，将自己的数据传送到网络的各个地方。

现代计算机网络都采用了层次化的结构，ISO/OSI 模型把计算机网络共分为七层，从下到上依次为物理层、数据链路层、网络层、传输层、会话层、表示层和应用层。Java 语言主要致力于网络层以上的各种网络应用，这些网络应用可以分成两大类，一类是 C/S 结构的应用，一类是 B/S 结构的应用。本章主要介绍 C/S 结构网络应用的开发，支持该类网络应用所需要的 API 主要包含在包 java.applet、java.net、javax.net、java.rmi 和 javax.rmi 及其子包中；而在网络通信中进行信息传输需要的 API 主要包含在包 java.io 和 java.nio 及其子包中。

## 11.1 网络基础知识

### 11.1.1 计算机网络

计算机网络，是指将地理位置不同的、具有独立功能的多台计算机及其外部设备，通过通信线路连接起来，在网络操作系统、网络管理软件及网络通信协议的管理和协调下，实现资源共享和信息传递的计算机系统，如图 11-1 所示。

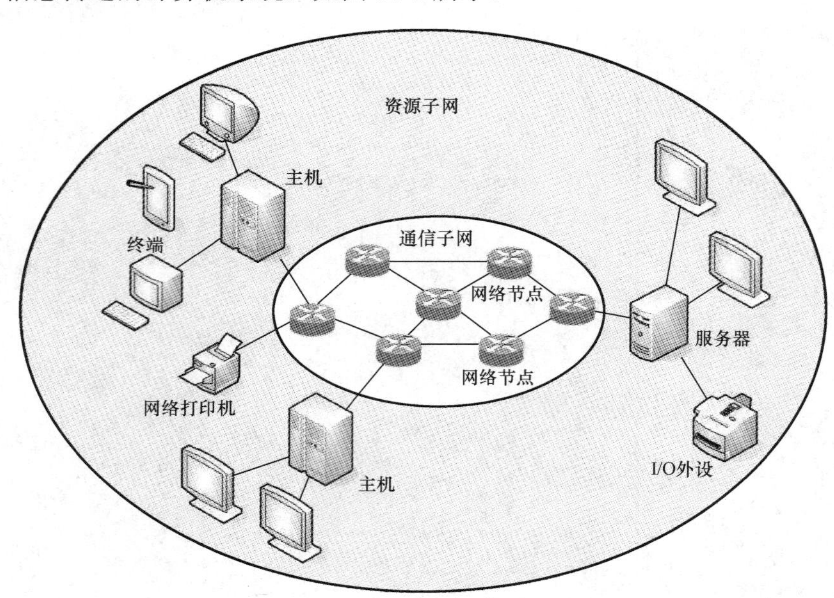


图 11-1 计算机网络的组成

可独立工作的计算机也叫主机，是计算机网络的核心，也是用户主要的网络资源。根据用途的不同可将其分为服务器和网络工作站。

服务器一般由功能强大的计算机担任，如小型计算机、专用 PC 服务器或高档微机。它向网络用户提供服务，并负责对网络资源进行管理。一个计算机网络系统至少要有一台或多台服务器，根据服务器所担任的功能不同又可将其分为文件服务器、通信服务器、备份服务器和打印服务器等。

网络工作站是一台供用户使用网络的本地计算机，对它没有特别要求。工作站作为独立的计算机为用户服务，同时又可以被授予一定的权限访问服务器。各工作站之间可以相互通信，也可以共享网络资源。在计算机网络中，工作站是一台客户机，即网络服务的一个用户。

网络协议是为计算机网络中进行数据交换而建立的规则、标准或约定的集合。

### 11.1.2 TCP/IP

TCP/IP 是 Transmission Control Protocol/Internet Protocol 的简写，中译名为传输控制协议/因特网互联协议，是 Internet 最基本的协议，是 Internet 国际互联网络的基础，由网络层的 IP 和传输层的 TCP 组成。TCP/IP 定义了电子设备如何连入 Internet，以及数据如何在它们之间传输的标准。协议采用了四层的层级结构，每一层都呼叫它的下一层所提供的网络来完成自己的需求。其中，TCP 负责发现传输的问题，一有问题就发出信号，要求重新传输，直到所有数据都安全正确地传输到目的地；而 IP 是给 Internet 的每一台电脑规定一个地址。

在网络中为了实现各主机间的通信，每台主机都必须有一个唯一的网络地址作为身份标识，这个地址就叫做 IP（Internet Protocol 的简写）地址，即用 Internet 协议语言表示的地址。目前，在 Internet 里，IP 地址是一个 32 位的二进制地址，为了便于记忆，将它们分为 4 组，每组 8 位，由小数点分开，用四个字节来表示，而且，用点分开的每个字节的数值范围是 0～255，如 202.116.0.1。

在 Internet 中，一台计算机可以有一个或多个 IP 地址，就像一个人可以有多个通信地址一样，但两台或多台计算机却不能共享一个 IP 地址。如果有两台计算机的 IP 地址相同，则会引起异常现象，无论哪台计算机都将无法正常工作。

从协议分层模型方面来讲，TCP/IP 由四个层次组成：网络接口层、网络层、传输层、应用层。

网络接口层包括物理层和数据链路层。其中，物理层定义物理介质的各种特性；数据链路层负责接收 IP 数据报并通过网络发送之，或者从网络上接收物理帧，抽出 IP 数据报，交给 IP 层。常见的接口层协议有 Ethernet 802.3、Token Ring 802.5、X.25、Frame relay、HDLC、PPP ATM 等。

网络层主要负责相邻计算机之间的通信。其功能包括三方面：①处理来自传输层的分组发送请求，收到请求后，将分组装入 IP 数据报，填充报头，选择去往信宿机的路径，然后将数据报发往适当的网络接口；②处理输入数据报，首先检查其合法性，然后进行寻径——假如该数据报已到达信宿机，则去掉报头，将剩下部分交给适当的传输协议；假如该数据报尚未到达信宿，则转发该数据报；③处理路径、流控、拥塞等问题，常见的协议有 IP（Internet Protocol）、ICMP（Internet Control Message Protocol，控制报文协议）、ARP（Address Resolution Protocol，地址转换协议）、RARP（Reverse ARP，反向地址转换协议）。

IP 是网络层的核心，通过路由选择将下一跳 IP 封装后交给接口层。IP 数据报是无连接服务。

传输层主要提供应用程序间的通信。其功能包括格式化信息流和提供可靠传输。为实现后者，传输层协议规定接收端必须发回确认信息，并且假如分组丢失，必须重新发送。常见的协议主要是传输控制协议 TCP（Transmission Control Protocol）和用户数据报协议 UDP（User Datagram protocol）。TCP 提供面向连接的、可靠的、端到端的传输服务，保证数据传输按序、无丢失、无重复、无差错；UDP 是提供无连接、不可靠的、端到端的传输服务，在数据传输前不需要先建立连接，并且收到 UDP 数据报文后也不需要做出任何应答信息，减少了很多为保证可靠传输而附加的额外开销，因而传输效率较高。

应用层主要向用户提供一组常用的应用程序，如电子邮件、文件传输访问、远程登录等。远程登录 Telnet 使用 Telnet 协议提供在网络其他主机上注册的接口。Telnet 会话提供了基于字符的虚拟终端。文件传输访问 FTP 使用 FTP 来提供网络内机器间的文件复制功能。常见协议有 FTP、Telnet、DNS、SMTP、POP3 等。这些服务的提供还要依赖于计算机的端口。

### 11.1.3 端口（port）

计算机的端口是计算机与外界通信交流的出口，分为硬件端口和软件端口。其中，硬件领域的端口也叫做接口，提供硬件之间的连接，如 USB 接口、串行接口、并行接口等；软件领域的端口一般指网络中面向连接或者无连接的服务的通信协议端口，一台主机中的端口有 65536（即 $2^{16}$）个之多。每台主机都可以提供多种服务，为了标识每个服务就需要通过端口来确定；通常某种服务对应于某个协议，并与计算机上的某个唯一的端口号关联在一起。

计算机中的 1～1024 端口保留为系统服务，在程序中不应让自己设计的程序占用这些端口。在 Windows 中，可以在命令提示符下使用“netstat-na”命令查看系统端口状态，可以列出系统正在开放的端口号及其状态。表 11-1 所示是一些常见的 Internet 服务/协议及其默认的端口。

**表 11-1　常见的服务/协议及默认端口**

| 服务/协议 | 端口 | 对应协议 | 服务/协议 | 端口 | 对应协议 |
|---|---|---|---|---|---|
| HTTP | 80 | 用于 www 服务 | MySQL | 3306 | MySQL 服务 |
| FTP | 21 | 用于文件传输 | SQL Server | 1433 | Microsoft 的 SQL 服务 |
| Telnet | 23 | 用于远程登录 | HTTPS | 443 | 用于 www 服务 |
| SMTP | 25 | 用于邮件发送 | POP3 | 110 | 用于接收邮件 |

### 11.1.4 URL 和 URI

在计算机网络中，主机之间频繁地进行着信息交流和资源共享，而进行这些操作的前提是要知道这些资源在什么位置，因此需要使用某种方法对资源进行定位。

**URI**，全称 Uniform Resource Identifier，是 Web 中资源的通用资源标识符，能够对网络中的资源进行定位。URI 目前最常用的实现形式就是 URL。

**URL** 是 Uniform Resource Location 的缩写，译为“统一资源定位符”。通俗地说，URL 是 Internet 上用来描述信息资源的字符串，主要用在各种 WWW 客户程序和服务器程序上。采用 URL 可以用一种统一的格式来描述各种信息资源，包括文件、服务器的地址和目录等。

URL 的格式由三部分组成：第一部分是协议（或称为服务方式），指明获取资源所使用的传输协议，如 HTTP、FTP、Telenet、File 等；第二部分是存有该资源的主机 IP 地址（有时也包括端口号）；第三部分是主机资源的具体地址，如目录和文件名等。

第一部分和第二部分之间用“：//”符号隔开，第二部分和第三部分用“/”符号隔开。第一部分和第二部分是不可缺少的，第三部分有时可以省略。用 URL 表示文件时，服务器方式用 File 表示，后面要有主机 IP 地址、文件的存取路径（即目录）和文件名等信息。有时可以省略目录和文件名，但“/”符号不能省略。

URL 的基本表示方法是：

```
protocol://hostName:port/resourceName
```

例如：

```
file:///d:/java                              协议名:// 目录名
http://www.sun.com/                          协议名:// 主机名
http://gceclub.sun.com.cn/download.html      协议名:// 主机名/文件名
ftp://localhost:8080/tour/index.html         协议名:// 主机名/端口号/文件名。
```

## 11.2 网络编程概述

Java 语言的网络通信可以分为三个级别：

（1）最高一级的网络通信就是从网络上下载 Applet。客户端浏览器通过 HTML 文件中的<applet>标记来识别 Applet，并解析 Applet 的属性，通过网络获取 Applet 的字节码文件，属于 Java 在应用层的应用；

（2）声音播放和图像显示，其中声音文件和图像文件的获取是次一级的通信。通过类 URL 的对象指明文件所在位置，并从网络上下载声音和图像文件，也属于 Java 在应用层的应用；

（3）最低一级的通信是利用 java.net 包中提供的类直接在程序中实现网络通信，属于在传输层和应用层的综合应用，也是 Java 在网络中最底层的应用。

本章主要依据网络的层次，由低到高介绍 Java 中网络通信程序的应用。

## 11.3 网络层应用——地址的表示

网络层的核心是 IP，IP 地址在 Java 中的 API 有多个，其中，InetAddress 类表示互联网协议（IP）地址，是 IP 地址最常用的表示方式。表示 IPv4 的 API 是 Inet4Address 类，表示 IPv6 的 API 是 Inet6Address 类，表示网络接口地址的 API 是 InetfaceAddress 类，实现 IP 套接字地址（IP 地址＋端口号）的 API 是 InetSocketAddress 类。另外，网络上的各种资源都有自己的位置，Java 中使用 URL 和 URI 类表示各种资源的位置。

### 11.3.1 InetAddress 类

InetAddress 类是 Java 的 IP 地址封装类，它不需要用户了解如何实现地址的细节，Inet4Address 和 Inet6Address 是 InetAddrress 的子类。

1. 创建 InetAddress 对象的方法

InetAddress 类没有构造方法，要创建该类的实例对象，可以通过该类的静态方法获得该对象。

（1）public static InetAddress getLocalHost()。方法 getLocalHost()获得本地机的 InetAddress 对象，当查找不到本地机器的地址时，触发一个 UnknownHostException 异常。例如：

```
try {
    InetAddress address=InetAddress.getLocalHost();
    …;                    // 其他处理代码
}catch(UnknownException e){
    …;                    // 异常处理代码
}
```

（2）public static InetAddress getByName（String host）。方法 getByName（String host）获得由 host 指定的 InetAddress 对象，host 是计算机的域名（也就是名字），其作用跟 IP 地址一样，但是域名比 IP 地址更易于记忆。如果找不到主机，会触发 UnknownHostException 异常。例如：

```
try {
    InetAddress  address=InetAddress.getByName(host);
    …;                    // 其他处理代码
}catch(UnknownHostException e){
    …                     // 异常处理代码
}
```

（3）public static InetAddress[]getAllByName（String host）。方法 getAllByName（String host）在给定主机名 host 的情况下，根据系统上配置的名称服务返回其 IP 地址所组成的数组。如果找不到主机同样会触发 UnknownHostException 异常。例如：

```
try {
    InetAddress[]address=InetAddress.getAllByName(host);
    …;                    // 其他处理代码
}catch(UnknownHostException e){
    …                     // 异常处理代码
}
```

2. InetAddress 类的成员方法

InetAddress 类的成员方法如表 11-2 所示。

**表 11-2 InetAddress 类的成员方法**

| 方　法 | 作　用 |
|---|---|
| Boolean　equals(Object obj) | 判断两个 IP 地址是否相同 |
| byte[]getAddress() | 取得 IP 地址 |
| String　getHostName() | 取得该 IP 地址代表的主机名称 |
| String　toString() | 取得主机名和 IP 地址的字符串 |

其中 getHostName()方法返回一个字符串，就是主机名字。如果被查询的机器没有主机名，或者如果使用了 Applet，但是它的安全性却禁止查询主机名，则该方法就返回一个具有点分形式的数字 IP 地址。一般的使用方法如下：

```
InetAddress inetAddr  = InetAddress.getLocalHost();
String localName = = inetadd.getHostName();
```

toSring()方法得到主机名和 IP 地址的字符串，其具体形式为：主机名/点分地址；如果一个 InetAddress 对象没有主机名，则会使用点分格式的 IP 地址代替。

3. Inet4Address 类和 Inet6Address 类

InetAddress 类有 Inet4Address 类和 Inet6Address 类两个子类，分别表示 IPv4 地址和 IPv6 地址。大多数时候，不必考虑一个地址是 IPv4 还是 IPv6 地址。如果需要，可以使用这两个类进行获取的 IP 地址，判断是何种 IP 地址。使用方法如下：

```
InetAddress inetAddr  = InetAddress.getLocalHost();
boolean  b1=inetAddr  instanceof  Inet4Address;
boolean  b2=inetAddr  instanceof  Inet6Address;
```

当然，也可以通过检查 getAddress()返回的字节数组的长度来判断一个地址是 IPv4 还是 IPv6 地址，IPv4 地址是 4 个字节，IPv6 地址是 16 个字节。

4. 一个简单的 InetAddress 类的应用示例

**【例 11-1】** InetAddress 类的应用，参考代码如下：

```
import java.net.*;
public class IPAddressDemo{
   InetAddress localIPAddr = null;
   InetAddress[]localIps;
   InetAddress mail163IPAddr = null;
   public  static void main(String args[]){
      IPAddressDemo  ipIns;
      ipIns = new IPAddressDemo();
      System.out.println("本机 IP 地址:"+ipIns.getLocalIP());
      System.out.println("本机所有 IP 地址有:");
      ipIns.getLocalIPs();
      System.out.println("邮件服务器 IP 地址:"+ipIns.getMailIP("mail.163.com"));
      System.out.println("邮件服务器域名:"+ipIns.getMailName());
   }
   //取得某主机所有连接的 IP 地址成员方法
   public  void  getLocalIPs(){
      try{
         localIps = InetAddress.getAllByName("lisa-pc");
         for(InetAddress  ia:localIps){
            System.out.println(ia);
            if(ia instanceof  Inet4Address)
               System.out.println("该地址是 IPV4 地址");
             if(ia instanceof  Inet6Address)
               System.out.println("该地址是 IPV6 地址");
         }
      }catch(UnknownHostException e){}
      return;}
//取得本机 IP 地址成员方法
public InetAddress getLocalIP(){
      try{ localIPAddr = InetAddress.getLocalHost();
         }catch(UnknownHostException e){}
      return(localIPAddr);
```

```
    }
    // 取得邮件服务器的 IP 地址成员方法
    public InetAddress getMailIP(String strServerName){
       try{ mail163IPAddr = InetAddress.getByName(strServerName);
           }catch(UnknownHostException e){}
          return(mail163IPAddr);
    }
    //通过 IP 地址封装对象取得计算机系统域名成员方法
    public String getMailName(){
         String strServerName = null;
         try{strServerName = mail163IPAddr.getHostName();
         }catch(SecurityException e){}
         return(strServerName);} }
```

```
<已终止> IPAddressDemo [Java 应用程序] C:\Program Files\Java\jre6
本机IP地址：lisa-PC/59.69.149.92
本机所有Ip地址有：
lisa-PC/59.69.149.92
该地址是IPV4地址
lisa-PC/192.168.52.1
该地址是IPV4地址
lisa-PC/192.168.88.1
该地址是IPV4地址
lisa-PC/fe80:0:0:0:59a6:e73:efe7:bd64%11
该地址是IPV6地址
lisa-PC/fe80:0:0:0:d080:b934:9346:cdeb%13
该地址是IPV6地址
lisa-PC/fe80:0:0:0:5443:5992:52c6:39d8%15
该地址是IPV6地址
lisa-PC/2002:3b45:955c:0:0:0:3b45:955c
该地址是IPV6地址
邮件服务器IP地址：mail.163.com/182.118.15.39
邮件服务器域名：mail.163.com
```

图 11-2 ［例 11-1］程序运行结果

程序运行结果如图 11-2 所示。

本例在 IPAddressDemo 中定义了 getLocalIP、getLocalIps、getMail163IP 和 getMail163Name 四个成员方法，分别用于获取指向当前计算机系统的 IP 地址对象，获取指向 163 邮件服务器的 IP 地址对象和利用该地址对象获取邮件服务器域名的方法。

### 11.3.2 InterfaceAddress 类

通常情况下，一个主机可能拥有多个网络接口，可以是物理接口，也可以是绑定于同一个物理硬件的虚拟接口。java.net 包中提供了一个 NetworkInterface 类，用来表示网络接口。InterfaceAddress 类是 Java 的网络接口地址封装类。

1. NetworkInterface 类

（1）创建 NetworkInterface 对象的方法。NetworkInterface 类也没有构造方法，同样需要通过该类的静态方法创建实例对象，其格式为：

1）public static NetworkInterface getByInetAddress（InetAddress addr）。

2）public static Enumeration<NetworkInterface> getNetworkInterfaces()。

方法 getByInetAddress 搜索绑定了指定 IP 地址的网络接口，方法 getNetworkInterfaces 返回本机所有的网络接口。如果发生 I/O 错误，会触发一个 UnknownHostException 异常；如果指定的地址为 null，会触发一个 NullPointerException 异常。例如：

```
try {
   InetAddress address=InetAddress.getLocalHost();
   NetworkInterface  nif=NetworkInterface.getByInetAddress(address);
   Enumeration<NetworkInterface>
   interface=NetworkInterface.getNetworkInterfaces();
   …;                    // 其他处理代码
}catch(SocketException e){
   …;                    // 异常处理代码
}
```

3）public static InetAddress getByName（String host）。

（2）NetworkInterface 类的成员方法如表 11-3 所示。

表 11-3 **NetworkInterface 类的成员方法**

| 方 法 | 作 用 |
|---|---|
| int getMTU() | 取得该接口的最大传输单元 |
| byte[]getHardwareAddress() | 取得 MAC 地址 |
| String getName() | 取得网络接口对象名 |
| String getDisplayName() | 取得主机名更友好的名字 |
| List<InterfaceAddress> getInterfaceAddresses() | 取得网络接口地址列表 |

其中 getHardwareAddress()方法返回一个字节数组，是网络接口的物理地址，回环地址的网络接口没有 MAC 地址。getInterfaceAddresses()方法返回一个网络接口地址列表，使用方法如下：

```
List<InterfaceAddress> interfacelist = NetworkInterface.getInterfaceAddress();
```

2. InterfaceAddress 类

（1）创建 InterfaceAddress 对象的方法。InterfaceAddress 类没有构造方法，需要通过 NetworkInterface 类的 getInterfaceAddress()方法创建实例对象，其格式为：

```
public List<InterfaceAddress> getInterfaceAddress()
```

（2）InterfaceAddress 类的成员方法，如表 11-4 所示。

表 11-4 **InterfaceAddress 类的成员方法**

| 方 法 | 作 用 |
|---|---|
| InetAddress getAddress() | 取得接口地址 |
| String getBroadcast() | 取得该接口的广播地址 |
| short getNetworkPrefixLength() | 取得该接口的网络前缀长度 |

其中 getNetworkPrefixLength()方法返回一个 short 整数，返回此地址的网络前缀长度。网络前缀长度在 IPv4 地址上下文中也称为子网掩码。典型的 IPv4 值是 8（255.0.0.0）、16（255.255.0.0）或 24（255.255.255.0）。

典型的 IPv6 值是 128（::1/128）或 10（fe80::203:baff:fe27:1243/10）

3. 一个 NetworkInterface 类和 InterfaceAddress 类的应用示例

**【例 11-2】** NetworkInterface 类和 InterfaceAddress 类的应用，参考代码如下：

```
import java.net.*;
import java.util.*;
public class InterfaceDemo {
   NetworkInterface netface;
   Enumeration<NetworkInterface> ei;
   List<InterfaceAddress> list;
   InterfaceAddress ifa;
   Iterator<InterfaceAddress> it;
   public static void main(String args[]){
      InterfaceDemo ifd = new InterfaceDemo();
      ifd.getnetface();
```

```
    }
    // 取得某主机所有的网络接口信息
    public void getnetface(){
        try {
            ei = NetworkInterface.getNetworkInterfaces();
            while(ei.hasMoreElements()){
                netface = ei.nextElement();
                list = netface.getInterfaceAddresses();
                    it = list.iterator();
                System.out.println("网络接口 name="+netface.getName());
                System.out.println("显示名字是:"+netface.getDisplayName());
                System.out.println("接口是否开启:"+netface.isUp());
                System.out.println("MAC 地址是:"+netface.getHardwareAddress());
                System.out.println("最大传输单元是:"+netface.getMTU());
                while(it.hasNext()){
                    ifa = it.next();
                    System.out.println("该接口的 Address="+ifa.getAddress());
                    System.out.println("BroadAddress="+ifa.getBroadcast());
                    System.out.println("prefixlength="+ifa.getNetworkPrefix-
Length());
                    System.out.println("ifa="+ifa);
                }       }
        } catch(SocketException e){e.printStackTrace();}
    }}
```

程序运行结果如图 11-3 所示：

```
网络接口name=lo
显示名字是：Software Loopback Interface 1
接口是否开启：true
mac地址是：[B@1cfb549
最大传输单元是：-1
该接口的Address=/0:0:0:0:0:0:0:1
BroadAddress=null
prefixlength=128
ifa=/0:0:0:0:0:0:0:1/128 [null]
该接口的Address=/127.0.0.1
BroadAddress=/0.255.255.255
prefixlength=8
ifa=/127.0.0.1/8 [/0.255.255.255]
```

图 11-3 ［例 11-2］程序运行结果

## 11.4 URL

### 11.4.1 URL 类

URL（Uniform Resource Locator）是统一资源定位器的简称，它表示 Internet 上某一资源的地址。URL 类封装了使用统一资源定位器访问网络资源的方法，提供在 Internet 上定位资源所需的信息。浏览器通过解析给定的 URL 可以在网络上查找相应的文件或其他资源。

（1）URL 的基本表示方法为：

```
Protocol://hostName:port/resourceName
```

其中协议名（protocol）指明获取资源所使用的传输协议，如 HTTP、FTP、Telenet、File 等；主机名（hostName）指定DNS服务器所能访问到的WWW上的计算机名称，如www.sun.com；端口号（port）指定可选的协议端口，如 HTTP 的缺省端口为 80；资源名（resourceName）是主机能访问到的目录或文件。例如：

```
http://www.sun.com/ 协议名:                    //主机名
http://gceclub.sun.com.cn/download.html 协议名: // 主机名+文件名
http://localhost:8080/tour/index.html 协议名:   // 主机名+端口号+文件名
```

（2）URL 类的常用构造方法主要有以下几种。

1）public URL（String spec）。例如：

```
例：URL  u1= new URL("http://gceclub.sun.com.cn");
```

2）public URL（URL context，String spec）。例如：

```
例：URL u2 = new URL(u1, "download.html");
```

3）public URL（String protocol，String host，String file）。例如：

```
例：URL u3 = new URL("http","www.sun.com","developers/index.html");
```

4）public URL（String protocol，String host，int port，String file）。例如：

```
例：URL u4 = new URL("http","www.sun.com",80, "developers/index.html");
```

（3）URL 类的成员方法。一个 URL 对象生成后，其属性是不能被改变的，但是可以通过 URL 类所提供的方法来获取这些属性，这些方法有：

1）public String getProtocol()：获取该 URL 的协议名。

2）public String getHost()：获取该 URL 的主机名。

3）public int getPort()：获取该 URL 的端口号，如果没有设置端口，返回－1。

4）public String getFile()：获取该 URL 的文件名。

5）public String getRef()：获取该 URL 在文件中的相对位置。

6）public String getQuery()：获取该 URL 的查询信息。

7）public String getPath()：获取该 URL 的路径。

8）public String getAuthority()：获取该 URL 的权限信息。

9）public String getUserInfo()：获得使用者的信息。

10）public String getRef()：获得该 URL 的锚。

URL 类应用得到一个 URL 对象后，就可以通过它读取指定的 WWW 资源。openSteam()方法与指定的 URL 建立连接并返回 InputStream 类的对象，以从这一连接中读取数据。

**【例 11-3】** URL 类应用举例，参考代码如下：

```
import java.io.*;
import java.net.*;
public class URLReader{
   public static void main(String args[]){
      try{
         URL tirc = new URL("http://www.nyist.net");
         BufferedReader in = new BufferedReader(new
                             InputStreamReader(tirc.openStream()));
```

```
        String s;
        while((s = in.readLine())!=null){System.out.println(s);}
        in.close();
    }catch(MalformedURLException e){System.out.println(e);
    }catch(IOException e){ System.out.println(e);
    }
}}
```

该例通过生成一个指向网络上一个特定资源的URL对象，用该对象的openStream方法打开其输入流，从而读取指定资源的HTML文件。

### 11.4.2 URLConnection 类

抽象类URLConnection表示Java程序和URL在网络上的通信连接，此类的实例可用于读取和写入此URL引用的资源。通过URL的openStream()方法，只能从网络上读取数据，如果同时还想输出数据，如向服务器端的CGI程序发送一些数据，必须先与URL建立连接，然后才能对其进行读/写，这时就要用到URLConnection类。CGI是公共网关接口（Common Gateway Interface）的简称，它是用户浏览器和服务器端的应用程序进行连接的接口。

抽象类URLConnection是所有表示应用程序与URL之间通信链路的类的超类。该类的实例可以用来对由URL引用的资源进行读取和写入操作。一般情况下，生成一个对URL的连接是一个多步骤的过程，如图11-4所示。

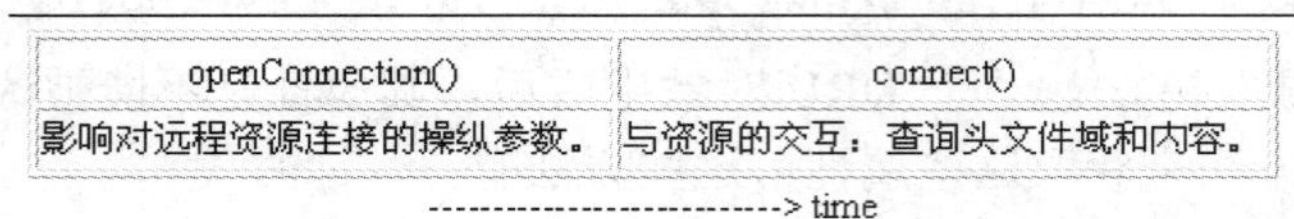


图11-4 URL连接示意图

（1）通过调用URL的openConnection方法产生一连接对象。

（2）操纵设置参数和一般请求属性。

（3）使用connect方法，实现对远程对象的实际连接。

（4）远程对象一旦可用，就可以访问远程对象的域和内容。

当与一个URL建立连接时，要用URL对象的openConnection()方法生成对应的URLConnection对象。例如，下面的程序段首先生成一个指向地址http://edu.chinaren.com/index.shtml的对象，然后用openConnection()打开该URL对象上的一个连接，返回一个URLConnection对象。如果连接过程失败，将产生IOException。URLConnection是访问远程资源属性的一般用途的类。如果建立了与远程服务器之间的连接，可以在传输它到本地之前用URLConnection来检查远程对象的属性。URLConnection类提供了很多方法来设置或获取连接参数，程序设计时最常使用的是getInputStream()和getOutputStream()，其定义为：

```
InputSteram getInputSteram();
OutputSteram getOutputStream();
```

通过返回的输入/输出流可以与远程对象进行通信。看下面的程序段：

```
URL url =new URL("http://www.javasoft.com/cgi-bin/backwards");
  //创建一个URL对象
URLConnectin con=url.openConnection();
```

```
  //由 URL 对象获取 URLConnection 对象
DataInputStream dis=new DataInputStream(con.getInputSteam());
  //由 URLConnection 获取输入流,并构造 DataInputStream 对象
PrintStream ps=new PrintSteam(con.getOutupSteam());
  //由 URLConnection 获取输出流,并构造 PrintStream 对象
String line=dis.readLine();      //从服务器读入一行
ps.println("client…");           //向服务器写出字符串 "client…"
```

其中 backwards 为服务器端的 CGI 程序。实际上，类 URL 的 openSteam()方法是通过 URLConnection 来实现的，它等价于 openConnection().getInputStream()。基于 URL 的网络编程在底层是基于 Socket 接口（11.5 节）的。WWW、FTP 等标准化的网络服务都是基于 TCP 的，所以从本质上讲 URL 编程也是基于 TCP 的一种应用。

### 11.4.3 向网络服务发送 FORM 格式的数据

当使用搜索引擎、浏览网上书店、查询某些信息时会经常在浏览器的地址栏里看到这样的 URL：

```
http://localhost:8080/servlet/CustomerInfo?name=bob&Email=wq@163.com&tel=
63322789。
```

URL 中问号后面的部分（即 name=bob&Email=wq@163.com&tel=63322789）称为表单数据（form data），它是服务器端的程序从 Web 页面获取信息时所采用的最常见的方式。它从 Web 页面收集用户的输入，将其传送给服务器端应用程序。

当在一个 HTML 表单上点击提交按钮时，浏览器就会对表单变量进行编码，然后通过 HTTP 的 GET 命令或 POST 命令传递到服务器。GET 命令的参数传递到实际的 URL 中，即放在问号之后，附加在 URL 的后面；而 POST 命令的参数通过请求方式传递。在表单中，一定要使用相对 ACTION URL（不含主机名），不要使用绝对 ACTION URL（即 http://host/...）。构建收集和传输这类数据的表单需要如下内容：

（1）使用 FORM 元素创建 HTML 表单，使用 ACTION 属性指定队结果进行处理的服务器端程序的地址；可以使用绝对或相对 URL。例如：

```
<form action ="…"> … </form>
```

（2）使用输入元素收集用户数据。将这些元素放在 FORM 元素的起始标签和结束标签之间，并为每个输入元素赋予一个 name。

（3）在接近表单的尾部放置提交按钮。例如：

```
<input type ="submit">
```

按下这个按钮时，浏览器会调用表单的 ACTION 指定的 URL。

对于 GET 请求，URL 的结尾会附加一个问号和多个名/值对，其中名称来自于 HTML 输入元素的 NAME 属性，值来自于终端用户。

对于 POST 请求，所发送的数据相同，不过是在请求中单独的行发送，而不是附加在 URL 上。

如 Web 服务器中有登录页面 login.jsp:

```
%@page contentType="text/html;charset=gb2312" import="java.sql.*" %
<!DOCTYPE html PUBLIC "-//W3C//DTD XHTML 1.0 Transitional//EN"
 "http://www.w3.org/TR/xhtml1/DTD/xhtml1-transitional.dtd">
```

```
<html xmlns="http://www.w3.org/1999/xhtml">
<head><meta http-equiv="Content-Type" content="text/html;charset=gb2312" />
<title>无标题文档</title></head>
<body>
用户名:<%=request.getParameter("username")%><br>
密  码:<%=request.getParameter("password")%>
</body></html>
```

Java 应用程序也可以向 Web 服务器上的 JSP 网页提交数据，如同浏览器中 FORM 表单提交数据一样。相对应于 FORM 表单提交数据可以采取 GET 或 POST 方式，Java 程序中也可以以 GET 或者 POST 方式提交数据。

1. 以 GET 方式提交数据

向 Web 站点发送 GET 请求是很容易的，需要创建一个如“http://www.sun.com/somepage.JSP?key1=value1&key2=value2&....”的 URL 对象。

将多个名/值对编码后用“&”连接起来，直接放置在 URL 之后传送给服务器即可。多数服务器会限制在 URL 之后的字符串的个数，如常见的是 1024，因此，GET 方式常用于提交少量数据。

**【例 11-4】** 通过 GET 方式向服务器提交数据并读取返回的结果，参考代码如下：

```
import java.io.*;
import java.net.*;
public class HTTPGetDemo{
   public static void main(String args[]){
      try{
      String urlStr="http://localhost/login.jsp?";
      urlStr+=URLEncoder.encode("username","GBK")+"="+
                     URLEncoder.encode("张华"+"GBK")+"&";
      urlStr+=URLEncoder.encode("password","GBK")+"="+
                     URLEncoder.encode("mnk"+"GBK");
      URL url=new URL(urlStr);
      URLConnection uc=url.openConnection();
      BufferedReader br=new
               BufferedReader(new InputStreamReader(uc.getInputStream()));
      String rs;
      while((rs=br.readLine())!=null){ System.out.println(rs);     }
      br.close();
      }catch(Exception e){}
   }}
```

2. 以 POST 方式提交数据

如果需要发送一个 POST 请求时，只需要以下几个步骤。

（1）通过 URL 创建 URLConnection 对象。例如：

```
URL url = new URL("http://jobsearch.dice.com/jobsearch/jobsearch.CGI");
URLConnection connection = url.openConnection();
```

（2）把连接设为输出模式。URLConnection 通常默认允许输入，如可以下载一个 Web 页。通过把 URLConnection 设为输出，可以把数据向 Web 页传送。例如：

```
connection.setDoOutput(true);
```

（3）获取 OutputStream，可以把它转换为 Writer 并且放入 POST 信息中，例如：

```
OutputStreamWriter out = new OutputStreamWriter(uc.getOutputStream(),"8859_1");
out.write("username=bob&password="+password+"");
out.flush();
out.close();
```

这样就可以发送一个如下的 POST：

```
POST /jobsearch/jobsearch.cgi HTTP 1.0
ACCEPT:text/plain
Content-type:application/x-www-form-urlencoded
Content-length:99
username=bob
password=someword
```

一旦发送成功，用以下方法就可以得到服务器的回应：

```
connection.getInputStream();
```

一些 Web 站点用 POST 形式而不是 GET，这是因为 POST 能够携带更多的数据，而且不用 URL，这使得它看起来不那么庞大。

**【例 11-5】** 通过 POST 方式向服务器提交数据并读取返回的结果，参考代码如下：

```
import java.io.*;
import java.net.*;
public class HTTPPostDemo{
    public static void main(String args[]){
        try{
            String urlStr="http:     //localhost/login.jsp?";
            String ds="";
            ds+=URLEncoder.encode("username","GBK")+"="+
                          URLEncoder.encode("张华","GBK")+"&";
            ds+=URLEncoder.encode("password","GBK")+"="+
                           URLEncoder.encode("软件学院","GBK");
            URL url=new URL(urlStr);
            URLConnection uc=url.openConnection();
            uc.setDoOutput(true);       //设置 URL 连接用于发送数据
            PrintWriter pw=new PrintWriter(uc.getOutputStream());
            pw.println(ds);             //标准输出流发送 FORM 数据
            pw.close();                 //关闭流
            //获取输入流
        BufferedReader br=new BufferedReader(new InputStreamReader(uc.getInput-
Stream()));
            String rs;
            //读取服务器返回结果
                while((rs=br.readLine())!=null){ System.out.println(rs);
    }
           br.close();
        } catch(Exception e){}
    }   }
```

## 11.5 基于 Socket 的网络编程

网络编程的目的就是指直接或间接地通过网络协议与其他计算机进行通讯。网络编程中有两个主要的问题，一个是如何准确地定位网络上一台或多台主机，另一个就是找到主机后如何可靠高效地进行数据传输。在 TCP/IP 中 IP 层主要负责网络主机的定位和数据传输的路由，由 IP 地址可以唯一地确定 Internet 上的一台主机。计算机网络的传输层为应用进程提供端到端的传输服务，为应用进程提供一条端到端的逻辑信道，该逻辑信道在源节点和目的节点之间，不涉及网络中的路由器等中间节点。TCP/IP 在传输层主要利用两个协议，即传输控制协议（TCP）和用户数据报协议（UDP），提供面向应用的可靠的或非可靠的数据传输机制，这是网络编程的主要对象，一般不需要关心 IP 层是如何处理数据的。

目前较为流行的网络编程模型是客户机/服务器（C/S）结构，即通信双方中一方作为服务器等待客户提出请求并予以响应，客户则在需要服务时向服务器提出申请。服务器一般作为守护进程始终运行，监听网络端口，一旦有客户请求，就会启动一个服务进程来响应该客户，同时自己继续监听服务端口，使后来的客户也能及时得到服务。

TCP 是一种可靠的基于连接的网络通信协议，在 Internet 上大都使用 TCP/IP 进行互联。TCP 在通信的双方提供了一个点对点的通信，保证了数据通信的可靠进行。它的通信方式就象平常打电话一样，首先，通信的双方必须建立一个连接（类似于打电话时的拨号），然后才能接收数据（类似于打电话时的交谈），通信结束后，关闭网络连接（类似于通话的双方挂上电话）。网络上的两个计算机准备进行交互时，都必须建立一个 Socket，其中一方作为服务器打开一个 Socket 并侦听来自网络的连接请求，另一方作为客户，向网络上的服务器发送请求，通过 Socket 与服务器传递信息，指定计算机的 IP 地址和端口号，建立连接。

### 11.5.1 Socket 类

在“服务器/客户端”架构中，服务器和客户端各自维护一个端点，两个端点需要通过网络连接进行数据交换，端点就叫做套接字。TCP 是 Tranfer Control Protocol 的简称，是一种面向连接的、保证可靠传输的协议。通过 TCP 传输，得到的是一个顺序的、无差错的数据流。发送方和接收方之间必须建立连接，才能在 TCP 的基础上进行通信。当一个 socket（通常都是 serversocket）等待建立连接时，另一个 socket 可以要求进行连接，一旦这两个 socket 连接起来，它们就可以进行双向数据传输，双方都可以进行发送或接收操作。

java.net 中提供了 Socket 和 ServerSocket 两个类，分别用来表示双向连接的客户端和服务端。Socket 是网络上运行的两个程序间双向通信的一端，它既可以接受请求，也可以发送请求，利用它可以较为方便的实现网络上数据的传递。在 Java 中，有专门的 Socket 类来处理用户的请求和响应。利用 Socket 类的方法，就可以实现两台计算机之间的通信。当客户程序需要与服务器程序通信的时候，客户程序在客户机创建一个 socket 对象即可。

Socket 可以理解为客户端或者服务器端的一个连接对象，这个对象有两个重要的方法，一个是 getInputStream()方法，另一个是 getOutputStream()方法。getInputStream()方法可以得到一个输入流，客户端的 Socket 对象上的 getInputStream 方法得到的输入流其实就是从服务器端发回的数据流。getOutputStream()方法得到一个输出流，客户端 Socket 对象上的 getOutputStream 方法返回的输出流就是将要发送到服务器端的数据流。

（1）Socket 类两个常用的构造函数为：

```
Socket(InetAddress addr,int port)
Socket(String host,int port)
```

两个构造函数都创建了一个基于 Socket 的连接服务器端的流套接字。其中，InetAddress 为 Java 中定义 Internet 统一地址模型的类，参数 addr 用于指定 Socket 通信的指定 IP 地址；port 为用于建立连接的端口，其数值范围应大于等于 1024；host 表示以字符串形式表示的远程主机名称，来进行套接字的连接。例如：

```
socket(202.102.240.65,1028);
//该方法用于向 IP 地址为 202.102.240.65 的主机 1028 端口发起连接请求。
socket("nyistServer",6699);
//该方法用于向名称为"nyistServer"的计算机 6699 端口发起连接请求。
```

（2）Socket 类的主要成员方法

1）InetAddress getInetAddress()用于获取创建 Socket 时连接指向的计算机 IP 地址，例如：

```
Socket socket = new Socket(202.102.240.65,6699);// 创建 Socket 时指定 IP
InetAddress addr = socket.getInetAddress();     //获取的 IP 为 202.102.240.65
```

2）InetAddress getLocalAddress()用于获取创建 Socket 时客户计算机的 IP 地址，例如：

```
Socket socket = new Socket(202.102.240.65,6699);
InetAddress addr = socket.getLocalAddress();
```

如果创建 Socket 时，客户计算机的 IP 地址为 172.19.3.88，则此时 addr 的值为 172.19.3.88。

（1）InputStream getInputStream()：该方法用于为当前 Socket 创建输入流。

（2）OutputStream getOutputStream()：该方法用于为当前 Socket 创建输出流。

（3）Int getPort()：该方法用于获取创建 Socket 时指定的远程主机的端口号。

（4）void close()：该方法用于关闭建立的 Socket 连接。

### 11.5.2　ServerSocket 类

用于实现服务器端 Socket 的是 ServerSocket 类，该类的作用是实现客户机/服务器模式的通信方式下服务器端的套接字。服务器套接字等待请求通过网络传入，然后基于该请求执行某些操作，最后可能向请求者返回结果。

构造一个 ServerSocket 类的实例使服务器能够指定端口来接收来自客户端的连接，用 ServerSocke 中的 accept()方法可以使服务器检测到指定端口的活动。Socket 类的实例代表客户与服务器连接成功。

1. ServerSocket 类两个常用的构造函数

（1）ServerSocket（int port）：用于在服务器端创建套接字，并在端口 port 上监听。端口的分配必须是唯一的，因为端口是为了唯一标识每台计算机唯一服务的。另外，端口号是在 0～65535，前 1024 个端口已经被 TCP/IP 作为保留端口，因此所分配的端口只能是 1024 个之后的。例如，在服务器端创建了一个套接字，并且绑定在 6699 号端口：

```
ServerSocket serverSocket = new ServerSocket(6699);
```

（2）ServerSocket（int port，int count，InetAddress addr）：用于在服务器端创建套接字的同时指定主机的 IP 地址。例如，在服务器端创建了一个套接字，并且绑定在 6699 号端口，同时指定主机的 IP 地址为 202.102.240.65：

```
ServerSocket(6699,0,202.102.240.65);
```

2. ServerSocket 类的主要成员方法

（1）Socket accept()。该方法用于在服务器端的指定端口监听客户机发起的连接请求，并与之连接。例如：

```
ServerSocket serversocket = new ServerSocket(6699);
serversocket.accept();
```

（2）InetAddress getInetAddress()。该方法用于取得服务器的 IP 地址。

（3）int getLocalPort()。该方法取得服务器的端口号。

（4）void close()。该方法用于关闭服务器端建立的套接字。

在创建 socket 时，如果发生错误，将产生 IOException，在程序中必须对之作出处理。所以在创建 Socket 或 ServerSocket 时，必须捕获或抛出例外。

### 11.5.3 TCP 通信程序

网络编程的基本模型就是客户机/服务器模型，简单的说就是两个进程之间相互通信。其中一个必须提供一个固定的位置，而另一个则只需要知道这个固定的位置，并去建立两者之间的联系，然后就可以完成数据的通信。这里提供固定位置的通常称为服务器，而建立联系的通常叫做客户端，基于这个简单的模型，就可以进行网络编程。

Java 使用 Socket 的编程接口支持客户机/服务器模型的网络编程。Java 提供了 ServerSocket 类可以创建开放端口供其他计算机访问的服务器方，提供了 Socket 类可以创建客户端对象。

上述方法基本可以建立连接让两台计算机相互交流了，可是数据是如何传输的呢？事实上，I/O 操作总是和网络编程息息相关的。因为底层的网络是传输数据的，除非远程调用，处理问题的核心在于数据的交互，需要依赖于 I/O 操作，所以也必须导入 java.io 包。输入/输出的数据流分为字节流和字符流，Socket 对象使用 getInputStream()和 getOutputStream()方法产生的原始数据流是字节流，因此可以使用字节流来进行读/写操作，通常使用基本数据字节流 DataInputStream 的 readUTF()方法读数据，使用 DataOutputStream 的 writeUTF()方法写数据；当然，为了提高读/写效率，也可以将字节流转换为字符流，通常使用 BufferedReader 类的 readLine()方法读数据，使用 PrintWriter 类的 println()方法写数据。转换方法如下：

```
BufferedReader in=new BufferedReader(
                        new InputStreamReader(server.getInputStream()));
PrintWriter out=new PrintWriter(server.getOutputStream());
```

在开发基于 TCP 的网络应用之前，还需要了解其通信过程，通信原理图如图 11-5 所示。

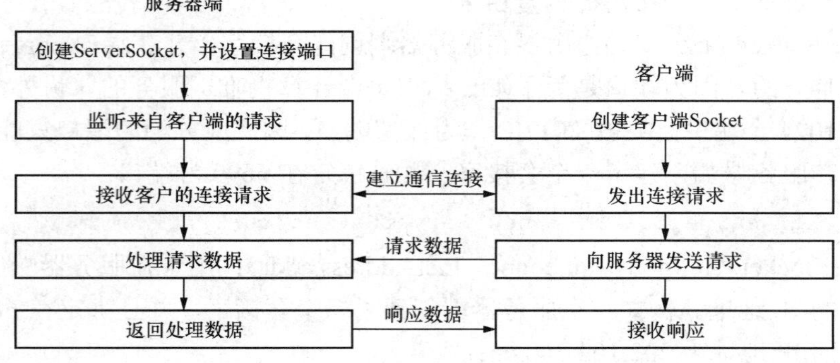


图 11-5 TCP 通信流程图

服务器端：使用 ServerSocket 监听指定的端口，等待客户连接请求，客户连接后，会话 Socket 连接对象产生；和客户端进行读/写操作；在完成会话后，关闭连接。

客户端：使用 Socket 对网络上某一个服务器的某一个端口发出连接请求，一旦连接成功，打开会话；和服务器端进行读/写操作；会话完成后，关闭 Socket。客户端不需要指定打开的端口，通常临时的、动态的分配一个 1024 以上的端口号。

由图 11-5 可知，客户机/服务器应用程序的开发流程是：

（1）初始化服务器，建立 ServerSocket 对象，等待客户机的连接请求；

（2）初始化客户机，建立 Socket 对象，向服务器发出连接请求；

（3）服务器响应客户机，建立连接；

（4）客户机发出请求；

（5）服务器响应；

（6）服务器返回处理结果；

（7）客户机接收服务器返回的结果；

（8）重复（4）～（7）步，直至客户机结束对话；

（9）中断连接，结束。

**【例 11-6】** TCP 通信程序的服务端和客户端编程。

编写服务器程序要完成以下任务：

（1）创建一个套接字，这个套接字绑定到某个端口：

```
ServerSocket servSock = new ServerSocket(SERVERPORT);
```

（2）侦听该端口，同时接受客户连接：

```
Socket sock = servSock.accept();
```

源程序如下：

```
import java.io.*;
import java.net.*;
public class TCPServer{
public static void main(String args[]){
    try{
        ServerSocket server=null;
            //创建一个 ServerSocket 在端口 10002 监听客户请求
       try{server=new ServerSocket(10002);
          }catch(Exception e){}
        Socket socket=null;
        try{
            socket=server.accept();
            //使用 accept()阻塞等待客户请求,
            //有客户请求到来则产生一个 Socket 对象,并继续执行
            System.out.println("Server has started!");
         }catch(Exception e1){}
        String line;
        BufferedReader is=new BufferedReader(new InputStreamReader(socket.
getInputStream()));
            //由 Socket 对象得到输入流,并构造相应的 BufferedReader 对象
        PrintWriter os=new PrintWriter(socket.getOutputStream());
```

```
        //由Socket对象得到输出流,并构造PrintWriter对象
        BufferedReader sin=new BufferedReader(new InputStreamReader(System.in));
        //由系统标准输入设备构造BufferedReader对象
        System.out.println("From Client:"+is.readLine());
        //在标准输出上打印从客户端读入的字符串
        line=sin.readLine();
        //从标准输入读入一字符串
        while(!line.equals("bye")){
            //如果该字符串为 "bye",则停止循环
           os.println(line);
            //向客户端输出该字符串
           //刷新输出流,使Client马上收到该字符串
           System.out.println("Server:"+line);
            //在系统标准输出上打印读入的字符串
           System.out.println("From Client:"+is.readLine());
           //从Client读入一字符串,并打印到标准输出上
           line=sin.readLine();
            //从系统标准输入读入一字符串
           }//继续循环
           os.close();        //关闭Socket输出流
           is.close();        //关闭Socket输入流
           socket.close();    //关闭Socket
           server.close();    //关闭ServerSocket
        }catch(Exception e){e.printStackTrace();}
    }}
```

编写一个客户端程序，要在程序中完成以下工作：

（1）创建一个套接字连接到运行以上服务器程序的远程计算机。

```
Socket  sock= new  Socket(servIP,servPort);
```

（2）捕获服务器输出结果并在标准输出上打印出来，然后退出：

```
os = sock.getOutputStream();
is = sock.getInputStream();
```

源程序如下：

```
import java.net.*;
import java.io.*;
public class TCPClient {
public static void main(String args[]){
try{
      Socket socket=new Socket("localhost",10002);
      //向本机的10002端口发出客户请求
      BufferedReader sin=new BufferedReader(new InputStreamReader(System.in));
      //由系统标准输入设备构造BufferedReader对象
      PrintWriter os=new PrintWriter(socket.getOutputStream());
      //由Socket对象得到输出流,并构造PrintWriter对象
      BufferedReader is=new BufferedReader(new InputStreamReader(socket.
getInputStream()));
        //由Socket对象得到输入流,并构造相应的BufferedReader对象
      System.out.println("Client start to writting........");
      String readline;
```

```
        readline=sin.readLine();            //从系统标准输入读入一字符串
        while(!readline.equals("bye")){
                //若从标准输入读入的字符串为 "bye"则停止循环
                os.println(readline);
                //将从系统标准输入读入的字符串输出到 Server
                os.flush();
                 //刷新输出流,使 Server 马上收到该字符串
                System.out.println("Client:"+readline);
                 //在系统标准输出上打印读入的字符串
                System.out.println("From Server:"+is.readLine());
                 //从 Server 读入一字符串,并打印到标准输出上
                readline=sin.readLine();  //从系统标准输入读入一字符串
      }                                     //继续循环
      os.close();                           //关闭 Socket 输出流
      is.close();                           //关闭 Socket 输入流
      socket.close();                       //关闭 Socket
   }catch(Exception e1){}
   }}
```

运行程序：先执行 TCPServer.java；再执行 TCPClient.java，并输入发送语句；服务器端收到信息后，向客户端发送语句；当服务器端输入“bye”，结束服务器端运行；客户端输入“bye”，结束客户端运行，程序运行结果如图 11-6 所示。

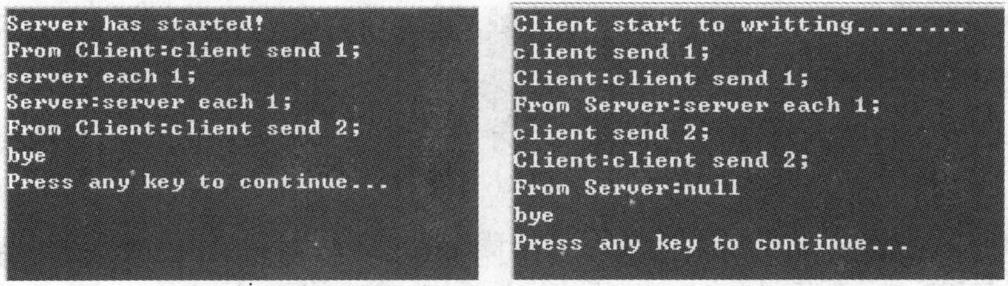

```
Server has started!
From Client:client send 1;
server each 1;
Server:server each 1;
From Client:client send 2;
bye
Press any key to continue...
```

```
Client start to writting........
client send 1;
Client:client send 1;
From Server:server each 1;
client send 2;
Client:client send 2;
From Server:null
bye
Press any key to continue...
```

图 11-6 TCP 通信运行结果

这个客户端连接到地址为 127.0.0.1（本机）的服务器，端口为 10002，并接受客户从键盘输入信息，并把该信息发送到服务器，然后接收服务器的返回信息，最后输出"bye"用来做退出标识，结束会话。

上面写出了一对 TCP 客户机/服务器应用程序。在以上程序中，可以方便地通过修改服务器循环中的代码改变服务器输出，同时还可以编写其他代码增强客户程序或者服务器程序的功能。例如，在服务器端可以添加日志功能，在系统日志里记录系统访问；添加解析引擎让服务器响应不同类型的客户请求；重新编写服务器程序，采用发起多线程的方式响应多个客户请求。

## 11.6 UDP 网络程序设计

UDP 是 User Datagram Protocol 的简称，是一种无连接的协议，每个数据报都是一个独立的信息，包括完整的源地址或目的地址，它在网络上以任何可能的路径传往目的地。因此，能否到达目的地，到达目的地的时间及内容的正确性都是不能被保证的。

UDP提供了一种不可靠的，无连接的网络协议。在Java中由DatagramSocket和DatagramPacke类来实现UDP通信。与可靠连接协议TCP相比，它不能保证发送的数据能被对方收到，如果数据在传输过程中丢失，它也不会重发，但是TCP发送数据需要建立一个特定的传输通道来对数据的传输进行控制。UDP的数据本身就自带了传输控制信息，因此，用UDP传输数据能节省系统开销。而且，UDP的数据传输效率比TCP高。所以，在网络上传输某些重要性较低的数据，或相隔一定时间要重发的数据，经常使用UDP，如测试网络是否通的ping程序，就是使用UDP。

### 11.6.1 DatagramSocket类和DatagramPacket类

Java在包java.net中提供了DatagramSocket和DatagramPacket两个类用来支持数据报通信，DatagramSocket用于在程序之间建立传送数据报的通信连接，实现数据的发送和接收，它相当于ServerSocket。DatagramPacket则用来表示一个数据报，用于存放数据。

1. DatagramSocket类

DatagramSocket类的构造方法有：

（1）DatagramSocket()。

（2）DatagramSocket（int prot）。

（3）DatagramSocket（int port，InetAddress laddr）。

其中，port指明socket所使用的端口号，如果未指明端口号，则把socket连接到本地主机上一个可用的端口。laddr指明一个可用的本地地址。给出端口号时要保证不发生端口冲突，否则会生成SocketException类例外。

*注意：上述两个构造方法都声明抛出非运行时异常SocketException，程序中必须进行处理，或者捕获、或者声明抛出。*

用数据报方式编写客户机/服务器编程模型网络程序时，无论在客户端还是服务器端，首先都要建立一个DatagramSocket对象，用来接收或发送数据报，然后使用DatagramPacket类对象作为传输数据的载体。

2. DatagramPacket类

DatagramPacket类用于处理报文，它将Byte数组、目标地址、目标端口等数据包装成报文或者将报文拆卸成Byte数组。应用程序在产生数据包时应该注意，TCP/IP规定数据报文大小最多包含65507个，通常主机接收548个字节，但大多数平台能够支持8192字节大小的报文。DatagramPacket类的构造方法共有四个：

（1）DatagramPacket（byte[]buf，int length，InetAddress addr，int port）：从Buf数组中，取出Length长的数据创建数据包对象，目标是Addr地址、Port端口。

（2）DatagramPacket（byte[]buf，int offset，int length，InetAddress address，int port）：从Buf数组中，取出Offset开始的、Length长的数据创建数据包对象，目标是Addr地址、Port端口。

（3）DatagramPacket（byte[]buf，int offset，int length）：将数据包中从Offset开始、Length长的数据装进Buf数组。

（4）DatagramPacket（byte[]buf，int length）：将数据包中Length长的数据装进Buf数组。

其中，buf中存放数据报数据，length为数据报中数据的长度，addr和port指明目的地址，

offset 指明了数据报的位移量。

DatagramPacket 类最重要的方法是 getData()，它从实例中取得报文的 Byte 数组编码。

通信双方无论是接收数据还是发送数据都需要通过数据报 DatagramPacket 来完成，并且要分别创建接收数据报 DatagramPacket 对象和发送数据报 DatagramPacket 对象。

创建接收数据报时，应该采用上述第一种方法生成一个 DatagramPacket 对象，给出接收数据的缓冲区及其长度；然后调用 DatagramSocket 类的方法 receive()等待数据报的到来，receive()将一直等待，直到收到一个数据报为止，例如：

```
DatagramPacket packet=new DatagramPacket(buf,256);
Socket.receive(packet);
```

创建发送数据报时，应该使用上述第二种构造方法生成一个新的 DatagramPacket 对象，在给出存放发送数据的缓冲区的同时，还要给出完整的目的地址，包括 IP 地址和端口号。发送数据是通过 DatagramSocket 的方法 send()实现的，send()根据数据报的目的地址来寻径，以传递数据报，例如：

```
DatagramPacket packet=new DatagramPacket(buf,length,address,port);
Socket.send(packet);
```

在构造数据报时，要给出 InetAddress 类参数。InetAddress 类用来表示一个 Internet 地址，可以通过它提供的类方法 getByName()从一个表示主机名的字符串获取该主机的 IP 地址，然后再获取相应的地址信息。

### 11.6.2　一个 UDP 通信程序

图 11-7 所示是基于无连接的服务端、客户端程序设计流程图，客户端/服务器之间数据报通信应用程序的工作流程如下。

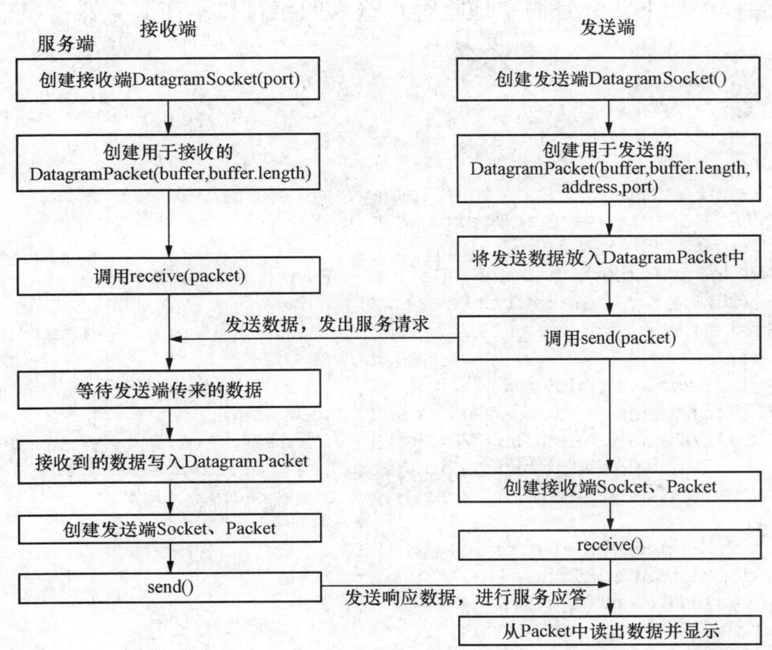


图 11-7　UDP 通信流程图

（1）首先通过创建一个 DatagramSocket 对象，建立数据报通信的 Socket。使用 public DatagramSocket（int port）构造一个数据报 socket，并使其与本地主机指定的端口连接。

（2）创建一个数据报文包，用来实现无连接的包传送服务。每个数据报文包用 DatagramPacket 类创建，DatagramPacket 对象封装了数据报包数据、包长度、目标地址和目标端口。客户端要发送数据报文包，要调用 DatagramPacket 类以如下形式的构造函数创建 DatagramPacket 对象，将要发送的数据和报文目的地址信息放入对象之中：

DatagramPacket(byte bufferedarray[],int length,InetAddress address,int port);

即构造一个包长度为 length 的包传送到指定主机、指定端口号上的数据报文包，参数 length 必须小于等于 bufferedarry.length。

（3）创建完 DatagramSocket 和 DatagramPacket 对象，就可以发送数据报文包了。发送是通过调用 DatagramSocket 对象的 send 方法实现的，它需要以 DatagramPacket 对象为参数，将刚才封装进 DatagramPacket 对象中的数据组成数据报发出。

（4）接收从服务器返回的结果数据报文包，需要创建一个新的 DatagramPacket 对象，需要用到 DatagramPacket 的另一种构造方式 DatagramPacket（byte bufferedarray[],int length），即只需指明存放接收的数据报的缓冲区和长度。调用 DatagramSocket 对象的 receive()方法完成接收数据报的工作，此时需要将创建的 DatagramPacket 对象作为参数，该方法会一直阻塞直到收到一个数据报文包，此时 DatagramPacket 的缓冲区中包含的就是接收到的数据，数据报文包中也包含发送者的 IP 地址、发送者机器上的端口号等信息。

（5）处理接收缓冲区内的数据，获取服务结果。

（6）当通信完成后，可以使用 DatagramSocket 对象的 close()方法关闭数据报通信 Socket。

**【例 11-7】** UDP 通信协议的服务方实现。

服务器端源程序如下，只是简单地将客户输入的字符显示在服务器窗口中：

```
import java.io.*;
import java.net.*;
public class UDPServer{
   public static void main(String args[]){
       try {
         DatagramSocket ds = new DatagramSocket(10002);
         //实例化一个 DatagramSocket 对象 ds
         byte buf[]=new byte[1024];
         DatagramPacket rdp=new DatagramPacket(buf,1024);
          //实例化了一个 DatagramPacket 对象 rdp
         System.out.println("Server startinig to receive msg!");
         while(true){
           ds.receive(rdp);
           String name=rdp.getAddress().toString();
           System.out.println("\n 来自主机:"+name+"\n 端口:"+rdp.getPort());
           String s=new String(rdp.getData(),0,rdp.getLength());
           System.out.println("the client send msg:"+s);
           }
       }catch(SocketException e){
           e.printStackTrace();
           System.exit(1);
       }catch(IOException e){
       System.out.println("网络通信出现错误,问题在"+e.toString());
       }
   }
```

程序中实例化了一个 DatagramSocket 对象 receiveSocket 和一个 DatagramPacket 对象 receivePacket，都是通过调用各自的构造函数实现的，为建立服务器做好准备。在 while 永久循环中，receiveSocket 套接字始终尝试 receive()方法接收 DatagramPacket 数据包，当接收到数据包后，就调用 DatagramPacket 的一些成员方法显示一些数据包的信息。在程序中调用了 getAddress()获得地址，getPort()方法获得客户端套接字的端口，getData()获得客户端传输的数据。注意 getData()返回回的是字节数组，把它转化为字符串显示。

UDP 通信协议的客户端实现，在客户程序中，传递一行字符给服务器：

```
import java.net.*;
import java.io.*;
public class UDPClient{
   public static void main(String args[]){
      try {
         DatagramSocket sendSocket=new DatagramSocket();
         String str="qwertyuiop";
         byte[]rbuf=new byte[1024];
         rbuf=str.getBytes();
         DatagramPacket sendPacket=new DatagramPacket(rbuf,str.length(),
                                 InetAddress.getByName("59.69.139.37"),10002);
         sendSocket.send(sendPacket);
         System.out.println("client send the msg!");
         }catch(SocketException e){System.out.println("不能打开数据报 Socket!");
          }catch(IOException ioe){
         System.out.println("网络通信出现错误,问题在"+ioe.toString());
         }
   }}
```

用 DatagramSocket 的构造函数实例化一个发送数据的套接字 sendSocket。第 17～18 行实例化了一个 DatagramPacket，其中数据包要发往的目的地是 59.69.139.37，端口是 10002。当构造完数据包后，就调用 send()方法将数据包发送出去。

程序运行时，先运行 MyServer.java，再运行 MyClient.java，程序运行结果如图 11-8 所示。

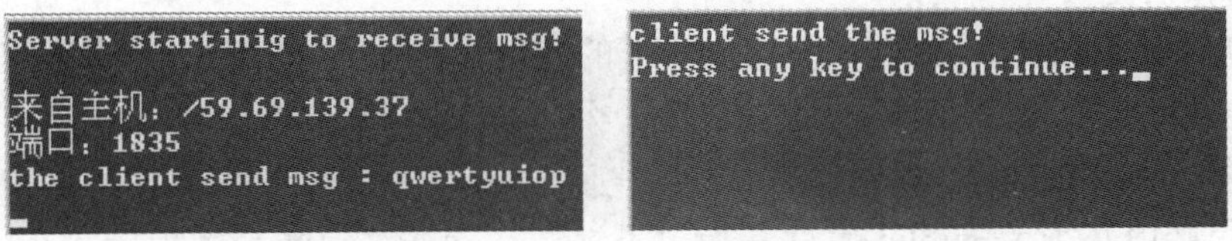

```
Server startinig to receive msg!

来自主机：/59.69.139.37
端口：1835
the client send msg : qwertyuiop
```

```
client send the msg!
Press any key to continue...
```

图 11-8　UDP 客户/服务器程序运行结果图

## 11.7　RMI 远 程 调 用

### 11.7.1　RMI 的概念

RMI（Remote Method Invocation）远程方法调用是一种计算机之间对象互相调用对方函数，启动对方进程的一种机制。使用这种机制，某一台计算机上的对象在调用另外一台计算机上的方法时，使用的程序语法规则和在本地机上对象间的方法调用的语法规则一样。

1. RMI 的用途

（1）分布式体系结构。使用分布式计算的原因如下。

1）当想与多个用户或客户机共享一个中央资源（如一个数据库）时，就会使用分布式计算。

2）分布式计算用来利用多个系统的组合计算能力，以便比在单个系统上更有效或更快地解决问题。

3）可以用多种方法配置多个计算机系统以共享处理，包括共享内存、共享磁盘或只是共享一条公共通信通道。最新的技术允许物理上相隔很远的系统能够在处理计算问题时协同工作。

关于利用计算能力这一主题，Internet 及伴随的通信协议 TCP/IP 的出现已使无数的计算机系统史无前例地连接起来。对一些应用程序来说，能够利用如此多的计算功能来解决问题是令人满意的。甚至更吸引人的是，大多数计算机系统都有充足的空闲时间，可以帮助解决其他问题。将来，网格计算会利用分布式计算能力进行出售，这与电力行业出售电能非常相似。

（2）Java 分布式对象编程技术。RMI 是 Enterprise JavaBeans 的支柱，是建立分布式 Java 应用程序的方便途径。只要按照 RMI 规则设计程序，可以不必再过问在 RMI 之下的网络细节了，如 TCP 和 Socket 等。任意两台计算机之间的通讯完全由 RMI 负责，调用远程计算机上的对象就像调用本地对象一样方便。

2. RMI 应用程序分类

依据 RMI 应用程序各部分的职责，可对应用程序进行如下分类。

（1）服务器程序：服务器程序将创建多个远程对象，并使每个对象能够被引用。等待客户端调用创建好的远程对象上的方法。

（2）客户端程序：从服务端程序中得到一个或多个远程对象的引用。客户端能用此引用调用远程对象上的方法。

（3）对等计算程序：双方地位相等，互为对方的服务器和客户端。

### 11.7.2 创建 RMI 应用程序步骤

1. 定义远程接口

在 Java 中，远程对象是实现远程接口的类的实例，远程接口声明每个要远程调用的方法。在需要创建一个远程对象的时候，通过传递一个接口来隐藏基层的实施细节，客户通过接口句柄发送消息即可。远程接口具有如下特点。

（1）远程接口必须为 public 属性。如果不这样，除非客户端与远程接口在同一个包内，否则当试图装入实现该远程接口的远程对象时，调用会得到错误结果。

（2）远程接口必须扩展接口 java.rmi.Remote。

（3）除去应用程序本身特定的例外之外，远程接口中的每个方法都必须在自己的 throws 从句中声明 java.rmi.RemoteException（或 RemoteException 的父类）。

代码示例 1：

```
package rmi;
import java.rmi.*;
public interface RemoteEx extends Remote{
   public int sum(int a,int b)throws RemoteException;
}
```

将代码 1 编译为类文件 RemoteEx.class。

2. 实现远程接口

远程对象实现类必须扩展远程对象 java.rmi.UnicastRemoteObject 类，并实现所定义的远程接口。远程对象的实现类中包含实现每个远程接口所指定的远程方法的代码。这个类也可以含有附加的方法，但客户只能使用远程接口中的方法。因为客户是指向接口的一个句柄，而不是它的哪个类。必须为远程对象定义构造函数，即使只准备定义一个默认构造函数，也要用它调用基础类构造函数。因为基础类构造函数可能会抛出 java.rmi.RemoteException，所以即使别无它用，也必须抛出 java.rmi.RemoteException 异常。

代码示例 2：

```
package rmi;
import java.rmi.*;
import java.rmi.server.*;
public class RemoteSub extends UnicastRemoteObject implements RemoteEx{
  protected RemoteSub()throws RemoteException {   super();        }
  public int sum(int a,int b)throws RemoteException { return a+b; }
}
```

将代码 2 编译为类文件 RemoteSub.class。

3. 编写服务器类

编写服务器类，需要经历以下三个步骤：

（1）创建一个 RMISecurityManager 实例，然后安装它；

（2）创建一个远程对象的实例；

（3）使用 RMI 注册工具来注册这个对象。

下面通过 RemoteServer 来创建一个远程对象的实例，并通过 java.rmi.registry.LocateRegistry 类的 createRegistry 方法从指定端口号启动注册服务程序，也可以通过执行 rmiregistry 命令启动注册服务程序，注册服务程序的默认运行端口为 1099。

代码示例 3：

```
package rmi;
import java.rmi.*;
import java.rmi.registry.*;
public class RemoteServer{
  public static void main(String[]args){
 /*创建和安装一个安全管理器,令其支持 RMI.作为 Java 开发包的一部分
  *适用于 RMI 唯一一个是 RMISecurityManager.
  *
  */
  if(System.getSecurityManager()== null){
     System.setSecurityManager(new RMISecurityManager());
  }
  try{
    LocateRegistry.createRegistry(8808);
    Registry r = LocateRegistry.getRegistry("localhost",8808);
    RemoteSub server=new RemoteSub();
    Naming.rebind("//localhost:8808/SAMPLE-SERVER",server);
    System.out.println("远程对象注册成功,RMI 服务启动,等待客户端调用....");
```

```
  }catch(java.net.MalformedURLException me){
  System.out.println("Malformed URL:"+me.toString());
  }catch(RemoteException re){
  System.out.println("Remote exception:"+re.toString());
  }}
}
```

代码中将远程对象名字绑定到对远程对象的引用上：

```
LocateRegistry.createRegistry(8808);
```

指定本 RMI 服务程序不使用默认端口 1099，而是使用自己指定的端口 8808。

```
Naming.rebind("//localhost:8808/SAMPLE-SERVER",Server);
```

将远程对象在服务器上注册并指定了查找远程对象引用的 URL，URL 格式为//host:port/name。其中 host 是注册表所在的主机（远程或本地），port 是注册表接受调用的端口号，name 是未经注册表解释的简单字符串。host 和 port 两者都是可选项。如果省略了 host，则主机默认为本地主机。如果省略了 port，则端口默认为 1099，该端口是 RMI 的注册表 rmiregistry 使用的“著名”端口。

然后，将代码示例 3 编译为类文件 RemoteServer.class。

4. 编写使用远程服务的客户机类

客户机类的主要功能有两个，一是通过 Naming.lookup 方法来构造注册服务程序 stub 程序实例，二是调用服务器远程对象上的远程方法。因此，客户端必须先从 RMI 注册工具获得一个远程对象的引用。

代码示例 4：

```
package rmi;
import java.rmi.*;
import java.rmi.server.*;
public class RemoteClient {
 public static void main(String[]args){
  try {
    String url = "//localhost:8808/SAMPLE-SERVER";
    RemoteEx RmiObject =(RemoteEx)Naming.lookup(url);
    //必须将使用远程方法的对象定义为接口对象,否则会产生 ClassCastException
    System.out.println(" 1+2 = "+RmiObject.sum(1,2));
  } catch(RemoteException exc){
    System.out.println("Error in lookup:"+exc.toString());
  } catch(java.net.MalformedURLException exc){
    System.out.println("Malformed URL:"+exc.toString());
  } catch(java.rmi.NotBoundException exc){
    System.out.println("NotBound:"+exc.toString());
  }}}
```

将代码 4 编译为类文件 RemoteClient.class。

5. 为远程对象实现创建根和骨架

客户端是通过 Naming.lookup 方法来构造注册服务程序——stub 程序实例的，通过该实例的引用来发起对远程对象的方法调用，所以在运行客户端应用前必须为远程对象的实现创建根（stub）和干（Skeleton）。要创建存根程序和骨架文件，应以包含远程对象实现的已编译类包全名运行 RMIC 编译器。存根（Stub）是远程对象在客户端的代理，它将 RMI 调用传递给服务器端的骨架（Skeleton），后者负责将该调用传递给实际的远程方法。在命令行模块下运行 RMIC 调用，命令如图 11-9 所示，调用 RMIC 命令运行结果如图 11-10 所示。

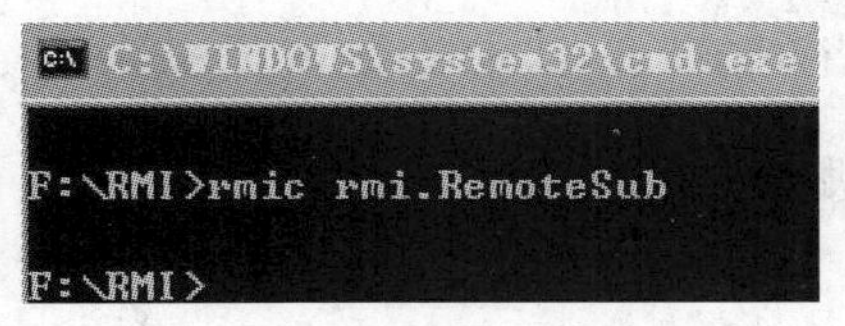


图 11-9 RMIC 命令运行

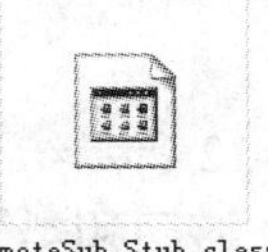


图 11-10 RMIC 运行结果

系统生成了存根（stub）RemoteSub_Stub.class，骨架（Skeleton）的功能将通反射技术由系统在运行时自动实现。这种情况与 JDK 的版本有关：

（1）采用 JDK1.4 版本运行 RMIC，rmi.RemoteSub 命令系统将会生成存根（stub）RemoteSub_Stub.class 和骨架（Skeleton）RemoteSub_ Skeleton.class 两个类文件；

（2）采用 JDK1.5 以上版本运行 RMIC，rmi.RemoteSub 命令系统将只会生成存根（stub）RemoteSub_Stub.class，骨架（Skeleton）RemoteSub_ Skeleton.class 的功能将通反射技术由系统在运行时自动实现。

6. 运行程序

依次做完上述步骤后，接下来应该运行 RMI 应用。运行需要经历以下步骤：

（1）分别将 RemoteServer.class 和 RemoteClient.class 放在两个不同的目录 E:/RMI 和 F:/RMI 中，并且把 RemoteSub.class 和 RemoteSub_Stub.class 复制到两个目录中；

（2）启动 cmd 运行 rmiregistry 命令启动注册服务程序；

（3）配置安全策略；在两个目录中创建策略文件 java.policy，策略文件内容为：

```
grant {
   permission java.security.AllPermission "","";
};
```

**注意**：这是一条最简单的安全策略，它允许任何人做任何事；对于更加关键性的应用，必须指定更加详细的安全策略。

（4）启动第二个 cmd，运行服务端程序，为了运行服务端，需要除客户类之外所有的类文件。

运行时要指明服务器端采取的安全策略，命令如下，运行结果如图 11-11 所示。

```
java -Djava.security.policy=file:./java.policy  rmi.RemoteServer
```

图 11-11 服务器端运行结果

（5）启动第三个 cmd，运行客户端程序，命令如下。

```
java  rmi.RemoteClient
```

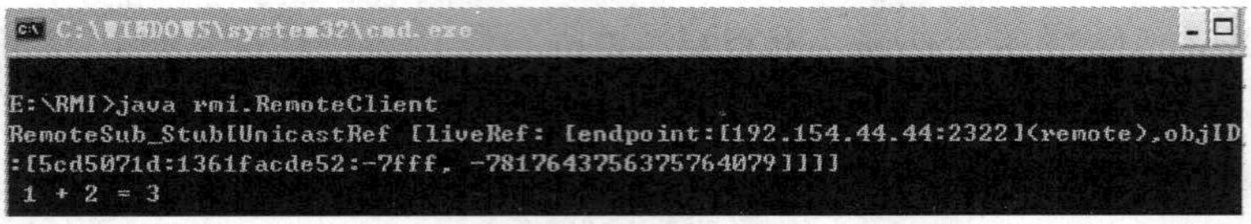

```
C:\WINDOWS\system32\cmd.exe
E:\RMI>java rmi.RemoteClient
RemoteSub_Stub[UnicastRef [liveRef: [endpoint:[192.154.44.44:2322](remote),objID
:[5cd5071d:1361facde52:-7fff, -7817643756375764079]]]]
 1 + 2 = 3
```

图 11-12　客户端运行结果

看到如图 11-12 所示结果说明客户端程序成功进行了 RMI 远程调用。

### 11.7.3　RMI 接口和类简介

负责指定 RMI 系统远程对象行为的接口和类是在 java.rmi 包中定义的，本节介绍几个核心接口和类。

1. Java.rmi.Remote 接口

在 RMI 中，远程接口声明了可从远程 Java 虚拟机中调用的方法集，远程接口必须满足下列条件：

（1）远程接口必须至少直接或间接的扩展 java.rmi.Remote 接口。

（2）远程接口中的方法声明必须满足：远程方法声明在其 throws 子句中除了要包含与应用程序有关的异常之外，还必须包括 RemoteException 异常（或其父类）；在远程方法声明中，作为参数或返回值声明的远程对象必须声明为远程接口，而非该接口的实现类。

2. Java.rmi.RemoteException 类

RemoteException 类是在远程方法调用期间由 RMI 运行所抛出的异常，在使用了 RMI 系统的应用程序中，远程接口中声明的远程方法在其 throws 子句中必须指定 RemoteException 或者其超类。当远程方法调用由于某种原因失败时，将抛出 RemoteException 异常。RemoteException 类是一个已检验的异常，而不是 RuntimeException。

3. Java.rmi.server.RemoteObject 类

RMI 服务器函数由 RemoteObject 类及其子类 RemoteServer、UnicastRemoteObject 和 Activatabble 提供。

RemoteObject 为远程对象敏感的 Object、hashCode、equals 和 toString 方法提供实现。

创建远程对象并将其导出，所需的方法由类 UnicastRemoteObject 和 Activatable 提供，子类可以识别远程方法。

UnicastRemoteObject 定义了单个调用的远程对象，其引用只有在服务器进程运行时才有效。

Activatable 类是抽象类，它定义的 activatable 远程对象在其远程方法被调用时开始执行，并在必要时自己关闭。

4. Java.rmi.registry.LocateRegistry 类

LocateRegistry 类用于获得对特定主机的引导，远程对象注册服务程序的引用（创建 stub），或者创建能在特定端口接受调用的远程对象注册服务程序。注册服务程序通过简单命名语法将远程对象名与远程对象引用关联，服务器重新启动不会记住这些名字和远程对象之间的绑定。

LocateRegistry 类中的方法为：

```
public static Registry getRegistry()throws RemoteException
Public static Registry getRegistry(int port)throws RemoteException
```

```
    Public static Registry getRegistry(String host)throws RemoteException
    Public static Registry getRegistry(String host,int port)throws RemoteException
    Public static Registry getRegistry(String host,int port,RMIClientSocketFactory
csf)
                                        throws RemoteException
    Public static Registry createRegistry(int port)throws RemoteException
    Public static Registry createRegistry(int port,RMIClientSocketFactory csf,
                          RMIServerSocketFactory ssf)throws RemoteException
```

5. Java.rmi.Naming 类

Naming 类提供了存储和获得远程对象注册服务程序中的远程对象进行引用的方法。Naming 类中的方法以 url 作为其中的一个参数，如//host:port/name。

当远程对象使用 RMI 注册服务程序在本地主机上进行注册后，远程主机上的调用程序就可以按名称查询远程对象，获得其引用，然后在对象上调用远程方法。

Naming 类中的方法为：

```
    Public static Remote lookup(String name)throws NotBoundException,
                               MalformedURException,RemoteException
    Public static void bind(String name,Remote obj)throws AlreadyBoundException,
                                 MalforedURException,RemoteException
    Public static void unbind(String name)throws RemoteException,
                              NotBoundException,MalformedURLException
    Public static void rebind(String name,Remote obj)throws RemoteException,
                                        MalformedURLException
```

6. Java.rmi.server.UnicastRemoteObject 类

UnicastRemoteObject 类创建并导出远程对象，该类实现的远程服务具有以下特点：

（1）这种对象的引用至多仅在创建该远程对象的进程生命周期内有效。

（2）通过 TCP 传输与远程对象通信调用，参数和结果使用流协议在客户端和服务器之间进行通信。

7. Stub 和 skeleton

在远程对象的通信过程中，RMI 使用标准机制：stub 和 skeleton。

（1）Stub 担当远程对象的客户本地代表或代理人角色。调用程序将调用本地 stub 的方法，而本地 stub 将负责执行对远程对象的方法调用。在 RMI 中，远程对象的 stub 与该远程对象所实现的远程接口集相同。调用 stub 的方法时将执行下列操作：

1）初始化与包含远程对象的远程虚拟机的连接；

2）对远程虚拟机的参数进行写入并传输；

3）等待方法调用结果；

4）读取返回值或返回的异常；

5）将值返回给调用程序。

为了向调用程序展示比较简单的调用机制，stub 将参数的序列化和网络级通信等细节隐藏起来。

（2）在远程虚拟机中，每个远程对象都可以有相应的 skeleton（在 JDK1.2 环境中无需使用 skeleton）。skeleton 负责将调用分配给实际的远程对象实现。skeleton 在接收方法调用时执行下列操作：

1）读取远程方法的参数；

2）调用实际远程对象实现上的方法；

3）将结果（返回值或异常）写入并传输给调用程序。

stub 和 skeleton 由 RMIC 编译器生成。

## 11.8 小　　结

在 Java 中有一个专门的 Java.net 类库来管理网络编程的有关方法，java.net 类库中的类和接口提供了网络编程的 API。URL 类封装了使用统一资源定位器访问网络资源的方法，提供在 Internet 上定位资源所需的信息；URLConnection 是访问远程资源属性的一般用途的类。客户/服务器模型的网络通信使用 TCP 套接字和 UDP 数据包。TCP 是一种可靠的基于连接的网络通信协议，在 Internet 上大都使用 TCP/IP 进行互联。TCP 在通信的双方提供了一个点对点的通信，保证了数据通信的可靠进行。UDP 提供了一种不可靠的、无连接的网络协议。在 Java 中由 DatagramSocket 和 DatagramPacket 类来实现 UDP 通信。

## 习　　题

**一、判断题**

1．已建立的 URL 对象不能被改变。（　　）

2．UDP 是面向连接的协议。（　　）

3．进程利用 socket 建立与其他进程的连接。（　　）

4．服务器在一个端口等待客户的连接。（　　）

5．数据报传输是可靠的，包按顺序先后达到。（　　）

6．Java 的大部分网络类都包含在 Java .applet 包中。（　　）

7．构成 World Wide Web 基础的关键协议是 HTTP 协议。（　　）

8．URL 是统一资源定位器的缩写。（　　）

**二、选择题**

1．如果在关闭 socket 时发生一个 I/O 错误，会抛出________。

A．IOException　　B．UnknownHostException

C．SocketException　　D．MalformedURLExceptin

2．当找不到客户的服务器地址时会抛出________。

A．IOException　　B．UnknownHostException

C．SocketException　　D．MalformedURLExceptin

3．如果 DatagramSocket 构造函数不能正确地创建一个 DatagramSocket 时，会抛出________。

A．IOException　　B．UnknownHostException

C．SocketException　　D．MalformedURLExceptin

4．URL 构成函数将决定作为参数的字符串是否是合法的统一资源定位器。如果合法，则初始化包含统一资源定位器的 URL 对象，否则将产生________。

A．IOException　　B．UnknownHostException

C．SocketException　　D．MalformedURLExceptin

5．使用________类建立一个 socket，用于不可靠的数据报的传输。

A．Applet　　B．Datagramsocket　　C．InetAddress　　D．AppletContext

6．________类的对象中包含有 Internet 地址。

A．Applet　　B．Datagramsocket　　C．InetAddress　　D．AppletContext

7．InetAddress 类的 getLocalHost 方法返回一个________对象，它包含了运行该程序的计算机的主机名。

A．Applet　　B．Datagramsocket　　C．InetAddress　　D．AppletContext

8．下面________类能够支持 TCP/IP 连接。

A．InetAddress　　B．Packet　　C．Socket　　D．ServerSocket

9．________对象管理基于流的连接。

A．ServeSocker　　B．Socket　　C．Vector　　D．DatagramSocket

**三、简述题**

1．URL 对象有何作用？其中包含哪四部分数据？URLConnection 类与 URL 类有何异同？功能上有哪些增强？

2．Java 提供了流 socket 和数据报 socket，流 socket 起到什么作用？数据报 socket 起到什么作用？

3．用 Java 建立一个简单的服务器需要几个步骤？

**四、程序设计题**

1．编写图形界面的 Application 程序，Server 端和 Client 端各包含一个 TextField 和 TextArea。请完成消息互发，在 TextField 中按下 Enter 键后消息被发送到对方的 TextArea 中。

2．编写一个数据报通信程序，一端发送一个 int 型数据 10000，另一端接收到发送的数据并将它打印在屏幕上。

# 第 12 章 服务器端编程

Web 已经从一个信息发布的平台发展成为一个应用开发的平台。Web 应用技术正在成为软件开发的主流。针对 Web 的开发技术有很多，而 Java 技术一直是该领域的佼佼者。Servlet 是一种用于 Web 服务器端应用程序技术的 JavaAPI。JSP 利用 Java 类库的关键技术和在 Java Servlet 模型上的编程技术，使得编写 Web 应用程序变得更为简单、便捷，受到人们的广泛青睐。本章主要介绍 Web 应用技术的发展和如何使用 Servlet、JSP 技术开发 Web 程序。

## 12.1 Web 应用概述

Web 应用是一种在 Internet 或 Intranet 上通过浏览器访问的应用程序，其基本特征为采用浏览器/服务器结构（简称 B/S）。Web 应用不同于 C/S 应用的地方在于：Web 应用的客户端采用通用的浏览器作为瘦客户端，通信协议采用 HTTP 协议，服务器端程序在 Web 服务器或应用服务器上运行；另外，Web 应用一般为三层结构，而 C/S 仅有两层。

### 12.1.1 Web 应用技术的发展

Web 应用技术从最初的静态 Web 页面到具有交互能力的服务器端编程，它经历了以下发展过程。

1. 静态 Web 页面

最简单的 Web 站点仅提供 Web 页面的静态信息的访问。Web 服务器收到浏览器的 HTTP 请求后，根据请求中的 URL 来读取相应的某个 HTML 页面，并将 HTML 页面的内容封装在 HTTP 响应中。浏览器收到响应后会将 HTML 页面解析出来并显示到浏览器窗口中。例如，使用浏览器访问 http://202.102.240.73/myweb/test.html，该 URL 中 IP 地址后面的部分实际上是一个文件路径（相对于服务器的发布根目录）。Web 服务器就是根据该路径找到 test.html 文件的，如图 12-1 所示。

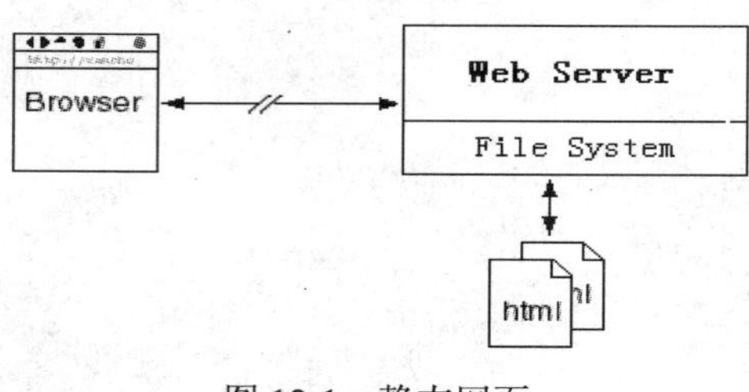

图 12-1 静态网页

由于 HTML 文件是事先编写好的，无论何时访问它获得的网页显示都是相同的，所以此类网页被称为"静态"的。静态网页可满足一般信息发布的要求。

2. CGI 程序

CGI（Common Gateway Interface）是一种传统的动态网页技术。Web 服务器收到浏览器的 HTTP 请求后，会执行一段存放在服务器端的程序，程序执行的结果是向客户端输出一个 Web 页面。由于网页是由程序实时构建的，可随着用户和时间的不同而变化，所以被称作"动态网页"。CGI 程序一般采用 C 语言或 Perl 语言编写，并以进程方式在服务器端运行。在以下情况下舍弃可预先建立的文档而使用程序来实时的构建网页。

（1）网页基于客户端提交的数据。例如，搜索引擎的结果页面和网上商店的订单确认页面都是针对特定用户请求的。

（2）网页由频繁改变的数据导出。例如，气象预报或新闻标题可能要动态生成。

（3）网页中使用了来自单位数据库或其他服务器端数据源的信息。例如，档案库中的个人信息或商务网站的商品库存信息等都是海量的，不可能针对每一条信息预编写一个文档来显示它们。

3. 改善基于就 Java 的 CGI: Servlet

Servlet 是标准的服务器端的 Java 应用程序，可以生成动态的 Web 页面，其作用相当于 CGI。由于 Servlet 技术是基于 Java 语言的，功能强大、易于编写，完全可以取代 CGI。Servlet 必须在 Web 容器中才可以运行，其运行流程如图 12-2 所示。

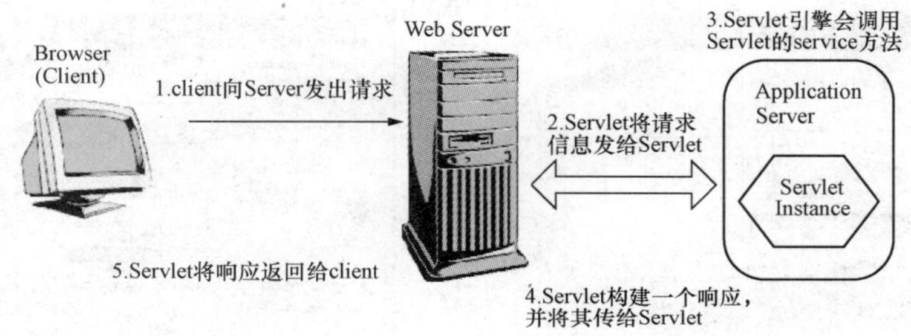


图 12-2 Servlet 运行流程

使用 Servlet 时整个 web 应用的执行过程如下。

（1）客户端发送一个请求至服务器端。

（2）服务器将请求传递给 Servlet。

（3）Servlet 引擎（即 Web 容器）调用 Servlet 的 service 方法。

（4）Servlet 构建一个响应，并将其传给服务器。

（5）服务器将响应返回给客户端。

4. 服务器端编程——JSP、ASP、PHP

JSP、ASP、PHP 是当前最流行的三种动态网页技术，其相同点是都可以在静态内容中插入服务器端脚本来产生动态输出。与 ASP、PHP 相比，JSP 具有将内容的生成和显示进行分离、强调可重用的组件、采用标签简化页面开发等优势。

### 12.1.2 服务器的安装和配置

开发、测试 Java Web 应用需要一个支持 Servlet 和 JSP 的服务器。Tomcat 是 Apache Jakarta 软件组织的一个子项目，是目前被广泛使用的 JSP/Servlet 服务器。下面我们以 Windows 上的 Tomcat 6.0 为例演示服务器的安装配置过程。在安装服务器之前必须安装 JDK5.0 以上版本及配置环境变量，否则 Tomcat 不能运行。

1. 下载 Tomcat

从 http://tomcat.apache.org 网站下载所需要的 Tomcat 安装文件。Tomcat 是开放源代码的服务器，但一般的 Web 程序员仅需要下载可执行部分（Binary Distributions）。Tomcat 的安装文件中 zip 格式和 exe 格式（Windows Service Installer）是针对 Windows 平台的，而 tar 格式适用于 Unix/Linux 平台。

压缩格式的 Tomcat 解压后即可启动，而且启动时会通过一个命令行窗口输出启动状态。

exe 格式的 Tomcat 会提供一个安装向导提示设置 Tomcat 的端口及输入管理账号和密码，并将 Tomcat 添加到 Windows 的服务中，可在开机时自动启动。这两种 Tomcat 的功能是相同的。

2. 安装配置 Tomcat

下面以 exe 格式（Windows Service Installer）为例介绍 Tomcat 的安装配置过程。

（1）运行 apache-tomcat-6.0.33.exe，按照提示单击“Next”按钮，出现图 12-3 所示的许可协议对话框。

（2）单击“I Agree”按钮，接受许可协议，出现图 12-4 所示的选择组件对话框，选择要安装的组件。

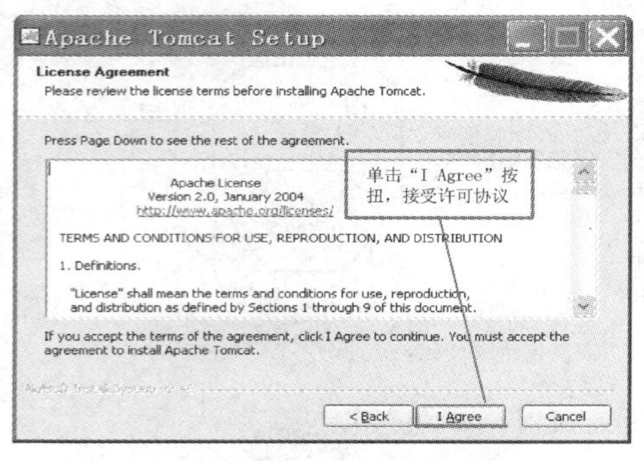


图 12-3 Tomcat 许可协议对话框

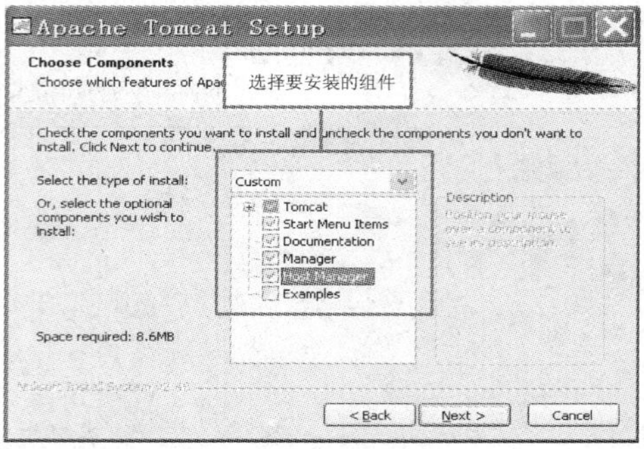

图 12-4 选择 Tomcat 组件

（3）一般直接单击“Next”按钮，将出现如图 12-5 所示的对话框。可以设置后台管理员用户和密码，其它采用默认项。

（4）单击“Next”按扭出现如图 12-6 所示的对话框。选择安装 Java 虚拟机路径。如果需要更改，单击“…”按钮。

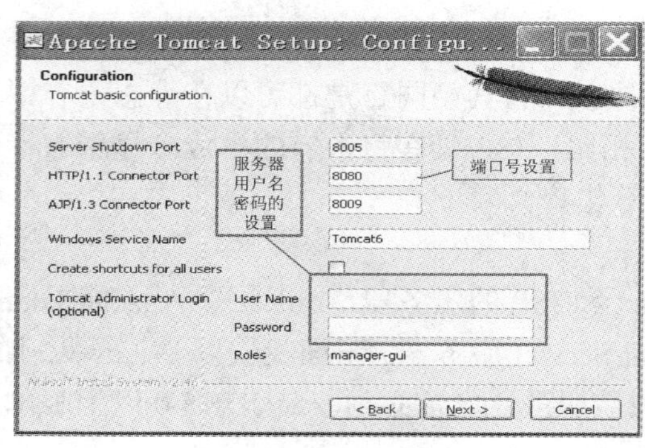


图 12-5 设置端口和用户名、密码

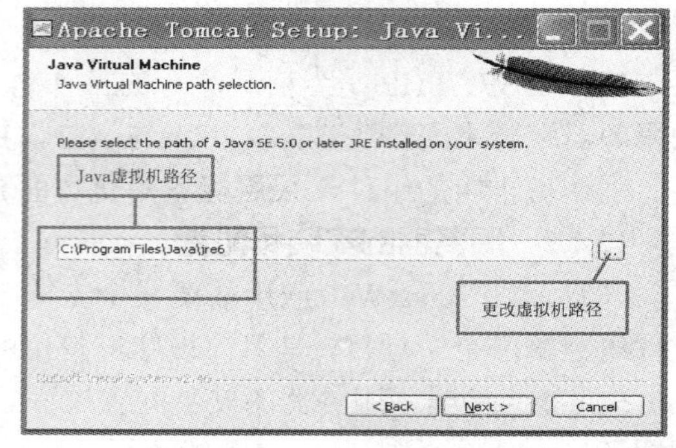


图 12-6 选择 Java 虚拟机

（5）选择安装 Tomcat 的路径。

（6）单击“Install”按钮，完成安装。

3. 启动 Tomcat

打开“开始”→“程序”→“Apache Tomcat 6.0”→“Configure Tomcat”，点击“Start”

按钮就可启动 Tomcat，如图 12-7 所示。

4. 测试

在浏览器地址栏中输入 http://127.0.0.1:8080，如果看到如图 12-8 所示的页面则确认 Tomcat 正常启动。否则的话，检查环境变量是否设置正确，或者 8080 端口是否已被其他程序占用。

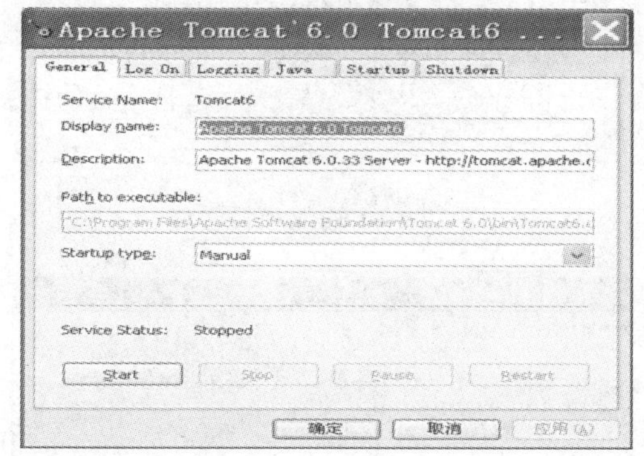


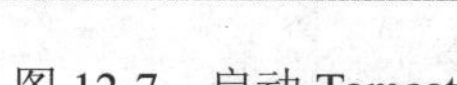
图 12-7 启动 Tomcat

图 12-8 Tomcat 欢迎页面

5. 建立工作目录

在 Tomcat 的安装目录 webapps 下，可以看到 ROOT、examples、docs 等 Tomcat 自带的目录。然后在 webapps 目录下建一个名为 myapp 的目录（用于存放 servlet、JSP 页面）。再到 myapp 下建一个子目录 WEB-INF（注意，目录名称是区分大小写的）。再在 WEB-INF 目录下新建两子录、一个配置文件 web.xml。一个 Classes 子目录用于存放编写的 Servlet 或 JavaBean 等的类文件；lib 子目录用于存放程序的所有库文件。文件“web.xml”，是每个 Tomcat Web 应用程序的 XML 配置文件，系统已有默认的可予以修改与添加内容，也可以自己创建一个。

### 12.1.3 使用 Eclipse 开发 Web 程序

Eclipse 开发环境不仅用于 Java 应用程序的开发。也可用于 Web 程序的开发，其开发工具可以使用第一章中讲的 Eclipse 环境外加一插件。也可通过 http：//www.eclipse.org/网站进行下载，安装文件的名称是 eclipse-jee-indigo-SR1-win32.zip，下载完毕后的安装文件实际上是 zip 的压缩文件。将其直接解压在某一文件夹中即可使用。

Eclipse 可以直接开发 JSP、Servlet 和 JavaBean 程序。下面以建 Servlet 程序为例讲解开发 web 应用的步骤。

（1）打开 eclipse，选择“File”→“New”→“Dynamic Web Project”，如图 12-9 所示。

（2）在弹出的 New Dynamic Web Project 对话框中，输入 servlet 项目中的各种信息。其中，在 Project name 输入框中输入 servlet 应用程序的名称，本实例为 test。如果用户是第一次使用 Eclipse，在 Target Runtime 选择框中的内容是 none。如果用户想要用 Tomcat 6.0 服务器运行当前工程，则单击“New Runtime”选择按扭，弹出对话框后配置该服务器信息。其它选项采用默认设置，如图 12-10 所示。

（3）单击“Finish”按钮，创建了该 Web 应用程序。在 test 文件夹下创建名为 MyFirstServlet.java 的 servlet 文件，如图 12-11 和图 12-12 所示。

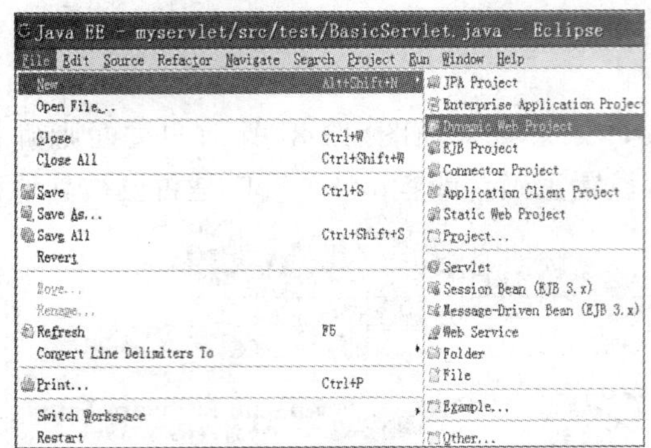


图 12-9 创建 servlet 项目

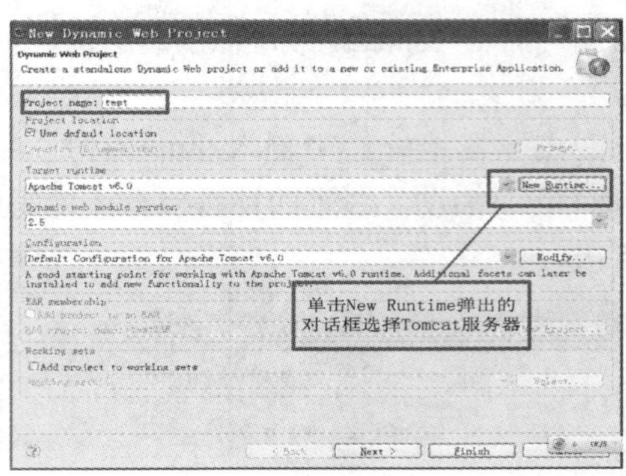


图 12-10 输入项目名称

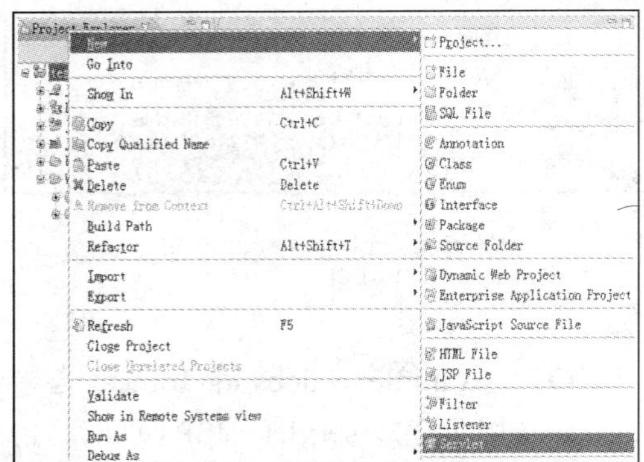


图 12-11 右键菜单项

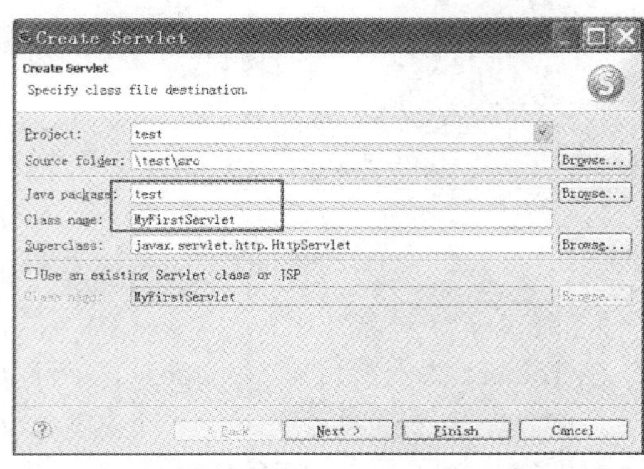


图 12-12 新建 Servlet 文件

（4）单击“Finish”按钮，对 MyFirstServlet.java 进行如下编码。

```
package test;
import java.io.*;
import javax.servlet.*;
import javax.servlet.http.*;
public class MyFirstServlet extends HttpServlet{
   protected void service(HttpServletRequest request,
                    HttpServletResponse response)
            throws ServletException,IOException{
      response.setContentType("text/html");
      PrintWriter out = response.getWriter();
      out.println("This is my first Servlet!");
  }
}
```

（5）保存编辑好的 servlet 程序。

（6）运行建立的 servlet。选择“Run”→“Run As”→“Run on Server”单击“Finish”按钮，将启动 Tomcat 服务器，运行结果如图 12-13 所示。

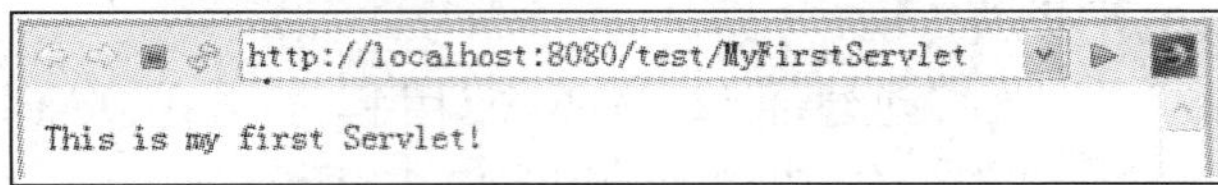


图 12-13 MyFirstServlet.java 运行结果

## 12.2　服务器端程序 Servlet

### 12.2.1　Servlet 简介

Servlet 是一种在服务器端运行的 Java 类，它与普通 Java 类的区别在于：Servlet 必须实施 javax.servlet 包中的 Servlet 接口或继承实施该接口的类；Servlet 必须在支持 Servlet 的服务器中才能运行。

javax.servlet.Servlet 接口是容器（应用服务器）和 Servlet 之间的合约。所有 Servlet2.5 规范的容器都要使用这个接口来访问 servlet 提供的服务。在该接口中定义了一些方法来完成 Servlet 的加载、初始化、运行和推出，如表 12-1 所示。

**表 12-1　javax.servlet.Servlet 接口中的方法**

| 方　法 | 作　用 |
|---|---|
| init() | 容器调用该方法来初始化 servlet，所有的初始化参数都在这里处理 |
| destory() | 容器调用该方法来指示 Servlet，它的使命已经结束，释放系统资源 |
| getServletInfo() | 容器或者工具使用该方法来得到有关 Servlet 的信息 |
| getServletConfig() | 容器使用该方法来得到与这个 Servlet 实例相关联的 javax.servlet.ServletConfig 对象。容器在调用 init()方法时，这个对象会传递到 Servlet |
| service() | 这是最关键的 Servlet 方法。容器调用这个方法向 Servlet 传递一个请求来进行处理，Servlet 必须处理这个请求，并提供一个响应 |

但是在实际的应用中，所有的 Servlet 都必须直接或者间接地实现 java.servlet.Servlet 接口。在开发中用得最多的是扩展 java.servlet.Servlet 接口的实现类 javax.servlet. HttpServlet，它实现了所需要的所有方法。程序员要做的仅仅是覆盖要修改的方法。javax.servlet.HttpServlet 抽象类会透明地对 HTTP 协议细节进行解码，使程序员能够把重点放在 servlet 的核心功能上。作为 javax.servlet.HttpServlet 抽象类的任何一个子类，可以覆盖表 12-2 中的任何方法。

**表 12-2　可以覆盖的方法**

| 方　法 | 作　用 |
|---|---|
| doGet() | 处理通过 HTTP GET 动作发送数据到来的请求 |
| doPost() | 处理通过 HTTP POST 动作发送数据到来的请求 |
| doPut() | 处理通过 HTTP PUT 动作发送数据到来的请求（这个动作很少使用） |
| doDelete() | 处理通过 HTTP DELETE 动作删除服务器内容到来的请求（这个动作很少使用） |
| init() | javax.servlet.Servlet 接口的 init()方法相同，均为初始化 servlet，所有的初始化参数都在这里处理 |
| destory() | javax.servlet.Servlet 接口的 destory()方法相同 |
| getServletInfo() | javax.servlet.Servlet 接口的 getServletInfo()方法相同 |

Servlet 的功能强大，能够完成各种任务，如读取用户通过 HTML 表单提交的数据、读取由浏览器发送的隐式数据、计算响应结果、向客户发送各种格式的数据（包括 HTML 文档）、发送隐式的 HTTP 响应数据等。下面通过简单的例子来说明 Servlet 程序的建立。

【例 12-1】 在浏览器中显示“Hi Servlet!”的 Servlet 程序，参考代码为：

```
package test;
import javax.servlet.*;
import javax.servlet.http.*;
public class FirstServlet extends HttpServlet {
public void init(ServletConfig config)throws ServletException {super.init
(config);}
public void destroy(){}
protected void processRequest(HttpServletRequest request,
    HttpServletResponse response)throws ServletException,java.io.IOException{
    try{
      response.setContentType("text/html");
     java.io.PrintWriter out = response.getWriter();
     out.write("<html>\n");
     out.write("<head>\n");
     out.write("<title>Servlet</title>\n");
     out.write("</head>\n");
     out.write("<body>\n");
     out.write("Hi Servlet!\n");
     out.write("</body>\n");
     out.write("</html>");
     out.close();
   }catch(Exception e){
    throw new ServletException(e);
   }
 }
protected void doGet(HttpServletRequest request,HttpServletResponse response)
    throws ServletException,java.io.IOException {
        processRequest(request,response);
   }
protected void doPost(HttpServletRequest request,HttpServletResponse response)
    throws ServletException,java.io.IOException {
        processRequest(request,response);
   }
}
```

### 12.2.2 Servlet 的生命周期

容器可以为到来的每一个请求创建一个 Servlet 实例，但是这种做法的效率不高。如今服务器每秒都可以处理成千上万的请求。创建一个 Servlet 实例要花费很长的时间，而且会占用服务器上的大量内存。如果采用这种方式来实例化 Servlet，很快就会耗尽服务器的内存和处理资源。

为了更高效地处理到来的请求，容器必须对 servlet 实例的创建进行优化。尽可能少地创建 servlet 的实例，并重用这个实例来处理所有到来的请求。对所创建的实例进行适当地管理，当服务器内存不太够时，要撤销较老的未用的实例。

因此，每一个 servlet 都有一个生命周期。Servlet 的生命周期包括一个 servlet 实例的创建、初始化和撤销。它准确地描述了在这些重要的生命事件期间 servlet 和容器用何种方式进行交互。如图 12-14 所示，显示了 servlet 的生命周期，说明了容器如何管理表示 servlet 的 Java 对象，可以总结为以下几个步骤。

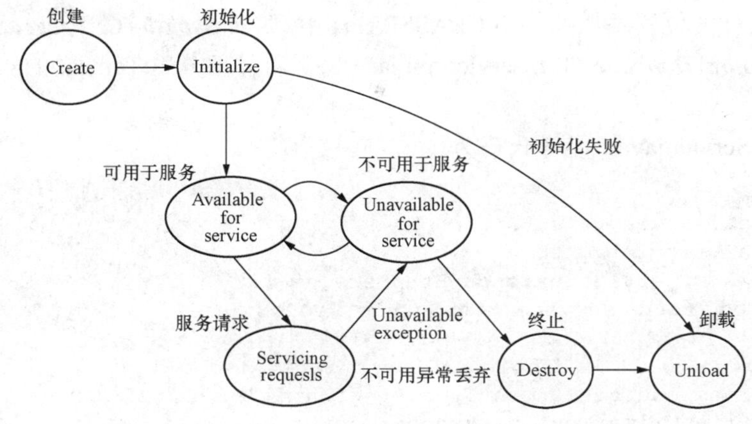


图 12-14　Servlet 生命周期

（1）第一次访问一个 Servlet 时会创建它的一个实例。

（2）服务器加载 Servlet 后就会去调用 Servlet 的 init()方法。

（3）维护实例调用 Servlet 的 service()方法，处理将来的请求。

（4）服务器需要从内存中释放 Servlet 对象时（如关闭 web 应用或 Tomcat 检测到 Servlet 的新版本），服务器就会调用 Servlet 的 destroy()方法。

在 Servlet 的生命周期中，init()方法的执行仅会发生一次。当其他客户端再次请求同一 Servlet 时，服务器会直接调用 Servlet 对象的 service()方法来响应客户端的请求。这一过程被称为 Servlet 的生命周期。

服务器一旦初始化一个 servlet 实例，该实例就会处于准备状态。在该状态下，可以在任何时刻调用 servlet 方法来处理到来的请求。

### 12.2.3　Servlet 的开发

一个 Java Web 应用由 Web 组件（Servlet、JSP 等）和静态资源（HTML、图片等）构成，其目录结构如图 12-15 所示。

（1）JSP、静态资源（HTML、图片）位于应用程序目录或其子目录下。

（2）WEB-INF/classes 目录放置 Servlet 类。

（3）WEB-INF/lib 目录放置 Java Archive 文件。

（4）WEB-INF 目录下的 web.xml 文件是部署描述符。

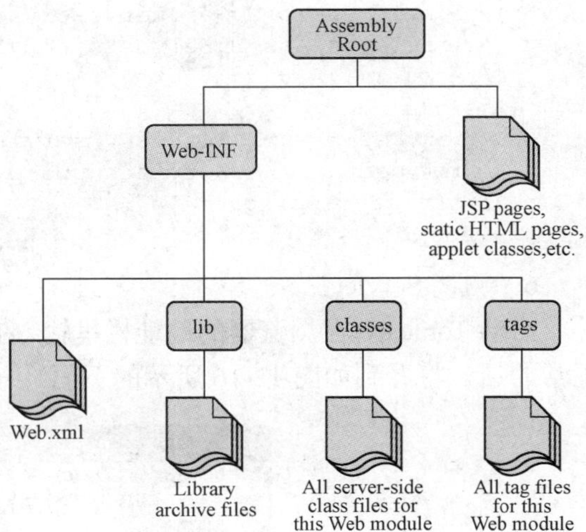


图 12-15　Web 应用目录结构

**【例 12-2】** MyServlet.java 的开发过程。

1. 创建开发目录

新建一个文件夹用来存放开发文件，如 D:\myservlet。

2. 设置 CLASSPATH

因为 Servlet API 不是 JDK（标准版）的组成部分，所以需要向编译程序指出其位置，即将 Servlet JAR 文件的位置添加到你的 CLASSPATH 中。如 ***classpath=C:\Program Files\Apache Software Foundation\Tomcat 6.0*****lib**\servlet-api.jar，将黑斜体部分用 Tomcat 的实际安装目录替换即可。

3. 编辑 MyServlet.java，参考代码为：

```
import java.io.*;
import javax.servlet.*;
import javax.servlet.http.*;
public class MyServlet extends HttpServlet{
    protected void service(HttpServletRequest request,HttpServletResponse response)
        throws ServletException,IOException{
            response.setContentType("text/html");
            PrintWriter out = response.getWriter();
            out.println("<h4>This is my Servlet!</h4>");
    }}
```

4. 编译 MyServlet.java

在命令行中使用 javac 编译此 Servlet 文件，如 javac MyServlet.java，编译成功后会生成 MyServlet.class 文件。

5. 部署 Servlet

将 Servlet 类文件复制到 Tomcat 发布目录下的某一 Web 应用中，如 Install_dir/webapps/myapp/WEB-INF/classes，然后修改部署描述符 web.xml，参考代码如下：

```
<?xml version="1.0" encoding="UTF-8"?>
<web-app>
  <servlet>
    <servlet-name>MyServlet</servlet-name>
    <servlet-class>MyServlet</servlet-class>
  </servlet>
  <servlet-mapping>
    <servlet-name>MyServlet</servlet-name>
    <url-pattern>/MyServlet</url-pattern>
  </servlet-mapping>
</web-app>
```

6. 测试 Servlet

启动 Tomcat，在浏览器的地址栏里输入 http://127.0.0.1:8080/myapp/MyServlet。如果一切正常的话，将看到如图 12-16 所示的页面。

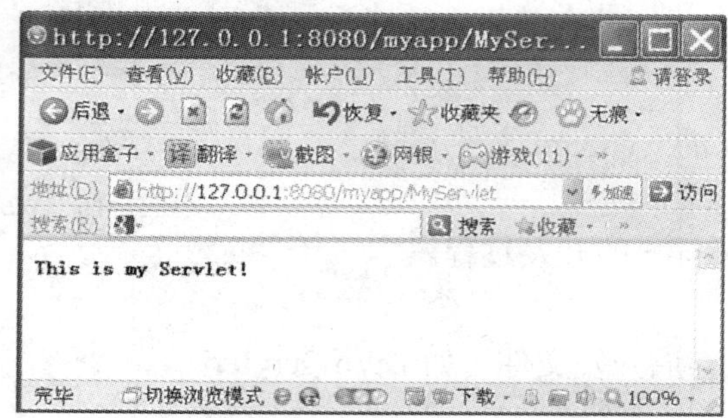


图 12-16 MyServlet.java 运行结果

# 12.3 表示技术 JSP

## 12.3.1 JSP 简介

要想改变 Servlet 程序，必须重新编写源程序（.java 文件），重新编译程序（.class 文件），再由 servlet 容器执行程序（.html 文件）。而且 Servlet 的主要作用是“生成 html 文件”，这样使得本来很简单的页面用 servlet 程序作，看起来就比较复杂。

Jsp 可以自动检测、自动重新编译。并且 Jsp 允许在 html 页面中嵌入 Java 代码。一个 JSP 页面是由静态数据（包括 HTML）和 JSP 元素构成的，其中 JSP 元素生成动态内容。作为一种动态网页技术，JSP 和 Servlet 具有相同的计算能力。但在输出页面显示方面，使用 JSP 要更方便、更直接有效。

**【例 12-3】** 一个简单的 JSP 例子：NewFile.jsp，参考代码为：

```
<%@ page language="java" pageEncoding="GBK"%>
<html>
  <head><title>My First JSP</title></head>
  <body>   <%out.print("Hello JSP!");%>  </body>
</html>
```

该例子所在的文件名为 NewFile.jsp，其中.jsp 是后缀。将 NewFile.jsp 保存到 Tomcat 发布目录下的某一 Web 应用中，如 Install_dir/webapps/myapp 目录下。启动 Tomcat，在浏览器的地址栏里输入 http://127.0.0.1: 8080/myapp/NewFile.jsp，如果一切正常的话，将看到如图 12-17 所示的页面。

## 12.3.2 JSP 工作原理

实际上 JSP 是被转换成 Servlet 来执行的。当一个 JSP 页面第一次被请求的时候，JSP 引擎将执行以下步骤。

（1）将 JSP 页面翻译成一个 Servlet，这个 Servlet 是一个 Java 文件，同时也是一个完整的 Java 程序。

（2）JSP 引擎调用 Java 编译器对这个 Servlet 进行编译，得到可执行文件 class。

（3）JSP 引擎调用 Java 虚拟机来解释并执行 class 文件，生成向客户端发送的应答，然后发送给客户端。

以上三个步骤仅仅在 JSP 页面第一次被访问时才会执行，以后的访问速度会因为 class 文件已经生成而大大提高。其执行原理如图 12-18 所示。

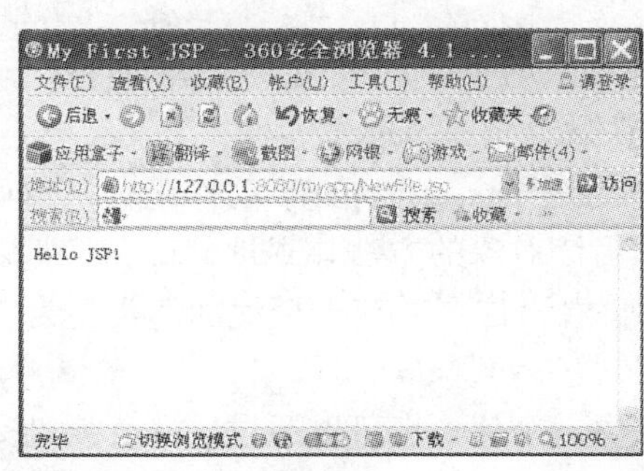


图 12-17　NewFile.jsp 运行结果

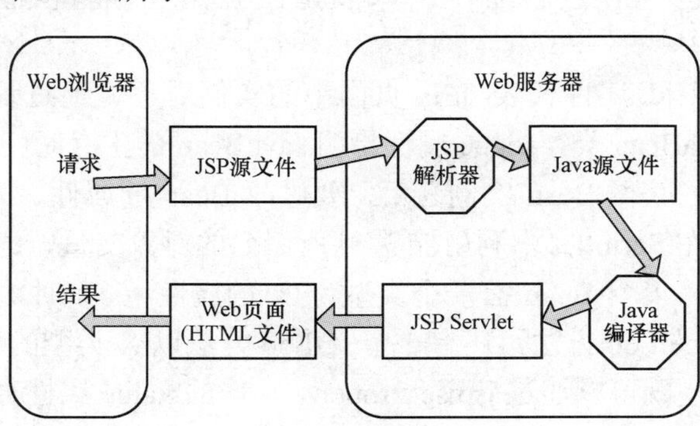


图 12-18　JSP 执行原理

在 Tomcat 的 work 目录下可以找到和 JSP 源文件对应的 Servlet 源文件。具体位置是：Tomcat 安装文件夹\work\Catalina\localhost\，可以通过该文件夹下的工程名来寻找。

## 12.4 JSP 基本语法

在普通 HTML 页面中加入 JSP 元素就构成了 JSP 页面（后缀为.jsp）。JSP 元素包括：JSP 指令、JSP 动作、JSP 脚本、JSP 注释。

### 12.4.1 JSP 指令

JSP 指令（Directive）是 JSP 页面被编译成 Servlet 后由 JSP 引擎处理的指令，常用的有 page，include 和 taglib 三个。语法格式为：

```
<%@ directive  attribuite1="value1" attribute2="value2"…%>
```

（1）page 指令（页面指令）：用于定义 JSP 文件中有效的属性。

```
<%@ page contentType="text/html;charset=GBK"%>
```

（2）include 指令（包含指令）：用于 JSP 页面在当前使用该指令的位置嵌入其它文件。

```
<%@ include file="index.jsp"%>
```

（3）taglib 指令（提供动作指令）：可以在页面中使用基本标记或自定义标记来完成特殊的功能。

```
<%@ taglib prefix="c" uri="http://java.sun.com/jsp/jstl/core" %>
```

属性 uri 指定了 JSP 要在 web.xml 文件中查找的标签库描述符，prefix 属性指定了标签的前缀。

### 12.4.2 JSP 动作

JSP 动作利用 XML 语法格式的标记来控制 Servlet 引擎的行为。利用 JSP 动作可以动态地插入文件、重用 JavaBean 组件、把用户重定向到另外的页面、为 Java 插件生成 HTML 代码。常用的有以下几种：<jsp:useBean>、<jsp:setProperty>、<jsp:getProperty>、<jsp:include>、<jsp:forward> 和<jsp:plugin>。

1. <jsp:useBean>

<jsp:useBean>是用来查找或实例化一个 jsp 页面而使用的 JavaBeans 组件。语法格式：

```
<jsp:useBean id = "name" class = "classname" scope = "page | request | session|
application"/>
```

id 属性代表 JSP 页面中的实例对象，通过这个对象引用类中的成员，class 属性代表 JavaBean 类，scope 属性指明 JavaBean 的生存时间，默认属性值是 page。

获得 Bean 实例之后，要修改 Bean 的属性，既可以通过 jsp:setProperty 动作进行，也可以在 Scriptlet 中利用 id 属性所命名的对象变量，通过调用该对象的方法显式地修改其属性。当“某个 Bean 有一个类型为 X 的属性 foo”时，就意味着“这个类有一个返回值类型为 X 的 getFoo 方法，还有一个 setFoo 方法以 X 类型的值为参数”。

既可以通过 jsp:setProperty 动作的 value 属性直接提供一个值，也可以通过 param 属性来声明 Bean 的属性值来自指定的请求参数，还可以列出 Bean 属性以表明它的值应该来自请求参数中的同名变量。

在 JSP 表达式或 Scriptlet 中通过调用相应的 getXxx 想象方法实现读取 Bean 属性，或者更一般地，使用 jsp:getProperty 动作。

注意包含 Bean 的类文件应该放到服务器正式存放 Java 类的目录下，而不是保留给修改后能够自动装载的类的目录。例如，对于 Java Web Server 来说，Bean 和所有 Bean 用到的类都应该存放于 classes 目录，或者封装进 jar 文件后放入 lib 目录，而不应该放到 servlets 下。

2. <jsp:setProperty>

该动作通常情况下和<jsp:useBean>动作一起使用。含义是使用 bean 中相应的 set()方法设置一个或多个属性的值，值的来源通过 value 属性明确给出，或者利用 request 对象中相应的参数给出。假设某个 bean 有一个 string 类型的可被 JSP 文件使用的属性 myProperty，则它必须有一个 public 方法 setMyProperty（string value），<jsp:setProperty>动作使用的就是该方法。<jsp:setProperty>标记格式如下：

```
<jsp:setProperty  name="beanInstanceName"
            property="*"| property="propertyName"| property="propertyName"
            param="parameterName" | property ="propertyName"
            value="具体的 value"/>
```

（1）name：表示已经存在并且具有一定生存范围的 JavaBean 实例，如上面的 mytest。

（2）property：是一个很重要的属性，它指定想要设定值的 JavaBean 中的成员名。

1）property="*"：表示所有名字和 Bean 属性名字匹配的请求参数都将被传递给相应的属性的 set 方法。

2）property ="propertyName"：使用 request 对象中的一个参数值来指定 Bean 中的一个属性值。在这个语法中，property 指定 Bean 的属性名，而且 Bean 属性和 request 参数的名字应相同。也就是说，如果在 Bean 中有 setUserName（String userName）方法，那么，propertyName 的值就是"userName"。这种形式灵活性较强，可以有选择地对 Bean 中的属性赋值。

3）property="propertyName" param="parameterName"：param 指定用哪个请求参数作为 Bean 属性的值。Bean 属性和 request 参数的名字可以不同。如果当前请求没有参数，则什么事情也不做，系统不会把 null 传递给 Bean 属性的 set 方法。因此，可以让 Bean 自己提供默认的属性值，只有当请求参数明确指定了新值时才修改默认的属性值。

4）property ="propertyName"，value="具体 value"：value 用来指定 bean 的属性的值。

3. <jsp:getProperty>

<jsp:getProperty>提取指定 bean 属性的值，再转换成字符串，然后输出。该动作实际是调用了 bean 的 get()方法。语法格式如下：

```
<jsp:getProperty name="beanInstanceName" property="propertyName"/>
```

name 属性是必须的，用来表明对哪个 bean 实例执行下面的动作，这个值和动作<jsp:useBean>中定义的 id 必须相对应，包括大小写都必须一致。property 属性是必须的，用来表示要获取哪个属性。

**【例 12-4】** 一个很简单的例子，它的功能是装载一个 Bean，然后设置/读取它的 message 属性。

（1）创建名称为 TestBean.java 的 JavaBean 文件，具体代码如下：

```
package JavaBean;
public class TestBean{
  private String message;
  public String getMessage(){return message;}
  public void setMessage(String message){this.message = message;}
}
```

（2）创建名为 TestBean.jsp 的页面文件,具体代码如下:

```
<%@ page contentType="Text/html;charset=GB2312" %>
<%@page import="JavaBean.TestBean;"%>
<html><head><title>JSP 中使用 Java Bean 的测试</title></head>
<body>
  <jsp:useBean id="TestBean" class="JavaBean.TestBean" scope="page"/>
  <jsp:setProperty name="TestBean" property="message" value="Hello JSP"/>
  <p>消息:<jsp:getProperty name="TestBean" property="message" />
</body>
</html>
```

（3）程序在 Eclipse 环境中执行结果如图 12-19 所示。

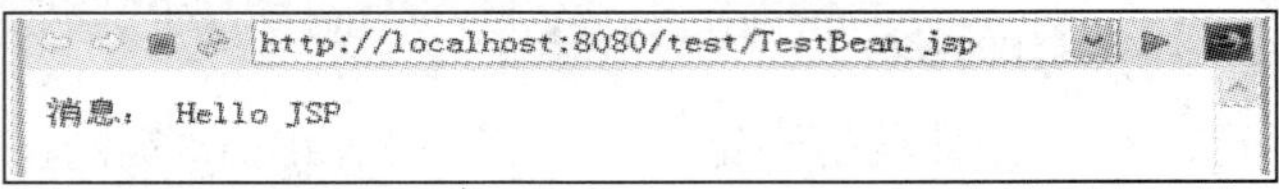


图 12-19　TestBean.jsp 运行结果图

4. <jsp:include>

该动作把指定文件插入正在生成的页面，其语法如下：

```
<jsp:include page="被包含文件的路径" flush="true" />
```

include 指令是在 JSP 文件被转换成 Servlet 的时候引入文件的，而这里的 jsp:include 动作不同，插入文件的时间是在页面被请求的时候。jsp:include 动作的文件引入时间决定了它的效率要稍微差一点，而且被引用文件不能包含某些 JSP 代码（如不能设置 HTTP 头），但它的灵活性却要好得多。

5. <jsp:forward>

jsp:forward 动作把请求转到另外的页面。jsp:forward 标记只有一个属性 page。page 属性包含的是一个相对 URL。page 的值既可以直接给出，也可以在请求的时候动态计算，参考格式如下：

```
<jsp:forward page="/utils/errorReporter.jsp" />
<jsp:forward page="<%= someJavaExpression %>" />
```

6. <jsp:plugin>

jsp:plugin 动作用来根据浏览器的类型，插入通过 Java 插件运行 Java Applet 所必需的 OBJECT 或 EMBED 元素。

### 12.4.3　JSP 脚本

JSP 脚本是指嵌入 JSP 页面的 Java 代码，有表达式、Scriptlet 及声明三种形式。在 JSP 第一次运行前，JSP 引擎会把 JSP 页面编译成一个 Servlet 类，三种形式的 Java 代码会被插入到 Servlet 的不同位置。Tomcat 服务器把该 Servlet 类保存到主目录下的 work 目录内。

1. 脚本

脚本（Scriptlet）就是JSP代码或脚本片段，为<% Java code %>形式，在脚本段中可以定义变量、调用方法和进行各种表达式运算，每行语句后面应加入分号。代码段被插入到Servlet的_jspService()方法中。

**【例12-5】** yufa.jsp页面，可见脚本段。代码如下：

```
<%@ page contentType="text/html;charset=GBK" import="java.util.*"%>
<html>
  <body>
 <%
   String greeting;
   int flag = Calendar.getInstance().get(Calendar.AM_PM);
   if(flag==Calendar.AM){greeting = "上午好!";
   }else{greeting = "下午好!";}
 %>
 <%=greeting%>
 </body>
</html>
```

2. JSP表达式

<%=Expression%>形式，对表达式求值，并将值插入到Servlet的输出中，通过out.print()方法输出，下面看一个简单实例。

**【例12-6】** yufa.jsp页面，代码如下：

```
<%@ page language="java" pageEncoding="GBK"%>
<html><body><%=new java.util.Date()%></body></html>
```

3. 声明

<%!declaration %>形式，声明的变量或方法，在整个页面内都有效，被插入到Servlet类中，成为Servlet的成员。下面看一个简单实例。

**【例12-7】** yufa.jsp页面，代码如下：

```
<%@ page language="java" pageEncoding="GBK" %>
<html>
<body>
<%!
    int count=0;
    void addcount(){ count++;}
%>
<% this.addcount();%>
网页的访问次数是:<%=count%>
</body>
</html>
```

### 12.4.4 JSP注释

注释就是在程序代码中用来说明程序的语句，可以帮助程序员识别和理解程序代码。JSP页面中主要有HTML注释、JSP注释和脚本段注释三种注释方式。

1. HTML注释

HTML注释被发送到客户端，但不直接显示，用户在客户端源代码中可以查看到。格式如下：

```
<!--comment[<%=expression%>]-->
```

2. JSP 隐藏注释

JSP 隐藏注释（Hidden Conmment）语句在传输到客户端的过程中会被过滤掉，而不会发送到客户端，所以用户查看源代码时看不到 JSP 隐藏注释。格式如下：

```
<%--comment--%>
```

【例 12-8】 yufa.jsp 页面，代码如下：

```
<%@ page language="java" pageEncoding="GBK"%>
<!--用户能看到的!-->
<html>
<body><%out.print("你好");%>
<%--用户看不到这些!--%>
</body>
</html>
```

在浏览器的菜单栏中，选择“查看”→“源文件”命令，在客户端源文件中只看到第一句 JSP 注释。

3. 脚本段注释

与 Java 中的注释相同。

### 12.4.5 JSP 内置对象

在编写表达式或 Scriptlet 时，有九个对象（见表 12-3）可以直接使用而不需要声明或定义，按照 JSP 标准，JSP 解析器会自动在_jspService()方法中预定义这些变量（对象），在使用时要注意大小写。把这样的对象叫做隐含对象。

**表 12-3 JSP 中的隐含对象**

| 对象名 | 描　　述 | 对象名 | 描　　述 |
|---|---|---|---|
| request | HttpServletRequest | config | 本页的 ServletConfig |
| response | HttpServletResponse | out | 用于输出的 Writer |
| pageContext | 可以访问 JSP 页面的许多属性 | page | 当前页的实例 |
| session | HttpSession | exception | Throwable |
| application | ServletContext | | |

1. request 对象

request 对象包含所有请求的信息，如请求的来源、标头、cookies 和请求相关的参数值等。

（1）request 对象常用的方法如表 12-4 所示。

**表 12-4 request 对象常用的方法**

| 方　　法 | 说　　明 |
|---|---|
| object getAttribute(String name) | 返回指定属性的属性值 |
| Enumeration getAttributeNames() | 返回所有可用属性名称 |
| String getCharacterEncoding() | 返回字符编码方式 |

续表

| 方　　法 | 说　　明 |
|---|---|
| int getContentLength() | 返回请求体的长度（以字节数） |
| ServletInputStream getInputStream() | 得到请求体中一行的二进制流 |
| String getParameter(String name) | 返回 name 指定参数的参数值 |
| Enumeration getParameterNames() | 返回所有参数名称 |
| String[]getParameterValues(String name) | 返回包含参数 name 的所有值的数组 |
| String getProtocol() | 返回请求用的协议类型及版本号 |
| String getScheme() | 返回请求用的计划名，如：http.https 及 ftp 等 |
| String getServerName() | 返回接受请求的服务器主机名 |
| int getServerPort() | 返回服务器接受此请求所用的端口号 |
| BufferedReader getReader() | 返回解码过了的请求体 |
| String getRemoteAddr() | 返回发送此请求的客户端 IP 地址 |
| String getRemoteHost() | 返回发送此请求的客户端主机名 |
| void setAttribute(String key,Object obj) | 设置属性的属性值 |

**【例 12-9】** request 对象举例 TestRequest.jsp，代码如下：

```
<%@ page contentType="text/html;charset=GBK"%>
<%request.setCharacterEncoding("GBK");%>
<html> <head> <title>request 例</title> </head>
  <body>
    <form action="" method="post">
       <input type="text" name="mingzi">
       <input type="submit" value="提交">
    </form>
          请求方式:<%=request.getMethod()%><br>
          请求的资源:<%=request.getRequestURI()%><br>
          请求用的协议:<%=request.getProtocol()%><br>
          请求的文件名:<%=request.getServletPath()%><br>
          请求的服务器的 IP:<%=request.getServerName()%><br>
          请求服务器的端口:<%=request.getServerPort()%><br>
          客户端 IP 地址:<%=request.getRemoteAddr()%><br>
          客户端主机名:<%=request.getRemoteHost()%><br>
          表单提交来的值:<%=request.getParameter("mingzi")%><br>
  </body>
</html>
```

运行结果如图 12-20 所示。

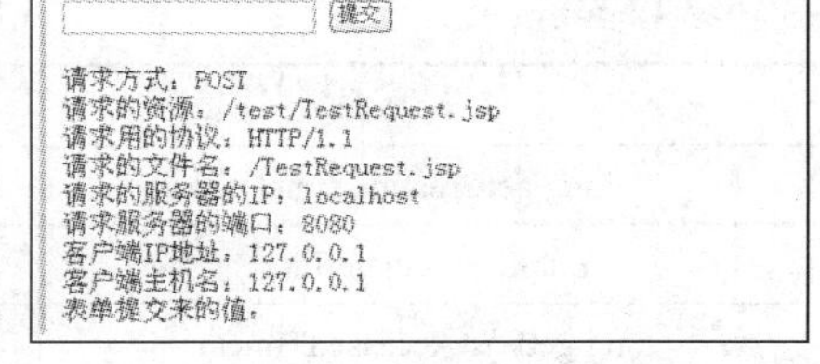


图 12-20　TestRequest.jsp 运行结果图

（2）获取 Cookie 对象。

Cookie 是 Web 服务器保存在客户端的一段文本信息，并且允许 Web 服务器在以后的客户端访问时取回它。Cookie 是以“关键字 key=值 value”的格式来保存记录的。Cookie 常用的方法如下。

1）Cookie（"userName"，"john"）：构造函数，创建 Cookie 对象。

2）response.addCookie（cookie）：将 Cookie 对象传送到客户端

3）request.getCookies()：获取保存到客户端的 Cookie 对象数组。

格式如下：

```
Cookie[]cookieArray= request.getcookies();
if(null!=cookieArray)
   for(int i=0;i<cookieArray.length;i++)
      if("userName".equale(cookieArray[i].getName()))
              out.prinln(cookieArray[i].getValue());
```

4）setMaxAge（intTime）：设置 Cookie 对象的有效时间，intTime 为时间。

2. response 对象

response 对象主要将 JSP 处理数据后的结果传回到客户端。

（1）动态响应 contentType 属性。

当一个用户访问一个 JSP 页面时，如果该页面用 page 指令设置页面的 contentType 属性时 text/html，那么 JSP 引擎将按照这个属性值做出反应。如果要动态改变这个属性值来响应客户，就需要使用 Response 对象的 setContentType（String s）方法来改变 contentType 的属性值。格式如下：

```
response.setContentType(String s);
```

参数 s 可以取 text/html，application/x-msexcel，application/msword 等。

（2）Response 重定向。

在某些情况下，当响应客户时，需要将客户重新引导至另一个页面，可以使用 Response 的 sendRedirect（URL）方法实现客户的重定向。格式如下：

```
response.sendRedirect("index.jsp");
```

3. session 对象

Session 对象是一个 JSP 内置对象，它在第一个 JSP 页面被装载时自动创建，并完成会话期管理。从一个用户打开浏览器并连接到服务器开始，到用户关闭浏览器离开这个服务器结束，被称为一个会话。当一个用户访问一个服务器时，可能会在这个服务器的几个页面之间进行切换，服务器应当通过某种办法知道这是一个用户所为，就需要用 Session 对象。

当一个用户首次访问服务器上的一个 JSP 页面时，JSP 引擎产生一个 Session 对象，同时分配一个 String 类型的 ID 号，JSP 引擎同时将这个 ID 号发送到客户端，存放在 Cookie 中，这样直到用户关闭浏览器后，服务器端该用户的 Session 对象才取消，并且和用户的会话对应关系消失。当用户重新打开浏览器再连接到该服务器时，服务器为该用户再创建一个新的 Session 对象。Session 对象的常用方法如表 12-5 所示。

**表 12-5 Session 对象的常用方法**

| 方法 | 说明 |
| --- | --- |
| long getCreationTime() | 返回 SESSION 创建时间 |
| public String getId() | 返回 SESSION 创建时 JSP 引擎为它设的惟一 ID 号 |
| long getLastAccessedTime() | 返回此 SESSION 里客户端最近一次请求时间 |
| int getMaxInactiveInterval() | 返回两次请求间隔多长时间此 SESSION 被取消（ms） |
| String[]getValueNames() | 返回一个包含此 SESSION 中所有可用属性的数组 |

续表

| 方 法 | 说 明 |
|---|---|
| void invalidate() | 取消 SESSION，使 SESSION 不可用 |
| boolean isNew() | 返回服务器创建的一个 SESSION，客户端是否已经加入 |
| void removeValue(String name) | 删除 SESSION 中指定的属性 |
| void setMaxInactiveInterval() | 设置两次请求间隔多长时间此 SESSION 被取消（ms） |

**【例 12-10】** Session 举例 TestSession.jsp，代码如下：

```
<%@ page contentType="text/html;charset=GBK"%>
<%@ page import="java.util.*" %>
<html>
<head><title>session 例</title><head>
<body>
  session 的创建时间:<%=session.getCreationTime()%>
    <%=new Date(session.getCreationTime())%><br><br>
  session 的 Id 号:<%=session.getId()%><br><br>
  客户端最近一次请求时间:<%=session.getLastAccessedTime()%>
    <%=new java.sql. Time(session.getLastAccessedTime())%><br><br>
  两次请求间隔多长时间此 SESSION 被取消(ms):
       <%=session.getMaxInactiveInterval()%><br><br>
  是否是新创建的一个 SESSION:<%=session.isNew()?"是":"否"%><br><br>
<%
  session.putValue("name","张三");
  session.putValue("nmber","001");
%>
<%
 for(int i=0;i<session.getValueNames().length;i++)
 out.println(session.getValueNames()[i]+"="+session.getValue(session.
getValueNames()[i]));
%>
<!--返回的是从格林威治时间(GMT)1970 年 01 月 01 日 0:00:00 起到计算当时的毫秒数-->
</body></html>
```

运行结果如图 12-21 所示。

图 12-21 TestSession.jsp 运行结果图

4. out 对象

out 对象能把结果输出到网页上。out 主要是用来控制管理输出的缓冲区（buffer）和输出流（output stream），其常用方法如下。

（1）void clear()：清除输出缓冲区的内容。

（2）void clearBuffer()：清除输出缓冲区的内容。

（3）void close()：关闭输出流，清除所有的内容。

（4）int getBufferSize()：取得目前缓冲区的大小（KB）。

（5）int getRemaining()：取得目前使用后还剩下的缓冲区大小（KB）。

（6）boolean isAutoFlush()：回传 true 表示缓冲区满时会自动清除；false 表示不会自动清除并且产生异常处理。

5. config 对象

config 对象里存放着一些 Servlet 初始的数据结构。config 对象是在一个 Servlet 初始化时，用于 JSP 引擎向它传递信息，此信息包括 Servlet 初始化时所要用到的参数（通过属性名和属性值构成）及服务器的有关信息（通过传递一个 ServletContext 对象）。常用方法如下。

（1）ServletContext getServletContext()：返回含有服务器信息的 ServletContext 对象。

（2）String getInitParameter（String name）：返回初始化参数的值。

（3）Enumeration getInitParameterNames()：返回 Servlet 初始化所需所有参数的枚举。

6. page 对象

page 对象代表 JSP 本身，更准确地说它代表 JSP 被转译后的 Servlet，它可以调用 Servlet 类所定义的方法。

7. application 对象

application 对象实现了用户间数据的共享，可存放全局变量。它开始于服务器的启动，终止于服务器的关闭。在此期间，此对象将一直存在。这样在用户的前后连接或不同用户之间的连接中，可以对此对象的同一属性进行操作。在任何地方对此对象属性的操作，都将影响到其他用户对此对象的访问。服务器的启动和关闭决定了 application 对象的生命。它是 ServletContext 类的实例。Application 对象的常用方法如下：

（1）setAttribute（String key，Object obj）：将参数 Object 指定的对象 obj 添加到 Application 对象中，并为添加的对象指定一个索引关键字。

（2）getAttribute（String key）：获取 Application 对象中含有关键字的对象。

**【例 12-11】** Application 举例 TestApplication.jsp，代码如下：

```
 <%@ page contentType="text/html;charset=GBK"%>
 <html>
<head><title>APPLICATION 例</title><head>
<body><br>
 <!--由于 application 一直存在于服务器端,可以利用此特性对网页记数-->
 <%
 String str=application.getAttribute("count").toString();
 //getAttribute("count")返回的是 Object 类型
 int i=0;
 if(str==null)application.setAttribute("count","1");
 else  i=Integer.parseInt(str);//out.println(i);
 application.setAttribute("count",++i+"");
 %>
 你是第<%=application.getAttribute("count")%>位访问者
</body></html>
```

8. exception 对象

exception 对象是一个例外对象，当一个页面在运行过程中发生了例外，就产生这个对象。如果一个 JSP 页面要应用此对象，就必须把 isErrorPage 设为 true，否则无法编译。它实际上是 java.lang.Throwable 的对象。常用的方法如下。

（1）String getMessage()：返回描述异常的消息。

（2）String toString()：返回关于异常的简短描述消息。

（3）void printStackTrace()：显示异常及其栈轨迹。

（4）Throwable FillInStackTrace()：重写异常的执行栈轨迹。

9. pageContext 对象

pageContext 对象提供了对 JSP 页面内所有的对象及名字空间的访问，也就是说它可以访问到本页所在的 session，也可以获取本页面所在的 application 的某一属性值，它相当于页面中所有功能的集大成者，它的本类名也叫 pageContext。常用的方法如表 12-6 所示。

**表 12-6 pageContext 对象的常用方法**

| 方法 | 说明 |
| --- | --- |
| ServletConfig getServletConfig() | 返回当前页的 ServletConfig 对象（config） |
| ServletContext getServletContext() | 返回当前页的 ServletContext 对象（application） |
| void setAttribute(String name,Object attribute) | 设置属性及属性值 |
| void setAttribute(String name,Object obj,int scope) | 在指定范围内设置属性及属性值 |
| public Object getAttribute(String name) | 取属性的值 |
| Object getAttribute(String name,int scope) | 在指定范围内取属性的值 |
| public Object findAttribute(String name) | 寻找一属性，返回其属性值或 NULL |
| void removeAttribute(String name) | 删除某属性 |
| void removeAttribute(String name,int scope) | 在指定范围内删除某属性 |
| int getAttributeScope(String name) | 返回某属性的作用范围 |
| Enumeration getAttributeNamesInScope(int scope) | 指定范围内可用的属性名枚举 |
| void release() | 释放 pageContext 所占用的资源 |
| void forward(String relativeUrlPath) | 使当前页面重导到另一页面 |
| void include(String relativeUrlPath) | 在当前位置包含另一文件 |

**【例 12-12】** pageContext 对象举例 TestPageContext.jsp，参考代码如下：

```
<%@page contentType="text/html;charset=GBK"%>
<html><head><title>pageContext 例</title></head>
 <body><br>
  <%
   request.setAttribute("name","张三");
   session.setAttribute("name","计算机学院");
   application.setAttribute("name","学习");
  %>
   request 设定的值:<%=pageContext.getRequest().getAttribute("name")%><br>
   session 设定的值:<%=pageContext.getSession().getAttribute("name")%><br>
```

```
        application 设定的值:
    <%=pageContext.getServletContext().getAttribute("name")%><br>
            范围 1 内的值:<%=pageContext.getAttribute("name",1)%><br>
            范围 2 内的值:<%=pageContext.getAttribute("name",2)%><br>
            范围 3 内的值:<%=pageContext.getAttribute("name",3)%><br>
            范围 4 内的值:<%=pageContext.getAttribute("name",4)%><br>
        <!--从最小的范围 page 开始,然后是 reques、session 以及 application-->
        <%pageContext.removeAttribute("name",3);%>
        pageContext 修改后的 session 设定的值:<%=session.getValue("name")%><br>
        <%pageContext.setAttribute("name","应用技术学习",4);%>
        pageContext 修改后的application 设定的值:<%=pageContext.getServletContext().
getAttribute("name")%><br>
            值的查找:<%=pageContext.findAttribute("name")%><br>
            属性 name 的范围:<%=pageContext.getAttributesScope("name")%><br>
    </body></html>
```

运行结果如图 12-22 所示。

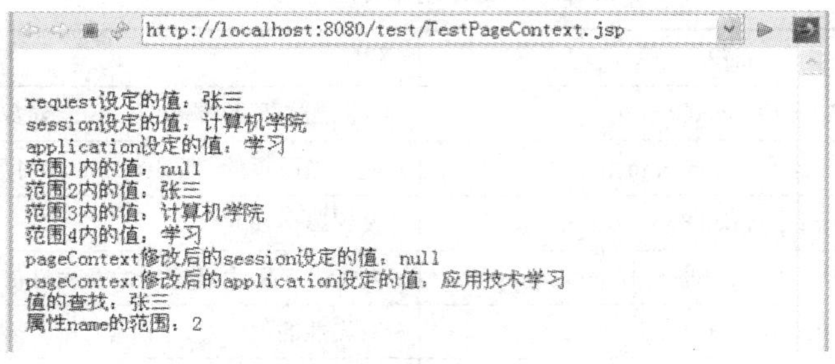


图 12-22 TestPageContext.jsp 运行结果图

## 12.5 JavaBean 组 件

用户可以使用 JavaBean 将功能、处理、值、数据库访问和其他任何可以用 Java 代码创造的对象进行打包，并且其他的开发者可以通过内部的 JSP 页面、Servlet、其他 JavaBean、applet 程序或者应用来使用这些对象。从而实现代码与页面的分离，便于代码的维护。

### 12.5.1 JavaBean 简介

按着 Sun 公司的定义，JavaBean 是一个可重复使用的软件组件。实际上 JavaBean 是一种 Java 类，通过封装属性和方法成为具有某种功能或者能处理某个业务的对象，简称 bean。为了能让 JSP 认识这个 Bean 的属性和方法，Bean 在命名上遵守一定的规则。

（1）如果类的成员变量的名字是 xxx，那么为了更改或获取成员变量的值，即更改或获取属性，在类中设置两个方法。

1）getXxx()，用来获取属性 xxx。

2）setXxx()，用来修改属性 xxx。

（2）对于 boolean 类型的成员变量，即布尔逻辑类型的属性，允许使用“is”代替上面的“get”。

（3）类中方法的访问属性都必须是 public 的。

（4）类中如果有构造方法，那么这个构造方法也是 public 的并且是无参数的。

【例 12-13】 JavaBean 举例 FirstBean.java，参考代码为：

```
package JavaBean;
public class FirstBean{
      private String name;           //私有属性 name
      private int password;          //私有属性 password
                                     //无参构造方法
      public FirstBean(){      }
      public void setName(String name){ this.name=name;}
      public String getName(){ return name;}
      public void setPassword(int password){ this.password=password;  }
      public int getPassword(){return password;}
}
```

［例 12-13］声明了两个私有属性并且为这两个属性分别提供了 set()和 get()方法。

### 12.5.2　JavaBean 属性

1. Simple 属性（简单属性）

表示一个伴随有一对 get/set 方法的变量，属性名与和该属性相关的 get/set 方法名对应，如［例 12-13］。

2. Indexed 属性（索引属性）

表示一个数组值或一个集合。使用时可以获得一个数组或集合的整个或者一个值。

【例 12-14】 JavaBean 的索引属性，参考代码为：

```
    public class Array1{
      int[]dataSet={1,2,3,4,5,6};// dataSet 是一个 indexed 属性
      public Array1(){ }
      /* 设置整个数组 */
      public void setDataSet(int[]x){ dataSet=x;}
      /* 设置数组中的单个元素值 */
      public void setDataSet(int index,int x){ dataSet[index]=x;}
      /* 取得整个数组值 */
      public int[]getDataSet(){return dataSet;}
      /* 取得数组中的指定元素值 */
      public int getDataSet(int x){ return dataSet[x];}
}
```

3. Bound 属性（束缚属性）

Bound 属性是指当该种属性的值发生变化时，要通知其它的对象。每当属性值改变时，这种属性就触发一个 PropertyChange 事件（在 Java 程序中，事件也是一个对象）。事件中封装了属性名、属性的原值、属性变化后的新值。这种事件是传递到其它的 Bean，至于接收事件的 Bean 应做什么动作由它自己来定义。

4. Constrained 属性（限制属性）

Constrained 属性是指当这个属性的值要发生变化时，与这个属性已建立了某种连接的其它 Java 对象可以否决属性值的改变。Constrained 属性的监听者通过抛出 PropertyVetoException 来阻止该属性值的改变。

### 12.5.3 JavaBean 的作用域

JavaBean 的作用域，标准动作 useBean 中的 Scope 属性值是一个具有生命时间的变量。存在页面、请求、会话、应用四种范围。

（1）page（页面）。生命周期只能在一个页面里，只能在一个页面里存取该 JavaBean，重新刷新页面时会将原来的 JavaBean 实例删除掉，产生一个新的 JavaBean 实例。

（2）request（请求）（与 page 范围有些类似只是比 page 范围大一些）。与 request 对象有很大的关系，存取范围除了整个页面外，还包括动作元素<jsp:include>和<jsp:forword>包含的页面（也就是说它能在 include 和 forword 页面中生效），即原页面和包含的页面都可以访问原来产生的 JavaBean 实例。

（3）session（会话）。生命周期在一个链接里，可以在一个链接里访问该 JavaBean。当用户使用浏览器访问某个网页时，就进行了一场连接，同时创建了一个代表该链接的 session 对象。

（4）application（应用）。生命周期最长，只要 Web 服务器不重启，JavaBean 就永远运行在服务器中，所以任何页面都可以使用该 JavaBean 实例。

### 12.5.4 使用 JavaBean

**【例 12-15】** 一个使用 JavaBean 实现用户登陆功能的例子。

在 FirstBean.html 页面中，将用户名和密码填写完毕后，进行提交表单操作，表单会被提交到 FirstBean.jsp 页面，在该页面中应用<jsp:setProperty>元素将用户输入的信息赋值给由<jsp:useBean>元素所创建的 JavaBean 中的对应属性。具体实现步骤如下。

（1）创建 JavaBean 文件如［例 12-13］。

（2）创建名称为 FirstBean.jsp 的 JSP 文件，代码如下：

```
<%@ page language="java" contentType = "text/html;charset = GBK"%>
<jsp:useBean id = "denglu" class = "JavaBean.FirstBean"/>
<html>
 <head><title>在 JavaBean 中存放数据</title></head>
 <body>
  <jsp:setProperty name = "denglu" property = "name"/>
  <jsp:setProperty name = "denglu" property = "password"/>
  <center>
    姓名:<jsp:getProperty name = "denglu" property = "name"/><br>
    密码:<jsp:getProperty name = "denglu" property = "password"/><br>
  </center>
 </body></html>
```

（3）创建名称为 FirstBean.html 的页面文件，该页面文件将实现用户输入姓名密码的功能。创建该页面的代码如下：

```
<html><head> <title>UserBean</title></head>
     <body>
     <form name = "form1" action = "FirstBean.jsp" method = "post">
       <p align = "center">姓名<input type = "text" name = "name"> </p>
       <p align = "center">密码<input type = "password" name = "password"> </p>
       <p align = "center"> <input type = "submit" value = "提交">
                 <input type = "reset" value = "重置"></p>
      </form> </body></html>
```

（4）程序执行过程如图 12-23 所示。

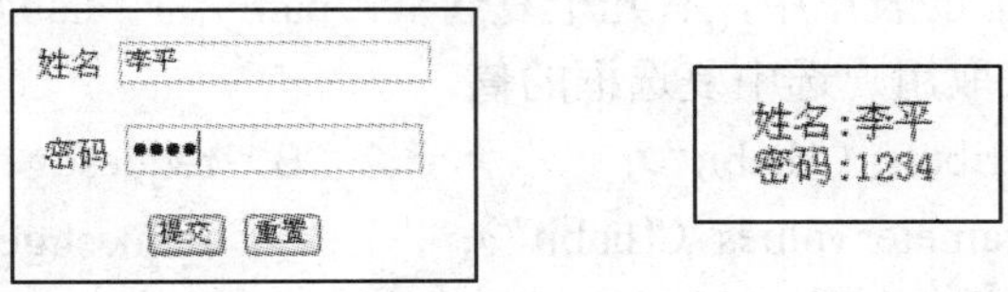


图 12-23 使用 JavaBean 实现用户登陆

## 12.6 小 结

本章介绍了 Java 的最重要应用之一 Web 应用开发。主要内容包括 Web 应用的运行环境、Servlet 技术、JSP 技术以及 JavaBean。通过本章的学习，读者可以获得 Web 应用开发的入门知识，简单的服务器端编程技术。

## 习 题

### 一、选择题

1．Web 服务是一种通过互联网来描述、发布、定位及调用的服务，下列关于 Web 服务的理解正确的是（ ）。

A．Web 服务只能在互联网发布，不能在局域网内发布

B．Web 服务的提供者和请求者必须使用相同的技术平台

C．Web 服务的提供者和请求者必须使用语言开发应用程序

D．Web 服务的数据传输标准是 XML

2．在 J2EE 的 Web 应用中，编译后的 class 文件存放的目录为（ ）

A．classes 目录 B．images 目录 C．jar 目录 D．任意位置

3．在 JSP 中，哪个指令用来声明 JSP 欲使用的标签库？（ ）

A．tld B．taglib C．import D．include

4．Servlet 处理请求的方式为（ ）

A．以运行的方式 B．以线程的方式

C．以程序的方式 D．以调度的方式

5．Page 指令用于定义 JSP 文件中的全局属性，下列关于该指令用法的描述不正确的是（ ）

A．作用于整个 JSP 页面

B．可以在一个页面中使用多个指令

C．为增强程序的可读性，建议将指令放在 JSP 文件的开头，但不是必须的

D．指令中的属性只能出现一次

6．下列选项中能在 JSP 页面中实现转向的是（ ）

A．response.forward（“/index.jsp”）； B．response.sendRedirect（“/index.jsp”）；

C．request.forward（“/index.jsp”）；　　D. request.sendRedirect(“/index.jsp”)；

7．如果某一 JSP 页面的表单中，有几个复选框，name 为“habit”，则该 jsp 提交后，通过下面（　　）语句去获取用户选中复选框的值。

A．request.getAttribute（“habit”）；　　B．request.getParameter（“habit”）；

C．request.getParameterValues（“habit”）；　　D．request.getHabit()；

8．关于 session 的使用，下列说话正确的是（　　）。

A．不同的用户窗口具有不同的 session

B．不同的用户窗口具有相同的 session

C．session 可能超时间

D．Session 永远不可能超时

9．下面选项中，哪些符合对 JavaBean 类的要求？（　　）

A．JavaBean 类必须显式地定义一个零参数构造函数

B．JavaBean 类必须继承自 java.beans.Bean 类型

C．JavaBean 类的所有实例变量都不应为 public 类型

D．JavaBean 类的属性值都通过访问方法 getXxx 和 setXxx 来访问

10．在 Servlet 的生命周期中，容器只调用一次的方法是（　　）。

A．service　B．getServletConfig　C．after　D．init

**二、填空题**

1．三种常用的动态网页技术是________、________和________。

2．Tomcat 的主要配置文档是________。可以通过配置 server.xml 设置________。

3．Servlet 的生命周期分五个时期：________、________、初时化、运行、________。

4．JSP 网页文件的扩展名是________，所有 JSP 程序操作都在________执行。

5．JSP 的是内部对象可以直接使用，它是由________容器创建的，Application 对象是代表应用程序上下文，它允许在同一应用程序的任何 Web 组件或用户中共享信息，而 session 对象则是________。

6．获取表单提交的参数，通常使用的内部对象是________，方法是________。

7．________是一种可在一个或多个应用程序中永不重复使用的组件。

8．在 JSP 中使用 JavaBean 的标签是________，其中 id 的用途是实例化一个 Bean 对象。

**三、简答题**

1．什么是 Servlet 及 Servlet 的生命周期？

2．简述 JSP 和 Servlet 的区别和联系。

3．编写 JavaBean 的时候，要注意哪些？

**四、编程题**

使用一个 Bean 实现页面被点击的次数，用一个 JSP 页面验证其功能。（简述并用代码实现）

# 第 13 章　综　合　实　例

## 13.1　计　算　器

### 13.1.1　任务概述

制作一个简单的计算器，如图 13-1 所示，使用"计算器"可以完成任意的标准运算。该"计算器"可用于基本的算术运算，如加减运算等。

图 13-1　简单计算器

### 13.1.2　开发过程

1. 在 Eclipse 中创建一个新的工程 Computer

2. 代码编写

（1）引入包：

```
import java.awt.*;
import java.awt.event.*;
import javax.swing.*;
```

（2）创建计算器类，实现 ActionListener 接口，参考代码如下：

```
public class Calculator implements ActionListener {
    //Java 计算器构造方法
    public Calculator(){}
//程序入口
public static void main(String[]args){    new Calculator();}}
```

（3）定义计算器所使用的 swing 组件，这些组件都作为类 Calculator 的成员变量，参考代码如下：

```
JFrame f;
    JMenu mEdit;JMenu mView;JMenu mHelp;
    JMenuItem mCopy;JMenuItem mPaste;JTextField tResult;
    JButton bNumber;JButton bOperator;JButton bOther;JButton bM;
```

（4）定义完成计算功能所需要的成员变量，参考代码如下：

```
boolean isDouble=false;//是否为实数
    int opFlag=-1;
    static double t1=0,t2=0,t3=0,result=0;
    static int opflag1=-1,opflag2=-1,flag=0,resflag=1;
    int preOp,currentOp=0;//标准位
    double op1=0,op2=0;//操作数
    double n3;
    StringBuffer buf=new StringBuffer(20);
    StringBuffer copyBoard=new StringBuffer(20);//剪贴板
    StringBuffer memory=new StringBuffer(20);//M 系列
    StringBuffer str=new StringBuffer();
```

（5）创建计算器所用的组件，在构造方法中添加如下代码：

```
f = new JFrame("Swing 计算器");  //创建顶层容器
Container contentPane = f.getContentPane();
/****Java 计算器 菜单的创建******************/
JMenuBar mBar = new JMenuBar();mBar.setOpaque(true);
mEdit = new JMenu("编辑(E)");mEdit.setMnemonic(KeyEvent.VK_E);
mCopy = new JMenuItem("复制(C)");
mEdit.add(mCopy);mEdit.add(mPaste);
mPaste = new JMenuItem("粘贴(P)");
mView = new JMenu("查看(V)");mView.setMnemonic(KeyEvent.VK_V);
mView.add(new JMenuItem("标准型"));mView.add(new JMenuItem("科学型"));
mView.addSeparator();mView.add(new JMenuItem("查看分组"));
mHelp = new JMenu("帮助(H)");mHelp.setMnemonic(KeyEvent.VK_H);
mHelp.add(new JMenuItem("帮助主题"));mHelp.addSeparator();
mHelp.add(new JMenuItem("关于计算器"));
mBar.add(mEdit);mBar.add(mView);mBar.add(mHelp);
f.setJMenuBar(mBar);
/****Java 计算器顶层容器的布局管理******************/
contentPane.setLayout(new BorderLayout());
JPanel pTop = new JPanel();tResult = new JTextField("0.",26);
tResult.setHorizontalAlignment(JTextField.RIGHT);
tResult.setEditable(false);pTop.add(tResult);
contentPane.add(pTop,BorderLayout.NORTH);
JPanel pBottom = new JPanel();pBottom.setLayout(new BorderLayout());
JPanel pLeft = new JPanel();pLeft.setLayout(new GridLayout(5,1,3,3));
bM = new JButton(" ");bM.setEnabled(false);
pLeft.add(bM);
/*****Java 计算器功能键定义**************************/
//在 pLeft 面板中添加按钮“MC”
 bOther = new JButton("MC");bOther.addActionListener(this);
bOther.setForeground(Color.red);bOther.setMargin(new Insets(3,2,3,2));
pLeft.add(bOther);
//在 pLeft 面板中添加按钮“MR”
bOther = new JButton("MR");bOther.addActionListener(this);
bOther.setForeground(Color.red);bOther.setMargin(new Insets(3,2,3,2));
pLeft.add(bOther);
//在 pLeft 面板中添加按钮“MS”
bOther = new JButton("MS");bOther.addActionListener(this);
bOther.setForeground(Color.red);bOther.setMargin(new Insets(3,2,3,2));
pLeft.add(bOther);
//在 pLeft 面板中添加按钮“M+”
bOther = new JButton("M+");bOther.addActionListener(this);
bOther.setForeground(Color.red);bOther.setMargin(new Insets(3,2,3,2));
pLeft.add(bOther);
//设置面板 pButton 的布局管理器
pBottom.add(pLeft,BorderLayout.WEST);JPanel pRight = new JPanel();
pRight.setLayout(new BorderLayout());JPanel pUp = new JPanel();
pUp.setLayout(new GridLayout(1,3,3,0));
bOther = new JButton("BackSpace");bOther.addActionListener(this);
bOther.setForeground(Color.red);bOther.setMargin(new Insets(3,0,3,5));
```

```
pUp.add(bOther);
bOther = new JButton("CE");bOther.addActionListener(this);
bOther.setForeground(Color.red);pUp.add(bOther);
bOther = new JButton("C");bOther.addActionListener(this);
bOther.setForeground(Color.red);pUp.add(bOther);
/*********Java 计算器 数字键盘区定义*************************/
JPanel pDown = new JPanel();
pDown.setLayout(new GridLayout(4,5,3,2));
bNumber = new JButton("7");bNumber.setForeground(Color.blue);
bNumber.addActionListener(this);bNumber.setMargin(new Insets(3,3,3,3));
pDown.add(bNumber);
bNumber = new JButton("8");bNumber.setForeground(Color.blue);
bNumber.addActionListener(this);bNumber.setMargin(new Insets(3,3,3,3));
pDown.add(bNumber);
bNumber = new JButton("9");bNumber.setForeground(Color.blue);
bNumber.addActionListener(this);bNumber.setMargin(new Insets(3,3,3,3));
pDown.add(bNumber);
bOperator = new JButton("/");bOperator.setForeground(Color.red);
bOperator.addActionListener(this);bOperator.setMargin(new Insets(3,0,3,0));
pDown.add(bOperator);
bOperator = new JButton("sqrt");bOperator.addActionListener(this);
bOperator.setForeground(Color.red);bOperator.setMargin(new Insets(3,0,3,0));
pDown.add(bOperator);
bNumber = new JButton("4");bNumber.setForeground(Color.blue);
bNumber.addActionListener(this);bNumber.setMargin(new Insets(3,3,3,3));
bNumber.setHorizontalTextPosition(JButton.LEFT);
pDown.add(bNumber);
bNumber = new JButton("5");bNumber.setForeground(Color.blue);
bNumber.addActionListener(this);bNumber.setMargin(new Insets(3,3,3,3));
pDown.add(bNumber);
bNumber = new JButton("6");bNumber.setForeground(Color.blue);
bNumber.addActionListener(this);bNumber.setMargin(new Insets(3,3,3,3));
pDown.add(bNumber);
bOperator = new JButton("*");bOperator.setForeground(Color.red);
bOperator.addActionListener(this);bOperator.setMargin(new Insets(3,3,3,3));
pDown.add(bOperator);
bOperator = new JButton("%");bOperator.setForeground(Color.blue);
bOperator.addActionListener(this);bOperator.setMargin(new Insets(3,3,3,3));
pDown.add(bOperator);
bNumber = new JButton("1");bNumber.setForeground(Color.blue);
bNumber.addActionListener(this);bNumber.setMargin(new Insets(3,3,3,3));
pDown.add(bNumber);
bNumber = new JButton("2");bNumber.setForeground(Color.blue);
bNumber.addActionListener(this);bNumber.setMargin(new Insets(3,3,3,3));
pDown.add(bNumber);
bNumber = new JButton("3");bNumber.setForeground(Color.blue);
bNumber.addActionListener(this);bNumber.setMargin(new Insets(3,3,3,3));
pDown.add(bNumber);
bOperator = new JButton("-");bOperator.setForeground(Color.red);
bOperator.addActionListener(this);bOperator.setMargin(new Insets(3,3,3,3));
pDown.add(bOperator);
```

```
    bOperator = new JButton("1/x");bOperator.setForeground(Color.blue);
    bOperator.addActionListener(this);pDown.add(bOperator);
    bNumber = new JButton("0");bNumber.setForeground(Color.blue);
    bNumber.addActionListener(this);bNumber.setMargin(new Insets(3,3,3,3));
    pDown.add(bNumber);
    bOperator = new JButton("+/-");bOperator.setForeground(Color.blue);
    bOperator.addActionListener(this);bOperator.setMargin(new Insets(3,3,3,3));
    pDown.add(bOperator);
    bOperator = new JButton(".");bOperator.setForeground(Color.blue);
    bOperator.addActionListener(this);bOperator.setMargin(new Insets(3,3,3,3));
    pDown.add(bOperator);
    bOperator = new JButton("+");bOperator.setForeground(Color.blue);
    bOperator.addActionListener(this);bOperator.setMargin(new Insets(3,3,3,3));
    pDown.add(bOperator);
    bOperator = new JButton("=");bOperator.setForeground(Color.blue);
    bOperator.addActionListener(this);bOperator.setMargin(new Insets(3,3,3,3));
    pDown.add(bOperator);
    pRight.add(pUp,BorderLayout.NORTH);
    pRight.add(pDown,BorderLayout.SOUTH);
    pBottom.add(pRight,BorderLayout.EAST);
    contentPane.add(pBottom,BorderLayout.SOUTH);
    f.setSize(new Dimension(320,256));f.setResizable(false);
    f.setVisible(true);
    f.addWindowListener(new WindowAdapter(){
       public void windowClosing(WindowEvent e){
                System.exit(0);}  });
    }
```

（6）对按钮的单击事件进行处理，在构造方法中添加如下代码：

```
    /**************Java 计算器计算方法,进行事件处理***************/
    public void actionPerformed(ActionEvent e){
      String s = e.getActionCommand();
      if(s.equals("复制(C)")){
         String temp = tResult.getText().trim();
         copyBoard.replace(0,copyBoard.length(),temp);
         mPaste.setEnabled(true);}
      else if(s.equals("粘贴(p)")){ tResult.setText(copyBoard.toString());}
         //如果是 CE 则清除文本框
         else if(s.equals("CE")){ tResult.setText("0.");}
         else if(s.equals("BackSpace")){
           if(!tResult.getText().trim().equals("0.")){ //如果文本框中有内容
             if(str.length()!=1 && str.length()!=0){
                tResult.setText(str.delete(str.length()-1,str.length()).
toString());}
             else { tResult.setText("0.");
                 str.setLength(0);}
             }
        op2 = Double.parseDouble(tResult.getText().trim());}
          else if(s.equals("C")){ //如果是 C 删除当前计算
             tResult.setText("0.");op1 = op2 = 0;
             str.replace(0,str.length()," ");preOp = currentOp = 0;
```

```
    }
    else if(s.equals("MC")){      //如果是MC则清除缓冲区
        String temp = "";memory.replace(0,memory.length(),temp);
        bM.setText(" ");}
    else if(s.equals("MR")){      //如果按键为MR则恢复缓冲区的数到文本框
        tResult.setText(memory.toString());}
    else if(s.equals("MS")){      //如果按键为MS则将文本框的数存入缓冲区
        String s1 = tResult.getText().trim();
        memory.replace(0,memory.length(),s1);bM.setText("M");}
    else if(s.equals("M+")){
        //如果按键为MS则将文本框值与缓冲区的数相加但不显示结果
        String temp1 = tResult.getText().trim();
        double dtemp = Double.parseDouble(temp1);
        String temp2 = memory.toString();
        dtemp+= Double.parseDouble(temp2);
        temp1 = String.valueOf(dtemp);
        memory.replace(0,memory.length(),temp1);}
    else if(s.equals("1/x")){     //如果按键为1/x则将文本框中的数据为它的倒数
        String temp = tResult.getText().trim();
        double dtemp = Double.parseDouble(temp);
        tResult.setText(""+1/dtemp);}
    else if(s.equals("sqrt")){    //如果按键为sqrt则将文本框中的内容求平方根
        String temp = tResult.getText().trim();
        double dtemp = Double.parseDouble(temp);
        tResult.setText(""+Math.sqrt(dtemp));}
    else if(s.equals("+")){
        str.setLength(0);
        if(currentOp==0){
            preOp = currentOp = 1;
            op2 = 0;tResult.setText(""+op1);}
        else { currentOp = preOp;preOp = 1;
            switch(currentOp){
            case 1:op1+= op2;tResult.setText(""+op1);break;
            case 2:op1-= op2;tResult.setText(""+op1);break;
            case 3:op1 *= op2;tResult.setText(""+op1);break;
            case 4:op1 /= op2;tResult.setText(""+op1);break;
            }         }       }
    else if(s.equals("-")){  str.setLength(0);
        if(currentOp==0){ preOp=currentOp=2;tResult.setText(""+op1);}
        else { currentOp =preOp;preOp =2;
            switch(currentOp){
             case 1:op1=op1+op2;tResult.setText(""+op1);break;
             case 2:op1=op1-op2;tResult.setText(""+op1);break;
             case 3:op1=op1*op2;tResult.setText(""+op1);break;
             case 4:op1=op1/op2;tResult.setText(""+op1);break;
            }   }  }
    else if(s.equals("*")){str.setLength(0);
        if(currentOp==0){  preOp=currentOp=3;tResult.setText(""+op1);}
        else { currentOp =preOp;preOp =3;
            switch(currentOp){
             case 1:op1=op1+op2;tResult.setText(""+op1);break;
             case 2:op1=op1-op2;tResult.setText(""+op1);break;
             case 3:op1=op1*op2;tResult.setText(""+op1);break;
```

```
                case 4:op1=op1/op2;tResult.setText(""+op1);break;
               }          }          }
        else if(s.equals("/")){  str.setLength(0);
            if(currentOp==0){ preOp=currentOp=4;tResult.setText(""+op1);}
            else  {   currentOp =preOp;preOp =4;
                switch(currentOp){
                case 1:op1=op1+op2;tResult.setText(""+op1);break;
                case 2:op1=op1-op2;tResult.setText(""+op1);break;
                case 3:op1=op1*op2;tResult.setText(""+op1);break;
                case 4:op1=op1/op2;tResult.setText(""+op1);break;
               }          }          }
        else if(s.equals("=")){
            if(currentOp==0){  str.setLength(0);tResult.setText(""+op2);}
            else  { str.setLength(0);currentOp =preOp;
                switch(currentOp){
              case 1:op1=op1+op2;tResult.setText(""+op1);break;
              case 2:op1=op1-op2;tResult.setText(""+op1);break;
              case 3:op1=op1*op2;tResult.setText(""+op1);break;
              case 4:op1=op1/op2;tResult.setText(""+op1);break;}
                currentOp=0;op2=0;}          }
        else if(s.equals(".")){   isDouble=true;
            if(tResult.getText().trim().indexOf('.')!=-1);
            else {    if(tResult.getText().trim().equals("0")){
                    str.setLength(0);tResult.setText((str.append("0"+s)).
toString());}
              //如果初时显示为空则不做任何操作
                else {  tResult.setText((str.append(s)).toString());}  }     }
        else if(s.equals("0")){ //如果选择的是"0"这个数字键
            if(tResult.getText().trim().equals("0.")){}
            else{ tResult.setText(str.append(s).toString());
                op2=Double.parseDouble(tResult.getText().trim());}   }
        else{ tResult.setText(str.append(s).toString());
            op2=Double.parseDouble(tResult.getText().trim());
            if(currentOp==0)op1=op2;}
```

3. 运行效果与程序发布

在 Eclipse 中运行程序，将显示如图 13-1 所示的结果，用户可以在该应用中实现简单的数学运算。

### 13.1.3 打包程序

目前，程序必须在 Eclipse 中运行，或者在命令行中输入 Java 命令运行。为了使应用程序可以脱离 Eclipse 运行，必须对应用程序工程进行打包，打包就是将一个完整的应用所需要的各种文件和资源放在一个文件包中，这个文件包可以经过压缩，或者没有经过压缩，然后把该包部署在 Java 环境中就能正常运行，因为这个包中已经包含了运行所需要的资源。

在 Java 中，这个文件包通常被称为 JAR（Java Archive File，Java 存档文件）。JAR 文件实际上是一个具有.jar 扩展名的 ZIP 文件。在 JAR 文件中必须包含一个清单文件（manifest.mf），该清单是一个特殊的文本文件，可以用文本编辑器打开，它包含 JAR 文件中部分或所有类的一些信息。所有的 JAR 文件中的清单文件名字都必须为 manifest.mf，并且存放在 JAR 文件的 meta-inf 目录里。在 Eclipse 中对应用程序的打包步骤如下：

（1）使用 Eclipse 的导出向导来打包项目。右击项目名称在弹出的菜单中选择“导出”选项，在如图 13-2 所示的对话框中选择“JAR 文件”，单击“下一步”按钮。在如图 13-3 所示的对话框内，选择所需的文件，在“选择导出目标”文本框中设置 JAR 文件所在目录和名称。单击如图 13-3 中所示的“下一步”按钮，以下几步均采用默认选项。

（2）当出现如图 13-4 所示的图时，生成 JAR 文件的清单文件，使用默认选项“生成清单文件”，勾选“将清单保存在工作空间中”，在“清单文件（m）”标签后的文本域中选择清单文件在项目中的位置，选择应用程序入口点的类，单击“完成”按钮。

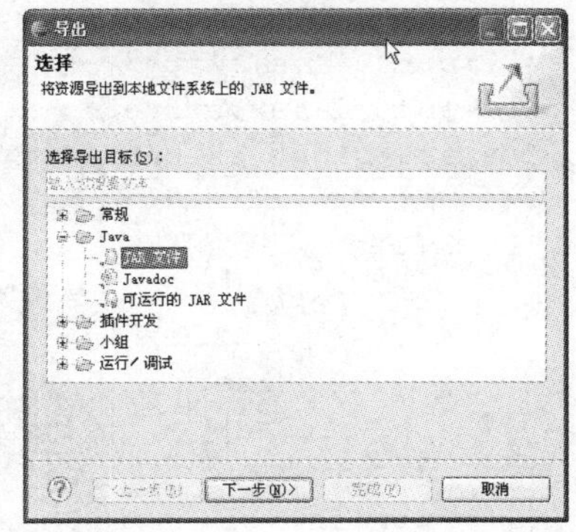


图 13-2 导出 JAR 文件向导

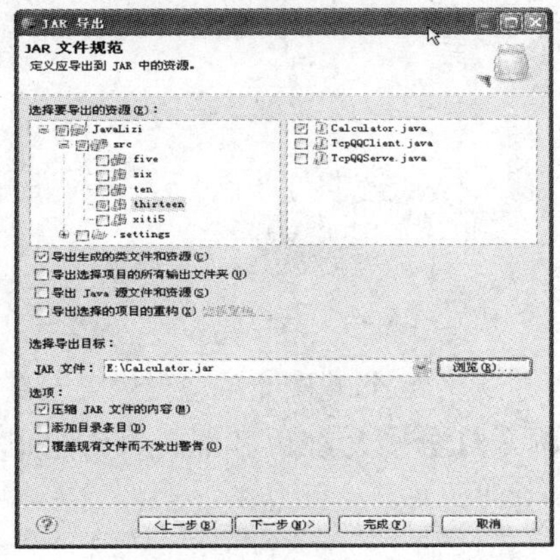


图 13-3 选择导出文件的目录

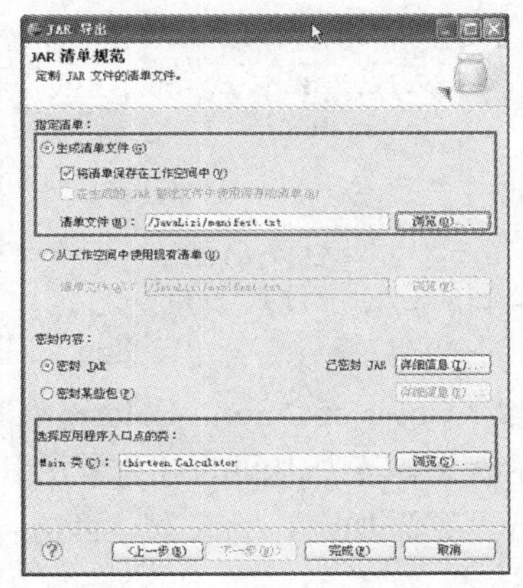


图 13-4 文件打包

经过上述操作就会在指定的目录下生成 JAR 文件，双击生成的 JAR 文件就会直接运行应用程序，程序的运行结果如图 13-1 所示。在项目中自动生成了清单文件，文件的内容如下：

```
Manifest-Version:1.0
Sealed:true
Main-Class:thirteen.Calculator
```

## 13.2 模拟交通信号灯

### 13.2.1 任务概述

模拟制作一个交通信号灯的显示情况，如图 13-5 所示，分为四个方向，每个方向上有三个灯，分别表示红黄绿这三个状态，每次变换是 15 秒，当为绿灯且剩余 3 秒时，变换为黄灯，也就是让中间的黄灯亮。

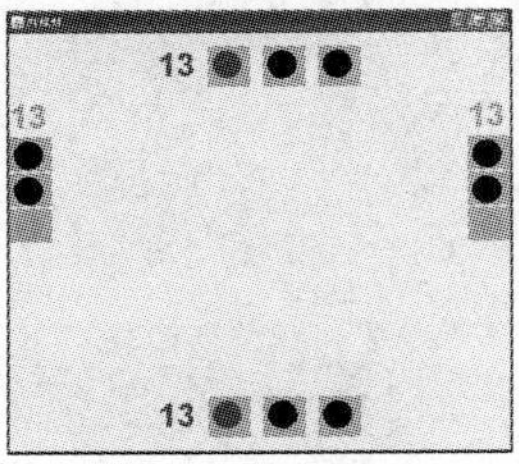

图 13-5 交通信号灯

### 13.2.2 开发过程

1. 在 Eclipse 中创建一个新的工程 Traffic

2. 代码编写

（1）绘制各个灯的颜色显示情况，参考代码如下：

```
package traffic;
import java.awt.*;
import javax.swing.*;
class Light extends Canvas{
    Color onColor,offColor,color;
    Light(Color onColor,Color offColor){
        this.onColor = onColor;
        this.offColor = offColor;
        setSize(50,50);
        setBackground(new Color(170,170,170));
    }
    public void paint(final Graphics g){
        g.setColor(color);
        g.fillOval(5,5,35,35);
    }
    void on(){
        color=onColor;
        repaint();
    }
    void off(){
       color=offColor;
       repaint();
    }}
```

Light（Color onColor，Color offColor）是其构造方法，每个方向上有三个灯，每个灯有两种显示状态，其中中间的灯为黑色和黄色，其他的两个灯分别为红色和黑色及绿色和黑色。

（2）设置添加南、北、东、西方向的交通灯，参考代码如下：

```
package traffic;
import javax.swing.*;
import java.awt.*;
class LightGroup {
    public final int EAST = 4;
    public final int WEST = 5;
    public final int SOUTH = 6;
    public final int NORTH = 7;
    Light lightLeft,lightMiddle,lightRight;
    JPanel p;
    int position;
    JLabel time;
    LightGroup(int position){
        this.position = position;
        p = new JPanel();
        time = new JLabel("");
        time.setFont(new Font("ScansSerif",Font.BOLD,40));
        //设置每个方向上三个灯的两种显示情况
        lightLeft = new Light(Color.red,Color.black);
        lightMiddle = new Light(Color.yellow,Color.black);
        lightRight = new Light(Color.green,Color.black);
        //四个方向上灯的添加和时间的添加
        if(position == EAST){
```

```
        p.setLayout(new GridLayout(8,1,2,2));
        p.add(time);         p.add(lightLeft);
        p.add(lightMiddle);  p.add(lightRight);
    }
    if(position == WEST){
        p.setLayout(new GridLayout(8,1,200,2));
        p.add(time);         p.add(lightLeft);
        p.add(lightMiddle);p.add(lightRight);
    }
    if(position == SOUTH){
        p.setLayout(new FlowLayout(FlowLayout.CENTER,15,15));
        p.add(time);         p.add(lightLeft);
        p.add(lightMiddle);  p.add(lightRight);
    }
    if(position == NORTH){
        p.setLayout(new FlowLayout(FlowLayout.CENTER,15,15));
        p.add(time);         p.add(lightLeft);
        p.add(lightMiddle);  p.add(lightRight);
    }}}
```

（3）利用线程设置交通灯的变换情况，参考代码如下：

```
package traffic;
import java.util.Date;
import javax.swing.*;
import java.awt.*;
class lightThread extends Thread{
    int i;
    LightGroup a,b; JLabel time;
    lightThread(int i,LightGroup a,LightGroup b){
        this.i = i;  this.a = a; this.b = b;
    }
    public void run(){
        try{
            while(true){
                if(i == 1){
                    a.time.setForeground(Color.green);
                    a.lightLeft.off();    a.lightMiddle.off();
                    a.lightRight.on();    b.lightLeft.off();
                    b.lightMiddle.off();  b.lightRight.on();
                    b.time.setForeground(Color.green);
                    //设置绿灯亮时的变换情况
                    int k=15;
                    for(;k>=4;k--){
                        if(k<10){
                            a.time.setText("0"+Integer.toString(k));
                            b.time.setText("0"+Integer.toString(k));}
                        else{
                            a.time.setText(Integer.toString(k));
                            b.time.setText(Integer.toString(k));}
                        sleep(1000);}
                    for(int j=0;j<4;j++,k--){
```

```
                a.lightLeft.off();      a.lightMiddle.off();
                a.lightRight.off();     b.lightLeft.off();
                b.lightMiddle.off();    b.lightRight.off();
                a.time.setText("0"+Integer.toString(k));
                b.time.setText("0"+Integer.toString(k));
                sleep(500);
                a.lightLeft.off();      a.lightMiddle.on();
                a.lightRight.off();     b.lightLeft.off();
                b.lightMiddle.on();     b.lightRight.off();
                a.time.setText("0"+Integer.toString(k));
                b.time.setText("0"+Integer.toString(k));
                sleep(500);    i = 2;
            }}
            //设置红灯亮时的情况
        if(i == 2){
            a.lightLeft.on();       a.lightMiddle.off();
            a.lightRight.off();     a.time.setForeground(Color.red);
            b.lightLeft.on();       b.lightMiddle.off();
            b.lightRight.off();     b.time.setForeground(Color.red);
            int k=15;
            for(;k>=0;k--){
            if(k<10){
                    a.time.setText("0"+Integer.toString(k));
                    b.time.setText("0"+Integer.toString(k));
                }else{
                    a.time.setText(Integer.toString(k));
                    b.time.setText(Integer.toString(k));}
                sleep(1000);}
            i = 1;
        }}}
        catch(Exception e){ e.printStackTrace();}
}}
```

（4）设置整个界面，参考代码如下：

```
package traffic;
import javax.swing.*;
import java.awt.*;
class Road{
    public final int EAST = 4;          public final int WEST = 5;
    public final int SOUTH = 6;         public final int NORTH = 7;
    public final int EAST_WEST = 8; public final int SOUTH_NORTH = 9;
    int currentState = 0;JFrame f;
    LightGroup eastLight,westLight,southLight,northLight;
    Road(){
        eastLight = new LightGroup(EAST);
        westLight = new LightGroup(WEST);
        southLight = new LightGroup(SOUTH);
        northLight = new LightGroup(NORTH);
        //设置 JFrame
        f = new JFrame("红绿灯");
```

```
        f.setSize(600,550);       f.setLocation(50,0);
        f.setVisible(true);       f.setLayout(new BorderLayout(50,0));
        //添加四个方向的灯组
        f.add(eastLight.p,BorderLayout.EAST);
        f.add(westLight.p,BorderLayout.WEST);
        f.add(southLight.p,BorderLayout.SOUTH);
        f.add(northLight.p,BorderLayout.NORTH);
        //设置并启动东西和南北方向上灯的变换情况
        lightThread a = new lightThread(1,eastLight,westLight);
        lightThread b = new lightThread(2,southLight,northLight);
        a.start();        b.start();
    }}
```

（5）交通灯系统的主类，参考代码如下：

```
package traffic;
public class Mainclass{
    public static void main(String args[]){ new Road(); }}
```

## 13.3　局域网聊天室

### 13.3.1　任务概述

实现局域网内的聊天功能，包括服务器端程序和客户端程序两部分。

客户端程序：主要是登录界面（见图 13-6）和聊天界面（见图 13-7），客户端可以连接到服务器，并将消息发送到服务器端和接收服务器端发送来的信息。

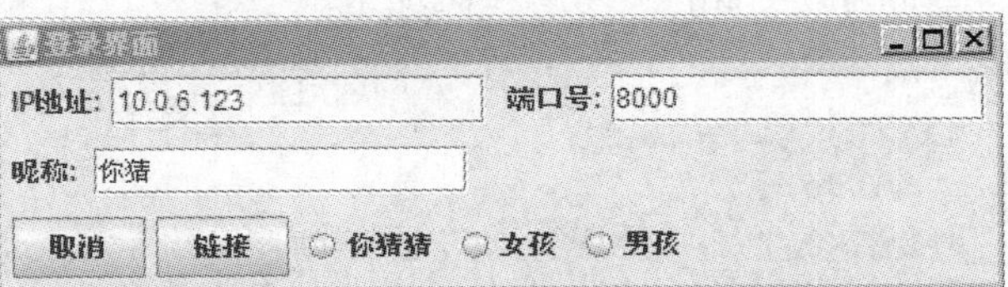


图 13-6　登录界面

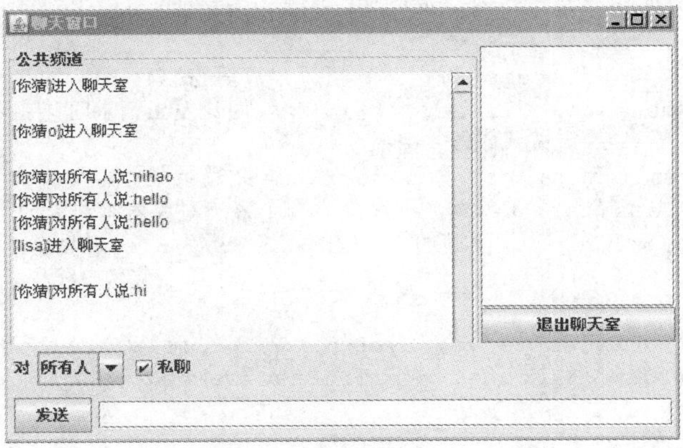

图 13-7　聊天界面

服务器端程序：负责发送用户列表和转发客户端发送来的信息，在后台监听，不需要创建图形界面。

### 13.3.2 开发过程

1. 在 Eclipse 中创建一个新的工程 ChatRoom

2. 代码编写

整个项目需要编写三个类，分别是服务器端类 MyChatServer、客户端登录界面类 MyChatConnect 和客户端聊天界面类 MyChatForm，下面分别进行每个类的开发。

3. 创建服务器端类 MyChatServer

（1）引入包，参考代码如下：

//服务器程序

```
import java.net.*;
import java.util.ArrayList;
import java.io.*;
```

（2）编写服务器类 MyChatServer，参考代码如下：

```
public class MyChatServer {
   public ServerSocket ss = null;// 监听类
   public DataInputStream getClient = null;        // 信道输入流
   public String str;
   // public DataOutputStream sentClient = null;   //信道输出流
   // 建立一个集合装载每个客户信息
  public ArrayList<Client> clients = new ArrayList<Client>();
  public static void main(String[]args){ new MyChatServer().start();   }
```

（3）重写线程启动监听方法 start()，参考代码如下：

```
/*--------线程启动监听程序-------------*/
public void start(){
 boolean bstart = false;
 try {ss = new ServerSocket(8099);       // 监听 8099 端口
    bstart = true;// 当端口正常监听时设置监听循环条件为真
    } catch(IOException e){
      //端口被占用时系统抛出 Exception
      System.out.println("端口已占用,请重启服务器!!!");}
 try{ while(bstart){
       Socket s = ss.accept();           // 等待
       Client cs = new Client(s);        //用户发出请求时建立一个进程对象 Cs
       //-----------测试代码段----------
       // System.out.println(cs.userName+"登录服务器");
       clients.add(cs);         // 建立一个客户对象就将对象放入集合,集合为全局变量
       System.out.println("增加集合中的元素个数为:"+clients.size()+"\n");
       new Thread(cs).start();           // 打开一个客户线程
       }
      } catch(EOFException e){System.out.println("Client close!");
      } catch(IOException e){e.printStackTrace();
      } finally {
         try{if(ss!= null) ss.close();
            } catch(IOException e){e.printStackTrace();}
      }}
```

（4）创建处理客户端请求的处理线程类，该类使用内部类方式创建，参考代码如下：

```
/*-------请求客户的服务器内部包装类保存信道-------*/
public class Client implements Runnable {
    public Socket s = null;           // 客户私有的Socket保存与服务器连通的通道
    public DataInputStream getClient = null;    // 客户端输入信道
    public boolean bClient = false;
    public DataOutputStream sentClient = null; // 信道输出流
    public String userName = null;              // 唯一标识符
    public Client(Socket s){
        this.s = s;                              // 保存主类链接的Socket
        try {getClient = new DataInputStream(s.getInputStream());
                                                 // 初始化信道
            sentClient = new DataOutputStream(s.getOutputStream());
            } catch(IOException e){e.printStackTrace(); }
        }
        //------为每个客户建立一个线程 处理输入/输出
    public void run(){
        bClient = true;
        System.out.println("一个客户已连接到主机");
        try { while(bClient){
        //----读取用户发来的信息,做相应操作----
        System.out.print("服务器接收到的信息\n");
        str = getClient.readUTF();
        if(str.trim().charAt(0)== '['&& str.trim().charAt(str.trim().length
()-1)== ']')
        // 如果接收到的信息为"××"则将其赋值给userName
        userName = str;
        if(str.trim().equals(userName.concat("quit").trim())){
        // 如果接收到的信息为"××"退出时
        refrubishClients();           // 执行服务器用户集合刷新 删除××人
        bClient = false;
        System.out.println("执行了客户集合的刷新了!");      }
        sentEveryoneMessage();        // 将信息发送给所有客户
        }
          System.out.println("没有");
          System.out.println("服务器通信结束");
          } catch(IOException e){System.out.println("通信结束");
          } finally {                 // 结束关闭所有通道
              try {
                  if(getClient!= null)getClient.close();
                  if(s!= null)    s.close();
                  if(sentClient!= null)sentClient.close();
              } catch(IOException e){System.out.println(userName+"已退出");}
            }
        }
    // 每个客户线程建立一个发送所有人的函数
    public void sentEveryoneMessage(){
      for(int i = 0;i < clients.size();i++){
        Client c = clients.get(i);     // 利用集合把信息发送到每个用户的信道里
        try {
```

```
        if(str.trim().equals(userName.trim()))
          c.sentClient.writeUTF(userName+"进入聊天室"+"\n");
        else c.sentClient.writeUTF(c.userName+"对所有人说"+str.trim());
        System.out.println(str.trim()+"\n"+"发到每个用户信息版上了!");
    } catch(SocketException s){ s.printStackTrace();
      } catch(IOException e){ e.printStackTrace();
      } finally {if(c!= null)  c = null;   }}
      }
/*------集合刷新程序------*/
public void refrubishClients(){
   //-----客户退出并从集合中移除-----------*/
   int t = clients.size();
   int i = 0;
   System.out.println("准备执行客户集合的刷新!");
   while(i < t){
      Client c = clients.get(i);
      System.out.println("没删掉前集合中的元素个数为:"+t+"\n");
      if(str.equals(c.userName.concat("quit").trim())){
        System.out.println("删掉元素的名字为:"+c.userName.trim()+"\n");
        try {
          if(c.s!= null){c.s.close();   c.s = null;}
          if(c.getClient!= null){c.getClient.close();   c.getClient = null;}
          if(c.sentClient!= null){c.sentClient.close();c.sentClient = null;}
          if(c!= null){ c = null;        }
          clients.remove(i);t = clients.size();
          System.out.println("用户退出后集合的元素个数为:"+t+"\n");
          i = 0;
          } catch(IOException e){e.printStackTrace();   }
    }
    //--------测试代码段---------
    System.out.println("剩余集合中的元素个数为:"+clients.size()+"\n");
    i++;
    }  }    }}
```

4. 创建客户端登录界面类 MyChatConnect 类

（1）引入包，参考代码如下：

```
//登录界面程序
import java.awt.*;
import java.awt.event.*;
import java.io.*;
import java.net.*;
import javax.swing.*;
```

（2）编写 MyChatConnect 类，使用 Swing 组件创建图形界面，参考代码如下：

```
public class MyChatConnect extends JFrame implements
      ActionListener,ItemListener,KeyListener{
   public JButton     connectButton;        //界面链接按钮
   public JButton     quitButton;
   public JLabel      ipLabel,portLabel,nameLabel;
   public JTextField   ipValue,portValue,userName;
```

```
public JPanel      ipPanel,portPanel,buttonPanel,namePanel,nPanel;
public Socket      s = null;
public MyChatFrame  clientFrame = null;
public JRadioButton male,female,secret;
public ButtonGroup  sexGender;       //互斥Button类
public String      gender = "";
public MyChatConnect(){
  /*-------------登录窗口布局------------*/
  super("登录界面");                       //继承父类构造方法,显示窗口名称
  this.setLocation(400,300);             //设置窗口显示在屏幕上的位置
  this.setSize(400,200);                 //设置窗口大小
  connectButton = new JButton("链接");
  quitButton    = new JButton("取消");
  ipPanel = new JPanel(new FlowLayout(FlowLayout.LEFT));
  portPanel = new JPanel(new FlowLayout(FlowLayout.LEFT));
  buttonPanel = new JPanel(new FlowLayout(FlowLayout.LEFT));
  namePanel = new JPanel(new FlowLayout(FlowLayout.LEFT));
 nPanel = new JPanel(new BorderLayout());
 ipLabel = new JLabel("IP地址:");portLabel = new JLabel("端口号:");
 ipValue = new JTextField(15);portValue = new JTextField(15);
 nameLabel = new JLabel("昵称:");userName = new JTextField(15);
 userName.setText("你猜");male = new JRadioButton("男孩");
 male.addItemListener(this);male.addKeyListener(this);
 female = new JRadioButton("女孩");
female.addItemListener(this);female.addKeyListener(this);
 secret = new JRadioButton("你猜猜");
 secret.addItemListener(this);secret.addKeyListener(this);
//----------------设置互斥按钮-------------
 sexGender = new ButtonGroup();
 sexGender.add(male);sexGender.add(female);
 sexGender.add(secret);
/*------------------界面综合布局区-----------------*/
 ipPanel.add(ipLabel);
 ipPanel.add(ipValue);portPanel.add(portLabel);
 portPanel.add(portValue);namePanel.add(nameLabel);
 namePanel.add(userName);
 buttonPanel.add(connectButton,FlowLayout.LEFT);
 buttonPanel.add(quitButton,FlowLayout.LEFT);
 buttonPanel.add(male,FlowLayout.RIGHT);
 buttonPanel.add(female,FlowLayout.RIGHT);
 buttonPanel.add(secret,FlowLayout.RIGHT);
 nPanel.add(ipPanel,BorderLayout.WEST);
 nPanel.add(portPanel,BorderLayout.EAST);
 this.add(nPanel,BorderLayout.NORTH);
 this.add(namePanel,BorderLayout.CENTER);
this.add(buttonPanel,BorderLayout.SOUTH);
ipValue.setText("10.0.6.123");portValue.setText("8000");
this.pack();                           //窗口设置为自动适应组件
this.setVisible(true);                 //设置为显示
quitButton.addActionListener(this);
connectButton.addActionListener(this);
```

（3）进行窗口的事件监听，添加窗口的事件处理程序，参考代码如下：

```
this.addWindowListener(new WindowAdapter(){           //添加事件监听程序
//实现抽象类 WindowAdapter 的 windowClosing()方法
  public void windowClosing(WindowEvent w){
        try {if(s!= null)s.close();
         } catch(IOException e){e.printStackTrace();}
         System.exit(0);
        } });
public static void main(String[]args){ new MyChatConnect();}
```

（4）添加按钮的事件处理程序，参考代码如下：

```
/*------------------退出按钮响应--------------------*/
public void actionPerformed(ActionEvent e){
//退出按钮响应
if(e.getSource()== quitButton){
 try { if(s!= null)s.close();
    } catch(IOException e1){ e1.printStackTrace();}
 System.exit(0);}
//登录按钮响应
 else if(e.getSource()== connectButton){
   if(userName.getText().trim().length()== 0){
   JOptionPane.showMessageDialog(this,"请输入一个名字","提示",JOptionPane.
INFORMATION_MESSAGE);
   return;
   }else if(gender.length()== 0){
    JOptionPane.showMessageDialog(this,"请选择性别","提示",JOptionPane.
INFORMATION_MESSAGE);
   return;
   }else  connect();
  this.setVisible(false);
 }   }
```

（5）客户端向服务器端发出连接请求，添加 connect()方法，参考代码如下：

```
public void connect(){                              //建立连接
 try {
    s = new Socket("localhost",8099);
    System.out.println("链接主机!");
    clientFrame = new MyChatFrame(s,userName.getText(),gender);
    clientFrame.start();
    clientFrame.bConnect = true;
   } catch(UnknownHostException e){e.printStackTrace();
   } catch(IOException e){ e.printStackTrace();}
```

（6）进行单选按钮的事件监听，添加事件处理程序，参考代码如下：

```
public void itemStateChanged(ItemEvent e){
  if(e.getSource()== male)gender = "male";
    else if(e.getSource()== female)gender = "female";
    else if(e.getSource()== secret)gender = "secret";
    System.out.println(gender);}
public void keyPressed(KeyEvent arg0){ }
```

```
public void keyReleased(KeyEvent arg0){ }
public void keyTyped(KeyEvent arg0){ }
}
```

5. 创建客户端聊天界面类——MyChatForm 类

（1）引入包，参考代码如下：

```
import javax.swing.*;
import java.awt.*;
import java.awt.event.*;
import java.net.*;
import java.io.*;
```

（2）创建 MyChatForm 类，设计图形用户界面，参考代码如下：

```
public class MyChatFrame extends JFrame implements ActionListener {
   public JTextArea      commonArea;          //公共频道聊天区多行输入 JTextArea
   public JTextArea       myMessageArea;   //我的频道聊天区多行输入 JTextArea
   public JComboBox       personComboBox;  //聊天对象选择下拉菜单
   public JCheckBox       privateTalk;      //私聊选择框
   public JButton         sentButton;       /发送按钮
   public JTextField      inMessageField;  //聊天输入框
   public JButton         quitChat;         //刷新列表按钮
   public DefaultListModel listModel;      //聊天室成员列表
   public JLabel          nameLabel;
   public JLabel          welcomeLabel;
   public JPanel          centerPanel;
   public JPanel          centerLowerPanel;
   public JPanel          eastPanel;
   public JLabel          BordBottonLable;
   public JList           peopleList;
   public JScrollPane      commonAreaScroll;
   public JScrollPane      myMessageAreaScroll;
   public String          str;
   public Socket          s = null;
   public DataOutputStream sentServer = null;
   public DataInputStream  getServer = null;
   public Thread          tGetMessage;
   public boolean         bConnect = false;
   public String          userName ="";
   public String          gender = "";
   public MyChatFrame(Socket s,final String userName,String gender){
   /*-------------------上边窗口-------------------*/
     super("聊天窗口");
     this.s = s;
     this.userName = userName;
     this.gender = gender;
     try {
      sentServer = new DataOutputStream(s.getOutputStream());
      //链接好时便初始化通信通道
      getServer = new DataInputStream(s.getInputStream());
      tGetMessage = new Thread(new GetServerMessageThread());
```

```
    } catch(IOException e){e.printStackTrace();}
    //this.setLocation(300,400);                       //设置窗体位置
    //this.setSize(700,800);                           //设置窗口大小
    JPanel  upperPanel =  new JPanel();
    welcomeLabel = new JLabel();
    Icon BordTop = new
          ImageIcon("F:\\workspace\\MyChat0.2\\src\\MyChat\\images\\BordTop.
GIF");
    welcomeLabel.setIcon(BordTop);
    nameLabel = new JLabel();
    upperPanel.add(welcomeLabel);
    upperPanel.add(nameLabel);
   /*--------------------中间两显示窗口--------------------*/
    centerPanel = new JPanel(new BorderLayout()); //重新设置容器
    commonArea = new JTextArea(15,40);
    commonArea.setEditable(false);                    //设置为不可编辑
    commonArea.getScrollableUnitIncrement(new
                        Rectangle(10,20),SwingConstants.VERTICAL,-2);
    commonAreaScroll = new JScrollPane(commonArea);
    commonAreaScroll.setVerticalScrollBarPolicy(
          JScrollPane.VERTICAL_SCROLLBAR_ALWAYS);//设置滚动条什么时候出现
    commonAreaScroll.setHorizontalScrollBarPolicy(
             ScrollPaneConstants.HORIZONTAL_SCROLLBAR_NEVER);
    commonAreaScroll.setBorder(BorderFactory.createTitledBorder("公共频道"));
    myMessageArea = new JTextArea(10,40);
    myMessageArea.getScrollableUnitIncrement(
                  new Rectangle(10,20),SwingConstants.VERTICAL,-2);
    myMessageAreaScroll = new JScrollPane(myMessageArea);
    myMessageAreaScroll.setVerticalScrollBarPolicy(
       JScrollPane.VERTICAL_SCROLLBAR_ALWAYS);     //设置滚动条什么时候出现
    myMessageAreaScroll.setHorizontalScrollBarPolicy(
                  ScrollPaneConstants.HORIZONTAL_SCROLLBAR_NEVER);
    myMessageAreaScroll.setBorder(BorderFactory.createTitledBorder("我的频道"));
    myMessageArea.setEditable(false);
    centerPanel.add(commonAreaScroll,BorderLayout.NORTH);
                                                       //添加公共输入区在上边
    centerPanel.add(myMessageAreaScroll,BorderLayout.SOUTH);
                                                       //添加私聊显示区域
   /*--------------------下边输入发送窗口--------------------*/
    centerLowerPanel =new JPanel(new BorderLayout());
    JPanel lowerUpPanel = new JPanel(new FlowLayout(FlowLayout.LEFT));
   //小 panel 中的选项 panel
    JPanel lowerDownPanel = new JPanel(new FlowLayout(FlowLayout.LEFT));
   //输入发送按钮 panel
    JLabel talkWho = new JLabel("对");
    personComboBox = new JComboBox();
    personComboBox.addItem("所有人");
    privateTalk = new JCheckBox("私聊");
    lowerUpPanel.add(talkWho,BorderLayout.WEST);
    lowerUpPanel.add(personComboBox);
    lowerUpPanel.add(privateTalk);
```

```
 sentButton = new JButton("发送");
 inMessageField = new JTextField(40);
 lowerDownPanel.add(sentButton);
 lowerDownPanel.add(inMessageField);
 centerLowerPanel.add(lowerUpPanel,BorderLayout.NORTH);
 centerLowerPanel.add(lowerDownPanel,BorderLayout.SOUTH);
/*--------------------右边显示列表区--------------------*/
 eastPanel = new JPanel(new BorderLayout());
 quitChat = new JButton("退出聊天室");
  listModel = new DefaultListModel();
  peopleList = new JList(listModel);
  peopleList.setSelectionMode(ListSelectionModel.SINGLE_SELECTION);
  //设置单选还是多选
  JScrollPane ListScrollPane = new JScrollPane(peopleList);
  ListScrollPane.setPreferredSize(new Dimension(150,400));
 eastPanel.add(ListScrollPane,BorderLayout.CENTER);
 eastPanel.add(quitChat,BorderLayout.SOUTH);
/*--------------------综合布局--------------------*/
 this.add(eastPanel,BorderLayout.EAST);
 this.add(upperPanel,BorderLayout.NORTH);
 this.add(centerPanel,BorderLayout.CENTER);
 this.add(centerLowerPanel,BorderLayout.SOUTH);
 this.pack();
sentButton.addActionListener(this);
 quitChat.addActionListener(this);
```

（3）进行窗口的事件监听，添加事件处理程序，参考代码如下：

```
    this.addWindowListener(new WindowAdapter(){      //添加窗口监听
         public void windowClosing(WindowEvent w){
            System.out.println("窗口已关闭");
             try {
                 str = "[".concat(userName).concat("]").concat("quit").trim();
                   //关闭窗口时给服务器发出信息"“用户名”quit"
                   //给服务器发送关闭窗口用户退出的信息
                   sentServer.writeUTF(str);          //发送操作
                   System.out.println(str+"发出去了");
                   sentServer.flush();
                   destroy();
                   bConnect = false;
            } catch(IOException e){ System.out.println(userName+"用户已退出");}
            System.exit(0);                          //响应监听
        } });
     this.setVisible(true);                          //设置成可见
    //--------------------给服务器发送某人进入了聊天室
     try { sentServer.writeUTF("["+userName+"]");
     } catch(IOException e){ e.printStackTrace();}     }

public static void main(String[]args){
    System.out.println("聊天窗口已启动");
      }
```

（4）进行按钮的事件监听，添加事件处理程序，参考代码如下：

```
public void actionPerformed(ActionEvent a){     //按钮监听接口的实现
   if(a.getSource()== sentButton){                  //发送按钮
     String  s = null;
     s = "我说"+":".concat(inMessageField.getText().trim());
     str =  ":".concat(inMessageField.getText().trim());
     System.out.println("空行:"+str);
     myMessageArea.setText(myMessageArea.getText()+s+"\n");
     inMessageField.setText("");
  try {
      sentServer.writeUTF(str);
      System.out.println(str+"发出去了");
      sentServer.flush();
  } catch(IOException e){ e.printStackTrace();}
   }else if(a.getSource()== quitChat){             //退出按钮
       try {
          str = "[".concat(userName).concat("]").concat("quit").trim();
          //给服务器发送关闭窗口用户退出的信息
          sentServer.writeUTF(str);
          System.out.println(str+"发出去了");
          sentServer.flush();
          destroy();
          bConnect = false;
      } catch(IOException e){System.out.println(userName+"用户已退出");}
   System.exit(0);}    }
```

（5）创建内部线程类 GetServerMessageThread，进行用户信息交互的过程处理，参考代码如下：

```
public class GetServerMessageThread implements Runnable {
 private String  getServerStr;
 public void run(){
     try {
        while(bConnect){
          getServerStr = getServer.readUTF();
          System.out.println("接收到一条信息"+"\n");
          commonArea.setText(commonArea.getText()+getServerStr+"\n");}
      } catch(IOException e){System.out.println("用户退出");}
   }    }
 //线程启动程序,在主程序里用到
 public void start(){  this.tGetMessage.start();}
 /*--------------------关闭所有链接--------------------*/
 //断开链接时关闭输入/输出端口和 Socket 链接
 public void destroy(){
  try {
     if(s!= null){
     s.close();
     s = null;}
     if(sentServer!= null){
      sentServer.close();
      sentServer = null;}
```

```
      if(getServer!= null){
       getServer.close();
       getServer = null;}
  } catch(IOException e){ e.printStackTrace();}
    }}
```

6. 运行效果与程序发布

在 Eclipse 中首先运行服务器端程序 MyChatServer 类，启动聊天室服务器；然后运行客户端登录界面程序 MyChatConnect 类，将显示如图 13-6 所示的界面，用户可以在该界面中进行登录操作，登录后将进入如图 13-7 所示的界面，就可以进行聊天了。

### 13.3.3 打包程序

该应用也可按照 13.1.3 节介绍的应用程序打包方法进行打包，打包时应注意将服务器端和客户端分别进行打包，这样服务器端和客户端就可以分别运行在不同的网络主机上。

## 13.4 Web 留 言 板

### 13.4.1 任务概述

设计一个简单的留言板。用户访问该 Web 应用即可浏览全部留言、提交新的留言、管理员可删除某个留言。主要页面功能如表 13-1 所示。

**表 13-1 留言板的主要页面功能**

| 功　　能 | JSP | JavaBean |
|---|---|---|
| 增加留言成功 | ly_new.html | |
| 管理员登陆 | login.html | |
| 列举全部留言 | ly.jsp | |
| 提交新留言 | ly_in.jsp | Conjdbc.java |
| 管理员登陆成功与否 | login_in.jsp | |
| 删除留言 | del.jsp | |

### 13.4.2 开发过程

（1）开发环境的安装和部署。本实例所采用的开发工具有 JDK1.6、用于 Web 程序开发的 Eclipse、Tomcat6.0 和 MySQL5.0 数据库。

到 Java 的官方网站 http://www.oracle.com/technetwork/java/index.html 下载 Windows 环境下的开发工具包 jdk-1_6_0_10-windows-i586-p.exe，运行后可安装。如果安装路径为“C:\Program Files\Java\”，那么配置环境变量，“Path”值为“C:\Program Files\Java\jdk1.6.0_10\bin;”，“classpath”值为“.C:\ProgramFiles\Java\jdk1.6.0_10\lib”（注意目录的前面加上“.”）。

Eclipse 可以在 http://www.eclipse.org/网站下载，下载安装文件 eclipse-jee-indigo-SR1-win32.zip，将其直接解压在某一文件夹中即可使用。

从 http://tomcat.apache.org 网站下载 Tomcat 安装文件 apache-tomcat-6.0.33.exe，安装即可使用。

下载 MySQL 数据库，安装完成后。将 mysql-connector-java-5.1.18-bin.jar 文件添加到环

境变量“classpath”中，即可使用。

（2）建数据表。运行 MySQL 建数据库 ly，建表 liuyan_temp，参考代码如下：

```
Mysql>CREATE DATABASE LY;
Mysql>USE LY;
Mysql>CREATE TABLE liuyan_temp(id int(6)NOT NULL auto_increment,
  url varchar(100)default '#',
  ip varchar(20)default NULL,
  email varchar(50)default '#',
  qq varchar(20)default NULL,
  sj varchar(30)default NULL,
  content text,
  xm varchar(20)default 'no name',
  KEY id(id)
)TYPE=MyISAM;
```

（3）新建 Web 项目。启动 Eclipse 后，通过 File→New→Dynamic Web Project 命令。打开新建 Web 项目向导，在向导窗口中输入项目名 ly 后，点击 Finish 按钮完成项目的创建。

（4）为了方便以后的开发工作并规范整个系统架构，在编写代码之前，可以把整个系统要用到的文件及其文件夹归类存放。

本系统中用于存放商品图片的文件夹和存放类的文件夹的文件结构图如图 13-8 所示。

```
ly
  JAX-WS Web Services
  Deployment Descriptor:
  Java Resources
    src
      JavaBean
        Conjdbc.java
    Libraries
  JavaScript Resources
  build
  WebContent
    META-INF
    WEB-INF
    del.jsp
    login_in.jsp
    login.html
    ly_in.jsp
    ly_new.html
    ly.jsp
Servers
```

图 13-8 系统结构图

（5）创建 JavaBean 文件用于连接 MySQL 数据库。参考代码如下：

```
package JavaBean;
import java.sql.*;
public class Conjdbc{
  public Conjdbc(){  }
  Connection conn = null;
  String re = "";
  public java.sql.Connection getConn(){
    try{
     Class.forName("com.mysql.jdbc.Driver").newInstance();
     conn=DriverManager.getConnection("jdbc:mysql://127.0.0.1:3306/ly",
"root","123");
    }
    catch(Exception e){ e.printStackTrace();}
    return this.conn;
  }
  public String gettime(){
       String datestr ="";
       try {
       java.text.DateFormat df =
             new java.text.SimpleDateFormat("yyyy年MM月dd日 HH点ss分");
       java.util.Date date = new java.util.Date();
```

```
        datestr = df.format(new java.util.Date());
        }
        catch(Exception ex){ }
        return datestr;    }}
```

（6）创建 ly.jsp 留言页面文件，参考代码如下：

```
    <%@page contentType="text/html;charset=gb2312" import="java.sql.*" %>
    <jsp:useBean id="wu" class="JavaBean.Conjdbc" scope="page"/>
    <html>  <head><title>留言板</title>
        <meta http-equiv="Content-Type" content="text/html;charset=gb2312">
        <link href="images/web.css" rel="stylesheet" type="text/css">  </head>
      <script language="JavaScript">
       function openw(url){
       var newwin=window.open(url,"NewWin","toolbar=no,resizable=no,location=
no,directories=no,status=no,menubar=no,scrollbars=no,top=220,left=220,width=500,
height=330");
       return false;
       }
       function opend(url){
          var newwin=window.open(url,"NewWin","toolbar=no,resizable=yes,location=
no,directories=no,status=no,menubar=no,scrollbars=no,top=100,left=50,width=650,
height=350");
          return false;
       }
      </script>
    <body leftmargin="0" topmargin="1">
    <%
    Connection con = wu.getConn();
    Statement stmt = con.createStatement();
    String sql = "select * from liuyan_temp order by id desc";
    ResultSet rs = stmt.executeQuery(sql);
    String pages = request.getParameter("page");
    int pageInt =  1,i=1;
    if(pages==null){}else{pageInt = Integer.parseInt(pages);}
    while(i<20*(pageInt-1)&&rs.next()){i++;}
    %>
    <table width="775" border="0" align="center" cellpadding="0" cellspacing=
"1">
    <tr> <td align="center"><img src="images/logo.swf" width="628" height="59"
border="1"></td>
      </tr>
      <tr> <td>
    <table width="100%" border="0" cellpadding="2" cellspacing="1" bgcolor="#16831C">
    <tr> <td colspan="2" bgcolor="#E8FCE2">
    <div align="center">
    <table width="100%" border="0" cellpadding="1" cellspacing="1">
    <tr>
        <td><div align="center"><a href="#" onClick="return opend('ly_new.html')">
添加留言</a></div></td>
```

```
            <td><div align="center"><a href="">返回主页</a></div></td>
            <td><div align="center"><a href="login.html">留言管理</a></div></td>
                 <td><div align="center"><a href="#">我的介绍</a></div></td>
                </tr>    </table></div></td>
            </tr>
            <%
            int k=0;
            String str = "#E8FCE2",str1="";
            java.util.Random rd = new java.util.Random();
            while(rs.next()&k<20){
            k++;
            String email = rs.getString("email");
            String content = rs.getString("content");
             if(str.equals("#E8FCE2")){
             str = "#D1E79E";
          }else{str = "#E8FCE2";
             }
            %>
            <tr>
    <td width="23%" bgcolor="<%=str%>">
    <div align="center"><%=rs.getString("sj")%></div></td>
      <td width="77%" bgcolor="<%=str%>">
      <table width="100%" border="0" cellpadding="0" cellspacing="0">
        <tr>
        <td> <div align="center"><a href="<%=rs.getString("url")%>"><img src="images/
HOME.gif" alt="个人主页" width="16" height="16" border="0" align="absmiddle"></a>
留言人主页</div></td>
         <td> <div align="center"><img src="images/ip.gif" alt="<%=rs.getString
("ip")%>" width="13" height="15" align="absmiddle">留言人 IP</div></td>
         <td> <div align="center"><a href="mailto:<%=email%>"><img src="images/
EMAIL.gif" alt="<%=email%>" width="16" height="16" border="0" align="absmiddle">
</a>留言人 email</div></td>
          <td> <div align="center"><img src="images/oicq.gif" alt="<%=rs.getString
("qq")%>" width="16" height="16" align="absmiddle">留言人 QQ</div></td>
        <td><a href="del.jsp?id=<%=rs.getString("id")%>">
                      <div align="center"><img src="images/dele_1.gif" alt="删除"
width="14" height="16" border="0" align="absmiddle">删除留言</div>
    </a></td> </tr> </table></td> </tr>
           <tr>
    <td  align="center"  valign="middle"  bgcolor="<%=str%>"><img  src="images/
tx/<%=rd.nextInt(30)+1%>.gif" width="100" height="100"><br>  <br>
              留言人:<%=rs.getString("xm")%> </td>
            <td bgcolor="#FFFFFF"> <%=content%>  </td>     </tr>
          <%       }       %>
          <tr bgcolor="#F9CDBB"><td> </td>
    <%
    sql = "select count(*)from liuyan_temp";
    rs = stmt.executeQuery(sql);
    while(rs.next())i = rs.getInt(1);
```

```
    %>
        <td> <div align="right">总共有留言<%=i%>条/<%=(i+19)/20%>页,这是第
<%=pageInt%>页,转到第
             <%      for(int j=1;j<(i+40)/20;j++){        %>
             <a href="ly.jsp?page=<%=j%>">^<%=j%>^</a>
             <%   }      try {
               rs.close();stmt.close();con.close();
             } catch(Exception ex){     }
             %>
             页</div></td>     </tr>       <tr>
    <td bgcolor="<%=str%>"> </td><td bgcolor="<%=str%>"> </td>
         </tr> </table></td>
      </tr>  <tr>  <td> </td>
      </tr></table></body></html>
```

（7）创建 ly_new.html 添加留言页面文件，参考代码如下：

```
    <html><head>
    <title>留言板</title><meta http-equiv="Content-Type" content="text/html;
charset=gb2312">
    <link href="images/web.css" rel="stylesheet" type="text/css">
    </head>
    <body bgcolor="#E8FCE2" background="images/background-line.gif">
    <form name="form1" method="post" action="ly_in.jsp">
      <table width="498" border="0" align="center">
        <tr>
          <td valign="top"><div align="center">留言人:</div></td>
          <td><input name="yhm" type="text" id="yhm"></td>
          <td><img src="images/icon_group.gif" width="15" height="15"></td>
        </tr>
        <tr>
          <td valign="middle"> <div align="center">内容:</div></td>
          <td><textarea name="content" cols="55" rows="6" id="content"></textarea>
</td>
          <td> </td>
        </tr>
        <tr>
          <td valign="top"><div align="center">留言人主页:</div></td>
          <td><input name="url" type="text" id="url" size="40"></td>
          <td><img src="images/HOME.gif" width="16" height="16"></td>
        </tr>
        <tr>
          <td valign="top"><div align="center">留言人QQ:</div></td>
          <td><input name="qq" type="text" id="qq"></td>
          <td><img src="images/oicq.gif" width="16" height="16"></td>
        </tr>
        <tr>
          <td valign="top"><div align="center">留言人email</div></td>
          <td> <input name="email" type="text" id="email"> </td>
          <td><img src="images/EMAIL.gif" width="16" height="16"></td>
```

```
    </tr>
  </table>
  <p align="center">
    <input type="submit" name="Submit" value="提交">
      
    <input type="button" name="Submit2" value="关闭" onClick="window.close()">
  </p></form></body></html>
```

（8）创建 ly_in.jsp 添加留言成功页面文件，参考代码如下：

```
<%@page contentType="text/html;charset=gb2312" language="java" import="java.
sql.*" errorPage="" %>
<html><head>
<meta http-equiv="Content-Type" content="text/html;charset=gb2312"></head>
<jsp:useBean id="wu" scope="page" class="JavaBean.Conjdbc" />
<%
Connection con = wu.getConn();
Statement stmt = con.createStatement();
String content= request.getParameter("content");
String qq = request.getParameter("qq");
String email = request.getParameter("email");
String url = request.getParameter("url");
String xm = request.getParameter("yhm");
String msg = "您在留言成功。";
    String sql = "insert into liuyan_temp(url,ip,email,qq,sj,content,xm)values
('"+url+"','"+request.getRemoteHost()+"','"+email+"','"+qq+"','"+wu.gettime()+
"','"+content+"','"+xm+"')";
    stmt.executeUpdate(sql);
try { stmt.close();con.close();}
catch(Exception ex){}
%>
<body>
<p> </p><table border="1" align="center" cellspacing="0" bordercolorlight=
"000000" bordercolordark="FFFFFF" bgcolor="E0E0E0">
  <tr><td>
<table border="0" bgcolor="#0066CC" cellspacing="0" cellpadding="2" width=
"100%">
<tr> <td width="342"><font color="FFFFFF">¤<%=msg%></font></td>
    <td width="18"> </td>      </tr>     </table>
      <table border="0" width="100%" cellpadding="4">
        <tr> <td width="59" align="center" valign="top"><font face="Wingdings"
color="#FF0000" style="font-size:32pt">L</font></td>
          <td width="269">   <p><%=msg%></p>  </td>  </tr>
        <tr>
        <td colspan="2" align="center" valign="top"> <input type="button"
name="ok" value="关闭窗口" onclick="window.close()">
          </td>  </tr>  </table></td>  </tr>
  <script language="javascript">
opener.location=opener.location;window.close();
</script></table></body></html>
```

（9）创建 login_in.jsp 管理员登陆成功与否页面文件，参考代码如下：

```
<%@page contentType="text/html;charset=gb2312" language="java" import="java.sql.*" errorPage="" %>
<html><head><meta http-equiv="Content-Type" content="text/html;charset=GBK">
</head><body>
<%
String yhm = request.getParameter("yhm");
String yhmm = request.getParameter("yhmm");
//在这里你可以设置你的后台管理用户名和密码:
String yhm1 = "zhang";String yhmm1 = "123";
if(yhm1.equals(yhm)&yhmm1.equals(yhmm)){
session.setAttribute("login","1");response.sendRedirect("ly.jsp");
}else{out.println("密码错误");}%>
</body></html>
```

（10）创建 login.html 管理员登陆页面文件，参考代码如下：

```
<html>
<head>
<meta http-equiv="Content-Type" content="text/html;charset=gb2312">
<link href="images/web.css" rel="stylesheet" type="text/css">
</head>
<body><p> </p><p> </p><p> </p>
<table width="300" border="0" align="center" cellpadding="2" cellspacing="1" bgcolor="#000066">
  <tr>  <td height="25">
<div align="center"><font color="#FFFFFF"><strong>请先登陆</strong></font></div></td>  </tr>
  <tr>  <td bgcolor="#FFFFFF">
<form name="form1" method="post" action="login_in.jsp">
<table width="100%" border="0">   <tr>
<td><div align="right">用户名:</div></td>
 <td> <input name="yhm" type="text" id="yhm"></td></tr>
 <tr> <td><div align="right">密  码:</div></td>
    <td> <input name="yhmm" type="password" id="yhmm" value=""></td></tr>
<tr> <td><div align="right"></div></td>
    <td><input type="submit" name="Submit" value="登陆">    
    <input type="reset" name="Submit2" value="取消"></td> </tr>
      </table> </form></td> </tr></table></body></html>
```

（11）创建 del_ly.jsp 删除留言页面文件，参考代码如下：

```
<%@page contentType="text/html;charset=gb2312" language="java" import="java.sql.*" errorPage="" %>
<html><head><meta http-equiv="Content-Type" content="text/html;charset=GBK">
</head><jsp:useBean id="wu" scope="page" class="JavaBean.Conjdbc" />
<body>
<%
String login =(String)session.getAttribute("login");
if(login==null){
```

```
    out.println("您不是管理员!不能登陆删除");
  }else{
  Connection con = wu.getConn();
  Statement stmt = con.createStatement();
  String id = request.getParameter("id");
    String sql = "delete from liuyan_temp where id="+id;
    stmt.executeUpdate(sql);
    try { stmt.close();
      con.close();}
    catch(Exception ex){  }
    response.sendRedirect("ly.jsp");}%>
  </body></html>
```

如果是管理员，点击“删除留言”可直接删除该留言，否则会提醒登陆者不是管理员，不能删除留言。

# 参 考 文 献


[1] 程杰．大话设计模式［M］．北京：清华大学出版社，2007．

[2] Elliotte Rusty Harold. Java 网络编程［M］．北京：中国电力出版社，2011．

[3] Cay S. Horstmann, Gary Cornell. Java2 核心技术卷一［M］．北京：机械工业出版社，2008．

[4] 耿祥义，张跃平．Java 设计模式［M］．北京：清华大学出版社，2009．

[5] 叶核亚，陈立．Java2 程序设计实用教程．北京：电子工业出版社，2003.5．

[6] Bruce Eckedl．Java 编程思想（第 3 版）．北京：电子工业出版社，2006.3．

[7] 范立锋，乔世权，程文彬．JSP 程序设计．北京：人民邮电出版社，2009.5．

[8] John R. Hubbard．金名等译．Java 程序设计学习指导与习题解答．北京：清华大学出版社，2010.1．

[9] 吴其庆．Eclispse 程序设计经典教程．北京：冶金工业出版社，2007.4．

[10] 匡松等．Java 程序设计试题汇编．北京：中国铁道出版社，2010.5．

[11] 刘克成，郑珂，王晓．Java 程序设计简明教程．北京：中国电力出版社，2007.7．

[12] http://java.sun.com